AF137599

PME, dynamiques entrepreneuriales et innovation

P.I.E. Peter Lang

Bruxelles • Bern • Berlin • Frankfurt am Main • New York • Oxford • Wien

Abdelillah HAMDOUCH, Sophie REBOUD
et Corinne TANGUY (dir.)

PME, dynamiques entrepreneuriales et innovation

Collection « Business & Innovation »
n° 1

Ouvrage publié avec le soutien financier du CEREN (Groupe ESC Dijon Bourgogne), du CESAER (UMR INRA-Agrosup Dijon) et du Réseau de Recherche sur l'Innovation.

Toute représentation ou reproduction intégrale ou partielle faite par quelque procédé que ce soit, sans le consentement de l'éditeur ou de ses ayants droit, est illicite. Tous droits réservés.

© P.I.E. PETER LANG S.A.
Éditions scientifiques internationales
Bruxelles, 2011
1 avenue Maurice, B-1050 Bruxelles, Belgique
www.peterlang.com ; info@peterlang.com

ISSN 2034-5402
ISBN 978-90-5201-785-3
D/2011/5678/75

Information bibliographique publiée par « Die Deutsche Nationalbibliothek »

« Die Deutsche Nationalbibliothek » répertorie cette publication dans la « Deutsche Nationalbibliografie » ; les données bibliographiques détaillées sont disponibles sur le site http://dnb.n-db.de.

Table des matières

**TROISIÈME PARTIE
STRATÉGIE DES PME ET INNOVATION**

Avant-propos

Cet ouvrage s'est construit à partir d'un workshop organisé à Dijon les 2 et 3 septembre 2010 dans le cadre de l'école d'été du Réseau de Recherche sur l'Innovation (RRI). Cet événement scientifique a été organisé avec le soutien logistique et financier du Centre de Recherche sur l'Entreprise (CEREN, Groupe ESC Dijon Bourgogne) et du CESAER (UMR INRA-Agrosup Dijon). Nous voulons ici remercier tout particulièrement Madame Cécile Detang-Dessendre (Directrice du CESAER) et Monsieur Stéphan Bourcieu (Directeur du Groupe ESC Dijon Bourgogne) pour leur soutien et leur participation à cette manifestation. Nous tenons également à remercier les contributeurs et les relecteurs des chapitres qui ont bien voulu se plier à de contraintes de temps très serrées. De même, sans le soutien du réseau RRI, et en particulier de son président Dimitri Uzunidis, cette manifestation et cette publication n'auraient pas pu être réalisées dans d'aussi bonnes conditions. Enfin, nos plus vifs remerciements vont à Michel Marchesnay qui a amicalement accepté de préfacer l'ouvrage.

Préface

Du capitalisme entrepreneurial,
ou comment réinventer l'innovation

Michel MARCHESNAY

Professeur émérite, Université de Montpellier

Les contributions présentées dans cet ouvrage s'inscrivent pleine-ment dans le droit fil des questions du moment que se posent les tenants des sciences de l'action et de la décision que sont par excellence l'économie et la gestion. Au même titre, d'ailleurs, que les autres grandes disciplines scientifiques, elles concernent au premier chef l'impact des mutations du système productif. En effet, les thèmes por-teurs de l'ouvrage s'articulent, sous leur diversité apparente, autour d'une problématique commune : en quoi les ruptures et fractures ac-tuelles du capitalisme doivent-elles nous inciter à repenser le concept, mais aussi les pratiques et les politiques touchant à l'innovation ?

La question n'est certes pas nouvelle, que l'on se réfère aux histo-riens du capitalisme (Pirenne, Braudel, Mantoux, etc.), aux théoriciens de la régulation (Boyer et Mistral) ou du système productif (Bertrand Gille). Le capitalisme industriel a ainsi connu trois grappes d'inno-vations majeures, chaque génération se décomposant en une phase dite extensive, d'accumulation de connaissances et d'innovations de ruptures (procédés, machines, etc.), puis intensive, d'exploitation et de dévelop-pement de produits-marchés. En même temps, les activités « an-ciennes » glissent à chaque fois vers les pays de la périphérie, lesquels s'approprient les connaissances issues des pays leaders. Ainsi sommes-nous passés d'un capitalisme manufacturier, au XIXe siècle (1775-1875), à un capitalisme managérial, au siècle suivant (jusqu'à la Crise de 1975). La question préjudicielle est désormais la suivante : comment les pays les plus avancés assurent-ils la transition vers un nouveau type de capitalisme, émergeant dans les années 1980, entraînant une vague d'inventions, puis d'innovations qui recomposent autant le système productif que les valeurs dominantes, y compris au plan idéologique ?

On parlera de « capitalisme entrepreneurial », dans la mesure où l'élément dominant, créateur à la fois de « valeur » économique et de « valeurs » sociétales nouvelles, est constitué par l'esprit d'entreprise. Or, par définition, l'« entrepreneurship », c'est l'aptitude à s'« aventurer » (cf. le terme anglais venturing, la « bonne aventure »), par opposition au leadership du manager, soit l'aptitude au commandement. L'entrepreneuriat, c'est donc la disposition, individuelle ou « communautaire », à innover, à créer et à saisir les opportunités. Ainsi, l'innovation, dans la plus pure tradition praxéologique héritée de James et Dewey, implique que les « concepts » émanant de la recherche (les « principes »), en se reliant aux perceptions (« percepts ») sous forme de représentations, se concrétisent sous la forme de projets et d'actions (par exemple, la création de « son » entreprise). On redécouvre le « méliorisme » selon James, pour qui les pratiques innovantes l'emportent parce qu'elles sont potentiellement plus utiles à l'individu, à la communauté comme à la Société. De nos jours, l'utilité de l'innovation, au sens de Mill, ne s'évalue donc pas, ou plus, seulement en termes de rentabilité managériale du capital. En témoignent les innovations dans les domaines a priori « utiles », quoique « non rentables » (du moins dans l'immédiat) du développement durable, de l'économie solidaire et sociale, mais aussi de la santé, de la sécurité, de la connaissance.

De surcroît le nouvel esprit du capitalisme implique que le flux d'innovation soit désormais inscrit dans un double pluralisme. En effet, l'innovation entrepreneuriale :

- d'une part, doit être estimée à une aune qui dépasse les seules limites de l'organisation hiérarchique managériale, (« îlot de coordination consciente dans un océan de coordination inconsciente », selon l'expression de sir Denis Robertson), dans la mesure où la concurrence capitaliste se fait désormais sous la forme de réseaux ;
- d'autre part, doit être non seulement saisie dans toutes ses dimensions individuelles (éthiques), sociétales (ethniques), mais de surcroît dans toutes ses retombées de type écologique, voire cosmologique.

Le « méliorisme », qui implique une recherche permanente d'innovations en tous points du « système technique » (B. Gille), ainsi que le pluralisme des représentations sociales de l'innovation (au contraire de la démarche managériale, essentiellement techno-scientiste) induisent un relativisme qualifié par les pragmatistes contemporains d'« héraclitéen », ou simplement poppérien. Ils entendent souligner que les innovations réalisées sont en permanence soumises à un flux de contestation et de remplacement. Ainsi, tel dirigeant de TPE, leader mondial sur « son » marché « singulier » de métrologie, nous disait devoir innover en permanence, face au défi imposé par ses deux concurrents allemand et américain.

Parallèlement, les pratiques de coopétition se développent, puisqu'aucune entité, si grande et puissante soit-elle, n'est désormais capable d'intégrer à elle seule toutes les technologies et connaissances innovantes nécessaires pour exercer la totale gouvernance exclusive d'un projet quelconque. Notons d'emblée que nombre de ces connaissances-clés, facteurs de compétitivité, voire de survie, peuvent désormais être l'apanage de toutes petites entreprises (dites « de classe mondiale », « gazelles », etc.) de sorte que le réseau se « déhiérarchise » sous l'effet des nouvelles pratiques d'innovation.

Il en découle que les pratiques des firmes dominantes de la seconde génération industrielle en matière d'innovation se heurtent à un déficit croissant de légitimité. On assiste dès lors à un cercle vicieux de pratiques dites de « management de l'innovation » : pour obvier à cette perte de légitimité, entraînant (ou due à) une désaffection des consommateurs, la firme managériale « innove » en permanence, sous la forme de produits (biens et services) dits « nouveaux », reposant en fait sur une plate-forme basique, parfois séculaire, sans que les effets externes soient pris en considération, et a fortiori comptabilisés sous forme de coûts que l'organisation devrait prendre à sa charge. Conformément à ce qui s'est produit pour les générations industrielles antérieures, la stratégie managériale dominante va consister en une délocalisation vers les pays fortement demandeurs de biens de consommation manufacturés. Dans les économies d'abondance elles-mêmes, la saturation de la demande de biens de consommation (d'usage et durable) induit ainsi des modèles économiques qui tentent d'insuffler dans ces organisations hiérarchisées la capacité d'innovation propre à la démarche entrepreneuriale (corporate ou intra preneurship, knowledge-based management, etc.).

On touche alors à ce qui constitue sans doute la rupture fondamentale dans l'approche « néo-capitaliste » de l'innovation, à savoir la nouvelle relation qui s'instaure entre l'acteur (l'entrepreneur, seul ou collectif), le système (l'organisation, « dedans » et « dehors » – le réseau), et l'innovation (déclinée en réactivité, adaptabilité et créativité). Sur ce plan, l'ouvrage collectif qui nous est proposé marque une étape importante dans les relations, fort complexes, que les chercheurs, comme les gens de terrain et autres décideurs, ont tenté d'instaurer entre l'innovation, la PME et l'entrepreneur. Dans l'histoire des idées comme de l'opinion publique (littéraire, politique), l'innovation est d'abord considérée, tout au long du XIXe siècle, comme l'affaire normale de l'« entrepreneur en industrie », figure marquante de la bourgeoisie conquérante. Marshall, pour la courte période, Schumpeter pour la longue, rationalisent, chacun à leur façon, cette légitimité. Mais tout au long du XXe siècle, le rôle croissant des « ingénieurs » (Veblen) puis des « managers » (Barnard) fait glisser la fonction d'innovation vers la grande industrie, ce que sanctionnera Schumpeter dans son exil américain, en privilégiant le management quasi bureaucratique du système de techno-science.

On sait que la remontée en légitimité de « la » PME émerge dans le dernier quart du XXe siècle, à mesure que la crise de la grande industrie s'accentue, et qu'une société de services, propice à la petite taille, se fait jour. Comme il est rappelé dans plusieurs contributions de l'ouvrage, « la » PME se voit alors sommée par la puissance publique, dans les années 1980, de créer ou de sauver des emplois, puis, dans les années 1990, de prendre en charge les innovations de toutes espèces. Les recherches mésoéconomiques en analyse industrielle appréhendent ces nouvelles missions, et ces nouvelles bases de légitimité, en termes de nouveaux rapports des PME avec les groupes (industriels, financiers et de services), de nouveaux modes d'insertion dans l'environnement régional (districts, clusters, pôles, etc.), de nouvelles hiérarchies de filières, glissant vers des construits plus interactifs et « démocratiques ». Dans ces trois cas de figure, la notion de « réseau » se voit conférer un rôle croissant, en sorte que l'intérêt manifesté pour les diverses formes d'« interpreneuriat » par plusieurs contributeurs confirme cette emprise croissante des réseaux, que nous avions pour notre part distingué, dans les années 1990, en tutélaire, partenarial et expertal.

Ainsi, les contributions présentées dans cet ouvrage reflètent les facettes majeures de cette évolution. Mais, chemin faisant, les trois notions-clé (innovation, PME et entrepreneuriat), loin de converger vers un consensus, n'ont cessé de gagner en complexité et en diversité. Les contributeurs ont ainsi beau jeu de faire observer que le vocable « innovation » s'est par trop cristallisé, comme le montre le manuel de Frascati, autour d'une conception managériale, procédurale, planifiée de la mise en marché de produits de marque décrétés plus « nouveaux » que réellement « novateurs ». Ils soulignent alors le fait, largement avéré dans l'histoire économique, que les « innovations de rupture » ont été dans l'écrasante majorité le fait d'individus isolés ou de petites équipes, privées mais aussi publiques. Il en résulte que le rôle croissant conféré aux organisations de petite taille, comme à leurs géniteurs, impose de revoir en profondeur le concept d'innovation, dès lors qu'il est envisagé, non pas comme le fruit de l'application délibérée de procédures, mais comme l'aboutissement, souvent chaotique, erratique, voire inattendu (on pense à la « sérendipité ») de processus cognitifs pour lesquels il s'agit le plus souvent de savoir saisir les opportunités.

En prolongeant ce propos, force est de reconnaître l'imprécision du vocable « PME ». Dans les années où dominait l'impératif industriel, la notion de PME ou de PMI se suffisait à elle-même. Mais, ainsi qu'il ressort des diverses contributions, il a d'abord fallu distinguer les « petites » des « moyennes », puis les « très petites », et désormais, le gros du bataillon, à savoir les entreprises unipersonnelles et les « microfirmes ». C'est en effet dans ce dernier vivier que résident désormais les plus fortes potentialités d'innovations majeures, de rupture, sans que ces firmes soient nécessairement condamnées à « croître ou mourir ». Désormais, la plupart des innovations se réalisent au sein des filières (chacun apportant son écot), dans des relations nouvelles avec les groupes (autour de stratégies de singularité), dans les modes d'encastrement au sein d'entités régionales (clusters, districts, campus, pépinières, etc.).

À l'issue d'une période d'un demi-siècle d'observations, d'expériences, de propositions sur ces questions, il apparaît que la recherche s'oriente avec beaucoup de pertinence vers les « vrais » problèmes plutôt que vers la « bonne » solution, pour paraphraser John Dewey. Le fait que la question, par exemple, du rôle de la vie familiale soit désormais considérée comme un objet « utile » (au sens des pragmatistes) de recherche s'inscrit parfaitement dans un nécessaire amalgame, avec les sciences morales et politiques, « des » (ou au moins « de ») diverses disciplines en sciences humaines et sociales, issues parfois de domaines apparemment fort éloignés, comme l'herméneutique, la philosophie analytique, les sciences cognitives, etc. Au demeurant, cette perspective s'inscrit dans le droit fil de la conception pluridisciplinaire de la recherche, telle qu'elle est menée de longue date dans le Laboratoire de Recherche sur l'Industrie et l'Innovation de l'Université du Littoral et depuis cinq ans au sein du Réseau de Recherche sur l'Innovation.

Introduction générale

Abdelillah Hamdouch, Sophie Reboud
et Corinne Tanguy

*Professeur à l'Université François Rabelais de Tours, Professeure au Groupe
ESC Dijon-Bourgogne et Maître de Conférences à AGROSUP Dijon*

Alors qu'il apparaît de plus en plus central dans les préoccupations de politique industrielle et de compétitivité des économies nationales et régionales face à la compétition mondiale, le rôle des petites et moyennes entreprises (PME) dans les dynamiques d'innovation reste paradoxalement peu étudié et insuffisamment débattu dans la sphère académique. De fait, la connaissance de la réalité des PME, comme celle des dynamiques entrepreneuriales et d'innovation qui les animent de manière spécifique, occupe une place encore restreinte en économie comme dans les sciences de gestion. L'attention prédominante y est généralement focalisée sur l'organisation et la stratégie des seules grandes entreprises, avec des modèles certes sophistiqués, mais qui collent mal à la réalité des PME en général, et des PME innovantes et confrontées à la compétition internationale, en particulier. Le rôle de l'entrepreneur et la diversité de ses manifestations sont également occultées au profit de dynamiques abstraites. Quelle est sa place réelle entre les mesures de politique économique visant à stimuler l'innovation entrepreneuriale et la création effective d'entreprises innovantes ?

Indicateurs et mesures : un biais technologique persistant

Le contexte dans lequel évoluent les PME innovantes est désormais caractérisé par le fait que la principale source de création de richesse réside dans le savoir, les connaissances et l'innovation. L'Union européenne, au sommet de Lisbonne, s'est donné comme objectif de « devenir la première économie fondée sur la connaissance ». Cette orientation implique de pouvoir, d'une part mesurer ce développement, et d'autre part inciter les acteurs à développer des innovations.

Si l'Europe et les pays qui la composent disposent déjà d'un instrument de recueil des données à travers les enquêtes communautaires sur l'innovation (CIS), celles-ci sont essentiellement basées sur les indicateurs traditionnels permettant de mesurer la capacité d'innovation des entreprises : mesures d'inputs et mesures d'outputs, ainsi que les liens entre les deux. Les inputs mesurés sont principalement les dépenses de R&D et le nombre de scientifiques présents ; les outputs sont, quant à eux, appréhendés par le nombre de brevets et de publications scientifiques, ainsi que l'introduction d'innovations et la contribution de l'innovation au chiffre d'affaires des entreprises innovantes.

Bien que ces indicateurs semblent présenter une certaine diversité, ils ont toutefois plusieurs limites : si l'on prend l'exemple du brevet, toutes les innovations ne sont pas brevetées, les différences sectorielles dans l'usage des brevets sont ainsi très importantes, et enfin, toutes les inventions brevetées ne débouchent pas forcément sur une innovation. Cet indicateur est toutefois souvent considéré – en dépit de ses limites – « comme une bonne proxy de l'innovation technologique »[1].

Les grandes entreprises ont réalisé, en 2006, 65 % de la dépense intérieure de R&D contre 18 % pour les entreprises de moins de 250 salariés[2]. Les indicateurs retenus servent alors essentiellement à mesurer l'innovation technologique radicale dans ces entreprises et/ou dans les secteurs high-tech. Pourtant, en dépit de cette différence quantitative en termes de dépenses de R&D, les PME innovent. Mais elles présentent de fortes spécificités : elles ne font généralement pas de R&D sur une base continue[3] mais plus souvent sur une base occasionnelle, en employant des stagiaires ou des doctorants ; elles font des innovations moins radicales que les grandes entreprises, et recourent fréquemment à l'innovation marketing ou à l'innovation organisationnelle. Ainsi, si l'on se contente d'indicateurs mesurant la dépense intérieure de R&D, on sous-estime l'activité globale d'innovation des entreprises, en particulier celle des PME.

Les différences sectorielles entre les dépenses de R&D des entreprises sont également importantes. Ainsi, les entreprises de fabrication d'équipements liés à l'électronique – premier secteur en termes de dépenses – ont-elles octroyé 5,3 milliards d'euros à la R&D en 2005 contre 500 millions pour les Industries Agro-Alimentaires (IAA). Mais ces différences traduisent surtout le regard biaisé porté sur l'innovation (considérée essentiellement sous l'angle technologique), car les IAA

---

[1]   Site internet EUROLIO : http://www.eurolio.eu

[2]   Cpci (2008) : http//www.industrie.gouv.fr/cpci/rapportscpci.htm

[3]   Faire de la R&D sur une base continue suppose d'employer au moins un chercheur équivalent temps plein.

sont bien un secteur innovant, mais essentiellement en organisation et marketing[4].

Ces indicateurs surestiment donc les grandes entreprises ainsi que « les gazelles », les petites start-up très innovantes des secteurs high-tech, en laissant de côté toute l'activité d'innovation des entreprises des secteurs traditionnels, dont la contribution au PIB et à l'emploi est pourtant majeure. Il devient donc de plus en plus nécessaire de mieux mesurer les activités d'innovation organisationnelle, marketing et environnementale[5], sans compter que les indicateurs recherchés doivent être applicables au niveau régional – espace souvent le plus pertinent pour le déploiement des politiques de soutien aux PME innovantes.

Cet ouvrage a précisément pour objet d'explorer et d'illustrer les réalités et enjeux liés aux dynamiques de création et de développement pérenne de PME innovantes. Dans ce cadre, les logiques entrepreneuriales sous-jacentes à ces dynamiques apparaissent cruciales, de même que les politiques d'incitation et de soutien à l'entrepreneuriat innovant aux plans national, régional et local. Cependant, ces dynamiques, logiques et politiques s'articulent et se déploient de manière extrêmement variée dans des contextes sectoriels, territoriaux, institutionnels et culturels spécifiques.

Contexte et systèmes : un soutien parfois invisible

De nombreux États se sont engagés dans un mouvement de délégation aux régions et aux autres collectivités territoriales de nouveaux champs de compétences en matière d'emploi, de développement industriel, d'enseignement ou de recherche (Hamdouch et Moulaert, 2006). Cette évolution redéfinit l'espace et les interactions des institutions en charge de l'innovation (collectivités locales, pouvoirs publics régionaux, administrations nationales et institutions supranationales), et, de ce fait, tend à imbriquer différents niveaux spatiaux dans les politiques en matière industrielle et d'innovation. Dans ce contexte, le territoire régional devient un espace privilégié en tant que cible des politiques d'innovation.

De nombreux travaux récents (cf. par exemple Depret *et al.*, 2010) mettent d'ailleurs bien en évidence la place toujours plus importante des politiques régionales dans la gestion des dynamiques d'innovation. À cet égard, l'échelon régional constitue a priori le maillage le plus efficace pour concevoir une dynamique économique locale à travers la

---

[4]   Mesuré de cette manière, 60 % des entreprises des IAA innovent contre 40 % dans le secteur manufacturier.

[5]   Ce type d'innovation a été inséré dans la version 8 des enquêtes CIS de la Commission européenne.

politique de clusters et de pôles de compétitivité. Depuis la fin des années 1990, la problématique des clusters s'est en effet imposée dans de nombreux pays comme axe central de reconfiguration des politiques de développement industriel et technologique et d'aménagement du territoire. L'idée à la base de cette approche est de favoriser l'agglomération et la collaboration au niveau local d'acteurs complémentaires et/ou rivaux au sein de secteurs d'activité spécifiques et autour de projets d'innovation (Porter, 1998)[6]. Cependant, les retombées des clusters au niveau local sont loin d'être assurées. En effet, le rapport remis à l'Assemblée Nationale en 2009 rendant les conclusions des travaux de la Mission d'évaluation et de contrôle (MEC) sur les perspectives des pôles de compétitivité (Assemblée Nationale, 2009) note une insuffisante mobilisation des PME dans les pôles, notamment dans leurs dispositifs de gouvernance. Ce sont les grandes firmes, notamment multinationales, qui jouent un rôle central au sein des clusters. Elles développent des stratégies de multilocalisation internationale des activités (dont la R&D) et de captation d'effets d'aubaine locaux, avant de procéder, souvent, une fois ces effets épuisés, à des délocalisations (Hamdouch, 2009).

Cette insuffisante mobilisation des PME dans les pôles de compétitivité renforce la tendance « naturelle » des PME à développer des projets en interne et à ne pas recourir aux soutiens publics et, de façon plus générale, à tout mode de collaboration externe. Ces constats mettent en évidence la nécessité et l'urgence qu'il y a à comprendre les spécificités des PME.

Les stratégies d'innovation des PME : entre méfiance et isolement

Les PME et leurs particularités font depuis ces dernières années l'objet de recherches académiques de plus en plus ciblées. Le temps où elles n'étaient considérées que comme des grandes entreprises en modèle réduit, ou comme une masse indistincte de sous-traitants potentiels des grands donneurs d'ordre est révolu. Ainsi que le rappelle Torrès (2003), on est passé de l'étude de l'entreprise de petite taille à celle de la petite entreprise. Selon Julien (1997), les PME présentent certaines caractéristiques récurrentes. Il propose de retenir six spécificités pour mieux cerner la notion de PME : une taille petite, une centralisation de la gestion, une faible spécialisation, une stratégie intuitive ou peu formalisée, un système d'information interne peu complexe ou peu organisé,

---

[6] Pour des éclairages théoriques et empiriques multiples de la problématique des clusters et de la place qu'y occupent les PME innovantes, cf. Forest et Hamdouch (2009).

un système d'information externe peu complexe. Ces éléments servent depuis de référence pour identifier la « nature » de la PME, plus précisément de ce que Julien et Marchesnay (1988) identifient comme étant la « PME classique ».

L'ensemble des PME forme ainsi une réalité caractérisée par une énorme, et difficilement réductible, variété. Parmi ces entreprises, on en trouve qui, bien qu'actives sur des secteurs non spécialement avancés technologiquement, réalisent des innovations parfois modestes, mais dont le développement peut être la source de la pérennité de l'entreprise. C'est typiquement ce type de PME qui n'ose pas répondre aux enquêtes sur l'innovation parce qu'elle ne se perçoit pas comme innovante. Pour autant, il nous paraît important de les caractériser, puis de chercher à « comprendre ensuite tout à la fois les obstacles qu'elles rencontrent dans leur volonté éventuelle d'innover, les facteurs nécessaires à une appropriation de l'innovation, enfin les inadaptations éventuelles pour ces entreprises du système français de soutien à l'innovation » (Futuris, 2004, p. 1).

Dans un monde de rapports de force pas toujours favorables, les PME se tournent le plus fréquemment vers des stratégies de spécialisation, voire de niche, et si certaines engagent des relations de collaboration avec différents types d'acteurs (grandes entreprises, laboratoires de recherche privés ou publics, organismes de soutien, etc.), la plupart se drapent dans un « splendide isolement », méfiantes vis-à-vis de qui chercherait à interférer dans leurs choix stratégiques, ne voulant rien devoir à personne, ou découragées par avance par la complexité qu'elles imaginent être celle des systèmes d'accompagnement. Ces éléments sont très fortement influencés par ce qui est l'un des points clés de la nature de PME : l'influence de la personnalité du dirigeant sur les choix stratégiques opérés par les petites structures.

Structure et contenu de l'ouvrage

Pour aborder ces différents thèmes, l'ouvrage est organisé en trois grandes parties. Tout d'abord, il fait un point sur l'environnement institutionnel de l'entrepreneuriat innovant et du développement des PME innovantes. Il aborde ensuite les formes et les modes de déploiement de l'entrepreneuriat innovant et approfondit enfin, dans différents secteurs, les stratégies des PME et la dynamique de leur innovation.

Première partie. Environnement institutionnel, entrepreneuriat et développement des PME innovantes

Cette première partie de cet ouvrage s'attache à étudier l'environnement institutionnel et les facteurs qui influencent la performance des entreprises innovantes.

Dans le chapitre 1, Sophie Boutillier et Dimitri Uzinidis reviennent sur l'histoire de l'entrepreneuriat et montrent comment, dès la fin des années 1970, avec la crise du « big business », l'entrepreneur est redevenu une « figure moderne ». Ils mettent en relation ce retour en grâce avec une évolution à la fois de la politique économique et de l'image de l'entrepreneur dans la société. Selon eux, cette évolution doit cependant être relativisée, car elle se fait dans un contexte encore très marqué par la toute-puissance des très grandes entreprises, et dans lequel l'entrepreneuriat constitue encore trop souvent une alternative par défaut à l'emploi salarié. Partant de ce constat, ils analysent le concept d'entrepreneur et son évolution dans la théorie économique, ce qui les conduit à remettre en perspective la place que devrait avoir l'État dans la création d'un contexte institutionnel favorable au développement de l'entrepreneuriat.

Dans le chapitre 2, Jean Lachmann revient justement sur ce contexte institutionnel dans le cas français par le biais d'une analyse de la démarche de création des pôles de compétitivité (« clusters à la française ») et du contexte législatif, fiscal et financier dans lequel elle s'est déployée. Il met en évidence la spécificité de l'approche française en matière de création de clusters, et analyse les difficultés de financement des entreprises innovantes, tout particulièrement celles rencontrées par les très jeunes PME cherchant à croître. Il évoque, parmi ces difficultés, la relative discrétion en France du capital-risque et des universités comme partenaires du développement des PME innovantes et en déduit des pistes possibles de recherche sur ces thèmes.

Le chapitre 3, proposé par Christian Poncet, permet d'approfondir cette question du contexte, en particulier financier, de la croissance des PME innovantes. Il pointe du doigt l'illusion que peut représenter l'augmentation du nombre d'acteurs fournisseurs de capital-risque dans un environnement et dans une culture qui ne sont pas prêts à les utiliser. Le premier point discuté dans ce chapitre concerne ainsi la différence entre les modèles nord-américain et européen (notamment français), avec une prise en compte du « poids de l'Histoire » et des spécificités institutionnelles et culturelles dans l'explication des différences fondamentales entre les deux modèles. Dans un second temps, il analyse de manière plus précise le modèle nord-américain pour en discuter l'efficacité. Revenant sur les crises financières récentes, il montre la fragilité de ce modèle due à sa liaison très étroite avec les marchés financiers – dont le caractère spéculatif peut affecter le financement des entreprises alimentées par le venture capital.

Les deux derniers chapitres de cette première partie approfondissent le lien entre innovation et performance des entreprises en ayant en commun la volonté de tester empiriquement cette relation à partir de deux sources de données françaises : la première sur les jeunes entreprises innovantes ; la seconde sur l'ensemble des entreprises françaises de plus de 10 salariés sur la période 1997-2007.

Le chapitre 4, écrit par Emilie-Pauline Gallié et Renelle Guichard, analyse ainsi plus précisément les conditions initiales de la création de jeunes entreprises innovantes en France et leur influence sur le succès de ces entreprises. Retenant un double indicateur de performance (le chiffre d'affaires à 3 et 5 ans, mesurant l'intensité de l'activité, et le taux de mortalité, approximant la durée de vie de l'entreprise), elles étudient à l'aide de modèles économétriques comment les conditions initiales de leur création ont affecté la performance de jeunes entreprises innovantes recensées par le Ministère de la Recherche français. L'un de leurs résultats saillants établit que les jeunes créateurs et les entrepreneurs « entre deux âges » semblent ne pas avoir la même stratégie de développement : les premiers semblent être plus ambitieux et preneurs de risques (les jeunes entrepreneurs parviennent à générer un chiffre d'affaires plus élevé) ; les seconds semblent préférer une stratégie plus sécurisée, mais qui génère moins de chiffre d'affaires. D'autre part, elles montrent que les facteurs explicatifs de l'activité économique de l'entreprise innovante diffèrent en partie de ceux de sa survie. Elles étudient en particulier l'influence du statut juridique sur le chiffre d'affaires et le nombre des entreprises créées, ainsi que celle de leur dotation en capitaux propres initiaux. Elles en déduisent des recommandations en matière de politiques publiques.

Le chapitre 5, proposé par Nadine Levratto, Luc Tessier et Messaoud Zouikri, revient sur l'ensemble des conséquences que peut avoir l'introduction d'une innovation technologique en termes de changement dans une entreprise. Leur travail permet de mettre en évidence l'impact des stratégies d'innovation des entreprises sur la croissance de leur chiffre d'affaires. Cependant, l'intensité de la relation observée dépend à la fois de la période considérée, du rythme d'évolution du chiffre d'affaires et de la taille des entreprises. Il est notamment frappant de constater que les petites entreprises à croissance très rapide ne s'appuient pas forcément sur l'innovation pour renforcer leur trajectoire. Cette conclusion revêt une importance particulière du point de vue des politiques économiques en faveur de l'innovation dans les PME : les incitations financières (crédit impôt recherche, en particulier) ne compensent pas la relative faiblesse des débouchés qui reste la barrière à l'innovation la plus importante.

Deuxième partie. Formes et modes
de déploiement de l'entrepreneuriat et de l'innovation

Cette deuxième partie de l'ouvrage passe en revue les principales évolutions récentes des formes et modes de déploiement de l'entrepreneuriat et de l'innovation : la place des femmes dans la création d'entreprises, le développement de l'intrapreneuriat, le rôle des clusters et de leur mode d'animation, et enfin le rôle primordial des innovations organisationnelles dans les PME – innovations qui n'ont été que très récemment comptabilisées dans les indicateurs habituels d'innovation.

Les deux premiers chapitres s'attachent à étudier la place des femmes dans la création d'entreprises et dans la gestion de jeunes PME.

Le chapitre 6, écrit par Valérie Ballereau, rappelle que ce sujet de l'entrepreneuriat féminin, étudié depuis longtemps dans les pays anglo-saxons, est peu analysé en France. Elle revient tout d'abord dans ce chapitre sur la réalité économique de l'entrepreneuriat des femmes avant de dresser un panorama général de la recherche académique sur ce thème. Cette revue de littérature fouillée lui permet de montrer les limites d'une approche exclusivement fondée sur le genre, prisme qui était sans doute nécessaire il y a une vingtaine d'années, mais qui s'avère moins prioritaire aujourd'hui. Les femmes entrepreneurs françaises sont finalement surtout des entrepreneurs comme les autres et les principales difficultés qu'elles rencontrent – problèmes administratifs, freins culturels, peur du risque et de l'échec, manque d'idées et d'innovation – ne sont en effet pas spécifiques au genre de l'individu. Ainsi, c'est bien le thème de l'entrepreneuriat en France (en s'intéressant ou non à la variable genre parmi d'autres) qui doit rester une priorité afin de comprendre la complexité du processus, et offrir, via des politiques et mesures appropriées, des conditions plus favorables au développement de ce type de choix professionnel tant pour les hommes que pour les femmes.

Dans le chapitre 7, Anna Nikina, Lois Shelton et Séverine Le Loarne approfondissent, à un niveau plus micro (cas d'entrepreneurs féminins), les conséquences de ce développement de l'entrepreneuriat féminin sur les couples et l'image que les époux se font de leurs rôles respectifs. S'appuyant sur la théorie du contrat psychologique, elles mettent en évidence le rôle prédominant des stéréotypes / idéologies dans la construction des rôles de chacun des deux époux, en particulier sur le thème de la gestion du rapport vie professionnelle - vie privée. Elles présentent dans une deuxième partie les résultats d'une recherche exploratoire menée dans les pays scandinaves – parmi les plus avancés au monde en matière de promotion du rôle de la femme dans la société et l'économie – et montrent la survie des stéréotypes « classiques » sur les modifications d'identité perçues par le conjoint masculin, et sur son délicat soutien dans la démarche entrepreneuriale de sa femme. La conclusion propose des implications managériales pour stimuler l'entrepreneuriat féminin dans les pays scandinaves et, plus généralement, en Europe, implications qui reposent sur un travail de modification des idéologies et de la vision des tâches du couple au sein du foyer.

Dans le chapitre 8, Céline Merlin-Brogniart étudie le concept d'intrapreneuriat, popularisé par Pinchot (1985), et la place de ce phénomène dans les services publics français, en particulier les services publics marchands en réseau. Rappelant les bouleversements connus par ces activités durant les dernières années (en particulier la déréglementation de leurs marchés et le développement de la concurrence), elle montre que l'innovation s'impose comme une condition de survie. Ceci l'amène à se demander si, d'une part, les services publics marchands en réseau, du fait de leur taille et de leur caractère à la fois industriel et commercial, ont pu disposer à certains moments des ressources leur permettant de mener de telles démarches, et si, d'autre part, les changements organisationnels vécus par ces entreprises ont favorisé l'émergence en leur sein de pratiques intrapreneuriales. Après avoir précisé les frontières du concept, elle analyse les avantages et les inconvénients potentiels des services publics marchands en réseau pour développer (ou au contraire freiner) des pratiques intrapreneuriales et illustre ces possibilités dans le cas de La Poste.

Dans le chapitre 9, Catherine Remoussenard et Jean-Guillaume Ditter s'interrogent, quant à eux, sur la démarche, le rôle et les compétences en matière de leadership de l'animateur dans le cadre d'une innovation organisationnelle majeure qu'est la constitution d'un cluster. Ils approfondissent ainsi le concept de système productif local ou « cluster », devenu, comme le soulignait Jean Lachmann dans le chapitre 2 de cet ouvrage, une référence de la politique économique régionale en France. Après avoir rappelé les fondements économiques de ces concepts et les avoir différenciés d'autres concepts proches comme les districts industriels italiens, ils montrent que cette forme nouvelle d'organisation suppose des mécanismes de pilotage et d'animation spécifiques, mettant ainsi en lumière le rôle de son animateur qui devient un leader du changement, ou « interpreneur ». Ils reviennent ainsi sur les concepts de changement organisationnel et leadership du changement, ainsi que leur application en matière d'analyse des clusters et de leurs animateurs. Ils illustrent l'importance de ces questions sur la base de deux études de cas dans le secteur de l'éco-construction.

Enfin dans le chapitre 10, Michel Martin et Corinne Tanguy s'intéressent aux interrelations entre les innovations technologiques et organisationnelles et leur rôle essentiel dans la réussite des projets d'innovation. En prenant appui à la fois sur l'enquête communautaire sur l'innovation (CIS4) et sur des enquêtes directes dans des PME agro-alimentaires, ils montrent que dans le cadre de leur politique d'adaptation, ces entreprises innovent, au niveau organisationnel ou technologique, par une succession de modifications mineures pour résoudre leurs problèmes en fonction des urgences. Ils constatent que les petites entreprises mettent en place fréquemment des innovations orga-nisationnelles comme si elles devaient au préalable, pour se développer, faire évoluer impérativement leur organisation. Cette évolution organi-sationnelle passe essentiellement par des modifications de l'organisation du travail et, dans une moindre mesure, par des processus de codifica-tion des savoirs. Par contre, ces PME recourent peu à des partenaires externes et ne font pas évoluer leurs modes de collaboration de façon majeure.

Troisième partie. Stratégie des PME et innovation

La dernière partie de l'ouvrage approfondit les liens entre stratégie des PME et innovation, et illustre ainsi la diversité des problématiques organisationnelles et stratégiques que l'innovation soulève « en interne » au sein des PME comme au niveau des faisceaux de relations qu'elles entretiennent avec d'autres acteurs clés de leur « filière » ou de leur « écosystème » productif.

Ainsi, dans le chapitre 11, Blandine Laperche et Gilliane Lefebvre rappellent que, même si la coopération a toujours été un élément clé du processus d'innovation, c'est à partir du milieu des années 1980, avec la globalisation de l'économie et la mise en place de réseaux d'innovation associant groupes, petites entreprises et recherche académique, que le modèle global d'innovation ouverte (« open innovation ») (Chesbrough, 2003) s'est progressivement renforcé. L'idée centrale dans ce modèle est que c'est au sein de réseaux de coopération scientifique et technologique qu'une partie croissante du capital-savoir des entreprises – c'est-à-dire l'ensemble des informations et connaissances produites et acquises par l'entreprise pour innover – se construit et se diffuse. Dans ce cadre, les auteures étudient la question originale de la place et du rôle joué par les petites entreprises dans la constitution du capital-savoir des grands groupes. Elles le font à la fois sur la base d'une revue de la littérature et des résultats d'une enquête menée au cours des années 2009 et 2010 sur le capital-savoir d'un échantillon de groupes industriels importants en

France. Il ressort de l'analyse menée que les relations entre groupes industriels et petites entreprises innovantes permettent généralement, d'une part, l'intégration de technologies pointues ou se situant hors des champs habituels des groupes et, d'autre part, un gain en termes de temps et de coût d'innovation. Les auteures montrent également que tous les groupes enquêtés s'inscrivent dans les politiques d'innovation impulsées par l'État et l'Europe – politiques auxquelles ils participent activement –, les pôles de compétitivité créant en particulier les conditions d'émergence de partenariats entre groupes, PME et recherche académique.

Dans le chapitre 12, Christine Belin-Munier examine ces questions liées au mode de coopération entre PME et grands groupes en adoptant un autre point de vue, celui de la logistique et de la Supply Chain Management (SCM). L'objectif de ce chapitre est d'identifier en quoi l'innovation peut s'appuyer sur la chaîne logistique et sa gestion, et dans quelle mesure cette innovation implique les PME. Afin que les alliances au sein de cette chaîne de valeur puissent servir les stratégies d'exploitation et d'exploration en termes d'innovation, il faut que les entreprises, quelle que soit leur taille, diversifient les formes à la fois des liens servant de support à ces alliances et des types de partenaires privilégiés. Il faut également qu'elles intègrent dans leur approche le niveau d'incertitude dans leur prise de décision, les potentiels de ressources des membres et le type d'innovation exploité ou exploré. Plusieurs études montrent ainsi l'impact positif de la SCM sur l'innovation, à condition, toutefois, que ce management soit adapté aux différents types de fournisseurs, à l'orientation stratégique des entreprises, et, spécifiquement, pour les PME, que l'environnement ne soit pas trop incertain. L'auteure rappelle cependant que peu d'études empiriques portent exclusivement sur les PME et qu'il conviendrait donc de développer ce type de recherches, notamment en incluant la notion de pouvoir et le risque d'appropriation des innovations par certains membres de la chaîne logistique.

C'est justement à cet enjeu d'analyse empirique qu'Edwige Dubos-Paillard et Christine Belin Munier se consacrent dans le chapitre 13, puisqu'elles étudient l'innovation dans la sous-traitance sur la base d'une enquête de 2008 concernant le rapport à l'innovation des établissements de cinq filières jugées stratégiques en Franche-Comté (automobile, microtechnique, plasturgie, agroalimentaire et bois). Dans les questionnaires proposés aux petites entreprises spécialisées dans la sous-traitance, elles ont préféré parler de « formes d'adaptation à l'évolution des marchés » et ne pas utiliser le terme « innovation », car ce dernier est associé, trop souvent encore, par les chefs de petites et moyennes entreprises, à l'innovation technologique de rupture. Les résultats montrent que le phénomène de sous-traitance est très présent dans l'automobile, les microtechniques et la plasturgie. Après avoir présenté les déterminants ayant conduit au développement de la sous-traitance, les auteures proposent d'appréhender les profils des sous-traitants, leur rapport à l'innovation, leurs moyens de se tenir informés de l'évolution des marchés et les obstacles rencontrés en matière d'innovation.

Comme le soulignent Sophie Reboud et Tim Mazzarol dans le chapitre 14, si l'innovation des PME est un objet de plus en plus étudié et constitue un sujet de préoccupation croissant de tous les gouvernements du monde, l'essentiel de l'attention se focalise néanmoins plutôt sur les PME de haute technologie ou à croissance très rapide, type « Gazelle » ou « Born Global ». Plus récemment, l'attention s'est portée en France sur les très grandes PME et les « ETI » (entreprises de taille intermédiaires). L'originalité du travail présenté dans ce chapitre est précisément de se pencher aussi sur des PME moins avancées technologiquement ou moins remarquables, des PME « ordinaires », en abordant la question de leur management du processus d'innovation et celle de la commercialisation de leurs innovations.

Enfin, s'appuyant, d'une part, sur une brève revue de « revues » de la littérature sur les spécificités des PME en matière de Responsabilité Sociale (et environnementale) de l'Entreprise (RSE), et, d'autre part, sur les liens que la RSE est susceptible d'entretenir avec l'innovation dans les PME, le dernier chapitre de cet ouvrage, proposé par Marc Ingham, Abdellilah Hamdouch et Marc-Hubert Depret, s'intéresse aux opportunités offertes par la RSE pour les PME. Le chapitre vise à cerner les contours et les implications stratégiques de l'innovation responsable. Il tente d'en conceptualiser les fondements et les dimensions, avant d'en dessiner les formes et les conditions d'appropriation par les entreprises en général, et les petites et moyennes entreprises (PME) en particulier. Les auteurs montrent ainsi que l'« innovation responsable » représente pour les PME une voie d'engagement stratégique particulièrement prometteuse, comme l'illustre, par exemple, le cas des applications domotiques.

Perspectives

Au total, les différentes contributions réunies dans cet ouvrage apportent des éclairages certes partiels, mais suffisamment variés et appliqués à des problématiques et des contextes se situant au cœur des dynamiques entrepreneuriales et d'innovation des PME pour permettre d'avancer réellement dans la compréhension de ce qui en fait la spécificité. Elles ouvrent également, chacune à sa manière, sur des pistes et perspectives d'investigations théoriques et empiriques stimulantes pour poursuivre dans cette voie de recherche.

La variété des dynamiques entrepreneuriales et d'innovation devrait ainsi être affinée en approfondissant les distinctions entre TPE, PE et entreprise de taille intermédiaire, entre secteurs d'intensités technologiques différenciées, entre innovations technologiques et « non technologiques », etc.

De même, l'analyse des facteurs liés au contexte institutionnel, aux échelles territoriales et à la nature des politiques publiques engagées, ainsi que de leur impact sur les dynamiques entrepreneuriales et d'innovation caractérisant les PME, devrait être poussée dans au moins deux directions. D'une part, au niveau de la spécification des « écosystèmes » (secteurs, filières, espaces productifs régionaux et locaux, etc.) dans lesquels prennent place ces dynamiques. D'autre part, en termes de comparaisons internationales qui permettraient de mieux cerner la spécificité des environnements « culturels » a priori les plus favorables à l'entrepreneuriat et au développement des PME innovantes.

Enfin, la nature intime de l'innovation et des démarches organisationnelles et stratégiques qu'elle recouvre dans le contexte des PME reste très largement une « Terra incognita » pour les chercheurs comme pour les décideurs politiques et économiques. De fait, les multiples « figures » (culturelles, ethniques, sociales, familiales, « militantes », etc.) de l'entrepreneuriat sont aujourd'hui encore insuffisamment documentées. De même, les formes de création d'entreprises innovantes (entrepreneuriat individuel ou partenarial, valorisation de la recherche académique, essaimage, etc.) restent peu étudiées en dehors des domaines de haute technologie. Les PME « ordinaires » (Mazzarol et Reboud, 2009), comme l'entrepreneuriat social (Hamdouch *et al.*, 2009), qui sont pourtant d'importants pourvoyeurs d'activités, d'emplois et d'innovations (organisationnelles, commerciales, sociales, environnementales, etc.), sont ainsi souvent méconnus ou sous-estimés. Parallèlement, les spécificités, chevauchements et conflits potentiels qui sous-tendent les démarches d'innovation des PME (logiques managériale, entrepreneuriale, patrimoniale, etc. ; innovation « en vase clos » versus « innovation ouverte » ou partenariale ; innovation « contrainte » – imposée par la réglementation, les donneurs d'ordre, les financeurs, etc. – versus innovation « choisie ») constituent une dimension qui reste également peu étudiée alors qu'elle pourrait sans doute expliquer, au moins en partie, les trajectoires d'innovation et de développement de bon nombre de PME. Enfin, l'analyse des mécanismes de coordination et de gouvernance, ainsi que des formes de collaboration dans le contexte des entreprises innovantes (cf. Hamdouch, Laperche et Munier, 2008), doit également faire l'objet d'études plus précises dans le cas spécifique des PME.

C'est donc au moins autant par ce que les différents chapitres apportent à la connaissance de « la PME par l'innovation » et de « l'innovation par la PME » qu'au travers de l'identification de ce qui limite notre compréhension actuelle de ces phénomènes que cet ouvrage tente d'éclairer le lecteur, qu'il soit chercheur, décideur économique, responsable politique ou, pourquoi pas, potentiel créateur d'entreprise. Si, comme on l'entend souvent dans les discours ambiants, le triptyque « entrepreneuriat - innovation - développement des PME » constitue probablement « l'avenir de l'économie », notre conviction est que c'est en démêlant l'écheveau des mythes et des réalités, des croyances et des faits établis, des ambitions affichées et des engagements effectifs et praticables qui entourent ces phénomènes que les chercheurs peuvent contribuer à en clarifier les contours et les enjeux. Telle est, même de manière modeste, l'ambition du présent ouvrage.

Références

Assemblée Nationale (2009), Conclusions des travaux de la Mission d'évaluation et de contrôle (MEC) sur les perspectives des pôles de compétitivité, 279 p.

Chesbrough H. (2003), Open Innovation: The new imperative for creating and profiting from technology, Harvard Business School Press, Cambridge (MA).

Depret M.-H., Hamdouch A., Monino J.-L. et Poncet C. (2010), « Politiques d'innovation, espace régional et dynamique des territoires : Un essai de caractérisation dans le contexte français », Innovations – Cahiers d'Économie de l'Innovation, 33, novembre, pp. 85-104.

Forest J. et Hamdouch, A. (Eds.) (2009), « La problématique des clusters : Éclairages analytiques et empiriques », Revue d'Économie Industrielle, Numéro Spécial, 128, 4ᵉ trimestre.

Futuris (2004), « 6.B - Les PME dites non innovantes. Les conditions de l'innovation », Association Futuris, Paris.

Hamdouch, A. (2009), « Les clusters et la géographie économique locale – Mythes, réalités et enjeux », La Vie de la Recherche Scientifique, 379, décembre, pp. 24-27.

Hamdouch A., Alenei O., Laffort B. et Moulaert F. (2009), « Les organisations de l'économie sociale dans la métropole lilloise : vers de nouvelles articulations spatiales ? », Revue Canadienne des Sciences Régionales / Canadian Journal of Regional Science, 32 (1), pp. 85-100.

Hamdouch A., Laperche B. et Munier F. (Eds.) (2008), « Dynamics of Innovation and New Forms of Organisation and Governance of the Firm », Journal of Innovation Economics, Special Issue, 2, December.

Hamdouch A. et Moulaert F. (2006), « Knowledge Infrastructures, Innovation Dynamics and Knowledge Creation/Diffusion/Accumulation Processes: A Comparative Institutional Perspective », Innovation: The European Journal of Social Science Research, 19 (1), pp. 25-50.

Julien P. A. (Ed.) (1997), Les PME : Bilan et perspectives, Economica, Paris.

Julien P.-A. et Marchesnay M. (1998), La petite entreprise, Éditions Vuibert, Paris.

Pinchot G. (1985), Intrapreneuring, why you don't have to leave the corporation to become an entrepreneur, Harper and Row Publishers, New York.

Porter M. E. (1998), « Clusters and the New Economics of Competition », Harvard Business Review, November-December, pp. 77-90.

Mazzarol T. et Reboud S. (2009), The Strategy of Small Firms: Strategic Management and Innovation in the Small Firm, Edward Elgar, Cheltenham.

Torrès O. (2003), « Petitesse des entreprises et grossissement des effets de proximité », Revue Française de Gestion, 144, pp. 119-138.

Première partie

Environnement institutionnel, entrepreneuriat et développement des PME innovantes

Chapitre 1

De la société salariale à la société entrepreneuriale

Logiques de création d'entreprise, innovation et emploi

Sophie BOUTILLIER et Dimitri UZUNIDIS

*Maître de Conférences et directrice des recherches en économie
à l'Université du Littoral Côte d'Opale et enseignant-chercheur
à l'Université du Littoral et Professeur à l'Université de Crète*

Introduction

Dès la fin des années 1970, avec la crise du « Big Business », l'entrepreneur est redevenu moderne. Ce retour de l'entrepreneur en tant que figure phare de la croissance économique s'est opéré selon deux voies : par les politiques publiques d'aide à la création d'entreprise, ainsi que par les nouvelles stratégies d'assouplissement et d'externalisation des grandes entreprises ; et par la médiatisation tous azimuts de l'image de l'entrepreneur en mettant en exergue la réussite spectaculaire de quelques figures récentes du monde des affaires. Le capitalisme d'aujourd'hui reste cependant managérial (et non entrepreneurial). Il est constitué par de grandes entreprises cotées sur le marché boursier et par un salariat de masse. Entre la fin des années 1970 et le début des années 2000, l'emploi salarié a poursuivit sa progression : représentant environ 70 % de l'emploi total pendant les années 1970, il s'élève à l'heure actuelle à environ 90 % de l'emploi dans les pays industrialisés. Mais, le salariat s'est aussi transformé avec la multiplication des emplois intérimaires ou bien encore des contrats à durée déterminée (Hernandez et Marco, 2008 ; Supiot, 2010). L'incertitude et le risque ne sont plus l'apanage exclusif de l'entrepreneur, mais aussi du salarié dans un contexte de chômage élevé. D'un autre côté, la création d'entreprise constitue une alternative (risquée) à l'absence d'emploi, l'objectif des politiques publiques étant de faciliter le passage de l'emploi salarié à l'entrepreneuriat et inversement, comme l'atteste par exemple en France la loi d'initiative économique de 2003 ou plus récemment la loi sur l'auto-entrepreneur (2009)[1]. Est-ce parce que les entreprises tendent à s'écarter du modèle de la production de masse pour laisser s'épanouir la créativité individuelle qu'il devient possible de parler de l'épanouissent d'une société entrepreneuriale (Audretsch, 2006, 2007) ?

Pour mener à bien notre réflexion, nous procéderons de la manière suivante : nous commencerons par définir ce que nous nommons l'« équation entrepreneuriale » : entrepreneur = incertitude + risque + innovation + politique publique. Nous montrerons en partant des travaux des économistes fondateurs de la théorie de l'entrepreneur (Cantillon, Say, Schumpeter, Hayek, Mises, Kirzner, notamment), que l'entrepreneur est l'agent économique qui agit dans un contexte d'incertitude, soulignant ainsi la prise de risques. L'innovation (techno-logique et sociale) est un moyen de création et permet de contourner l'incertitude en créant de nouvelles sources de profit. L'État, en tant que réducteur d'incertitude par le biais d'une politique de soutien de l'offre ou de la demande, joue toujours un rôle fondamental en faveur de l'activité entrepreneuriale. L'objectif n'est pas de promouvoir une économie de petites entreprises, mais d'une part de créer un cadre institutionnel propice au développement des affaires pour favoriser l'épanouissement de la créativité, d'autre part de faciliter le passage de la situation de salarié à celle d'entrepreneur, (et inversement) pour lutter contre le sous-emploi.

Quel rôle joue l'entrepreneur aujourd'hui ? Est-il un faiseur de pro-jets (Bentham) ? Le révolutionnaire de l'économie (Schumpeter) ? Ou bien un découvreur d'opportunités dans un environnement économique incertain (Hayek, Kirzner) ? Tout individu est-il susceptible de devenir entrepreneur (Mises) ? Ou bien est-il le chaînon manquant entre la science et l'industrie (Audretsch) ? Quelles sont les caractéristiques de la société entrepreneuriale où des entreprises de toute nature (entreprises individuelles, SARL, société anonyme ou même des coopératives) percent dans le sillon des grandes entreprises dans des secteurs d'activités très variés (technologies de pointe, services à la personne, construction, ou commerce de détail) (section 1) ? Quels sont les moyens mis en œuvre par l'État pour favoriser la création d'entreprises pour à la fois créer des emplois, favoriser l'éclosion d'innovations, mais aussi pour recréer du lien social en partie dissolu par la précarisation du salariat (section 2) ? Quels en sont les résultats en termes de qualité du

---

[1] L'auto-entrepreneur est un travailleur qui vend sur le marché des prestations qu'il exécute lui-même. Il est à la fois patron et salarié au regard de la loi.

climat des affaires ? Comment évaluer la société entrepreneuriale ? Devient-on entrepreneur par nécessité ou bien par opportunité dans cette société entrepreneuriale naissante (section 3) ?

1. Quelle société entrepreneuriale ? Approches théoriques

1.1. L'entrepreneur d'hier et d'aujourd'hui

Entrepreneur = incertitude + risque + innovation

R. Cantillon, J.-B. Say et J.A. Schumpeter (Boutillier et Uzunidis, 1995, 1999, 2003, 2006, 2009, 2010) sont les pères fondateurs de la théorie économique de l'entrepreneur, leurs écrits forment un corpus théorique d'où nous tirons l'équation entrepreneuriale ci-dessus. Pour le premier, il est l'agent économique qui supporte le risque inhérent à l'économie de marché. Pour le deuxième, il est l'intermédiaire entre le savant qui produit la connaissance et l'ouvrier qui l'applique à l'industrie. Pour le troisième, enfin, il est l'agent économique porteur de changement technique et industriel en réalisant de nouvelles combinaisons de facteurs de production. À ces travaux, s'ajoutent ceux de F. Hayek, L. von Mises et I. Kirzner. Hayek et Kirzner remettent en question l'hypothèse walrasienne de transparence du marché (Hayek) et définissent l'entrepreneur comme un découvreur d'opportunités, non comme un créateur d'opportunités (Kirzner). D'une manière ou d'une autre, l'entrepreneur personnifie un capitalisme industriel en expansion, la dynamique du mouvement des affaires. Mais, aujourd'hui, loin des temps héroïques de la première révolution industrielle, dans un capitalisme de grandes entreprises dominant le marché mondial, le rôle de l'entrepreneur est de tenter de se faufiler dans les interstices vierges du marché : faire fortune, court-circuiter le mécanisme de reproduction des élites, en se faisant sa place. John Rockefeller, Marcel Bich, Henry Ford, et plus près de nous Bill Gates, Mark Zuckerberg ou Sergey Brin et Larry Page (Boutillier et Uzunidis, 2010)... font rêver de jeunes ambitieux. Partis de rien (ou de presque rien), ils ont bâti des empires industriels en très peu de temps.

À partir des années 1980, l'entrepreneur redevient un sujet d'intérêt, alors qu'à la fin de la décennie 1960, Baumol (1968) écrivait qu'il ne constituait plus un sujet d'analyse pour les économistes au profit des managers. Dans les années 1960, A. Touraine (2000) montre que le changement social ne vient pas des masses, mais de groupes sociaux minoritaires. On peut par conséquent considérer que l'émergence progressive depuis le début des années 1980 d'entrepreneurs innovateurs nouveaux est en partie le résultat d'un changement social (Chiapello et Boltstanski, 1999). Le capitalisme s'est renouvelé depuis les années

1980 en intégrant des valeurs d'autonomie, de créativité et d'épanouissement personnel issues des mouvements sociaux de la fin des années 1960. La concurrence peut ainsi être conçue non comme l'affrontement de deux entrepreneurs rivaux, mais comme une « procédure de découverte » (Kirzner, 2005) des informations nécessaires à la prise de décision, source de créativité.

L'entrepreneur hayekien (Hayek, 1994) contrairement à son homologue walrasien, ne prend pas de décisions dans un environnement économique transparent. Hayek explique en substance que la somme des connaissances de tous les individus n'existe nulle part de manière intégrée. Les agents économiques prennent des décisions dans un contexte d'incertitude. Cette caractéristique explique à elle seule la créativité du capitalisme.

Les entrepreneurs sont la force motrice du marché. L. von Mises (2004) les définit comme une sorte d'intermédiaire entre les protagonistes agissant sur le marché. D'où l'accent mis sur les rapports de concurrence. Il définit ainsi les entrepreneurs comme « des gens qui cherchent à obtenir un profit en tirant parti de différences dans des prix. Plus rapides dans leur compréhension et voyant plus loin que les autres hommes, ils cherchent autour d'eux des sources de profit. Ils achètent où et quand ils estiment les prix trop bas, et ils vendent où et quand ils estiment les prix trop élevés. Ils s'adressent aux propriétaires de facteurs de production, et leur concurrence fait monter les prix de ces facteurs jusqu'à la limite qui correspond à leur anticipation des prix des futurs produits. Ils s'adressent aux consommateurs, et leur concurrence pousse des prix des biens de consommation vers le bas jusqu'au point où toute l'offre est la force motrice du marché de même que c'est la force motrice de la production » (Mises, 2004, p. 150). Un même individu peut combiner les fonctions d'entrepreneur, de propriétaire, de capitaliste et de travailleur. Mais, quelle est la fonction spécifique de l'entrepreneur ? « La fonction spécifique de l'entrepreneur consiste à déterminer l'utilisation des facteurs de production. L'entrepreneur est l'homme que les consacre à des fins spécifiques » (Mises, 2004, p. 151). Son objectif est purement égoïste, il est de s'enrichir, mais il ne dispose pas d'une entière liberté d'action car « il ne peut échapper à la loi du marché » (*ibid.*), de plus il « ne peut réussir qu'en servant au mieux les consommateurs. Son profit dépend de l'approbation de sa conduite par les consommateurs » (*ibid.*).

Comme pour Schumpeter (1935, 1979), et bien d'autres économistes avant lui, l'entrepreneur n'est pas incarné dans un individu. « L'économie, en parlant des entrepreneurs, n'a pas en vue des hommes, mais une fonction particulière » (*ibid.*). En définissant cette fonction, l'objectif de l'économiste n'est pas de définir un groupe ou une classe particulière d'hommes, cette fonction est propre à chaque action. En cherchant à incarner l'entrepreneur dans un personnage imaginaire, c'est recourir à un « subterfuge méthodologique ». Pour Mises, tout le monde peut être entrepreneur. Mais, qu'il soit travailleur, consommateur ou entrepreneur, tous les agents économiques sont conduits dans le cadre de l'économie capitaliste à effectuer des arbitrages sur les prix. L'identité de la fonction entrepreneuriale réside dans le fait que l'entrepreneur gagne le profit ou supporte la perte.

L'activité entrepreneuriale peut aussi être perçue comme la découverte d'opportunités de profit que les autres individus n'avaient pas découvertes auparavant. Dans ces conditions, le profit de l'entrepreneur est la récompense obtenue en partie par hasard et grâce à son habileté à anticiper la manière dont les individus vont réagir face au changement. Kirzner (1973) refuse la problématique de la maximisation du profit. Ou, plutôt, l'entrepreneur n'est pas seulement un agent calculateur, c'est aussi un agent économique attentif aux opportunités. L'entrepreneur kirznerien, contrairement à son homologue schumpetérien, ne crée rien de nouveau, mais est un découvreur d'opportunités qui existent déjà. Les opportunités de profit naissent du déséquilibre, non de l'équilibre. L'entrepreneur doit être vigilant pour détecter puis exploiter les opportunités de profit qui peuvent se présenter. L'entrepreneur se présente donc comme l'agent économique qui exploite l'ignorance et révèle l'information. Il met ainsi en évidence la « vigilance entrepreneuriale », qui se définit comme une sorte capacité particulière des entrepreneurs à acquérir l'information de façon spontanée. Kirzner rejette fondamentalement le modèle de la concurrence pure et parfaite, mais également la théorie de J.A. Schumpeter. Pour Kirzner, seule l'action entrepreneuriale peut conduire à l'équilibre : « Dans le développement économique aussi, l'entrepreneur doit être considéré comme répondant aux opportunités, plutôt que comme les créant ; comme capturant des occasions de profits, plutôt que comme les générant » (Kirzner, 2005, p. 58). Il remet ainsi en question le mythe du self-made-man en montrant implicitement que la réussite entrepreneuriale n'est pas fonction des seules qualités intrinsèques d'un individu aussi exceptionnel soit-il. Hayek, Mises et Kirzner suggèrent ainsi que l'entrepreneur n'est pas un être hors du commun, mais que tout individu peut le devenir s'il fait preuve d'imagination. Les barrières sociales et économiques ne sont donc pas imperméables, d'où l'extraordinaire capacité de renouvellement du capitalisme. Mais, est-ce vraiment si facile ?

Pourquoi entreprendre ? Par nécessité ? Par opportunisme ? Casson (1991) définit quatre raisons d'entreprendre et cherche à évaluer la réussite potentielle de l'individu de façon beaucoup plus concrète : i) on devient entrepreneur parce qu'il n'y a pas d'emploi vacant. En d'autres termes, créer son entreprise constitue la seule issue à une situation de chômage, laquelle est provoquée par les organisations syndicales qui ont imposé un taux de salaire trop élevé pour les employeurs ; ii) l'individu peut refuser d'être placé sous le contrôle d'un supérieur qui lui imposera une tâche ou une autre indépendamment de ses propres aspirations ; iii) l'individu peut rechercher un emploi à temps partiel, comme complément de rémunération, ou devenir entrepreneur, en complément d'une activité salariée, comme un passe temps ; iv) la raison principale qui conduit un individu à devenir entrepreneur est qu'il trouvera ainsi l'autonomie nécessaire pour exploiter ses talents.

Parmi les quatre arguments développés par M. Casson, le quatrième est le seul positif. Les trois premiers sont le reflet d'aspirations négatives. L'individu agit alors en qualité d'« employeur en dernier recours » pour lui-même et il y a peu de chances pour qu'il réussisse pour les raisons suivantes : i) un individu qui considère qu'il est difficile de trouver un emploi dans une situation de concurrence, ou de conserver un emploi une fois qu'il l'aura obtenu, n'aura vraisemblablement pas les qualités personnelles requises pour réussir dans les affaires ; ii) un individu qui ne supporte pas d'être employé ne sera vraisemblablement pas capable d'employer d'autres personnes, limitant ainsi très rapidement les possibilités de croissance de son entreprise ; iii) un individu qui souhaite travailler comme il l'entend ne fournira certainement pas aux clients la qualité de service qu'ils attendent, ce qui limite les chances de survie de son entreprise ; iv) on peut également penser qu'un entrepreneur sans expérience de salarié sera sérieusement pénalisé. Pour réussir, il est souhaitable de commencer comme salarié. Les salariés peuvent apprendre le métier de leur employeur, avant de s'y lancer. Ils peuvent mettre à profit l'expérience positive ou négative acquise dans l'entreprise de leur employeur. Il existe par conséquent un lien très étroit entre la condition de salarié et celle d'entrepreneur dans la mesure où la première peut constituer une espèce de tremplin pour devenir entrepreneur. L'analyse de Casson fait émerger un entrepreneur par nécessité qui tranche singulièrement avec le lyrisme des économistes fondateurs de la doctrine.

1.2. Pour une société entrepreneuriale

Pourtant, pendant les années 2000, D. Audretsch (2006, 2007 ; voir aussi Facchini, 2006, 2007 ; Facchini et Konning, 2008) pronostique la transformation radicale du capitalisme, celui-ci devenant entrepreneurial et non plus managérial. Il ne s'agissait pas cependant pour Audretsch (2006) d'imaginer un monde de petites entreprises, mais d'envisager l'épanouissement d'une nouvelle organisation économique et sociale laissant plus de place à l'initiative individuelle et à l'imagination, tout en mettant l'accent sur la dynamique de petites entreprises innovantes. Aussi, le rôle de l'État a changé puisqu'il s'agit de créer des conditions favorables à l'épanouissement de l'initiative individuelle et de l'esprit d'entreprise.

Audretsch (1995, 2007) discute la réalité actuelle du capitalisme managérial galbraithien et conteste en substance le rôle que Galbraith laisse à l'entrepreneur, sorte de figure en décomposition. Pour Audretsch, l'entrepreneur joue un rôle clé dans la dynamique du capitalisme en matière d'innovation, en osmose avec Say qui définissait l'entrepreneur comme l'agent intermédiaire entre le savant qui produit la connaissance et l'ouvrier qui l'applique à l'industrie. Il oppose le capitalisme des années 1945-1970 au capitalisme contemporain, et distingue d'une part le taylorisme et le fordisme de la grande entreprise, la production de masse et le développement de l'emploi salarié, d'autre part ce qu'il nomme la société entrepreneuriale qui, dans un contexte international marqué par la remise en cause des rapports concurrentiels (industrialisation d'une vaste partie du monde, montée de la Chine, du Brésil et de l'Inde), se caractérise par la création d'une pléthore de petites entreprises innovantes. Les créateurs de ces nouvelles entreprises tirent profit des opportunités d'investissement (au sens kirznerien du terme) que les autres entrepreneurs n'ont pas détectées. La société qui apparaît progressivement à partir de la fin des années 1970 est plus créative et permissive. La globalisation n'a pas entraîné la disparition des petites entreprises, au contraire (comme en témoigne le phénomène des start-up dans maints secteurs d'activité), pour deux raisons majeures qui ont trait d'une part au déclin des grandes entreprises, d'autre part à l'émergence de l'économie de la connaissance : i) les grandes entreprises (c'est-à-dire les entreprises de plus de 250 salariés) (Hecquet, 2010) présentes dans les industries manufacturières traditionnelles ont perdu de leur compétitivité dans les pays industriels (où les salaires sont élevés) ; ii) les petites entreprises se sont en revanche développées dans de nouveaux secteurs d'activité grâce à l'émergence de technologies nouvelles.

Les grandes entreprises ne sont donc pas appelées à disparaître, pour laisser place à des entreprises de plus petite taille, car les conditions d'entrée sur un marché diffèrent selon le secteur d'activité (plus ou moins intensif en capital et/ou en savoirs). Audretsch (2006) souligne bien que les grandes entreprises sont plus innovantes que les petites (en termes d'investissements en recherche-développement, de brevets, etc. ; voir par exemple Bouvier, 2010), car les premières possèdent de grands laboratoires et consacrent des moyens financiers et humains importants pour la recherche-développement. Mais, si cette affirmation est vérifiée globalement, le constat n'est pas le même selon le secteur d'activité. Les petites entreprises ont lancé des innovations significatives dans l'industrie informatique ou celle des instruments de contrôle. En revanche, les grandes entreprises de l'industrie pharmaceutique et de l'aéronautique sont particulièrement innovantes. Pourtant, des entreprises ne faisant pas ou peu de recherche-développement, sont parfois innovantes. Comment expliquer que de petites entreprises innovent sans budget de recherche-développement, alors que ce sont les grandes entreprises qui y consacrent des moyens importants ? Quels sont les mécanismes qui permettent ces « débordements de connaissance » à partir de la source produisant la connaissance que ce soit de grandes entreprises ou des universités ? Audretsch (2006) critique l'analyse couramment admise selon laquelle les entreprises sont insérées dans des réseaux d'alliance leur permettant d'internaliser la connaissance extérieure à la firme. Selon cette approche, la petite firme existe de façon exogène, car sa taille l'empêche de générer suffisamment de moyens financiers pour créer des connaissances. Elle est donc amenée à chercher d'autres moyens pour produire de la connaissance, d'où l'importance des réseaux d'alliance. Dans le même ordre d'idées, les travaux sur le rôle des réseaux sociaux et la formation d'opportunités dans les affaires montrent, que la création d'une entreprise n'est pas le fait d'un individu isolé, mais un acte social (Chabaud et Ngijol, 2010).

Audretsch (2006) remet en question l'idée selon laquelle l'entreprise (petite) est exogène et suppose que c'est la connaissance qui est exogène. La connaissance nouvelle et ayant potentiellement de la valeur n'existe pas de façon abstraite, elle est incorporée dans des individus (individuellement ou en tant que groupe). Cette connaissance est incertaine et son transfert implique des coûts de transaction élevés. Audretsch compare sur ce point l'économie managériale et l'économie entrepreneuriale. Dans l'économie managériale, l'innovation radicale amorce de nouvelles industries. Le coût de l'innovation radicale est très élevé, comparé à celui de l'innovation incrémentale. Dans ces conditions, il est coûteux pour une grande entreprise de diffuser sur le plan géographique de nouvelles connaissances pour les appliquer économiquement. Aussi puisque le coût de l'innovation incrémentale est plus faible que celui de l'innovation radicale les entreprises ont intérêt à conserver la même trajectoire technologique. En revanche, selon Audretsch, dans la société entrepreneuriale, l'innovation radicale conduit au développement de nouvelles trajectoires technologiques. Dans les pays industrialisés, l'activité économique est essentiellement concentrée dans les nouvelles industries. L'entrepreneur joue ici un rôle très important en tant que le lien entre les effets de débordement et la commercialisation de connaissances et d'idées nouvelles. L'intérêt majeur des travaux d'Audretsch (2006) est de montrer que les petites entreprises ont un rôle de facilitateur de l'innovation et de la créativité. Elles se développent grâce aux « débordements de connaissance ».

2. L'administration de la création d'entreprise

2.1. *Logiques étatiques et entrepreneuriat*

Si tout individu peut devenir entrepreneur et si la société a besoin de son imagination et de son dynamisme, c'est à l'État de créer le cadre institutionnel nécessaire à son épanouissement. La nature de l'intervention de l'État a évolué au cours du temps : soutien de l'offre pendant la période d'industrialisation – du début du XIXe siècle à l'aube de la Seconde Guerre mondiale –, puis soutien de la demande (keynésianisme, politique de dépenses publiques) – pendant la période de forte croissance des années 1950-1970 –, puis depuis le début des années 1980, retour à une politique de soutien de l'offre (libéralisme, sans remettre cependant totalement en cause la politique de soutien conditionnel de la demande). Cette période cependant se divise en deux. La première se termine au milieu des années 1990, le mythe de la suprématie de la petite entreprise et du retour du travail indépendant n'est plus. Les petites entreprises ne peuvent se substituer aux grandes. En revanche, et c'est ce qui transparaît à partir de la seconde moitié des années 1990, il est désormais acquis que petites et grandes entreprises doivent cohabiter. Dans cette optique, favoriser la création d'entreprise répond à un triple objectif : innover au sens économique et social[2], créer des emplois et renouveler le système productif. Les difficultés de nombre de start-up qui semblaient riches de promesses (d'abord dans la micro-informatique, puis les biotechnologies et plus récemment des technologies vertes) montrent clairement l'indépendance très étroite qui lie grandes et petites entreprises, puisque les candidats à la création d'entreprise qui ont cherché à tirer profit des vagues Internet, bio ou vertes, se sont tournés vers les grands bailleurs de fonds pour mettre leur projet à exécution. Pour les grandes entreprises, le lancement de ces nouvelles activités, constitue des espaces d'expérimentation, sources de nouvelles opportunités d'investissement.

Entre le début du XIXe siècle et la Seconde Guerre mondiale, l'État avait joué un rôle fondamental dans l'économie des pays industrialisés, essentiellement au bénéfice des grandes entreprises. Cette période a été marquée sur le plan géopolitique par le renforcement des États-Nations. La lutte entre la France et l'Allemagne pour le partage de l'Europe est aussi celle entre A. Krupp et E. Schneider pour le contrôle des marchés, mais aussi pour concevoir et fabriquer de nouveaux types d'alliages. Les

---

[2] Au sens économique et social, ce qui signifie d'un point de vue économique, favoriser l'apparition et la diffusion de technologies nouvelles. Sur le plan social, cela signifie, créer de nouvelles structures juridiques pour favoriser l'insertion de catégories de populations marginalisées par la crise économique (cf. économie solidaire).

enjeux politiques et économiques se combinent très intimement. Ces grandes entreprises imposent leur rythme à l'économie et à la société toute entière : développement du salariat, rythme régulier du travail en usine, production de masse, urbanisation. À côté de ces grandes entreprises, les petites sont confrontées à de graves difficultés en raison de leur incapacité à mobiliser de grandes quantités de capitaux. Artisans et petits commerçants cohabitent difficilement avec cette nouvelle modernité.

La croissance de la taille des entreprises (en termes de salariés employés et de capitaux mobilisés) a été à la fois la cause et la conséquence des progrès réalisés en matière de mécanisation et d'automatisation du travail. Les machines sont plus productives que les hommes, mais aussi plus coûteuses, aussi pour rentabiliser l'investissement réalisé, l'entrepreneur doit vendre davantage. Les salariés de cette période ne bénéficient pas (encore) des lois sociales. La condition salariale est une condition précaire (Castel, 1995) : la durée du travail est très longue en l'absence de toute forme de sécurité sociale. Toutefois, le développement de cette population salariée favorise celui de l'urbanisation. Mais, la ville regroupe, outre des ouvriers-salariés, des milliers de petits artisans et commerçants qui vivent également dans des conditions très précaires. La seconde moitié du XIXe siècle a été marquée par d'importants travaux d'aménagement urbain et d'assainissement (éclairage public, transports urbains, équipements collectifs…), terreau à partir duquel se développe une nouvelle classe moyenne, les grands magasins, en bref, la société de consommation.

Sous la pression sociale, le rôle de l'État se modifie de manière fondamentale à partir des années 1950, alors que des signes annonciateurs d'un changement manifeste sont apparus dès le début du XXe siècle : réduction de la journée de travail, congés payés, création des premiers systèmes de retraite et d'assurances chômage et sociales, etc. l'État-providence vient au secours du citoyen et de l'économie. Les prestations (et les cotisations) sociales augmentent de façon considérable. Ce développement de l'État-providence accompagne celui du salariat qui devient la forme dominante de mise au travail dans les grands pays industrialisés. Les grandes entreprises poursuivent leur croissance et l'État les soutient car elles constituent le vecteur de la compétitivité nationale. Certaines d'entre elles, jugées stratégiques (énergie, transport, banque, notamment) sont nationalisées à partir des années 1930. L'emploi salarié se développe en entraînant dans son sillage des populations nouvelles (femmes, travailleurs immigrés). Dans ce contexte de changement technologique et de modernisation, les petites entreprises poursuivent leur déclin entamé depuis la première révolution industrielle.

Elles font figure d'espèces en voie de disparition, incapables de s'adapter aux transformations en cours.

Entre les années 1940 et 1970, les économistes (mais aussi les responsables politiques) oublient l'entrepreneur, l'heure est à la croissance économique et aux grandes entreprises (économies d'échelle et production de masse) dans un contexte d'ouverture économique (création de la Communauté économique européenne). La grande entreprise planifie son marché (généralement mondial), mobilise des capitaux en grande quantité, emploie une main-d'œuvre abondante et en partie très qualifiée[3]. C'est aussi pendant cette période que l'État renforce sa présence dans l'économie et devient la norme industrielle à l'Ouest comme à l'Est (Aron, 1986 ; Galbraith, 1968). L'État joue un rôle fondamental de soutien des entreprises en particulier par le biais des programmes de dépenses militaires, mais également en favorisant la concentration industrielle. En France, entre 1950 et 1958, 32 fusions annuelles d'entreprises en moyenne sont enregistrées, puis 74 entre 1959 et 1965 et 136 entre 1966 et 1972 (Rosanvallon, 1990, p. 261). L'État planifie aussi l'activité économique dans la foulée de la reconstruction qui suit la Seconde Guerre mondiale.

La crise économique qui commence à partir du début des années 1970 remet progressivement en question ce schéma. Il convient de trouver de nouvelles ressources par le biais du retour du marché : privatisation, marchéisation, financiarisation, titrisation, décloisonnement, désintermédiation… en bref, la légitimité de l'État-providence, garant de la paix sociale depuis les années 1950, est remise en question. On parle de crise. Alors qu'il semblait évident que la socialisation des risques sociaux (chômage, maladie, vieillesse) était un signe manifeste de civilisation, elle est remise en question à partir de la fin des années 1970 dans la majeure partie des pays industriels. Et c'est manifestement à partir de cette période que les économistes (Gilder, 1985 ; Drucker, 1985) redécouvrent l'entrepreneur en dépoussiérant les thèses de J.-B. Say et de J. A. Schumpeter, mais aussi la petite entreprise en redécouvrant les thèses d'A. Marshall (Piore et Sabel, 1989 ; Schumacher, 1979).

2.2. De l'innovation technologique à l'insertion professionnelle

Avant l'épanouissement de la société salariale (c'est-à-dire avant les années 1950), la création d'une petite entreprise, d'un petit commerce ou d'un atelier artisanal constituait pour nombre d'individus – dans un

---

[3]   En partie seulement, car à côté des techniciens, des cadres et des ingénieurs de la grande entreprise, les « ouvriers spécialisés » (les « OS ») réalisent des travaux répétitifs ne nécessitant aucune connaissance particulière.

contexte où l'État-providence était inexistant – le moyen le plus couru pour avoir un moyen d'existence. Dans les pays en développement, et de nouveau dans les sociétés industrielles aujourd'hui, les petites activités à faible valeur ajoutée (souvent informelles) permettent à des milliers d'individus d'avoir un revenu. Est-ce un retour vers une société plus aléatoire, plus flexible ? On peut raisonnablement le penser, mais le contexte n'est plus le même, les grandes entreprises industrielles et de services ont imposé depuis le début du XIXe siècle leur norme de production et organisationnelle. Et, si l'État-providence se retire en incitant les individus à créer une entreprise, c'est-à-dire leur emploi, il le fait en définissant le cadre institutionnel approprié, et moins en aidant financièrement la création d'entreprise ou encore en l'accompagnant. Dans ce contexte, l'objectif n'est pas de concurrencer les grandes entreprises, mais de les aider (paradoxalement) à innover. Dans un contexte de vive concurrence, les grandes entreprises sont à l'affût de toute nouveauté technique susceptible de leur donner un nouveau souffle. Tandis que d'un autre côté, de jeunes entrepreneurs dynamiques qui créent dans des activités nouvelles ont l'ambition de changer le monde.

C'est en 1973, avec la crise du pétrole et le ralentissement (confirmé) de l'économie, que remonte en France la prise de conscience des pouvoirs publics en faveur de la création d'entreprise. Aux États-Unis, la création de ce type d'institution remonte au début des années 1950 (The Small Business Administration) dans la continuité des lois anti-trust des années 1880 et 1910. Mais, il faudra attendre en France 1979 pour que soit créée une institution destinée au soutien de la création d'entreprise, l'Agence Nationale Pour la Création d'entreprise (ANCE) qui deviendra en 1996 l'Agence pour la Création d'entreprise (APCE) (APCE, 2003 ; Hurel, 2001 ; Boutillier, 2005 ; Boutillier, Uzunidis, 2010), ce qui n'exclut pas cependant quelques lois pour protéger la petite entreprise et tout particulier le petit commerce (la loi Royer) au cours des années 1970 pour répondre à la pression sociale et politique.

À partir du début des années 1980, le soutien à la création d'entreprise prend principalement trois formes : lutte contre le chômage, contre la désindustrialisation et la répartition inégale des activités économiques sur le territoire national. Les politiques de lutte contre le chômage ont d'abord et avant tout été de nature financière, sous forme d'aides ou de primes. Elles pouvaient être réservées à certaines catégories de personnes (comme les chômeurs créateurs d'entreprise), à certains secteurs d'activité (comme l'agroalimentaire) ou encore pour favoriser l'embauche de salariés ou favoriser l'exportation. L'Aide aux Chômeurs Créateurs d'Entreprise (ACCRE) a été créée en 1977. À ces dispositifs se sont ajoutés des réseaux de conseil et de formation. L'Agence Nationale pour l'Emploi, devenue Pôle emploi, propose depuis plusieurs années des formations courtes et des conseils personnalisés aux créateurs. À partir de 1987, la création d'entreprise devient un sujet médiatique avec le lancement d'une campagne de publicité à la télévision. Mais, très vite, les responsables politiques se rendent à l'évidence : créer son entreprise, ce n'est pas seulement une question de capital. Les entrepreneurs en herbe ont besoin d'un soutien logistique, d'être encadrés, d'infrastructures appropriées, comme les pépinières lancées au milieu des années 1980. Certaines régions, mettant à profit la loi de décentralisation, créent une prime régionale à la création d'entreprise (PRCE). Les communes prennent également conscience de l'importance de leur rôle en faveur de la création d'entreprise et se lancent, avec les chambres de commerce et d'industrie et les associations, dans différentes actions de conseil et d'accompagnement. Depuis la fin des années 1990, le législateur vise de nouveaux objectifs. La loi du 12 juillet 1999 autorise les chercheurs et les universitaires à créer une entreprise issue de leurs travaux de recherche, tout en restant pendant six ans dans l'institution publique de la recherche. En 2003, la loi d'initiative économique contribue à faciliter la création d'entreprise en allégeant la procédure administrative relative à la création et définit des mesures d'accompagnement. En 2004, la loi de finance crée le statut de « jeune entreprise innovante »[4]. La loi de 2008 dite de modernisation de l'économie crée le statut de l'auto-entrepreneur. Dans ces conditions, l'entrepreneur individuel devient un travailleur qui vend sur un marché des prestations qu'il exécute lui-même (Levratto et Serverin, 2009 ; Rapport du ministère de l'économie, de l'industrie et de l'emploi, 2010).

Depuis le milieu des années 1980, des myriades d'aides ont vu le jour. Actuellement, environ 200 aides sont répertoriées par l'APCE, dont une trentaine exclusivement pour la création ou la reprise d'entreprise et 82 réservées aux entreprises en développement. Mais, ces aides ne semblent pas porter leurs fruits puisque selon diverses estimations seulement 5 % des créateurs d'entreprise bénéficient d'une aide, quelle que soit sa nature. D'une manière générale, les aides à la création d'entreprise ne sont pas ciblées par rapport au créateur, sauf toutefois s'il s'agit d'actions à vocation sociale comme les prêts d'honneur qui visent des jeunes, des chômeurs ou des personnes ayant des difficultés d'insertion professionnelle. Ce ne sont les projets technologiquement innovants qui peuvent bénéficier d'aides, mais toutes sortes d'activités à

---

[4] Ce statut permet principalement de bénéficier d'exonérations fiscales accordées aux PME répondant aux cinq conditions suivantes : (i) être une PME, (ii) avoir moins de 8 années d'existence, (iii) avoir un volume minimal de dépenses de recherche développement, (iv) être indépendante, et (v) être réellement nouvelle et ne pas avoir été créée dans le cadre d'une concentration, d'une restructuration, d'une extension d'activité préexistante ou d'une reprise d'activité (Savignac, 2007).

partir du moment où elles créent des emplois (en premier lieu celui de l'entrepreneur). Ainsi, à la fin des années 1990, les aides en faveur des secteurs non-innovants (commerce, artisanat et services aux ménages) constituaient 55 % des projets de création. Puis, viennent les aides destinés à financer des projets pas ou peu innovants dans les services à l'industrie ou les activités industrielles. Ils représentaient 40 % des projets à la création. Nous constatons ainsi un fort décalage entre le discours politique qui d'une manière générale met l'accent sur l'innovation, et la réalité des aides à la création d'entreprises qui porte pour une largement majorité sur des activités à faible intensité en savoir. Pour l'APCE, les critères de sélection sont au nombre de six : le potentiel de développement et la rentabilité, la création d'emplois, le caractère innovant, le besoin de financement à court terme, la pérennité de l'entreprise et l'impact sur le développement local.

L'aide à la création d'entreprise fait partie conjointement de la politique de l'emploi et de la politique industrielle et de l'innovation. La petite entreprise est donc « fabriquée » par l'action combinée des gouvernements et des grandes entreprises industrielles et financières ; ce qui est clairement souligné par l'Administration des petites entreprises aux États-Unis (US. Small Business Administration, 2000) : pour être compétitive sur les marchés internationaux, la grande entreprise transforme ses fonctions internes en unités indépendants et fait appel très souvent aux petites entreprises spécialisées. D'un autre côté, ce processus d'externalisation d'activités et de simplification des organigrammes des groupes est facilité par les mesures juridiques et fiscales des États : les lois sur l'allégement fiscal des holdings et sur l'extraterritorialité des filiales financières permettent aux groupes de gérer plus facilement leurs contrats de partenariat, de sous-traitance et de licences. Le contrôle financier que cet éclatement des structures de production exige favorise la création de petites entreprises qui fleurissent dans des « niches » de marché et de technologie spécifiques. Les décisions de restructuration prises par les grands groupes ont ainsi favorisé le (re)développement de ces petites entreprises en suivant une politique d'externalisation qui consiste à faire produire par d'autres entreprises indépendantes juridiquement ce qu'elles produisaient elles-mêmes auparavant. Cette stratégie conduit à une remise en cause des entreprises conglomérales au profit d'une organisation plus souple, en réseau, de la production dans un contexte économique internationalisé et changeant. Les petites entreprises innovantes s'introduisent alors dans des réseaux formés par les grands groupes. Le constructeur automobile Renault emploie ainsi, rien qu'en France, plus de 300 entreprises, Thalès plus de 400, etc.

Les grandes entreprises se mettent ainsi à l'abri du hasard et de l'incertitude. Dans les milieux riches en ressources scientifiques et technologiques, par exemple, les grandes entreprises n'hésitent de créer elles-mêmes de petites entreprises spécialisées par l'intermédiaire de leurs cadres (qu'il s'agisse d'intrapreneuriat ou d'essaimage). Ces petites entités jouent un rôle tampon entre l'organisation et le marché : elles expérimentent de nouveaux produits ou procédés de fabrication pour le compte de la grande firme qui rachète les inventions par voie d'accords de licence. Dans d'autres cas, ce sont les cadres de la grande firme qui la quittent (contre ou par sa volonté) pour devenir entrepreneurs. On parle alors d'essaimage.

Les actions menées par l'État français en faveur de la création d'entreprise s'inscrivent dans une politique menée par les autres États européens. En 2000, à Lisbonne, les dirigeants de l'Union européenne ont tracé le cadre du développement futur de l'Union européenne : « devenir l'économie de la connaissance la plus compétitive possible et la plus dynamique du monde, capable d'une croissance économique durable accompagnée d'une amélioration quantitative et qualitative de l'emploi et d'une plus grande cohésion sociale » (Commission des Communautés européennes, 2003, p. 4). Le Conseil européen a adopté en 2000 la Charte des petites entreprises recommandant à celles-ci[5] de tirer pleinement parti de l'économie de la connaissance. Le principe « penser aux petits » a été défini à Lisbonne comme une des voies permettant de mettre en œuvre les objectifs définis en termes de développement économique et social. C'est dans ce cadre qu'un Livre vert sur l'esprit d'entreprise a été présenté en 2003 à la Commission du Conseil européen. Les rédacteurs du rapport définissent avec précision, mais aussi tout en nuance, l'esprit d'entreprise : « l'esprit d'entreprise est avant tout une question de mentalité. Il désigne la détermination et l'aptitude de l'individu, isolé ou au sein d'une organisation, à identifier une opportunité et à la saisir pour produire une nouvelle valeur. La créativité ou l'innovation sont nécessaires pour entrer ou être compétitifs sur un marché existant, changer ou même créer un nouveau marché. Pour transformer une idée commerciale en succès, il faut mêler créativité, innovation et saine gestion et adapter l'entreprise pour optimiser son développement dans toutes les phases de son cycle de vie. L'objectif dépasse la simple gestion quotidienne, il s'agit des ambitions et de la stratégie d'une entreprise » (idem, p. 5-6). L'esprit d'entreprise se

---

[5] La Charte des petites entreprises a été adoptée le 13 juin 2000. Elle porte sur dix domaines clés : éducation et formation à l'esprit d'entreprise ; enregistrement moins coûteux et plus rapide ; meilleure législation et réglementation ; accessibilité des aptitudes ; améliorer l'accès en ligne ; mieux valoriser le marché unique ; questions fiscales et financières ; renforcer la capacité technologique des petites entreprises ; développer, renforcer et rendre plus efficace la représentation des intérêts des petites entreprises au niveau de l'Union et au niveau national.

résume en quelques mots à favoriser l'initiative individuelle et faire naître la fonction de l'entrepreneur selon une approche dans la lignée de la théorie schumpétérienne de l'entrepreneur. En 2008, dans la continuité de la stratégie de Lisbonne, l'Union européenne lance le « Small Business Act » en faveur des PME (c'est-à-dire des entreprises de moins de 250 salariés) pour alléger les procédures administratives, améliorer leur accès à l'information, aux moyens de financement, etc. (Commission européenne, 2008).

Les rédacteurs du rapport constatent cependant que les Européens préfèrent le statut de salarié à celui de travailleur indépendant. Seulement 4,5 % des Européens auraient un projet de création d'entreprise, ont créé ou repris une entreprise au cours des trois dernières années. Ce taux tombe cependant à 2 % en France. Aux États-Unis, il est estimé à 13 %. En outre, les Européens sont deux fois plus nombreux que les Américains à abandonner leur projet de création d'entreprise. Pour remédier à cette situation les mesures arrêtées ont été les suivantes : i) l'individu : celui-ci doit être davantage attiré par le statut d'entrepreneur lequel doit devenir plus attractif ; ii) l'entreprise : celle-ci doit être saine. Elle doit pouvoir se développer sans entraves ; iii) la société : le développement de l'esprit d'entreprise dépend également des valeurs qui sont véhiculées par la société. Il faut valoriser l'initiative et surtout tolérer l'échec.

Quelles ont dans ces conditions, les mesures requises pour augmenter le nombre d'entrepreneurs ? i) éliminer ou réduire les obstacles à la création d'entreprise : les principaux obstacles à la création d'entreprise généralement mentionnés par les Européens sont la complexité des procédures administratives et la pénurie de capitaux. Dans ce domaine, des efforts manifestes ont été réalisés dans différents pays de l'Union : entre douze jours ouvrables pour une entreprise individuelle et 24 jours pour une entreprise à responsabilité limitée. D'un autre côté, les capitaux d'amorçage sont souvent constitués par la propre épargne de l'entrepreneur et de ses proches. Les moyens de financement institutionnels ne répondent pas toujours aux attentes des créateurs potentiels ; ii) rapport entre risque et récompense : l'entrepreneur qui échoue ne doit pas être discrédité sur le plan social. De plus, les conséquences juridiques sont importantes (pertes de leur patrimoine notamment), les États doivent y remédier ; iii) promouvoir les aptitudes et les compétences : l'éducation et la formation doivent promouvoir l'esprit d'entreprise en favorisant une prise de conscience des opportunités de carrière en tant qu'entrepreneur ; iv) rendre l'esprit d'entreprise à toutes les composantes de la société : il faut promouvoir la création d'entreprise auprès de populations particulières : les femmes et des groupes sous-représentés (en particulier les minorités ethniques).

La création d'entreprise se présente comme un moyen d'insertion professionnelle : femmes, jeunes, personnes âgées, demandeurs d'emploi, jeunes des cités difficiles, les diplômés de haut niveau, les salariés lassés de leur emploi, les chercheurs, etc., selon l'APCE. Toutes les catégories sociales dont l'insertion professionnelle peut poser (ou pose) problème disposent d'une solution : la création d'entreprise.

La création d'entreprise tend à devenir, dans l'esprit des responsables politiques, une planche de salut tout à fait acceptable pour des populations qui non seulement cumulent des handicaps sociaux (sexe, âge – jeunes ou âgés –, absence de diplômes, etc.), mais également des individus qui au contraire – en raison de leur haut niveau de qualification – sont devenus trop chers et par conséquent inaptes à l'entreprise ou à la recherche publique : les femmes, les jeunes, les personnes âgées de plus de 50 ans, les jeunes des quartiers difficiles et/ou les personnes titulaires d'un revenu minimum, les demandeurs d'emploi. De plus, alors que les responsables politiques déclarent volontiers que l'avenir sera technologique ou ne sera pas, les chercheurs et les diplômés de haut niveau sont également incités à créer leur entreprise pour valoriser, au sens mercantile du terme, le produit de leurs recherches.

Nous arrivons par conséquent à l'équation suivante faisant apparaître une nouvelle composante :

Entrepreneur = incertitude + risque + innovation + politique publique

3. Evaluer la société entrepreneuriale

3.1. Les indicateurs de l'entrepreneuriat

Depuis la fin des années 1990, de nouveaux indicateurs économiques ont été créés pour évaluer l'ampleur de l'activité entrepreneuriale mais aussi la qualité du climat des affaires. Avec quelle facilité, un individu peut-il créer une entreprise ? Quelle est la procédure administrative à suivre ? Comment trouver les capitaux nécessaires au démarrage du projet ? Soit un ensemble de conditions qui sont appréciées dans le cadre de l'indicateur de la Banque mondiale *Doing business*. Les indicateurs du Global Entrepreneurship Monitor et de l'OCDE (Mesuring Entrepreneurship) tendent en revanche d'évaluer l'ampleur et la qualité de l'activité entrepreneuriale, mais également l'attitude des individus face au risque de la création d'entreprise. À titre indicatif, et de façon tout à fait arbitraire, nous avons relevé ces indicateurs pour la France, le Royaume-Uni et les États-Unis. Nous constaterons qu'en dépit d'un climat des affaires relativement bon (la France est bien notée sur ce point par la Banque mondiale, en particulier depuis la loi d'initiative économique), la société française est peu encline à prendre des risques.

L'activité entrepreneuriale y reste peu développée par rapport au Royaume-Uni ou aux États-Unis. Ce résultat n'est pas surprenant. Il correspond à l'image que nous pouvons avoir de la situation entrepreneuriale de ces trois pays. Il existe à présent des indicateurs pour le valider scientifiquement. Nous constaterons que l'aversion des Français pour le risque lié à la création d'entreprise est très forte. Et, si depuis ces vingt dernières années les conditions du désengagement de l'État sont bien établies, le créateur d'entreprise agit « par défaut » plutôt que « par opportunité ».

La Banque mondiale établit depuis 2004 tous les ans un classement international (181 pays) pour évaluer le climat des affaires de chaque économie. La création d'entreprise est l'un des indicateurs, mais pas l'unique. Les rédacteurs du rapport 2010 soulignent que 2009 a été une année exceptionnelle en termes de réformes : 287 réformes dans 131 pays, soit une augmentation de 20 % par rapport à 2008. La création d'entreprise a été l'un des objectifs principaux des réformateurs. La majorité des ces réformes a concerné les pays en développement et en transition qui sont en phase de libéralisation. L'indicateur Doing business comprend les items suivants : Création d'entreprise, Octroi de permis de construire, Embauche des travailleurs, Transfert de propriété, Obtention de prêts, Protection des investisseurs, Paiement des impôts, Commerce transfrontalier, Exécution des contrats et Fermeture des entreprises. Il s'agit d'évaluer la flexibilité du marché. Est-il facile d'embaucher et de licencier ? De conclure un contrat commercial ? Le droit de propriété est-il protégé ? etc.

S'agissant plus particulièrement de la « création d'entreprise », l'indicateur intègre les informations suivantes : nombre de procédures, durée (en jours), coût (en % du revenu par habitant) et capital minimum versé (en % du RNB par habitant). Le tableau 1 ne présente pas de surprise. Les États-Unis apparaissent toujours comme le pays de la libre entreprise et de l'initiative individuelle. La France, contrairement aux autres pays, se manifeste par une singularité : le classement en termes de création d'entreprise est meilleur qu'en termes de climat des affaires global. Ce classement traduit les efforts particuliers réalisés par l'État français depuis ces vingt dernières années pour faciliter la création d'entreprise.

Tableau 1
Classement Doing business en 2010 pour quelques pays
(rang mondial)

	Doing business Classement global	Doing business Classement pour la création d'entreprise
France	31	22
Singapour	1	1
États-Unis	4	8
Royaume-Uni	5	16
Japon	15	91
Allemagne	25	84
Chine	89	151

Source : *Doing business,* rapport 2010.

Le Global Entrepreneurship Monitor (GEM) ou projet de suivi global de l'entrepreneuriat a été créé en 1999 pour étudier les relations complexes entre l'entrepreneuriat et la croissance économique. L'étude GEM s'appuie sur trois sources principales de données empiriques : i) une enquête téléphonique auprès d'un échantillon représentatif d'au moins 2000 personnes âgées entre 18 et 64 ans dans les 42 pays associés au projet ; ii) des entretiens avec 36 experts en entrepreneuriat dans chaque pays et iii) un ensemble de données nationales standardisées produites par des organisations internationales (OCDE, Banque mondiale, FMI, BIT). Dix conditions ont été arrêtées par le GEM : protection de la propriété intellectuelle, transfert de RD, infrastructure physique, programmes gouvernementaux en entrepreneuriat, enseignement et formation (post secondaire), politique du gouvernement (législation, charge fiscale), soutien aux entreprises à fort potentiel de croissance, accès au financement, politique du gouvernement (prise en compte de l'entrepreneuriat, normes socioculturelles, ouverture du marché interne, enseignement et formation (primaire et secondaire) et création d'entreprise par les femmes.

Le GEM définit l'entrepreneuriat comme le processus qui consiste à identifier, évaluer et exploiter des opportunités d'affaires. L'exploitation d'opportunités conduit le plus souvent à la création d'une nouvelle entreprise. Il reste toutefois difficile de préciser à partir de quel moment une nouvelle entreprise existe : lorsque la raison sociale est inscrite au registre du commerce ? Quand le business plan a été arrêté ? Lorsque la première vente a eu lieu ? On peut cependant considérer que le processus de création d'entreprise passe par deux phases : (1) émergence du projet, les ressources sont rassemblées et les équipes se forment, (2) démarrage : l'entreprise commence à vendre ses produits et à se faire connaître sur le marché. L'entrepreneuriat ne se limite pas à la création d'entreprise.

Pour prendre en compte l'ensemble du phénomène entrepreneurial, l'étude GEM intègre les variables suivantes :

1) Les entrepreneurs dans des entreprises émergentes : personnes travaillant sur des projets de création d'entreprise en gestation (rédaction du business plan, développement du prototype, dépôt d'un brevet, recherche de capitaux, contrats avec des clients potentiels) ;

2) Les entrepreneurs dans des entreprises nouvelles : propriétaires dirigeants d'entreprise qui ont payé des salaires depuis moins trois ans et demi au moment de l'enquête ;

3) Le taux d'activité entrepreneuriale (TAE) : entrepreneurs émergents + entrepreneurs nouveaux (indicateur de l'activité économique au sens large) ;

4) Les entrepreneurs dans des entreprises établies : propriétaires dirigeants d'entreprise ayant payé des salaires depuis plus trois an et demi au moment de l'enquête, travailleurs indépendants, patrons de PME, propriétaires dirigeants d'entreprises familiales.

Les rédacteurs du rapport ont mis en évidence une relation négative entre le PIB par habitant et l'activité entrepreneuriale pour les pays à faible et moyen revenu. Cette relation est largement positive dans les pays à haut revenu (États-Unis : 11 % ; France, Japon, Royaume-Uni : 5 %). Le développement économique des pays pauvres résulte plus d'économies d'échelle, de gros projets d'infrastructure et d'emplois fournis par les grandes entreprises. Ce n'est qu'après avoir atteint un certain seuil de développement que les effets positifs de l'entrepreneuriat se font sentir. Ce qui pourrait expliquer le taux élevé de la Chine (16 %)[6].

3.2. Des entrepreneurs par nécessité acteurs de la société entrepreneuriale ?

Les rédacteurs du rapport GEM distinguent les entrepreneurs qui se lancent dans les affaires parce qu'ils poursuivent des opportunités, fruit de leur dynamisme créatif, et les entrepreneurs pour qui c'est la meilleure alternative à l'emploi salarié. Dans les pays à revenu élevé, la raison la plus fréquemment invoquée est la première. Une majorité d'entrepreneurs déclare avoir créé une entreprise par opportunisme, quel que soit le pays considéré : plus de 70 % en France et plus de 60 % au

---

[6] Sources : GEM, *Executive report 2008*, p. 21 ; GEM, *Rapport 2007 sur l'entrepreneuriat en Suisse et dans le monde*, p. 11.

Japon, mais, plus de 80 % aux États-Unis et au Royaume-Uni[7]. Mais en France le pourcentage de personnes ayant peur de l'échec est le plus élevé. Ce résultat est surprenant dans la mesure où depuis ces dix dernières années, des progrès importants ont été réalisés en France pour faciliter la création d'entreprise.

Cet effort apparaît clairement dans le tableau 2 (baisse des barrières à l'entrepreneuriat particulièrement forte en France (de 3 à 1,2, contre de 1,5 à 0,8 au Royaume-Uni par exemple). Ce résultat montre aussi l'ampleur des réformes menées en France en très peu de temps. Le changement a été rapide, demandant de la part des Français une période d'adaptation assez longue. De plus, l'évolution de la situation économique justifie une certaine réticence des individus face à la création d'entreprise. Entre 2000 et 2008, on note une nette détérioration du choix de l'entrepreneuriat parmi les individus ayant fait ce choix. 51 % des entrepreneurs en 2000 se sont lancés dans les affaires par leur propre volonté contre 40 % en 2008, ce qui signifie implicitement que le nombre d'individus devenus entrepreneur par nécessité a augmenté[8].

Tableau 2
Barrières à l'entrepreneuriat en 1998 et 2008 d'une échelle de 0 (moins restrictive) à 6 (plus restrictive) : mesures visant à favoriser la création d'entreprise en allégeant la procédure administrative relative à la création d'entreprise

	1998	2008
France	3	1,2
Royaume-Uni	1,5	0,8
États-Unis	2	1,2
Japon	3	1,4

Source : OCDE, *Mesuring entrepreneurship. A digest of indicators*, 2008, page 51.

D'une manière générale, l'image sociale de l'entrepreneur semble positive puisqu'une majorité d'individus ayant une bonne image de l'entrepreneur pense que ces derniers contribuent par leur travail à l'amélioration du bien-être général et créent des emplois. Ceci, même si on constate des disparités importantes entre les pays, ainsi les Américains ou les Anglais sont majoritairement plus favorables à l'entrepreneuriat que les Français par exemple. Relativement moins nombreux sont ceux qui ont l'image d'un égoïste qui exploite le travail d'autrui. Ce résultat est-il la conséquence des politiques publiques en faveur de la création d'entreprise, contrairement aux années 1960-1970,

[7] *Ibid*, p. 13.
[8] Source : OCDE, *Mesuring entrepreneurship. A digest of indicators*, 2008, p. 59.

période d'expansion du salariat de masse, où la création d'entreprise faisait rarement partie du plan de carrière des individus (voir Verret, 1996, 2000) ? Le fait est que les efforts des pouvoirs publics portent leurs fruits : la fonction de l'entrepreneur s'impose progressivement au sein de la société salariale.

Conclusion

Depuis le regret exprimé par Baumol à la fin des années 1960 quant au désintérêt des économistes pour l'entrepreneur, celui-ci est l'objet d'une attention toute particulière. Mais, si sa contribution au bien-être social et à la croissance économique ne semble plus faire l'objet de controverses (Audretsch, 2006, 2007), parler de l'entrepreneur comme un créateur insatiable ne nous renseigne pas sur ses motivations. Agit-il par opportunisme ou par nécessité, quelles que soient les mesures mises en œuvre pour favoriser la création d'entreprise (Casson, 1991) ? La multiplication des textes visant à faciliter la création d'entreprise depuis ces trente dernières années tend à montrer qu'il n'est pas simple de devenir entrepreneur. Entre le début et la fin des années 2000, la préférence pour l'entrepreneuriat a baissé en France bien que nombre de mesures aient été prises au cours de cette période pour favoriser la création d'entreprise. On ne peut certes pas juger d'une situation sociale à partir d'un seul indicateur, mais l'aversion pour le risque est élevée en France. De l'autre côté pourtant l'image de l'entrepreneur a été démythifiée. Le créateur, propriétaire et manager d'une petite entreprise, fait partie du quotidien économique : dans les hautes sphères technologiques, dans les services de proximité, dans l'artisanat, etc.

Depuis le début des années 1980, les États ont en effet cherché à créer un cadre institutionnel propice à la création d'entreprise pour favoriser l'innovation et créer des emplois. Dans le même temps, le salariat, bien qu'il reste la forme dominante de mise au travail, est devenu précaire. La création d'entreprise s'est ainsi inscrite comme une alternative crédible à l'emploi salarié, facilitée par l'évolution de l'organisation des grandes entreprises. Des chaires d'entrepreneuriat ont été créées dans toutes les universités et les écoles pour essayer de sensibiliser les enfants à cette question dès leur plus jeune âge. Cependant le risque et la peur de l'échec restent très forts. Les indicateurs de mesure de l'entrepreneuriat ne montrent pas un regain d'activité. En France, en 2009, le nombre de création d'entreprises aurait diminué sans le statut de l'auto-entrepreneur : plus de la moitié des créateurs d'entreprises sont des auto-entrepreneurs qui au moment de la création d'emploient aucun salarié (Hagège et Masson, 2010). La société entrepreneuriale n'existe pas en dehors du cadre institutionnel créé par les États visant à « flexibiliser » le salariat. Une majorité d'individus n'est pas prête à franchir le pas vers l'entrepreneuriat, sauf s'il n'y a pas d'alternative. Si tout individu est susceptible de devenir entrepreneur (Hayek, Mises), créer un cadre propice au développement des affaires, est-ce suffisant ?

Références

APCE (2003), L'entreprise à la portée de tous, APCE, Paris.

Aron R. (1986), Dix-huit leçons sur la société industrielle, Folio, Paris (édition originale 1962).

Audretsch D. (1995), Innovation and Industry Evolution, MIT Press, Cambridge (MA).

Audretsch D. (2006), « L'émergence de l'économie entrepreneuriale », Reflets et Perspectives, Vol. XLV, n° 1, pp. 43-70.

Audretsch D. (2007), The entrepreneurial Society, Oxford University Press, Oxford.

Baumol W. J. (1968), « Entrepreneurship in Economic Theory », The American Economic Review, Vol. 58, n° 2, pp. 64-71.

Boutillier S. (2005), « Technostructure et entrepreneurs dans l'économie contemporaine ». In Laperche B. (Ed.), L'entreprise innovante et le marché. Lire Galbraith, L'Harmattan, Paris, pp. 51-78.

Boutillier S. et Uzunidis D. (1995), L'entrepreneur. Une analyse socio-économique, Economica, Paris.

Boutillier S. et Uzunidis D. (1999), La légende de l'entrepreneur, Syros, Paris.

Boutillier S. et Uzunidis D. (2003), Comment ont-ils réussi ?, Studyrama, Paris.

Boutillier S. et Uzunidis D. (2006), L'aventure des entrepreneurs, Studyrama, Paris.

Boutillier S. et Uzunidis D. (2009), « Le capitalisme et ses acteurs : perspective historique. Capitalisme et entrepreneurs », Les Cahiers français, n° 349, La Documentation Française, Paris.

Boutillier S. et Uzunidis D. (2010), L'entrepreneur, force vive du capitalisme, Bénévent, Paris.

Bouvier A. (2010), « Les sociétés innovantes de 10 salariés ou plus. Quatre sur dix entre 2006 et 2008 », Insee première, n° 1314, octobre.

Casson M. (1991), L'entrepreneur, Economica, Paris (édition originale 1981).

Castel R. (1995), Les métamorphoses de la question sociale, une chronique du salariat, Fayard, Paris.

Chabaud D. et Ngijol J. (2010), « Quels réseaux sociaux dans la formation de l'opportunité d'affaires ? », Revue Française de Gestion, n° 206, pp. 129-147.

Chiapello E et Boltanski L. (1999), Le nouvel esprit du capitalisme, Gallimard, Paris.

Commission des Communautés européennes (2003), Livre vert : l'esprit d'entreprise, Bruxelles

Commission européenne (2008), Priorité PME. L'Europe c'est bon pour les PME. Les PME c'est bon pour l'Europe, Bruxelles.

Doing Business, rapports annuels, http://www.doingbusiness.org/

Drucker P. (1985), Les entrepreneurs, Hachette-Littérature, Paris.

Facchini F. (2006), « La place de la firme dans la coordination », Revue Française de Gestion, n° 165, pp. 105-121.

Facchini F. (2007), « Entrepreneur et croissance économique : développements récents », Revue d'Economie Industrielle, n° 119, pp. 55-84.

Facchini F. et Konning M. (2008), « Quelle place pour l'entrepreneur dans les théories de la croissance régionale ? », Colloque ASRDLF, Rimouski, 25-27 août.

Galbraith J. K. (1968), Le nouvel état industriel, Gallimard, Paris (édition originale 1967).

GEM (2007), Rapport 2007 sur l'entrepreneuriat en Suisse et dans le monde. http://www.gemconsortium.org/about.aspx?page=pub_gem_global_reports

GEM (2008), Executive Report 2008.
http://www.gemconsortium.org/about.aspx?page=pub_gem_global_reports

Gilder G. (1985), L'esprit d'entreprise, Fayard, Paris (édition originale 1984).

Hagège C. et Masson C. (2010), « La création d'entreprise en 2009 dopée par les auto-entrepreneurs », Insee première, n° 1277, janvier.

Hayek F. (1994), La constitution de la liberté, Litec, Paris (édition originale 1960).

Hecquet V. (2010), « Quatre nouvelles catégories d'entreprise. Une meilleure vision du tissu productif », Insee première, n° 1321, novembre.

Hernandez E.-M. et Marco L. (2008), « Entrepreneuriat versus salariat. Construction et déconstruction d'un modèle ? », Revue Française de Gestion, n° 188-189, pp. 61-76.

Hurel F. (2001), Politiques locales de soutien à la création d'entreprise, Attendus et résultats, APCE, Zooms, Paris.

Kirzner I. (2005), Concurrence et esprit d'entreprise, Economica, Paris.

Levratto N. et Serverin E. (2009), « Etre entrepreneur de soi-même après la loi du 4 août 2008 : les impasses d'un modèle productif individuel », Revue Internationale de Droit Économique, tome 23, n° 3, pp. 325-352.

Ministère de l'économie, de l'industrie et de l'emploi (2010), Le régime de l'auto-entrepreneur. Bilan après une année de mise en œuvre, Bilan 2009, Paris.

Mises (von) L. (2004), Abrégé de l'Action humaine, traité d'économie, Les belles lettres, Paris (première édition 1949).

OCDE (2009), Measuring Entrepreneurship. A Digest of Indicators. http://www.doingbusiness.org/

Piore M. J. et Sabel C. F. (1989), Les chemins de la prospérité, Hachette littérature, Paris (édition originale 1984).

Rosanvallon P. (1990), L'État en France de 1789 à nos jours, Le seuil, Points-Histoire, Paris.

Savignac F. (2007), « Quel mode de financement pour les jeunes entreprises innovantes. Financement interne, prêt bancaire ou capital risque ? », Revue Économique, Vol 58, n° 4, pp. 863-889.

Schumacher E. F. (1979), Small is beautiful, Le Seuil, Paris (édition originale 1973).

Schumpeter J. A. (1935), Théorie de l'évolution économique, Dalloz, Paris (édition originale 1911).

Schumpeter J. A. (1979), Capitalisme, socialisme et démocratie, Payot, Paris (édition originale 1942).

Supiot A. (2010), L'esprit de Philadelphie. La justice sociale face au marché total, Le Seuil, Paris.

Touraine A., 2000, Sociologie de l'action, Folio, Paris, édition originale 1965.

Verret M. (1996), La culture ouvrière, L'Harmattan, Paris.

Verret M. (2000), Le travail ouvrier, L'Harmattan, Paris.

U.S. Small Business Administration (2000), The Third Millennium: Small Business and Entreprneurship in the 21st Century, SBA, Washington.

Chapitre 2

Innovation, PME
et Pôles de compétitivité

Jean LACHMANN

Professeur des universités à l'ISAM-IAE Nancy

Introduction

Depuis le lancement de la démarche française des pôles de compétitivité en 2004, de nombreuses analyses et critiques ont été réalisées, dont certaines sont justifiées. La synthèse des travaux de recherche et de la littérature peut difficilement être traitée d'une seule manière car le thème est multiforme. Notre point de vue peut, de ce fait, paraître partisan et réducteur car nous avons participé à la phase de lancement et notre point de vue aurait certainement été différent s'il avait été présenté il y a cinq ou six ans. Pour examiner les pôles de compétitivité « à la française », nous nous demanderons tout d'abord si la démarche française est « porterienne » (section 1), puis nous aborderons les difficultés de financement de l'innovation (section 2), le rôle des pouvoirs publics (section 3) ainsi que la réponse du capital-risque (section 4). Nous examinerons ensuite l'intégration des PME (section 5) et l'implication des universités (section 6) au sein des pôles de compétitivité. Nous terminerons en évoquant quelques pistes de recherche (section 7).

1. Un mode singulier des clusters à la française : les pôles de compétitivité

Les pôles de compétitivité ont été lancés en 2004 par la DATAR. Par rapport aux discours de l'époque sur « la fin de la vieille économie », la DATAR pensait, au contraire, que l'industrie avait encore de beaux jours devant elle, mais qu'il fallait fabriquer et produire différemment et, surtout, qu'il fallait faire travailler ensemble les entreprises, les universités et les centres de recherche. Il ne s'agissait en réalité de rien d'autre que les fondements généraux des clusters, rebaptisés en France « pôles de compétitivité ».

Le délégué de la DATAR de l'époque, Nicolas Jacquet, disait, lors de la présentation du dispositif en 2004, que « les pôles de compétitivité sont différents des clusters américains et des districts industriels italiens par leur approche globale visant à associer tous les acteurs sans exception dans une démarche volontariste et sur un même thème industriel ». On peut regretter ce changement de dénomination et cette préférence du terme de pôle de compétitivité à celui de cluster. Lors du lancement des pôles de compétitivité, nous n'accordions aucune importance à ce jeu sémantique ; aujourd'hui, nous le regrettons car nous avons perdu une sorte de référence internationale aux autres clusters dans le monde (un exemple de plus du phénomène « d'exception française »).

Comme l'ont souligné R. Bocquet *et al.* (2009), les pôles de compétitivité sont une forme hybride se situant à l'intersection entre le district industriel et le cluster. Les pôles de compétitivité sont bien un modèle singulier de cluster à la française. Même si un certain nombre d'acteurs et d'universitaires ont pu douter de la pertinence de la stratégie développée en demandant la refonte des modèles utilisés, il est à noter que l'expérience menée en France a été jugée par les différentes expertises et audits (BCG et CM International, 2009) globalement positive et prometteuse, avec cependant la nécessité de réaliser, pour la deuxième phase de développement des pôles de compétitivité sur la période 2009-2012, des ajustements et des modifications. De nombreux travaux empiriques (par exemple, Duranton *et al.*, 2008) ont été très critiques sur les résultats, et nous partageons certaines de leurs conclusions.

1.1. Des critiques discutables

Les pôles de compétitivité ne se décrètent pas et ils doivent se construire naturellement pour organiser la démarche dans le temps. D'ailleurs, M. Porter lui-même a évalué le temps de maturation, la durée d'apprentissage et le développement d'un cluster à une « durée globale en moyenne de cinq à dix ans ».

Alors que les Systèmes Productifs Locaux (SPL) mis en place précédemment étaient fortement critiqués – car la démarche labellisait des projets sans accorder de financements complémentaires au-delà des 20 000 à 30 000 euros obtenus et les Conseils régionaux étaient généralement sollicités pour des crédits complémentaires –, les études nous ont montré que les résultats des clusters étaient meilleurs dans les territoires préparés en amont par une politique de SPL. La superposition des deux cartes des 100 SPL retenus et des 71 pôles de compétitivité labellisés fait apparaître des liens très forts entre les deux politiques publiques, avec globalement de meilleurs résultats pour les pôles quand une organisation existait avant le lancement de la politique des clusters à la française en 2005 (Lachmann, 2010b).

Une autre critique a porté sur le trop grand nombre (71) de pôles de compétitivité labellisés. Quand l'appel d'offres a été lancé en 2004, nous pensions à la DATAR qu'une vingtaine de dossiers seulement allaient répondre. La réalité a été différente car 102 projets éligibles ont répondu en 2005 et, indéniablement, il y avait une attente très forte sur le terrain que personne n'avait prévue à l'époque. Bien sûr, la réussite des 71 pôles de compétitivité a été très inégale et 13 projets retenus ont été menacés sur toute la période du premier cycle de développement 2005-2009, avec 6 pôles qui ont été effectivement délabellisés par le CIADT (Comité interministériel à l'attractivité et au développement des territoires) de mai 2010. La critique sur le nombre de projets retenus est fondée, mais ce nombre n'a pas donné lieu à une dilution des soutiens financiers car, selon F. Blarez (2007), les dix premiers pôles ont concentré plus de la moitié des aides cumulées sur la période du premier cycle de développement.

Une autre critique porte également sur la forte implication des pouvoirs publics. Les clusters à la française sont ainsi souvent opposés à la démarche américaine où les clusters sont censés être l'expression de l'initiative privée. En réalité, les pouvoirs publics américains ont été à l'origine de nombreux clusters et mêlent étroitement des actions publiques et l'initiative privée. De fait, l'interventionnisme public a un sens et est pleinement justifié dans la politique des clusters pour initier la démarche et faciliter leur développement dans les premières années de leur mise en œuvre.

1.2. Des critiques fondées

Par contre, la critique pleinement partagée est que le premier cycle de développement des pôles de compétitivité a globalement souffert d'une nette insuffisance de mobilisation des financements privés (capital-risque et concours bancaires) en complément de l'enveloppe de 1,5 milliard d'euros d'appuis publics mobilisés sur la période 2005-2009. Le financement privé est nécessaire à la politique des pôles de compétitivité, et c'est la réponse logique à la critique de l'insuffisance des crédits mobilisés par les pouvoirs publics.

Par rapport à la dotation financière affectée aux pôles de compétitivité, il est souvent demandé aux collectivités locales d'augmenter leurs contributions, mais il faut rappeler que les Conseils régionaux et généraux ainsi que les Communautés urbaines ou d'agglomération y contribuent déjà à hauteur du tiers de l'enveloppe de 1,5 milliard d'euros sur la période 2005-2009. Il s'agit de près de 500 millions d'euros en exonérations d'impôts locaux et autres aides financières au fonctionnement des structures de gouvernance des pôles et aux investissements des projets retenus par les différents appels à projets nationaux ou locaux.

Une dernière critique, également partagée, est que la politique des pôles de compétitivité permet de reposer le problème franco-français de la complexité des financements publics engagés par les différents intervenants (ministères, collectivités locales, agences nationales et locales, exonérations fiscales, etc.). De ce point de vue, la démarche des pôles de compétitivité est une formidable opportunité de réorganisation des intervenants en matière d'innovation et devrait déboucher sur une considérable simplification du financement public sur le plan national et local. La réussite de la politique des pôles de compétitivité en dépendra et les études semblent s'accorder sur ce point (cf. par exemple Depret *et al.*, 2010).

2. Les difficultés de financement de l'innovation

2.1. Des difficultés dues au système financier

L'innovation est un investissement et sa dimension financière devrait être soumise à la même logique que le financement de tout autre investissement. Toutefois, la France a globalement un réel handicap vis-à-vis des partenaires financiers en ce qui concerne le financement de l'innovation. C'est tout particulièrement vrai pour les firmes de petite taille, dirigées par des scientifiques généralement pourvus de diplômes de très haut niveau (bac + 5 à + 8), mais qui ne savent pas toujours « descendre de leur piédestal scientifique » pour expliquer clairement leur projet et convaincre des interlocuteurs financiers. Pourtant, ces derniers doivent avant tout être rassurés sur les capacités de remboursement et sur les chances de réussite du projet.

La difficulté actuelle tient aussi à l'éclatement et à la dérive du système financier. D'un côté, les banques financent essentiellement du court terme (escompte, Dailly, découvert et trésorerie) et simultanément elles retirent régulièrement des autorisations de découvert et des facilités de caisse aux PME. La crise financière depuis 2008 n'a rien arrangé quant à cette situation ; bien au contraire elle a été aggravée. D'un autre côté, le capital-risque s'intéresse surtout au développement de belles entreprises existantes, affichant d'excellents résultats financiers. De fait, en France, la communauté financière s'est désengagée des investissements risqués nécessitant un temps d'immobilisation moyen supérieur à 3 ou 5 ans.

Enfin, malgré tous les discours politiques sur la nécessité de plans spécifiques de soutien aux PME, comme sur le plan européen, les subsides publics à l'innovation vont encore essentiellement aux grandes entreprises pour les différentes aides nationales ou sur le plan européen (Depret *et al.*, 2010).

2.2. Des difficultés d'accès au financement privé

Pour les PME, le handicap est encore plus grave, car elles ont eu de tout temps des difficultés à accéder à toutes les formes de ressources financières émanant du privé. Avec la crise et l'aggravation des difficultés financières des banques, les appuis publics de la Commission européenne (FEDER, FSE et PCRD[1]), de l'État (ministères de l'Industrie ou de la Recherche, etc.), des collectivités locales (surtout les Régions) et leurs outils sont quasiment devenus les seules ressources externes pour les investissements d'innovation inférieurs à un million d'euros, voire pour des montants nettement plus importants pour les projets de recherche. Les intervenants publics sont ainsi devenus une véritable « Banque-Innovation » des PME, la communauté financière privée s'étant désengagée de ces cibles à risque trop élevé et au temps de retour trop long pour y investir (sur ce point, voir également dans cet ouvrage le chapitre 3 de Ch. Poncet).

Alors que l'innovation est devenue, progressivement, la priorité dans toutes les firmes et dans toutes les activités, les petites firmes ne peuvent pas toujours s'offrir la collaboration de chercheurs prestigieux capables de les tirer vers l'excellence et leur permettre de faire de vrais sauts technologiques. L'innovation peut y contribuer, mais elle est de plus en plus organisée et onéreuse, et demande de la rentabilité. Selon Oséo-Innovation, les chiffres sur les résultats de l'innovation sont clairs : plus d'un projet sur deux connaît l'échec. Les financiers connaissent ce chiffre, d'où leurs réticences à financer des projets innovants. L'incapacité de la communauté bancaire à expertiser et analyser les dossiers scientifiques et techniques constitue la raison essentielle de cette réticence, qui n'est pas de la frilosité mais une bonne gestion de leur portefeuille et de l'épargne que leur confient les clients (un crédit est avant tout un acte juridique pour assurer le remboursement et les banques évitent les crédits aux projets à risques trop élevés comme ceux de l'innovation).

De plus, et sans noircir le diagnostic des difficultés des entreprises et tout particulièrement des PME, les petites et moyennes entreprises financent généralement leurs investissements en matière d'innovation en faisant fortement encore appel à l'endettement, ce qui n'est pas réellement favorable à l'innovation.

---

[1]   FEDER: Fonds Européen de Développement Régional ; FSE : Fonds Social Européen ; PCRD : Programme-Cadre de Recherche et Développement.

2.3. Des difficultés dues à la fiscalité

Par ailleurs, le système en vigueur de comptabilisation des frais de recherche-développement n'est pas très favorable aux PME qui comptabilisent des dépenses fortement consommatrices de ressources obérant la rentabilité financière de l'entreprise – alors que les grandes entreprises peuvent diluer plus facilement leur impact négatif et leur importance dans des postes du compte de résultats eux-mêmes très élevés en montant du fait de la taille de la société.

Compte tenu des mesures fiscales insuffisantes en faveur des programmes de recherche et d'innovation, et de la prise en compte insuffisante des spécificités des PME, les pays industrialisés ont dû prendre des mesures de compensation du type subventions ou CIR (Crédit d'impôt recherche). Le CIR constitue l'une des premières ressources publiques consacrées au financement de l'innovation et à la recherche des PME.

Avec des taux d'appuis de 30 %, voire 50 % pour les premières sollicitations du CIR et 60 % pour les facturations des laboratoires publics, les évaluations de l'impact financier du CIR nous montrent que 30 à 50 € d'aide publique sur un investissement de 100 € permettraient mécaniquement de porter l'investissement final à un montant de 130 à 150 €. Si le montant de l'enveloppe en faveur du CIR est augmenté, l'impact de l'aide publique devrait se répercuter automatiquement d'un montant au moins équivalent sur le montant de l'innovation (Lachmann, 2010a).

On notera qu'en France le système du CIR a été modifié en 2008 dans le sens d'un fort renforcement, car l'aide a été portée à 4 milliards d'euros en 2010 et s'élèvera à 5,2 milliards d'euros en 2011 contre à peine un peu plus de 0,4 milliard d'euros en 2003. C'est un effort conséquent, même si un rapport de la Cour des Comptes (septembre 2009) a déploré « l'effet d'aubaine que représente le CIR pour les grandes entreprises », et si les discussions du Projet de Loi de Finances 2011 ont failli remettre en question le CIR avec la proposition de réduire de 25 % l'enveloppe des crédits réservés annuellement au dispositif.

2.4. Accès au financement et aversion au risque des financeurs

Une récente étude réalisée par le cabinet Deloitte pour l'Association Paris-Ile de France Capitale Économique (Deloitte, 2010) montre que l'innovation est facteur d'attractivité et qu'il faut tout mettre en œuvre pour transformer la recherche en innovation et l'innovation en développement économique. L'étude montre que c'est moins un problème d'argent qu'un problème d'accès à l'argent au bon moment. Cela pose clairement le problème de regroupement des intervenants. En France, constatent les auteurs de l'étude, les banques restent les premiers financeurs de l'économie et on peut leur reprocher qu'elles fassent preuve globalement d'une certaine réticence à l'innovation car les risques sont trop élevés. Cela pousse à la conclusion que la réponse ne peut venir que du capital-risque et des appuis publics. Mais les décideurs enquêtés dénoncent aussi la complexité du paysage institutionnel et une trop grande réticence au risque de la sphère financière privée, ce qui est une réalité franco-française.

Une autre étude, réalisée au plan européen par Alma Consulting Groupe (6ᵉ baromètre de l'innovation, décembre 2010), montre que « l'innovation est considérée par 69 % des entreprises enquêtées dans cinq pays (Allemagne, Angleterre, Espagne, France et Portugal) comme le premier levier pour sortir de l'impasse économique devant le développement international (39 %) et la réduction des coûts (36 %) ». L'étude confirme également que c'est le CIR qui est le dispositif le plus utilisé par 54 % des entreprises enquêtées dans ces cinq pays (et même par 74 % des entreprises en France).

Au total, il nous apparaît que, en dépit de leurs insuffisances actuelles, les pôles de compétitivité font partie des piliers de l'attractivité qu'il faudrait consolider, et que le crédit d'impôt recherche constitue bien un des dispositifs en faveur de la R&D et de l'innovation.

3. Le rôle des pouvoirs publics

Le financement de l'innovation peut être assuré, comme pour les autres formes d'investissements, selon trois ressources financières clairement identifiées : des ressources internes, qui ont très nettement la préférence des entreprises ; des appuis publics que tous les pays mettent en œuvre ; des ressources externes, qui peuvent être d'origine financière ou industrielle. Comme le montre Lachmann (2010a), ce sont ainsi pas moins de quatorze possibilités d'intervention à la disposition des entreprises qui définissent une arborescence du financement de l'innovation en France (cf. encadré 1).

Encadré 1
Arborescence des quatorze possibilités
de financement de l'innovation en France

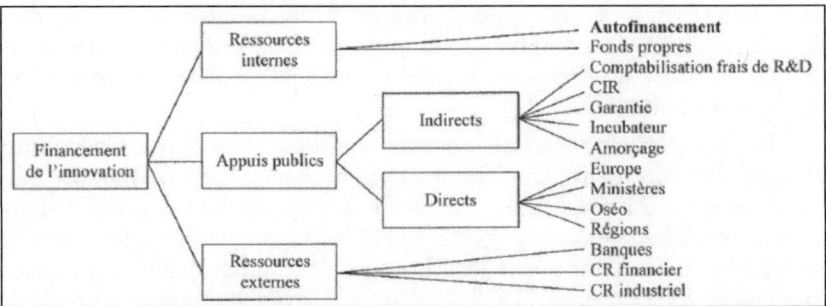

Source : J. Lachmann, Stratégie et financement de l'innovation, Economica, 2010.

Par leurs aides, appuis et autres soutiens, les pouvoirs publics peuvent influer très significativement sur le développement de l'innovation des entreprises. Une politique de recherche et de l'innovation peut en effet diminuer les coûts de production et de diffusion dans un secteur, que ce soit par des politiques de subvention comme par des différents systèmes de financement privé, mais également par une évolution des règles sur les brevets, sur la réglementation et autres normes. Par exemple, les processus de mise sur le marché des produits de l'industrie pharmaceutique sont très longs en France alors que les procédures d'homologation des médicaments sont beaucoup plus courtes aux États-Unis. La réglementation interfère ainsi fortement sur la stratégie des entreprises et elle peut pénaliser l'innovation nationale. Elle peut constituer de véritables freins et explique en partie l'orientation stratégique des entreprises françaises vers des innovations d'amélioration des médicaments au détriment de la création de nouveaux produits.

Toutes les études nous montrent à quel point les politiques publiques en faveur de l'innovation et de la recherche jouent un rôle pivot pour placer un pays et ses entreprises dans les meilleures conditions afin de maintenir et de gagner des parts de marché, pour favoriser le développement des exportations et pour préparer l'avenir, car l'innovation donne un avantage concurrentiel qu'il faut maintenir et développer. Il faut des politiques publiques déterminées, capables de mobiliser des ressources importantes et facilement mobilisables, et il faut une bonne coordination pour que le système fonctionne bien dans sa globalité et avec le moins de bureaucratie possible. L'encadré 2 nous rappelle l'effet de levier des appuis publics[2] avec près d'un euro d'aide pour six euros d'investissement, voire d'un sur cinq dans l'innovation, qui viennent compléter les autres ressources financières de l'entreprise.

Encadré 2
Plan de financement d'un projet innovant

Dans un schéma idéal, le plan de financement d'un projet innovant devrait prévoir : au moins 60 à 80 % d'autofinancement (si entreprise existante) ou d'apports personnels (capital de départ et comptes courants, love saving et business angels) pour la nouvelle ou jeune entreprise ; 15 à 20 % d'apports des capital-risqueurs (pour des projets d'une certaine taille avec un capital de départ de l'entreprise supérieur à 1 million d'euros) et/ou éventuellement d'un concours bancaire ; et 15 % d'aides publiques en subvention, avance remboursable ou toute autre forme d'appui.

Source : J. Lachmann, Stratégie et financement de l'innovation, Economica, 2010.

Les pouvoirs publics ont un effet multiplicateur non négligeable dans tous les pays industrialisés, et malgré les nombreuses critiques, dont certaines sont justifiées, les soutiens et autres appuis publics en faveur de l'innovation en particulier ont encore de beaux jours devant eux, car les enjeux de la recherche, de l'innovation, de la santé et des nouvelles technologies sont colossaux et ne risquent pas d'être épuisés dans les prochaines années.

Par ailleurs, les collectivités territoriales, les Régions en particulier, sont de gros financeurs : elles ont investi 943 millions d'euros (actualisation des données de J.-A. Héraud, 2008) dans la recherche et l'innovation, soit 3 % de leur budget en 2009.

Si la participation des pouvoirs publics au financement de l'innovation est cruciale, elle n'est cependant pas suffisante. Dans les sections qui suivent, nous montrons que le capital-risque (section 4), les PME (section 5) et l'implication des universités (section 6) jouent également un rôle stratégique dans la dynamique de l'innovation.

4. Le rôle du capital-risque

Le capital-risque est un moyen de financement spécifique qui repose sur un apport en capitaux, ce qui est son métier de départ, mais également sur des compétences techniques et stratégiques. Les investisseurs en capital-risque définissent leur métier comme le financement et l'assistance au management des entreprises et ils mettent en avant l'expression de « partenariat actif » (hands on). L'activité de prise de participation active au capital d'une entreprise ne doit donc pas se

---

[2] Selon l'étude SOGEDEV (2010), le CIR est l'aide publique à l'innovation la plus sollicitée par les entreprises devant les aides d'Oséo (26 %) et les avantages fiscaux accordés aux jeunes entreprises innovantes (21 %).

confondre avec le financement en fonds propres, qui est généralement une participation passive ou dormante au capital de sociétés cotées ou non (sleeping partner). En termes de métier, le savoir-faire de l'investisseur en capital-risque est une compétence financière et d'évaluation des projets de création ou de développement d'entreprises.

Les capital-risqueurs sont des professionnels aguerris des entreprises et en France la profession compte près de 800 salariés dans l'ensemble des structures. Ils ont généralement une double culture : « manager-scientifique », « financier-juriste », « scientifique-financier » ou « financier-commercial », et ils peuvent même être d'anciens chefs d'entreprises, d'anciens dirigeants de sociétés technologiques ou d'anciens chercheurs.

Le capital-risque a évolué ces dernières années vers le capital-investissement, (Lachmann, 1999, 2010). Il est par ailleurs multiforme, englobant cinq métiers bien distincts :

- le capital d'amorçage (seed capital),
- le capital-création (start-up et early stage),
- le capital développement,
- le capital retournement ou de restructuration,
- et le capital reprise/transmission (LMBO ou Leveraged Management Buy Out).

Ce sont les deux premiers (amorçage et création) qui constituent à proprement parler le capital-risque, et qui sont réellement des sources de financement des jeunes et nouvelles entreprises innovantes, en forte réduction avec l'e-krach de 2001 et la crise des subprimes de 2008.

Devant le retrait de la communauté financière privée, toutes les Régions, comme la loi les y autorise, ont créé leur société de capital pour venir en appui aux jeunes et nouvelles entreprises (ex : Alsace-création à Strasbourg, Auxitex à Bordeaux, IPO à Nantes, IRDI à Toulouse, Rhône-Alpes création à Lyon, etc.), pour pallier les insuffisances du privé.

Au niveau du secteur privé, l'endettement bancaire n'étant pas adapté au financement de l'innovation[3], le capital-investissement s'est concentré sur les phases de développement et sur les projets de reprise/transmission d'entreprises, plutôt que vers les apports financiers aux premières phases des projets d'innovation de la nouvelle ou jeune entreprise. Il ne reste donc plus à la disposition de ces dernières que l'autofinancement (si l'entreprise est déjà existante) ou les apports personnels (en cas de création), ainsi que les diverses aides publiques.

5. L'intégration des PME dans les réseaux d'innovation

5.1. Une prise en compte croissante…

Alors qu'en matière de politiques d'innovation depuis la fin de la Seconde Guerre mondiale jusqu'au début des années 1970, la France, à l'instar des autres pays industrialisés, était fortement dominée par les grandes entreprises du type « champion national » et les grands programmes de recherche avec le développement des universités et la création des grands Instituts de recherche (CNRS, INRA, INSERM, etc.), sur les dernières décennies, et plus particulièrement depuis les années 1980 avec l'avènement des lois de décentralisation de 1982-1983, on assiste à une meilleure prise en compte des politiques régionales d'innovation allant de pair avec une expansion croissante des PME dans le développement économique et dans la restructuration des activités (Héraud, 2003). La politique française des pôles de compétitivité a pris pleinement en considération cette évolution structurelle et l'a intégrée dans la stratégie économique déployée. Elle a en effet accordé aux PME une place prépondérante dans le développement des pôles de compétitivité et a permis de meilleurs partenariats, notamment avec des politiques d'innovation en réseau. Dans son rapport 2011 sur les Global Challengers, le Boston Consulting Groupe (BCG, 2011) rappelle que le moteur de la croissance est désormais basé sur l'innovation, alors qu'elle s'appuyait, il y a quelques années encore, sur un modèle d'exportation à bas coût et à faible valeur ajoutée.

---

[3] Le concours bancaire est fonction des capacités de remboursement et le montant remboursé est connu à l'avance quel que soit le montant des résultats (même en cas de perte), alors que le capital-risque est un pari sur l'avenir et le montant remboursé est valorisé en fonction des résultats de l'entreprise et dévalorisé en cas de déficit d'exploitation ou perdu si l'entreprise connait le dépôt de bilan. Les concours bancaires sont garantissables et recherchent des contre-garanties alors que les capitaux-risqueurs n'ont aucune garantie mais peuvent faire de belles valorisations de leurs participations (voir Lachmann, 1999, 2000 et 2010a).

5.2. ... Mais encore insuffisante des spécificités des PME

Cependant, de nombreux articles de presse (par exemple le Financial Times du 14 mai 2007 relatant les déboires d'une petite entreprise spécialisée en biotechnologie qui a accusé la politique des pôles de compétitivité de favoriser les grands groupes influents sur le secteur et de générer des conflits d'intérêt), des enquêtes (Perrin-Boulonne, 2010 ; DGE, 2008 ; etc.) et des rapports (Duranton *et al.*, 2008 ; BCG et CM International, 2009 ; etc.) sur les pôles de compétitivité, nous montrent les difficultés d'intégrer les PME dans les réseaux d'innovation que constituent les pôles de compétitivité. En revanche, les grandes entreprises ont généralement les ressources nécessaires pour faire de la recherche et pour développer leur portefeuille d'innovations. De plus, elles peuvent acquérir des entreprises si leurs équipes de recherche ne débouchent pas sur les innovations, comme c'est le cas actuellement dans les biotechnologies. Ce modèle économique tend d'ailleurs à se généraliser dans tous les secteurs économiques (Lachmann, 2010b ; voir aussi dans cet ouvrage le chapitre 13 de B. Laperche et G. Lefebvre).

Dans les phases de recherche, comme nous le rappelle P.-A. Julien (2003), les petites entreprises n'ont généralement pas les ressources suffisantes pour payer les équipements nécessaires et mettre sur les marchés les résultats de leurs travaux, et surtout sur les marchés internationaux. Selon une récente étude de l'INSEE (mars 2011)[4], si chaque catégorie d'entreprises contribue globalement à l'emploi et à la richesse produite (la valeur ajoutée), on note que les entreprises de taille intermédiaire (ETI) représentent 26 % des dépenses de recherche-développement et les PME 11 %, alors que les grandes entreprises (GE) concentrent l'essentiel de la recherche avec 62 % des dépenses de R&D. Elles font aussi davantage appel à du personnel en moyenne plus qualifié, plus productif et mieux payé. L'action en faveur des PME doit donc être approfondie et il existe un potentiel inexploité. Selon le Conseil d'Analyse Stratégique (2011), le renforcement des capacités d'innovation des PME apparaît comme un facteur déterminant de leur croissance qu'il convient de stimuler par tous les moyens, tout particu-

---

[4] Depuis un décret de 2008, on distingue désormais quatre catégories d'entreprises : les micro-entreprises qui emploient moins de 10 personnes ; les petites et moyennes entreprises (PME) employant entre 10 et 250 salariés et réalisant moins de 50 millions d'euros de chiffre d'affaires ; les entreprises de taille intermédiaire (ETI) qui ont de 250 à 5000 salariés ; et les grandes entreprises (GE) qui ont plus de plus 5 000 salariés. En dehors du secteur agricole, la France compte 2,9 millions d'entreprises en 2007 et 94 % d'entre elles sont des micro-entreprises employant ensemble près de 3,3 millions de salariés (soit 22 % du total de l'emploi salarié) contre les 240 GE qui emploient 4,4 millions de personnes, soit 27 % du total. Voir l'étude sur : http://wwwinsee.fr/fr/themes/theme.asp?theme=9

lièrement avec « la faiblesse des ETI en France qui handicape fortement la compétitivité de l'économie française ».

5.3. Vers une simplification ?

Afin que les PME puissent pleinement bénéficier de leur effet de levier, le Conseil d'Analyse Stratégique (2011) nous rappelle la nécessité de simplifier le système d'attribution des aides, car la lourdeur et la complexité des dispositifs peuvent évincer de nombreuses entreprises de petite taille et les empêcher de s'engager durablement dans des projets de recherche-développement.

Une clarification des niveaux de gouvernance et un renforcement des compétences au niveau régional sont de nature à améliorer l'efficacité des aides publiques, et les PME solliciteront plus facilement les outils gérés localement que sur le plan national ou européen dont l'éloignement apparaît comme une autre difficulté.

Les PME doivent également coopérer (et ainsi s'insérer davantage dans les réseaux d'innovation) pour innover car elles souffrent de nombreuses faiblesses : manque de ressources financières, faiblesse des capitaux propres, insuffisance de ressources humaines, difficultés d'aborder les nouveaux marchés, etc. Même si la politique des pôles de compétitivité essaie de tenir compte de ces éléments, l'intégration des PME est devenue une condition du succès et tout le monde reconnaît que leur implication dans les appels à projets est incontournable. Pour ce faire, il convient sans doute de revoir les structures de gouvernance des pôles de compétitivité (Bocquet et Mothe, 2009), encore trop souvent dominées ou influencées par les grands groupes. En effet, même si 85 % des participants aux pôles de compétitivité sont des PME[5], les petites et moyennes entreprises sont restées globalement très réticentes à participer aux démarches publiques de « clusterisation » en totale confiance pour des raisons essentiellement de concurrence avec les grandes entreprises leaders de leur secteur d'activités.

Il n'en reste pas moins que les démarches de SPL, de districts, de grappes d'entreprises et de pôles de compétitivité sont d'excellents apprentissages pour de futures formes collaboratives entre les PME et

---

[5] Suite aux différents appels à projets de la DATAR sur les 15 dernières années, il y a eu 100 SPL sélectionnés, 71 pôles de compétitivité labellisés et 42 dossiers de grappes d'entreprises retenus à l'issue du 1er appel à projets de 2010 auxquels se sont rajoutés 84 dossiers supplémentaires en janvier 2011 (soit au total 126 grappes d'entreprises qui vont bénéficier de 25 millions d'euros d'appuis, essentiellement en crédits d'ingénierie). Globalement, cela représente près de 300 initiatives sur l'ensemble du territoire national français (soit en moyenne de 10 à 20 dossiers par région), ce qui est un maillage industriel particulièrement dynamique que l'État a réussi à structurer grâce à sa politique d'appel à projets.

les grandes entreprises qu'il faudra favoriser dans le deuxième cycle de développement des pôles[6].

6. L'implication des universités ?

Comme la littérature sur les clusters le souligne, les universités constituent des acteurs clés du processus de clustering. La France, toutefois, semble souffrir d'une insuffisante participation de ses « grandes écoles » et de ses universités dans les pôles de compétitivité. Alors que la force de l'économie de la connaissance repose sur la recherche et l'innovation, les universités devraient en effet être davantage positionnées au cœur du dispositif pour qu'il leur permette de se (re)placer au niveau de leurs concurrentes étrangères.

Le Conseil d'Analyse Stratégique (2011) indique par ailleurs que les effets des appuis publics s'exercent non seulement sur les bénéficiaires directs des aides financières, mais également, en raison de la diffusion des connaissances, sur d'autres entreprises n'ayant pas bénéficié des aides.

Pour renforcer et démultiplier l'efficacité de ces effets de « débordement » (spillover effects), il est souhaitable d'utiliser des subventions ciblées sur la recherche collaborative, plus particulièrement entre l'industrie et le milieu académique. En effet, en collaborant avec des acteurs publics, les entreprises peuvent accéder plus facilement à une recherche fondamentale et réaliser ainsi de considérables économies d'échelle, car (logiquement) la recherche publique est moins réticente à la diffusion de la connaissance que la recherche privée qui doit défendre le principe de la propriété pour assurer le retour d'investissement.

Dans les différents postes occupés en Régions et à la DATAR, nous n'avons cependant pas noté un grand enthousiasme universitaire envers les démarches des pôles de compétitivité et nous nous avons plutôt ressenti des réticences, alors que les universités auraient pu constituer l'un des piliers des actions de collaboration avec les entreprises et de fertilisations croisées avec les acteurs locaux, tout en menant des opérations de partenariat entre le tissu industriel et les milieux académiques.

D'ailleurs, lors du colloque annuel de mars 2009 sur le thème de « L'université, acteur économique », les présidents des 83 universités ont manifesté leur regret que « les pôles de compétitivité aient été concentrés sur la recherche et l'innovation au détriment de la forma-

---

[6] Sur les 4 611 entreprises qui participent aux pôles de compétitivité, 3 905 sont de PME (au sens européen, c'est-à-dire avec moins de 250 salariés et n'appartenant pas à un groupe industriel à plus de 25 % du capital), soit 85 % des participants ; voir le site : www.competitivite.gouv.fr

tion ». Avec les nouvelles possibilités induites par la LRU (Loi relative aux libertés et responsabilités des universités) d'août 2007 et de nouveaux outils comme les PRES (Pôles de recherche et d'enseignement supérieur), les universités ont quasiment tous les ingrédients à leur disposition pour s'investir pleinement dans le développement des pôles de compétitivité.

Toutefois, le Troisième rapport du Comité de suivi sur l'autonomie des universités remis le jeudi 3 février 2011 à la ministre de l'Enseignement supérieur et de la Recherche estime que « la multiplication des dispositifs pourrait hypothéquer les objectifs du gouvernement » car il y a un risque d'empilement des structures et une multiplication des interlocuteurs. Il conviendrait d'éviter que la complexité ne constitue un obstacle à la clarification et ne suscite des difficultés en termes de lisibilité et de gouvernance qui iraient à l'encontre de la démarche de simplification. Le rapport recommande de rendre plus lisible la stratégie de l'État et sa vision à long terme de l'organisation universitaire et de veiller à la cohérence des projets. Indéniablement, le rôle d'un « État-stratège » doit s'affirmer dans la construction du nouveau paysage universitaire français sur l'échiquier international. Cependant, avec les résultats des nouveaux appels à projets dans le cadre du grand emprunt qui sont tombés les uns après les autres en 2010 et au début de 2011 – Campus d'excellence, Laboratoires d'excellence (Labex), Equipements d'excellence (Equipex), Initiatives d'excellence (Idex), Instituts hospitaliers universitaires (IHU) –, on peut s'interroger sur la pertinence de la démultiplication des dispositifs, car ils risquent de mettre en échec le double objectif de toutes les démarches engagées de renforcer l'université française sur l'échiquier international et de rendre la recherche plus efficiente.

Certes, le chemin qui reste à parcourir est encore long et semé d'embûches pour un meilleur partenariat entre les universités et les clusters locaux, mais les rapprochements devraient être favorisés par un contexte plus permissif. Au sein des nouveaux dispositifs, les universités n'auront d'ailleurs pas le choix et elles devront s'investir pleinement dans le deuxième cycle de développement des pôles de compétitivité en y trouvant leur place à part entière. Toutefois, les établissements universitaires et leurs laboratoires de recherche devront également se mobiliser dans le partenariat avec les entreprises dans le domaine des expertises scientifiques et technologiques des projets de clusters, et tout particulièrement en faveur des petites et moyennes entreprises qui n'ont généralement ni le moyens de faire les études en interne ni la culture pour solliciter les universités.

Depuis le début de ce XXIe siècle, la majorité des Régions ont d'ailleurs intégré un changement de modèle de développement économique régional. Après avoir investi dans un développement exogène favorisant l'accueil des investisseurs étrangers, elles ont pris le tournant du « développement endogène basé sur la créativité et l'innovation », à l'image de la Région Alsace et de son plan « Alsace 3.0 » (Muller *et al.*, 2010). De ce point de vue, la politique des pôles de compétitivité actuelle et à venir, qui devrait s'accompagner d'une plus forte implication des universités dans les territoires, peut les aider à réussir le développement de ces nouvelles stratégies régionales.

7. Quelques pistes de recherche

Pour conclure, plusieurs faiblesses identifiées nous semblent constituer également de futurs axes des travaux de recherche. Nous avons ainsi identifié cinq pistes principales d'amélioration du système politico-économique en matière de recherche et d'innovation qui correspondent également à de futurs axes de recherche :

À la question de savoir si les pôles de compétitivité sont un politique d'aménagement du territoire ou de compétitivité, l'État n'a, jusqu'à présent, pas voulu trancher. Tout laisse cependant à penser que la version « 2.0 » devrait se traduire par un renforcement des activités relevant de la recherche-développement et de l'innovation. Les universités ont donc un « véritable boulevard » devant elles pour s'impliquer pleinement dans leurs différents domaines de compétences dans la valorisation de la recherche et dans le développement de l'innovation dans les entreprises

Si la gouvernance n'a pas encore trouvé de réponse satisfaisante sur tous les territoires et si certaines critiques portent sur la spécialisation trop forte qui pourrait être nuisible aux territoires, le regroupement sera souvent une nécessité pour des questions de taille critique et de seuil de rentabilité car les performances des pôles de compétitivité en dépendront avec une meilleure participation des PME.

Le développement des pôles de compétitivité pourrait s'appuyer sur la construction de réseaux de clusters (cluster networking) pour donner aux projets la visibilité mondiale indispensable à la réussite des démarches des clusters.

L'un des grands problèmes de la France est la faiblesse de la recherche privée qui ne représente que 1,1 % du PIB alors que la proportion est le double aux États-Unis et deux fois et demie supérieure au Japon et en Suède (car les entreprises sollicitent très fortement les universités pour leurs recherches). Rappelons qu'un point du PIB représente une dotation annuelle supplémentaire de près de 20 milliards d'euros. En partenariat avec le monde industriel, les universités devront se placer progressivement au cœur de la politique des pôles de compétitivité tant sur la recherche que sur la formation et elles n'auront pas le choix au risque de marginaliser celles qui ne s'investiront pas.

Les pouvoirs publics ont comme rôle essentiel de créer l'environnement favorable et de mobiliser les ressources financières nécessaires au développement de la recherche et de l'innovation pour favoriser la sortie de la crise financière de 2008 et préparer l'avenir dans les meilleures conditions.

Au final, les pôles de compétitivité ne sont pas un effet de mode dans une période de crise qui disparaîtra avec le retour (hypothétique) de la croissance économique. Ils constituent, au contraire, une relance intelligente des politiques industrielles en collaboration avec l'université. Ils constituent surtout « une chance pour la France » (Vogel, 2010) qui ne demande qu'à être développée dans une logique de « partenariat public-privé » et qui sera incontournable si on veut accompagner durablement le mouvement de croissance par l'innovation.

Références

Alma Consulting Groupe (2010), Sixième baromètre du financement de l'innovation, décembre (intégralité de l'étude sur le site http://www.lesechos.fr).

BCG et CM International (2009), Evaluation des pôles de compétitivité, Synthèse du rapport d'évaluation (disponible sur http://competitivite.gouv.fr/).

Blarez F. (2007), Les pôles de compétitivité : de premiers résultats, Société Générale, mars.

Bocquet R. et Mothe C. (2009), « Gouvernance et performance des pôles de PME », Revue Française de Gestion, Vol. 35, N° 190, pp. 101-122.

Bocquet R., Mendez A., Mothe C. et Bardet M. (2009), « Pôles de compétitivité constitués de PME : quelle gouvernance pour quelle performance ? », Revue Management & Avenir, N° 25, pp. 227-244.

Boston Consulting Group (BCG) (2011), The Global Challengers, Rapport, janvier.

Conseil d'Analyse Stratégique (2011), « Les aides publiques à la RD : mieux les évaluer et les coordonner pour améliorer leur efficacité », Note d'analyse N° 208, janvier (http://www.strategie.gouv.fr/IMG/pdf/NA208-entreprise innovation-2011-01-06.pdf).

Deloitte (2010), Paris Ile-de-France Capitale économique – L'innovation comme facteur d'attractivité : un défi, Paris, septembre (rapport disponible sur : http://www.lesechos.fr/medias/2010/0923//020808793600_print.pdf).

Depret M.-H., Hamdouch A., Monino J.-L., Poncet C. (2010), « Politiques d'innovation, espace régional et dynamique des territoires : Un essai de caractérisation dans le contexte français », Innovations – Cahiers d'Economie de l'Innovation, N° 33 (2010/3), pp. 85-104.

Direction Générale des Entreprises (DGE) (2008), Les clusters américains : cartographie, enseignement, opportunités et perspectives pour les pôles de compétitivité français, Ministère de l'Economie et des Finances, Paris, octobre.

(http://competitivite.gouv.fr/documents/archivesAncienSite/pdf/etude-clusters.pdf).

Duranton G., Martin P., Mayer T. et Mayneris F. (2008), Les Pôles de compétitivité, Que peut-on en attendre ?, CEPREMAP, Paris. (http://www.cepremap.ens.fr)

Héraud J.-A. (2003), « Régions et innovation », in : Encyclopédie de l'Innovation, Mustar P. et Penan H. (Eds.), Economica, Paris.

Héraud J.-A. (2008), « Le rôle des collectivités infra-nationales dans la politique française de recherche et d'innovation », Colloque « Les systèmes de recherche français et suisse face à l'internationalisation », Berne, 8 novembre.

Julien P.-A. (2003), « Innovation et PME », in : Encyclopédie de l'Innovation, Mustar P. et Penan H. (Eds.), Economica, Paris.

Lachmann J. (1999), Le capital-risque et le capital-investissement, Economica, Paris.

Lachmann J. (2000), « L'apport du capital-risque au financement de l'innovation », Cahiers d'économie de l'innovation, N° 11, L'Harmattan, Paris.

Lachmann J. (2010), Stratégie et financement de l'innovation, Economica, Paris.

Lachmann J. (2010), « Le développement des pôles de compétitivité : quelle implication des universités ? », Innovations – Cahiers d'Économie de l'Innovation, N° 33 (2010/3), pp. 105-135.

Muller E., Héraud J.-A. et Gosselin F. (2010), Regards croisés sur la culture d'innovation et la créativité en Alsace, Presses Universitaires de Strasbourg, Strasbourg.

Perrin-Boulonne H. (2010), « Les grappes d'entreprises : la seconde division des pôles de compétitivité ? », CCI de Paris, mai.

SOGEDEV (2010), Le CIR : Impact des récentes dispositions gouvernementales, novembre, SOGEDEV, Paris.

Vogel L. (2010, L'Université, une chance pour la France, Presses Universitaires de France, Paris.

Chapitre 3

Les enjeux du financement des PME innovantes en France

La dynamique du capital-risque en question

Christian Poncet

Maître de Conférences à l'Université de Montpellier 1

Introduction

Après une longue période (calquée approximativement sur les trente glorieuses) durant laquelle fleurissent en France les projets industriels d'inspiration colbertiste (aérospatial, nucléaire, pharmacie, informatique, télécommunications, etc.), les grands groupes (fleurons du capitalisme à la française) ont bénéficié à la fois d'aides à l'innovation et de commandes publiques importantes. La fin des années quatre-vingt-dix a été marquée par un repositionnement des politiques d'innovation vers les petites entreprises (« small is beautiful »). Ce revirement repose à la fois sur le caractère progressivement inefficace des aides directes accordées aux groupes leaders nationaux (échecs successifs en France des programmes « Informatique pour tous » ou « Bioavenir »), et sur le succès des petites entreprises innovantes aux États-Unis (dans les nouvelles technologies de l'information et de la communication – NTIC – ou les biotechnologies). Plus qu'un changement de destinataire, la réorientation des fonds publics destinés au soutien à l'innovation implique une transformation profonde des mécanismes mobilisés et des mentalités de l'ensemble des acteurs. Cette réorientation nécessite également l'existence d'un environnement (économique, juridique, financier, voire académique) propice à la création et au développement de ces petites structures. Or, si dans les pays anglo-saxons les modalités de soutien[1] aux petites entreprises sont quasiment inscrites dans leur histoire (le SBA[2] et les SBICs[3] aux États-Unis datent par exemple des années 1950), l'environnement juridique (« common law ») et financier s'est également adapté à l'accompagnement de la croissance des petites entreprises innovantes. Ainsi, les organismes susceptibles de soutenir la création et le développement d'entreprises innovantes ont peu à peu eu à leur disposition un cadre stimulant (clusters ou campus universitaires), des outils financiers appropriés à la gestion des risques (titres adaptés, création de marchés spécifiques, interventions publiques avec effet de levier), ou encore un accompagnement juridique adapté (*Bayh-Dole Act*[4] par exemple). Par contraste, dans de nombreux pays européens, tels que la France, la réorientation des politiques publiques d'innovation vers les petites entreprises s'est souvent heurtée à une culture politique jacobine, à des traditions entrepreneuriales inadaptées, et surtout à l'absence d'un environnement stimulant, qu'il soit juridique ou financier. De la création d'une épargne orientée vers des placements risqués à la mise en place de structures d'investissement et d'outils financiers adaptés jusqu'à l'accompagnement des jeunes sociétés, cette transformation (qui a débuté en France dans les années quatre-vingts) s'est confrontée à de nombreux obstacles, qui demeurent encore très prégnants.

L'objet de ce chapitre consiste précisément à montrer que la déviation des flux financiers vers les petites entreprises en France ne saurait se limiter à un changement de destinataire. Il s'agit bien plus de la modification en profondeur d'un modèle (français voire européen) d'innovation, qui implique certes les modalités de financement, mais également la « culture » des divers acteurs impliqués. Déjà le rapport d'Henri Guillaume en 1998 (Guillaume, 1998) soulignait les changements indispensables de mentalité, voire de « culture », que représentait le soutien aux petites entreprises innovantes. Ces aspects « culturels » concernent en même temps les politiques publiques (d'un centralisme jacobin à des formes très décentralisées d'intervention, proches des projets concernés), le comportement des investisseurs (d'une logique bancaire d'intervention à un appui managérial) ou celui des porteurs de

---

[1] Le terme « soutien » englobe bien entendu le financement mais, dans l'acception anglo-saxonne, il recouvre également un accompagnement juridique, technique, industriel, etc. du projet.

[2] *Small Business Administration.*

[3] *Small Business Investment Companies.*

[4] Adopté par le congrès des États-Unis, le 12 décembre 1980, le *Bayh-Dole Act* s'articule autour de deux axes : d'une part, accorder aux universités et laboratoires cofinancés par l'État fédéral la propriété intellectuelle de leurs découvertes ; d'autre part, conférer à ces organismes le droit de négocier leurs technologies sous la forme de licences exclusives.

projet ; l'ensemble baignant dans un « milieu » (juridique, scientifique, etc.) plus ou moins favorable à l'expression de ces acteurs.

De manière schématique, la figure 1 permet ainsi d'envisager la construction d'une interrelation entre ces caractéristiques, conduisant au déplacement de la frontière qui délimite l'intervention des pouvoirs publics de celle d'opérateurs privés. Cette représentation indique, par exemple, que des conditions (juridiques, politiques, financières) favorables à l'extension de l'activité du capital-risque permettent d'augmenter le nombre d'intervenants et donc de dossiers traités. Cet accroissement, en stimulant l'éclosion de nouveaux projets innovants, conduit à une gestion plus efficace du risque – soit par diversification du portefeuille des opérateurs, soit par un regroupement de ces derniers par syndication sur des projets importants et risqués, soit encore par une plus grande maîtrise des outils financiers. Cette efficacité se traduit alors par un accroissement de la rentabilité des opérations, et donc par l'entrée de nouveaux intervenants. Une telle dynamique participe à la construction d'un cercle vertueux.

Ce raisonnement conduit, de la même manière, à mettre en évidence les effets pervers des aides publiques trop massives qui seraient accordées aux projets innovants. En effet, ces aides directes se traduisent généralement par un effet d'éviction appliqué aux fonds privés susceptibles de s'investir dans ces opérations. Ainsi, la figure 1 montre parallèlement qu'une intervention prolongée des pouvoirs publics dans les projets innovants diminue le nombre de dossiers traités par les opérateurs en capital-risque, ce qui, pour les mêmes raisons que précédemment, tend à limiter leur efficacité dans la gestion du risque, et donc les rendements tirés de ces opérations. Cette diminution induit une raréfaction des investisseurs et, par conséquent, une présence plus massive des pouvoirs publics afin de soutenir l'innovation. De vertueux, le cercle devient alors vicieux.

Figure 1
Représentation du couple risque-rendement
et de ses implications sur les limites d'intervention
entre les pouvoirs publics et les organismes financiers

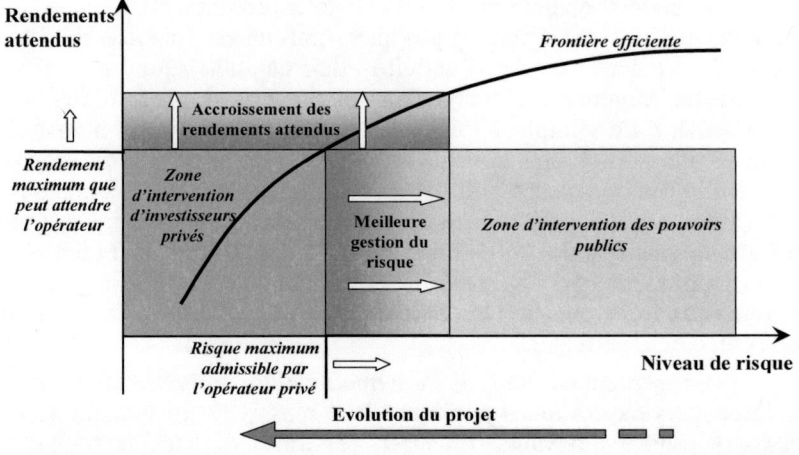

La présentation qui précède met bien en évidence les interactions entre le comportement des divers acteurs et le milieu dans lequel ils évoluent. En effet, si l'accroissement du nombre d'intervenants privés conduit à une meilleure gestion du risque, donc à une rentabilité plus importante des fonds investis, encore faut-il que l'environnement favorise la réalisation des plus-values issues de ces opérations. Par suite, pour que la dynamique décrite précédemment s'opère, il est nécessaire que les opérateurs puissent rencontrer des options efficaces de sortie, et cela, en termes de marchés financiers (et d'outils adaptés), de repreneurs industriels, ou d'autres opérateurs en capital-risque susceptibles d'assurer le relais.

La première partie de ce chapitre sera consacrée à la présentation des obstacles rencontrés en France par les politiques publiques d'innovation. Plus précisément, l'étude se focalisera sur les forces d'inertie qui agissent sur les mécanismes d'ajustement entre politiques publiques et dynamique d'innovation, au regard des modifications structurelles mises en œuvre depuis plus d'une décennie. La prégnance de plus en plus manifeste du modèle développé aux États-Unis entraîne la France (et l'Europe) vers une transformation à marche forcée de ses structures de soutien à l'innovation. Rétrospectivement, la première décennie de ce siècle a connu un changement radical dans la conception même de l'accompagnement de projets innovants en France et en Europe, changement qui conduit ces pays à se rapprocher sensiblement du modèle étasunien. Cependant, la greffe d'instruments et de stratégies d'intervention ayant fait leur preuve aux États-Unis sur un tissu européen très différent (culturellement et institutionnellement) se trouve ainsi soumise à des formes plus ou moins aiguës de rejet. Ces phénomènes se constatent notamment lorsque les outils et comportements importés remettent en cause les habitudes et réflexes propres aux « cultures locales ». Ainsi, les notions de « venture capital », de « business-angels » ou de « clusters » ne présentent pas les mêmes propriétés lorsqu'elles sont sorties de leur contexte et insuffisamment adaptées aux réalités et exigences locales.

La seconde partie se consacrera à l'étude des conditions de sortie du capital-risque, et notamment à l'identification, dans ce contexte, des facteurs qui contribuent aux performances du modèle nord-américain de référence. Les conditions environnementales de sortie du capital-risque contribuent largement à la valorisation des investissements lors du retrait de l'opérateur. Or, d'une part, les plus-values réalisées définissent le niveau de rendement atteint par les investissements, et, d'autre part, les perspectives d'une rentabilité élevée représentent un facteur incitatif souvent décisif. Les éléments qui participent à la valorisation finale des investissements interviennent donc rétroactivement sur le niveau d'implication des investisseurs. C'est la raison pour laquelle les conditions de sortie du capital-risque revêtent une dimension toute particulière dans l'identification des causes d'échec ou de succès d'une opération.

1. Une identification des obstacles français ou les effets du « poids de l'Histoire »

La transition d'une conception « colbertiste » des politiques publiques d'innovation vers un soutien aux petites entreprises innovantes, se confronte à des forces d'inertie qui tendent à réactiver les réflexes jacobins français. Ainsi, la nécessaire adaptation des circuits de financement de l'innovation en France (appuyée notamment par la loi sur la recherche et l'innovation du 12 juillet 1999) rencontre quelques difficultés à s'aligner sur le modèle anglo-saxon, et se heurte une fois de plus au poids de ses « traditions ». Deux exemples illustrent en France l'importance de ces forces d'inertie, qui affectent tout particulièrement le financement des entreprises innovantes.

Le premier exemple s'appuie sur la prise en compte de la spécificité du financement public des petites entreprises innovantes et les conditions d'efficacité qu'il implique. Le soutien public apporté aux projets doit être conçu, dans le modèle originel, comme une étape de transition vers l'accès à des sources privées de financement. Au-delà des montants effectivement investis, les ressources publiques représentent également un moyen pour attirer des fonds privés, qui accompagneront le développement du projet. Cette dimension plus qualitative d'amorçage de fonds privés (qui a longtemps fait défaut en France) recouvre notamment la recherche d'une articulation efficace entre les aides publiques et les relais financiers (capital-risque) au travers des effets de leviers qui devraient être recherchés et amplifiés (Depret *et al.*, 2010). Un financement public sans recherche d'effets de levier, à ces stades précoces de développement, produit au contraire un effet d'éviction qui conduit à limiter l'implication d'investisseurs privés. Par conséquent la nature de ces aides modifie considérablement leur efficacité, et donc le devenir du projet.

Le second exemple a trait à la question de la rentabilité des investissements réalisés par le capital-risque et, plus globalement, à celle de la gestion du risque par les opérateurs. La question de la rentabilité conditionne celle de l'attractivité de l'opération, mais la relation croissante entre risque et rendement amène aussi à poser qu'une rentabilité élevée des investissements implique un certain niveau de prise de risque. Le « poids de l'Histoire » s'applique alors sur les organisations financières qui prennent en charge les investissements ; en particulier, s'agira-t-il de sociétés de venture capital (au sens anglo-saxon du terme) ou bien d'organismes financiers (banques, assurances, établissements spécialisés) qui se diversifient vers ces types d'investissements ? L'absence d'une « tradition » de venture capital en France a conduit les établissements bancaires et les organismes d'assurance à s'investir dans ces opérations, mais avec un comportement et une logique essentiellement de type bancaire vis-à-vis du risque. Cela se traduit alors par des prises de risque limitées, et donc par un financement des projets innovants souvent trop tardif. Le second paragraphe prolongera ces remarques en étudiant notamment l'impact des business-angels dans le financement des petites entreprises innovantes, de part et d'autre de l'océan Atlantique (ou comment le voyage transatlantique a parfois laissé à quai cet acteur fondamental du modèle étasunien).

1.1. Le comportement du capital-risque en France marqué par ses racines : Une gestion bancaire du risque

Le comportement face au risque dépend des moyens financiers dont dispose l'opérateur (possibilité de traiter le risque par l'application d'outils et de techniques financières appropriés), donc de sa capacité à tirer une rémunération spécifique face aux risques encourus. En se situant à des niveaux élevés de risque (tels que les rencontrent les organismes de financement de projets innovants dans leur phase précoce), les incertitudes qui planent sur le devenir des entreprises ont un effet répulsif sur l'engagement d'opérateurs traditionnels (établissements bancaires par exemple). Dans le même temps, l'intervention d'opérateurs avec une logique de capital-risque conduit à la recherche d'une source supplémentaire de rémunération dans la gestion de ces risques (cf. la figure 1 ci-dessus). Par conséquent, si l'environnement financier le permet (marchés et instruments financiers spécialisés, et dédiés à la négociation de ces titres risqués notamment), le capital-risque va pouvoir transformer en source potentielle de profit les obstacles que génèrent ces risques dans les conditions bancaires de gestion (figure 2). Dans les stades précoces de l'évolution du projet, le capital-risque, lorsqu'il intervient, tire ainsi de son comportement risqué une rémunération supplémentaire (trajectoire gauche sur le triangle de la figure 2).

Figure 2
Les trajectoires possibles des opérateurs dans la gestion du risque

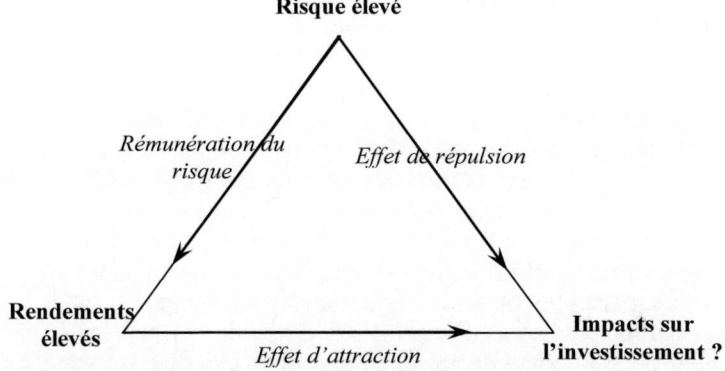

Une telle transformation (détour par la voie de gauche sur la figure 2) rend alors attractif le projet innovant, dans une logique strictement financière. Le comportement bancaire évoqué précédemment emprunte quant à lui la trajectoire de droite, et aboutit ainsi à une gestion prudente des investissements. Dans ces conditions, un projet qui dans ses phases précoces se révèlera trop risqué, amènera l'opérateur à se détourner de son financement. Cette pénurie de fonds étouffe alors l'émergence d'une entreprise à fort potentiel innovant.

Une différence notable constatée dans les profils des capitaux-investisseurs entre les États-Unis et la France réside dans la nature même de leur intervention. Aux États-Unis, la qualification technique des opérateurs en capital-risque est souvent aussi importante que leurs compétences financières ; cela signifie que leurs expériences concomi-tantes d'industriel et d'investisseur participent de manière complémen-taire à la valorisation des investissements.

De la sélection du projet à son management et à sa valorisation finale, cette chaîne repose constamment sur cette double compétence. Les compétences techniques et managériales conduisent à une implication plus forte de l'investisseur dans le projet, et donc à une gestion beaucoup plus fine du risque. La dimension essentiellement bancaire ou publique du capital-risque français (cf. figure 3) implique un autre regard sur les projets innovants. En particulier, en termes de prise de risque, ces opérateurs tendent à se rapprocher de la partie droite du triangle (figure 2), soit parce qu'ils se trouvent limités dans l'appréciation et la gestion du risque (en ne retenant que les aspects financiers), soit parce qu'ils ne disposent pas d'un environnement adapté (nombre limité de dossiers ou difficultés à trouver des lieux de renégociation les titres), ou les deux en même temps. En revenant à la figure 2, la différence entre les trajectoires de droite et de gauche s'atténue (voire disparaît) au fur et à mesure que l'investissement devient moins risqué (donc que le projet innovant se concrétise). Cet écart témoigne alors de deux positions bien distinctes dans l'implication des opérateurs en capital-risque, qui se rattachent à des comportements découlant de « cultures » bien marquées. On trouve ainsi, d'un côté, ceux qui adoptent le circuit de gauche, qui ont donc la capacité de financer des opérations plus risquées, et qui parviennent ainsi à se positionner sur des stades plus précoces de développement du projet. *A contrario*, la trajectoire de droite illustre un comportement qui consiste à retarder le moment de l'intervention du capital-risque, dans le développement du projet, afin d'en limiter les risques. Une telle situation génère alors un espace plus ou moins important (« equity gap ») entre le retrait des pouvoirs publics et l'implication d'opérateurs privés. À partir du moment où il n'existe aucun opérateur pour combler cet espace (fonds publics par exemple, en l'absence de capitaux privés), ce vide, s'il se maintient, conduit inéluctablement à la disparition du projet. L'origine, la formation professionnelle et la conception du métier de l'investisseur, ainsi que les outils mobilisés pour la gestion du risque, marquent alors la fracture sémantique entre « venture capital » et « capital-risque ».

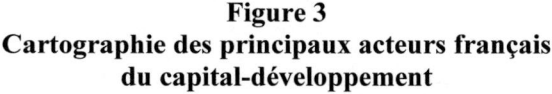

Figure 3
Cartographie des principaux acteurs français
du capital-développement

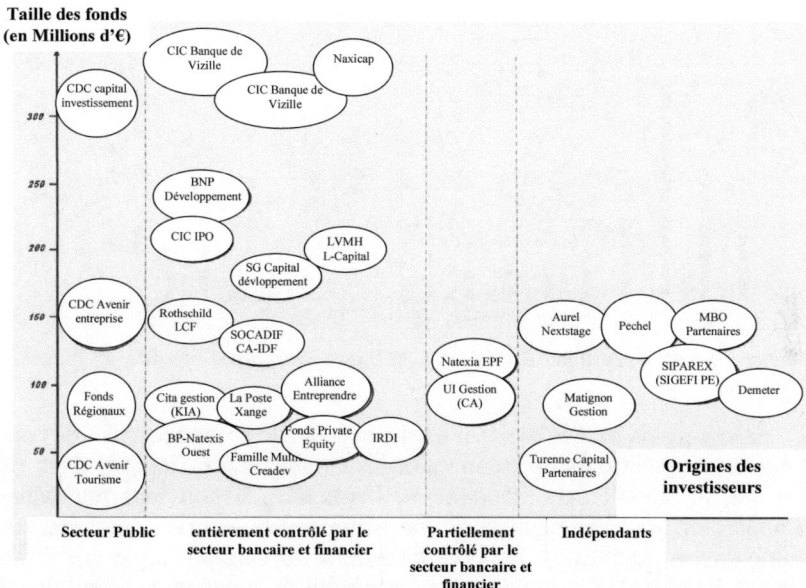

Source : Tiré de la présentation de G. Sentilhes ; *Journées du Capital Investissement*, AFIC, 2008.

La domination bancaire du capital-investissement en France (et dans une moindre mesure en Europe) se retrouve dans les orientations des fonds investis, comparées à celles observées chez leurs homologues étasuniens. La figure 4 illustre parfaitement ce résultat en montrant notamment le décalage qui existe, dans les parts du PIB investies dans le capital-risque et le capital-développement, entre les États-Unis et la France (ou l'Europe dans son ensemble). Ces graphiques expriment clairement le glissement des investissements français (et européens) en capital-risque vers le « leverage buy-out » (LBO), par rapport aux fonds gérés par leurs homologues nord-américains (du graphique de gauche vers le graphique de droite sur la figure 4).

Figure 4
Répartition du capital investissement dans les trois zones
de référence (en pourcentage du PIB)

Capital-risque et développement   Capital transmission - LBO

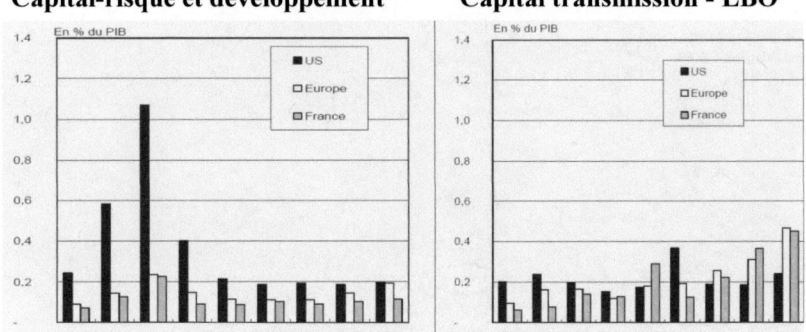

Source : Tiré du rapport du Centre d'Analyse Stratégique, *Notes de veille*, n° 70, 25 août 2007.

Si le « poids de l'Histoire » tend à agir sur le comportement des opérateurs, en positionnant notamment le capital-risque français dans une logique principalement bancaire et financière, il convient maintenant d'apprécier les conséquences d'une pénurie de venture capital (au sens anglo-saxon du terme). Le comportement du capital-risque aux États-Unis a été présenté comme dominé par celui du manageur, plutôt que du banquier. Cette différence explique en partie l'écart sur la figure 2 entre la trajectoire de gauche et celle de droite pour des niveaux élevés de risque (donc le financement de projets à un stade précoce). Ainsi, l'ancrage bancaire du capital-risque français le conduit à se détourner des opérations qui comporteraient un risque trop élevé, et donc à limiter le nombre et le montant des interventions. Une telle prudence conduit alors à une gestion beaucoup moins efficace des investissements à risque (limites dans la diversification et la taille des portefeuilles, moindre présence dans le suivi industriel et commercial des projets, etc.), donc à des rendements moindres tirés de ces opérations (cf. figure 5). La limitation des rendements pour les fonds investis dans le capital-risque amène les opérateurs à réduire leur niveau d'investissement (pour les déployer vers des formes moins risquées), et donc à accroître la relative désertion des fonds privés mobilisés à ces stades précoces de développement des projets. Il s'instaure ainsi une sorte de cercle vicieux qui, dans une logique strictement financière, ne peut que s'auto entretenir. La mesure des rendements par le Taux de Rentabilité Interne (TRI) met par contre en évidence les bonnes performances (en France et en Europe) des investissements supportant un moindre risque (transmission, LBO, etc.) en faisant référence à des modes plus classiques de gestion.

La pénurie de venture capital en France (et dans une moindre mesure en Europe) pose donc un problème crucial concernant le financement de projets innovants. La transition entre les phases d'amorçage et la création d'une société constitue un chaînon fragile pour le financement des petites entreprises innovantes en France. Le besoin de financement et d'information, de formation et de conseils se fait alors sentir au plus haut point, et hypothèque souvent le devenir industriel d'un projet innovant.

Figure 5
Comparaison par pays des TRI, depuis l'origine en 2009,
en fonction du type d'opération

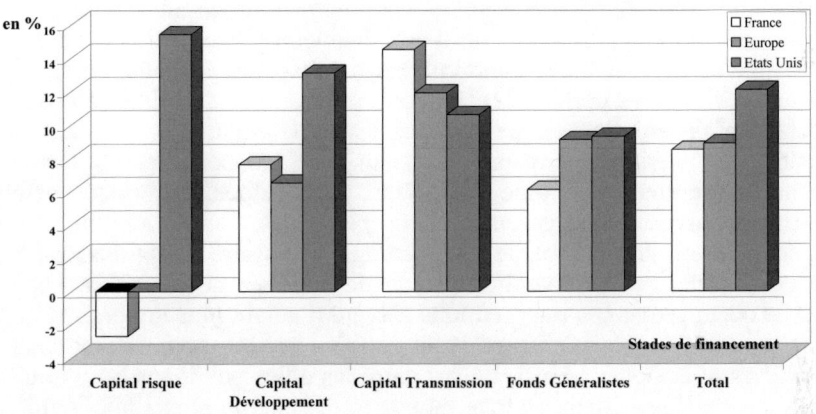

Sources : AFIC - Ernst & Young - Thomson Reuters.

Les propos qui précèdent ont mis en évidence une mauvaise adaptation du comportement des intervenants (en Europe globalement, et plus particulièrement en France) avec le type de risque à gérer. Au regard des forces d'inertie que déploie l'environnement (financier, économique, juridique, et plus généralement « culturel »), et des difficultés d'adaptation des intervenants par rapport au modèle importé des États-Unis, la question se pose des orientations effectivement retenues en termes de financement des petites entreprises innovantes. Cette question est d'autant plus présente que le « poids de l'Histoire » tend à se manifester dans un second volet propre à ce stade de développement des projets : l'absence de « culture business-angel » en France.

1.2. Mais où sont passés les business-angels ?

Les premières étapes de la vie d'une entreprise innovante nécessitent l'appui actif d'intervenants lui permettant de dépasser la période de cash-flows négatifs qui caractérise le processus d'émergence de ces organisations. Ces soutiens, dont le contenu dépasse largement le seul apport financier au projet (conseils, formation, mise en réseau, etc.), jouent un rôle fondamental dans la constitution d'un tissu industriel innovant. De ce point de vue, la situation des business-angels permet de répondre à toutes ces sollicitations lorsqu'elles émanent des jeunes pousses et, à ce titre, ils représentent souvent un point névralgique pour le développement d'un projet. Cependant, en référence au paragraphe précédent, s'il existe une fonction intimement liée à la « culture » d'une société, c'est bien celle des business-angels. À la fois industriels, managers et investisseurs, en engageant souvent leurs propres moyens, ces personnes physiques représentent certainement le produit type de la « culture entrepreneuriale » nord-américaine. L'absence historique de ces opérateurs dans de nombreux pays européens (et notamment en France) a souvent conduit les pouvoirs publics à se substituer à eux, et cela, par un empilement de services divers (formation, conseils, concours financiers, accompagnement, etc.). Si les pouvoirs publics en France apportent une aide importante aux petites entreprises selon plusieurs niveaux d'intervention (Europe, gouvernement, région, voire métropole ou commune), le saupoudrage nécessaire à ces stades précoces interdit une intervention prolongée et ciblée de ces aides. Or, la place occupée par ces interventions s'avère d'autant plus importante que les capitaux-risqueurs s'investissent dans les projets, pour des montants toujours plus élevés. Ainsi, l'écart entre les aides publiques ou d'autres sources de financement (« love money »[5] par exemple) et l'intervention du capital-risque ne cesse de s'accroître. L'extension de cet « equity gap » rend, dans ces conditions, de plus en plus indispensable l'intervention des business-angels afin de ne pas laisser les entreprises au milieu du gué (elles ne peuvent pas encore recevoir les fonds des capitaux-risqueurs, et ne disposent pas suffisamment de fonds propres pour assurer leur croissance).

Quelques chiffres permettent de comprendre l'impact de l'equity gap sur le chaînage du financement des jeunes pousses : en 2009[6] aux États-Unis, les montants investis à chaque tour de table par les business-angels s'élèvent en moyenne à 0,31 million de dollars, alors que les

---

[5] Dans l'expression « *love money* », les étasuniens entendent généralement les fonds issus de personnes proches des porteurs de projets (famille, amis ou réseaux de relations).

[6] Source : *Angel Capital Association* (ACA).

capitaux-risqueurs investissent 6,32 millions de dollars par projet. D'un point de vue strictement financier, toute pénurie d'opérateurs précédant le financement d'un projet par le capital-risque introduit une rupture souvent fatale pour sa survie. L'expérience montre que de très nombreux projets en France ont échoué après des mois (voire des années) de recherches vaines d'opérateurs en capital-risque (voir infra concernant la démographie des entreprises). Le modèle développé aux États-Unis, dans lequel il existe une sorte de continuité dans les sources de financement et d'accompagnement, dispose de deux atouts majeurs : les effets de levier des dépenses publiques sur le financement privé (l'articulation SBA/SBICs), et un tissu très dense de business-angels, qui s'impliquent de manière très précoce dans les projets. Sans entrer dans la description détaillée de ces processus – qui s'inscrivent évidemment dans un environnement plus large (politique, financier, industriel et académique) –, les business-angels représentent les acteurs souvent indispensables au bon fonctionnement de ces modèles. Ils permettent notamment d'assurer le lien entre divers opérateurs dans des moments cruciaux de développement des projets.

La figure 6 illustre parfaitement ces conclusions, en montrant notamment les moyens très importants que les business-angels peuvent globalement mobiliser dans les phases précoces de l'activité des jeunes pousses, comparativement aux opérateurs en capital-risque. En nombre d'opérations pour l'année 2009, les données sont encore plus explicites puisque les stades précoces de financement (« seed » amorçage et « early stages ») totalisent près de 45 000 interventions[7], et seulement moins de 1 200 pour le capital-risque aux mêmes stades (moins de 3 % des interventions). Ainsi, les difficultés à mobiliser (en France notamment) les business-angels à ce stade de développement des projets se traduisent par autant de porteurs qui ne bénéficieront pas de leur soutien. Un défaut dans l'implication de ces intervenants revient donc à « tuer dans l'œuf » les projets en construction. Au regard du caractère fondamental du soutien apporté par les business-angels, un déficit de leur activité amène les pouvoirs publics (notamment dans les pays européens) à se substituer à ces opérateurs charnières. Une telle substitution se révèle souvent incomplète (dans la droite ligne des remarques déjà faites sur le capital-risque) : il semble notamment très difficile pour les pouvoirs publics d'intégrer dans ces soutiens l'expérience industrielle et les réseaux fournis par les business-angels et d'atteindre leur niveau d'implication.

---

[7] Selon l'ACA, données tirées de *Center for Venture Research* et du *2010 NVCA Yearbook*.

Figure 6
Montants investis aux États-Unis, selon les sources
et les stades d'intervention des opérateurs, en 2009

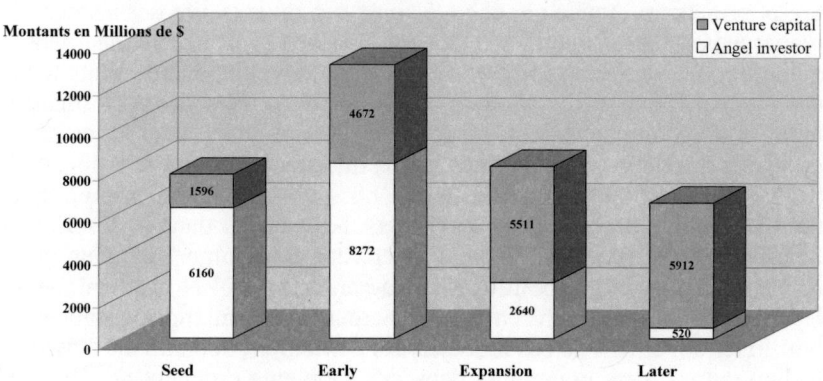

Sources : AFIC - Ernst & Young - Thomson Reuters.

La pénurie de business-angels en Europe, et plus particulièrement en France, s'avère déterminante pour comprendre la dynamique de création d'entreprises innovantes, même s'il existe une évolution remarquable de leur activité ces cinq dernières années. Si les États-Unis comptent approximativement 550 000 business-angels, et le Royaume-Uni 55 000, la France[8] ne dispose que de 4 000 opérateurs à ce stade d'intervention. En outre, l'écart dans les montants mobilisés dans ces pays se révèle encore plus important, puisque, face aux 18 milliards de dollars investis par les business-angels nord-américains en 2009, dans 57 000 opérations, les opérateurs français ne mobilisent la même année que 62,5 millions d'euros, dans 280 opérations. Ces chiffres, même en prenant en compte les tailles respectives des pays concernés, révèlent à la fois la place fondamentale qu'occupent ces intervenants dans la genèse d'un projet innovant, mais également la faible densité de ces opérateurs sur le territoire européen (à l'exception du Royaume-Uni).

L'importation en France d'un modèle nord-américain d'accompagnement des petites entreprises innovantes n'implique pas, dans un environnement différent, des performances similaires. Les exemples du capital-risque et des business-angels montrent que, sortis de leur contexte, ces acteurs perdent une partie de leur efficacité. Leur introduction en France a certes entraîné la création de ces fonctions, souvent à l'initiative des pouvoirs publics (de manière plus ou moins

---

[8] Les données concernant la France sont tirés des publications de *France Angels* (www.franceangels.org).

directe), mais en oubliant fréquemment le rôle joué par le milieu dans lequel ils évoluent originellement. Par conséquent, le métier de business-angel ou de venture capital ne se limite pas (loin de là) à celui du financement de l'entreprise ; il doit aussi et surtout intégrer la dimension managériale des intervenants.

2. Faciliter les conditions de sortie du capital-risque afin d'en accroître les entrées

Les conditions de sortie du capital-risque représentent un facteur incitatif très fort et souvent explicatif du degré d'implication des opérateurs. En effet, la rémunération des fonds en capital-investissement s'opère principalement à partir des plus-values réalisées lors de la sortie de l'intervenant. Par conséquent, les opérateurs en capital-risque sont très sensibles aux conditions de sortie auxquelles ils peuvent s'attendre. L'histoire récente a notamment montré que les anticipations d'une valorisation importante des entreprises constituaient un puissant facteur d'attraction pour ces opérateurs, pouvant même déboucher sur la constitution de bulles spéculatives (comme pour le début des années 2000 sur la figure 4). Par conséquent, l'existence d'outils de gestion et de valorisation, comme de lieux de négociation des actifs, contribue largement à fournir un bon niveau de rendement.

Les opportunités de sortie représentent alors un motif d'attraction pour les investisseurs potentiels ; elles relèvent en outre des conditions environnementales discutées dans la section précédente (Manigart *et al.*, 2002). Le même raisonnement systémique peut alors être repris ici : un environnement propice à une sortie valorisante pour l'opérateur conduit à une forte attractivité pour le capital-investissement, donc à une gestion plus efficiente du risque par la taille et la diversité des portefeuilles constitués. De ce point de vue, les États-Unis se posent également en précurseur dans la mise en place d'outils financiers et d'institutions adaptés, permettant d'assurer la rentabilité des opérations en capital investissement ; l'environnement juridique, marqué par la common-law (Lerner et Schoar, 2005), participe également à ce mouvement. La création de marchés spécifiquement dédiés à ces produits (dont le Nasdaq est certainement le plus médiatisé), la construction d'instruments financiers appliqués à la gestion du risque (obligations convertibles, dettes mezzanines[9], etc.), l'existence de réseaux denses

---

[9] La dette mezzanine est une dette subordonnée à la dette senior (dette bancaire classique dans une opération de « *leverage buy-out* »). La dette mezzanine est plus risquée que la dette senior et donc offre un rendement plus élevé. Assimilée à des quasi fonds propres, elle permet d'accroître les effets de leviers financiers (ratio dettes sur fonds propres), et donc de financer des transactions plus importantes. Ces instruments restent peu utilisés en Europe.

reliant les différents opérateurs (business-angels, venture capital, industriels ou universités) et fluidifiant les flux de participations dans les projets, ou encore l'émergence de clusters spécialisés, tous ces aspects contribuent à faciliter la sortie des opérateurs et donc à accroître leur implication dans les petites entreprises innovantes.

Les conditions de sortie du capital-risque découlent également du contexte dans lequel les opérations de financement sont menées. Une première sous-section complètera ainsi la partie précédente en identifiant les différences observées entre diverses zones géographiques, notamment dans la manière dont s'opère la sortie du capital-investissement[10]. Une seconde sous-section s'attachera à l'étude comparée États-Unis - France de l'impact sur la démographie des jeunes entreprises que tendent à produire les modalités spécifiques d'accompagnement.

2.1. Les conditions de sortie du capital-investissement et la valorisation des fonds investis

L'importance des conditions de sortie du capital-investissement, soulignée précédemment, conduit donc à s'intéresser aux divers chemins que l'opérateur peut suivre pour valoriser son portefeuille. Ces chemins n'offrent pas les mêmes conditions de valorisation (Manigart *et al.*, 2002), et surtout, ils ne se manifestent pas tous de manière identique en fonction de la localisation de l'opérateur. Si l'introduction en bourse (Initial Public Offering, IPO) représente souvent la meilleure issue pour ces investisseurs (Schwienbachern, 2002), les conditions de valorisation par cette voie de sortie diffèrent en fonction des capacités des marchés financiers et de leur activité. Globalement, les opérations de désinvestissement se déclinent selon plusieurs catégories qui conduisent à des résultats très variés en termes de valorisation.

---

[10]   Pour l'étude des différents types de cession d'actifs, la plupart des études portent sur le capital-investissement dans son ensemble. Au regard de la rareté des sources et de l'hétérogénéité des données, il paraît difficile de mener un travail comparatif au niveau du seul capital-risque.

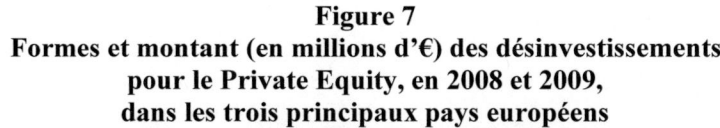

Figure 7
Formes et montant (en millions d'€) des désinvestissements
pour le Private Equity, en 2008 et 2009,
dans les trois principaux pays européens

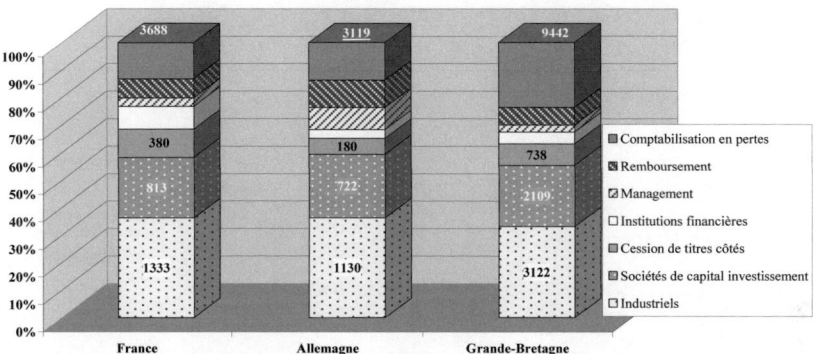

Sources : Traitements à partir des données EVCA et Dealogic (*Situation du Private Equity en Europe et dans le monde*, Amundi PE Funds, 2010).

La figure 7 s'applique à l'ensemble du capital investissement, dans la mesure où, pour ces opérations, il demeure difficile de distinguer statistiquement le capital-risque des autres formes d'investissement. Ce graphique montre avant tout la place dominante de la Grande-Bretagne en Europe, au regard du montant des transactions liées à la sortie du capital investissement. Il souligne également, pour les deux années considérées, certaines divergences dans les orientations prises en termes de sortie du capital investissement. Ainsi, si les proportions dans les montants de désinvestissements vers des industriels ou vers d'autres sociétés de capital-investissement semblent relativement proches, les autres formes de sortie en France privilégient plutôt les cessions de titres cotés (IPO) et les ventes à des institutions financières – notamment par rapport à l'Allemagne, qui opte plutôt pour le remboursement ou la reprise par les manageurs. Cette remarque prolonge le constat réalisé dans la première section de ce chapitre qui soulignait la place dominante des institutions bancaires et financières en France dans les opérations de capital-investissement. Il apparaît également sur la figure 7 des pertes importantes pour la Grande-Bretagne, plus exposée aux soubresauts des marchés financiers (crise financière de 2008 et 2009). Ces pertes illustrent bien le lien étroit qui existe en Grande-Bretagne entre l'activité des marchés financiers et les capacités de sortie des investisseurs.

Figure 8
Répartition des trois principaux postes de désinvestissement
du Private Equity pour les années 2008 et 2009

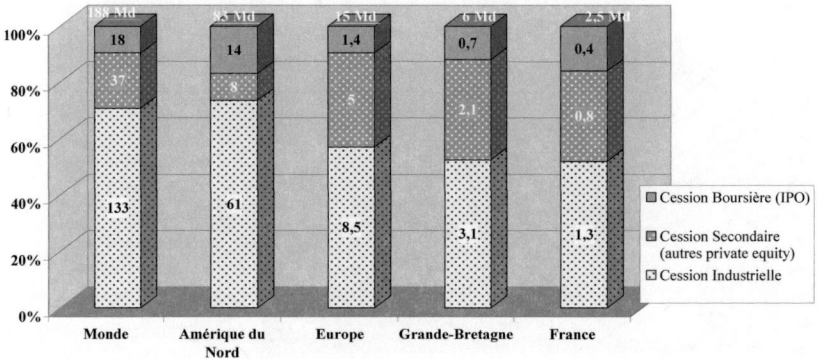

Sources : Traitements à partir des données EVCA et Dealogic (*Situation du Private Equity en Europe et dans le monde*, Amundi PE Funds, 2010).

L'extension géographique proposée par la figure 8[11] montre en premier lieu la forte présence des États de l'Amérique du Nord dans le capital investissement mondial. En valeur absolue, les États-Unis et le Canada représentent 45 % des désinvestissements mondiaux en capital-investissement pour les trois types de sortie (l'Europe 8 % de l'activité mondiale, et seulement 18 % par rapport aux États-Unis et Canada réunis). Par delà ces quelques données, qui relativisent une fois de plus la place des pays européens dans l'activité du capital-investissement, la forme qu'adoptent les sorties permet d'établir un lien avec le contexte dans lequel les opérations se réalisent (dans la perspective de la section 1). En Europe, la part de la sortie industrielle occupe moins de la moitié du montant des désinvestissements, alors qu'elle atteint près des trois-quarts de ce montant dans les pays d'Amérique du Nord. Par contre, les cessions à d'autres opérateurs en capital-risque (cessions secondaires) sont relativement limitées dans cette partie du monde (10 % des montants désinvestis, contre le tiers des opérations en Europe). Or, ces cessions secondaires se révèlent généralement les moins rémunératrices pour les investisseurs, et représentent même dans certains cas une position défensive les conduisant à prolonger les investissements.

---

[11] En limitant les types de sortie aux trois principales opérations qui représentent globalement les trois-quarts des montants concernés par le désinvestissement.

Ces caractéristiques concernant les chemins de sortie expliquent partiellement les meilleurs rendements du capital investissement déjà évoqués pour les États-Unis (cf. supra la figure 5). En reprenant les résultats précédents, ces dernières remarques viennent boucler la présentation des facteurs sous-jacents à la dynamique du capital-investissement aux États-Unis. En effet, le contexte nord-américain offre à la fois un éventail plus étendu de possibilités de placements et une panoplie d'outils financiers et de lieux de valorisation des actifs bien plus variés[12]. Au niveau des opérateurs eux-mêmes, leur longue expérience dans le capital-investissement se traduit par une sélection certainement plus stricte des entreprises ciblées (capacité d'expertise des opérateurs), une spécialisation plus poussée des investisseurs dans des créneaux industriels (Gompers et Lerner, 2000a), ainsi qu'une plus grande proximité avec les réseaux d'entreprises (cf. les développements dans la section 1 sur le métier de capital-risqueur). De plus, la densité des liens qui se tissent entre les opérateurs débouche sur une sorte de mutualisation (syndication) des risques, par l'intervention coordonnée de plusieurs investisseurs sur une même cible (Cumming et Walz, 2004 ; Fleming 2004). Tous ces éléments se conjuguent alors pour amener l'opérateur en capital-investissement à mener l'intervention à son terme, donc à bénéficier pleinement des plus-values dégagées. Enfin, la sortie en moyenne la moins rémunératrice (ventes à d'autres investisseurs en capital ou ventes secondaires) s'avère largement sous-représentée aux États-Unis (notamment par rapport à l'Europe[13]).

En focalisant l'étude sur l'opération de sortie la plus rémunératrice (cession boursière), la comparaison entre l'Amérique du Nord et l'Europe éclaire encore mieux les divergences présentées précédemment. Les données EVCA[14] mettent notamment en évidence un nombre d'introductions en bourse pour l'Europe plus de deux fois plus élevé que celui des États-Unis (54 introductions aux États-Unis contre 128 en Europe), mais pour un montant global qui atteint en Europe moins de la moitié des sommes engagées aux États-Unis (23 milliards d'euros, contre 11 milliards en Europe). Chaque opération s'élève en moyenne à 431 millions d'euros aux États-Unis, contre 84 millions d'euros en Europe (pour les années 2008 et 2009). Ces quelques chiffres expriment ainsi la différence d'échelle qui oppose les États-Unis et l'Europe, et

---

[12] Et cela, sans prendre en compte l'autre dimension tout aussi déterminante en Amérique du Nord que représentent les ressources financières historiquement disponibles, au travers des fonds de pension.

[13] Une intéressante revue de la littérature, soulignant les différences de performances du capital-risque entre l'Europe et les États-Unis, est proposée par Hege et al (2009).

[14] *EVCA Barometer Winter 2010* (www.evca.eu).

l'impact de ces sorties par la voie des cessions boursières sur l'activité économique.

Les éléments qui précèdent mettent donc en évidence le lien qui s'instaure entre, d'une part, la dynamique de suivi et de sortie du capital investissement et, d'autre part, les performances des fonds investis dans les diverses zones géographiques retenues. Le capital-risque, comme sous-ensemble du capital-investissement, tend à accentuer ces résultats, notamment par les caractéristiques propres à la gestion du risque[15]. En isolant par exemple le domaine des biotechnologies, la figure 9 prolonge parfaitement ces résultats en mettant l'accent sur la domination de la capitalisation boursière des entreprises de biotechnologies aux États-Unis. Que ce soit par le nombre de sociétés cotées ou par le montant global de la capitalisation, la figure 9 rend compte notamment des conséquences industrielles et financières des conditions de soutien aux entreprises innovantes. En effet, l'introduction en bourse des sociétés représente une étape qui devient l'expression de la réussite du processus mené à son terme, c'est-à-dire la création de l'entreprise et son développement industriel et financier. Or, les biotechnologies requièrent les soutiens financiers et managériaux les plus importants, comparées aux autres activités innovantes dans leurs phases de démarrage et de développement. Il s'agit donc en général d'opérations qui mobilisent de forts niveaux d'investissement et qui comportent une part importante de risque. Par conséquent, la figure 9 témoigne de l'intense activité industrielle et financière que suscite cette industrie récente et très innovante aux États-Unis. Le niveau de la capitalisation boursière révèle à la fois l'aboutissement d'un processus (celui initié par les business-angels et le capital-risque) et le potentiel industriel qui se dégage de ces firmes censées renfermer le devenir de l'industrie pharmaceutique (Depret et Hamdouch, 2000). Les différences très marquées entre les États-Unis et l'Europe dans les biotechnologies viennent ici sanctionner les écarts soulignés précédemment dans l'accompagnement des jeunes entreprises innovantes en général.

---

[15] Ce qui représente un argument supplémentaire pour expliquer les écarts entre les États-Unis et l'Europe (ou la France), dans les montant mobilisés par le capital-risque (cf. figure 4).

Figure 9
Niveau de capitalisation boursière des entreprises de biotechnologies en 2007

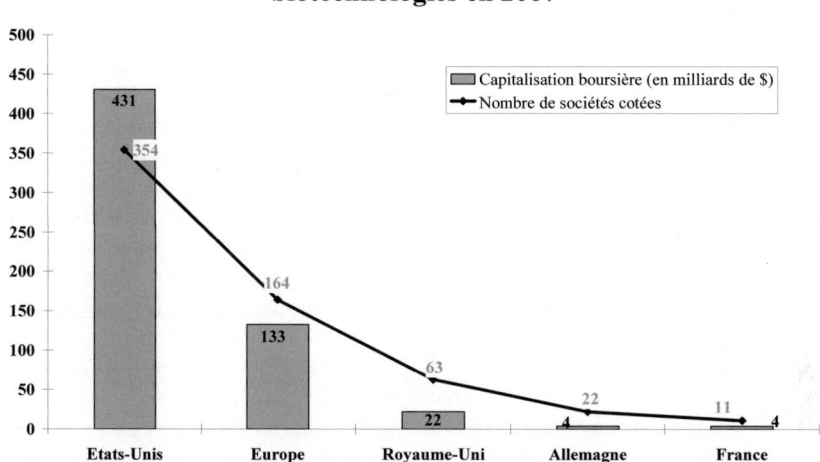

Source : France Biotech, *Panorama des biotechnologies en France*, septembre 2007.

Les différences entre les États-Unis et l'Europe se prolongent au niveau du rôle des marchés boursiers dans le financement de ces entreprises. Ainsi, la figure 9 montre que le montant moyen de la capitalisation par entreprise de biotechnologies est de 1,2 milliard de dollars aux États-Unis, de 0,81 milliard de dollars pour l'Europe et seulement de 0,36 milliard de dollars pour la France (environ quatre fois moins que pour les États-Unis).

2.2. Quelques conséquences sur la démographie des entreprises

Dans le prolongement des remarques portant sur le domaine des biotechnologies, cette dernière sous-section s'appliquera à fournir quelques éléments d'appréciation concernant la dynamique de création des entreprises dans les zones géographiques précédemment retenues. Même si la création et le développement des entreprises ne s'appuient pas forcément sur un financement du type capital-investissement, il sera intéressant de rapprocher la démographie industrielle des caractéristiques du capital-investissement mises précédemment en évidence. Par conséquent, les remarques qui suivent ne s'appuient pas sur la construction d'une relation rigoureuse entre les conditions d'implication du capital-investissement de part et d'autre de l'Atlantique et le dynamisme des entreprises, mais sur un rapprochement cohérent entre ces deux aspects.

99

Le tableau 1 met clairement en évidence le déficit de création d'entreprises en France et surtout en Allemagne, mais également le taux de mortalité dans les deux pays européens, qui dépasse très largement celui des États-Unis. En outre, les entreprises allemandes et françaises créent beaucoup moins d'emplois qu'aux États-Unis (à 4 ans ou à 7 ans), avec même une perte d'effectifs en France pour les entreprises de 7 ans. Ces résultats révèlent donc une plus grande fragilité des entreprises européennes qui pourrait être imputée aux failles existant dans le suivi de leur développement. Ces failles, identifiées dans la présentation qui précède, s'expriment notamment au travers des moyens financiers, et plus largement d'accompagnement, mobilisés pour assurer leur croissance. Ils corroborent ainsi les écarts constatés auparavant dans l'activité du capital-investissement (aux États-Unis et en Europe), et plus précisément les ruptures souvent constatées dans le soutien au développement des petites entreprises.

Tableau 1
Création, survie et croissance des entreprises en 2003

	États-Unis	Allemagne	France
Création (*)	8,1	4,2	6,9
Survie (**)	61	52	51
Emplois à 4 ans	215	120	115
Emplois à 7 ans	226	122	107

(*) *Nombre de créations réelles d'entreprises, divisé par la population des entreprises (en %)*
(**) *Taux de survie après 4 ans des entreprises nouvelles (en %)*

Source : AFIC, Journées du capital développement, 2007.

La figure 10 (Passet et Du Tertre, 2005) reflète parfaitement les conclusions qui précèdent[16], en présentant un excédent de la France sur les États-Unis pour les entreprises de moins de 10 salariés, puis un déficit croissant jusqu'à la tranche [50-99]. Une interprétation possible de ce mouvement se trouverait alors dans l'impact des aides publiques accordées à la création d'entreprises en France, mais qui par la suite rencontrent de nombreuses difficultés à trouver un relais d'accompagnement privé.

---

[16] Même si les données datent quelque peu et si le critère retenu par les auteurs – consistant à calculer le nombre d'entreprises par habitant – introduit des biais importants dans la présentation.

Figure 10
**Ecart (en %) entre le nombre d'entreprises (*) françaises
et américaines, selon les tranches de salariés**

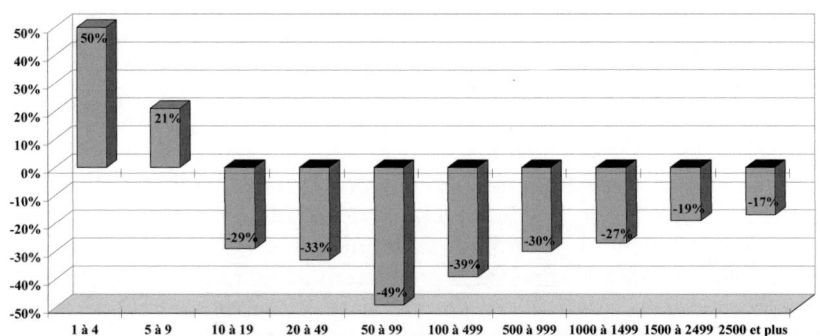

(*) Le nombre d'entreprises par tranche de taille et par pays est rapporté au nombre d'habitants âgés de 15 à 64 ans en 2001.

Source : Passet et Du Tertre (2005).

L'interprétation précédente se retrouve alors dans la comparaison (États-Unis et France) des données de l'investissement en R&D dans les entreprises classées selon leurs effectifs salariés (cf. le tableau 2). Les petites entreprises (moins de 50 salariés) ont un taux d'investissement en R&D (par rapport au chiffre d'affaires) bien plus important en France ; cette comparaison s'inverse par la suite au profit des États-Unis.

Tableau 2
**R&D en pourcentage du chiffre d'affaires (HT)
selon la taille des entreprises, année 2004**

	États-Unis	France
[0, 49[salariés	7,42	10,70
[50, 249[salariés	6,21	4,78
[250, 499[salariés	5,50	3,70
Plus de 500 salariés	3,40	2,82
Ensemble	3,72	3,18

Source : Passet et Du Tertre (2005).

Malgré les problèmes d'adéquation posés entre les données sur la démographie des entreprises et les modalités de financement présentées dans les paragraphes précédents, les divergences entre les États-Unis et l'Europe semblent se prolonger de manière cohérente. Le contexte dans lequel s'inscrivent la création et le développement des entreprises innovantes explique en partie les particularités démographiques du tissu industriel. Et ce contexte intègre pleinement les dispositifs (publics et privés) d'accompagnement des projets et des firmes. Par conséquent, les éléments qui viennent d'être soulignés permettent de mesurer pleinement les effets de l'environnement dans lequel les entreprises se créent et se développent, les modalités de soutien représentant une composante importante de ce contexte.

Conclusion

Plus qu'une simple question de moyens financiers (même si cela est important), la création et le développement des entreprises, a fortiori celles à fort potentiel de croissance, requièrent un environnement favorable pour atteindre le stade de la production industrielle. La transplantation d'opérateurs particuliers sur un tissu étranger peut générer des phénomènes non pas forcément de rejet, mais bien de relative inefficacité, au regard du modèle original. Ce premier point, largement évoqué dans ce chapitre, pose plus globalement la question de l'interaction entre des métiers clairement identifiés et l'environnement dans lequel ils s'inscrivent. Il ne suffit pas, par exemple pour illustrer la dynamique d'innovation en France, de constater l'accroissement du nombre d'opérateurs en « capital-risque », si ces derniers ne remplissent pas l'ensemble des prérogatives qui incombent Outre-Atlantique au « venture capital ». Pour réaliser ce lien, il serait nécessaire de reconsidérer à la fois le profil des opérateurs et le contexte dans lequel ils interviennent. Mais le « poids de l'Histoire » fait que l'Europe et la France ne ressemblent pas aux États-Unis, et donc que « le capital-risque » est différent du « venture capital ». De même, l'intervention des pouvoirs publics (au niveau européen, national, régional) et les aides qu'ils octroient à la création d'entreprises innovantes ne peuvent pas vraiment remplacer le rôle des business-angels aux États-Unis ; cette fonction relève éminemment du contexte historique caractérisant chaque pays ou région. Il serait possible, en décortiquant tous les stades du développement d'un projet innovant, de retrouver cette marque « culturelle », qui pose inéluctablement une différence entre « la copie » et « l'original ». Cette remarque conduit à poser que, même si la convergence des modèles nord-américain et européen tend à s'opérer, le « poids de l'Histoire » fait qu'il demeurera toujours un « retard ».

La seconde question que soulève ce chapitre se situe au niveau du postulat d'efficacité du modèle nord-américain. En effet, s'il ne peut subsister aucun doute quant à l'efficacité des mesures dédiées à la création et au développement d'entreprises innovantes aux États-Unis, les dernières crises financières en montrent peut-être les limites. Les chutes constatées dans les investissements auprès des entreprises inno-

vantes durant les deux dernières crises financières (1999 et 2008) confirment leur dépendance vis-à-vis de l'activité de ces marchés. En
particulier, en revenant sur le caractère incitatif des IPO pour appuyer
l'entrée du venture capital dans une entreprise, la chute des cours boursiers affecte considérablement le processus de valorisation des actifs, et
donc l'intérêt même de l'opération (cf. la figure 11). Le caractère hautement spéculatif des marchés sur lesquels se négocient ces titres tend
donc à fragiliser le flux financier censé alimenter ces opérations.

Figure 11
**Évolution des sorties en bourse aux États-Unis
et impact de la crise financière**

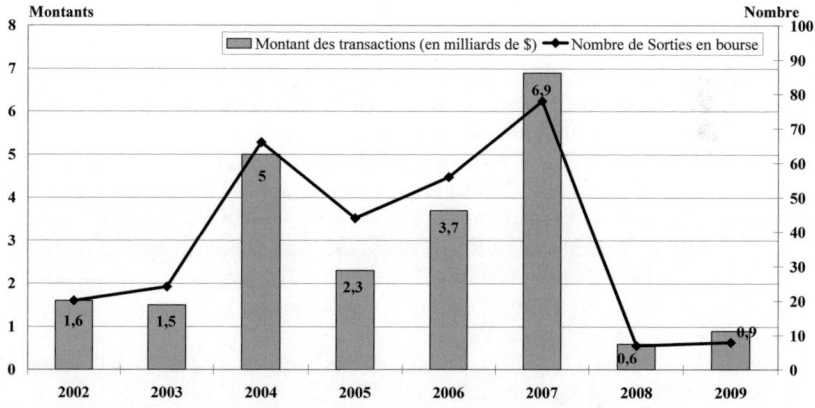

Source : *Dow Jones Venture Source* (http://.fis.dowjones.com).

Cette relation de plus en plus étroite entre l'activité des marchés financiers et le niveau d'investissement dans les projets innovants conduit
à établir un phénomène de résonance entre la dynamique d'innovation et
les soubresauts enregistrés sur les marchés financiers. Cela traduit
clairement un assujettissement de plus en plus marqué de la dynamique
d'innovation aux mouvements spéculatifs, avec des conséquences
souvent préjudiciables pour les entreprises innovantes. L'impact de
l'éclatement de la bulle financière de 1999 a lourdement pesé sur les
montants affectés au soutien des entreprises innovantes, pendant plusieurs années. Comment évoluerait alors la dynamique de l'innovation si
ces marchés entraient durablement en crise ?

Si l'intervention des pouvoirs publics dans les phases précoces du
processus d'innovation dans les petites entreprises se révèle souvent
indispensable, ce chapitre a surtout mis l'accent sur les enjeux de la
transition vers un financement privé. Le passage de relais s'avère souvent périlleux car il implique, certes une bonne coordination entre les

103

différents acteurs concernés, mais surtout une adéquation entre les moyens mobilisés pour effectuer cette transition et le contexte « historique » dans lequel elle s'inscrit. Que la réflexion doive porter sur les modalités d'implication des pouvoirs publics ou sur les méthodes incitatives à mobiliser en direction des investisseurs en capital ne fait aucun doute (de ce point de vue, la synthèse offerte par les FCPI[17] d'un financement public par les crédits d'impôts et incitatif pour les investisseurs, est intéressante en France). Mais ces mesures ne peuvent être détachées d'un contexte plus global qui accélère ou au contraire freine l'efficacité de ces « recettes » souvent importées. Dans ces conditions, la réflexion sur un modèle d'accompagnement des petites entreprises innovantes en Europe devrait rester encore largement ouverte.

Références

AFIC (Association Française des Investisseurs en capital) (2007), PME et capital développement : Moteurs de la croissance pour une économie moderne, Journées du capital développement.

Bartelsman E., Scarpetta S. et Schivardi F. (2003), Comparative analysis of firm demographics and survival: Micro level evidence for OCDE countries, OCDE Economics Department Working-Papers, N° 348, OCDE Publishing, Paris.

Centre d'Analyse Stratégique (2007), Quelle est l'influence du capital-risque en France ? Note de veille n° 70, août.

Chertok G., de Malleray P.-A. et Pouletty P. (2009), Le financement des PME, La Documentation Française, Paris.

Cumming D. et Walz U. (2004), Private equity returns and disclosure around the world, CFS Working Paper No. 2004/05.

Depret M.-H. et Hamdouch A. (2000), « Innovation Networks and Competitive Coalitions in the Pharmaceutical Industry: The Emergence and Structures of a New Industrial Organization », European Journal of Economic and Social Systems, Vol. 14, N° 3, pp. 229-270.

Depret M.-H., Hamdouch A., Monino J.-L. et Poncet C. (2010), « Politiques d'innovation, espace régional et dynamique des territoires : un essai de caractérisation dans le contexte français », Innovations – Cahiers d'Economie de l'Innovation, N° 33, 2010/3, pp. 85-104.

European Private Equity and Venture Capital Association (2010), EVCA Barometer, Issue 70, Winter.

Fleming, G. (2004), « Venture capital returns in Australia », Venture Capital: An International Journal of Entrepreneurial Finance, Vol. 6, N° 1, pp. 23-45.

France Biotech (2007), Panorama des biotechnologies en France, septembre, Paris.

Glachant J., Lorenzi J.-H. et Trainar P. (2008), Private equity et capitalisme français, La Documentation Française, Paris.

---

[17] Fonds Commun de Placement dans l'Innovation.

Gompers P. et Lerner J. (2004), The venture capital cycle, The MIT Press, Cambridge (MA).

Guillaume H. (1998), Rapport de mission sur la technologie et l'innovation, La Documentation Française (Collection des rapports officiels), Paris.

Hege U., Palomino F. et Schwienbacher A. (2009), « Venture capital performance: The disparity between Europe and United-States », Revue de l'Association Française de Finance, Vol. 30, N° 1, pp. 7-50.

Lerner, J. et Schoar A. (2005), « Does legal enforcement affect financial transactions? The contractual channel in private equity », Quarterly Journal of Economics, Vol. 120, N° 1, pp. 223-246.

Manigart S., Desbrières P., De Waele K., Wright M., Robbie K., Sapienza H. et Beekman A. (2002), « Determinants of required return in venture capital investments: A five country study », Journal of Business Venturing, Vol. 17, N° 4, pp. 291-312.

National Venture Capital Association (NVCA), (2010) Yearbook 2010, Thomson-Reuters

Passet O. et Du Tertre R. (Eds.) (2005), Promouvoir un environnement financier favorable au développement de l'entreprise, Rapport du groupe de travail Astypalea, Commissariat général du Plan, Paris, septembre.

Schwienbacher A. (2002), An empirical analysis of venture capital exits in Europe and in the United States, Working Paper, University of Amsterdam & Finance Group.

Sentilhes G. (2008), Journées du capital Investissement, AFIC, Paris.

Chapitre 4

L'innovation fait-elle partie des déterminants de la croissance des entreprises ?

Une analyse sur données françaises entre 1997 et 2007

Nadine LEVRATTO, Luc TESSIER
et Messaoud ZOUIKRI

*Chargée de recherche au CNRS, Professeur à l'université Paris Est
Marne La Vallée et Ingénieur de recherche à l'Université de Paris
Ouest Nanterre La Défense*

Introduction

L'introduction d'une innovation technologique est susceptible de conduire à de nombreux changements dans l'entreprise. Selon la forme qu'elle revêt, elle peut conduire à une mutation de la technologie de production ou à une modification de la demande et, en conséquence, avoir un impact sur les ventes de l'entreprise[1]. Ceci peut résulter d'un accroissement des débouchés à prix inchangés ou d'une modification du prix de vente. La rémunération des facteurs peut elle aussi être modifiée, notamment s'il existe un mécanisme de partage des profits conduisant à une élévation des salaires lorsque la rentabilité de la firme s'accroît. In

---

[1] L'étude de Duguet et Greenan (1997), qui porte sur un échantillon d'environ 5 000 entreprises françaises du secteur de l'industrie, distingue cinq formes d'innovation : amélioration de produit, produit nouveau, imitation de produit, amélioration de procédé et procédé nouveau. Le dynamisme d'une entreprise dans chacune de ces formes d'innovation est mis en relation avec l'évolution de la structure des coûts entre les facteurs. Les auteurs concluent que la manière d'innover, autant que le fait même d'innover, détermine les conséquences que l'on peut attendre d'une avancée technique en termes d'emploi.

fine, l'effet sur la performance dépend de la totalité de ces changements et de leurs interactions.

Rares sont les travaux qui traitent conjointement de tous ces effets (Crepon et Lung, 1999). La plupart cherchent à mesurer les conséquences de différentes formes d'innovations sur un ou quelques marqueurs de performance ou de croissance. Ce chapitre se situe dans cette perspective et cherche à montrer l'importance de l'innovation comme facteur de croissance du chiffre d'affaires des entreprises françaises sur la période 1997-2007.

Ce travail présente une dimension empirique importante. La relation entre la performance des PME d'une part, et l'innovation de l'autre est étudiée à partir d'un échantillon de 18 243 observations d'entreprises françaises de plus de 10 salariés, appartenant à l'industrie manufacturière et en activité sur la période 1997-2007. Ces entreprises ont également pour caractéristique d'avoir répondu au moins une fois à l'enquête CIS (Community Innovation Survey) au cours de la même période. Le débat sur le type d'indicateur de performance à retenir (emploi, chiffre d'affaires, valeur ajoutée, productivité) recoupe celui des travaux sur les déterminants de la croissance de la firme (pour une synthèse des principales approches, voir Janssen, 2005). Nous avons choisi la croissance du chiffre d'affaires pour mesurer les gains de performance car les résultats d'une enquête SESSI (citée par Boyer et Didier, 1998, p. 21) montrent que, parmi les motivations à l'innovation, les entreprises citent en priorité l'accroissement ou le maintien de la part de marché. Cet argument commercial direct arrive devant l'amélioration de la qualité du produit, l'augmentation de la flexibilité de la production et l'amélioration des conditions de travail. Le travail est réalisé à partir de données individuelles car, étant un argument dans la concurrence au même titre que le prix et la qualité, l'innovation intervient par nature au niveau des firmes[2]. Nos résultats montrent que l'innovation, agissant de concert avec un ensemble de facteurs structurels (organisation en groupe) et environnementaux (secteur), influence positivement la croissance du chiffre d'affaires. Son effet est nettement plus perceptible pour les firmes connaissant une très forte croissance de leur part de marché que pour les autres. En revanche, les performances ne sont guère sensibles au type d'innovation retenue. L'introduction d'une forme étroite de l'innovation (Produit et Procédé, noté PP ci-après) ou d'une innova-

---

[2] Les cadres de coopération, d'alliance et d'autres formes collaboratives sont exclus du champ d'analyse à moins d'être matérialisés par la création d'une filiale commune sous forme de *joint venture*.

tion technologique élargie (Produit, Procédé et Activité[3], noté PPA ci-après) ne change pas les résultats économétriques obtenus.

La section 1 rappelle les principaux enseignements sur les déterminants microéconomiques de l'innovation, les hypothèses qui en découlent et le modèle à estimer que nous en déduisons. La section 2 présente la méthode d'estimation et la structure de l'échantillon, alors que la section 3 analyse les résultats obtenus. Nous concluons par une discussion et une mise en perspective des résultats.

1. Un point de vue microéconomique des déterminants de l'innovation

La littérature consacrée à l'étude de la relation entre la croissance des entreprises et l'innovation débouche sur des conclusions paradoxales.

D'un côté, une large majorité de travaux souligne l'importance de l'innovation pour les entreprises qui cherchent à accroître leur part de marché. C'est par exemple le cas de Carden (2005) qui présente les principaux résultats de McKinsey Global Survey of Business Executives[4] et rappelle, à ce propos, que la quasi-totalité des dirigeants signale que l'innovation est cruciale pour la croissance de leur affaire. Dans leur travail sur les seules PME, Hay et Kamshad (1994) soulignent que l'investissement pour réaliser des innovations de produit est la stratégie d'expansion la plus répandue parmi les entreprises, et ce, quel que soit le secteur analysé. Pour sa part, François (1998) fait apparaître une relation positive entre des projets innovants développés au sein de l'entreprise et ses performances. Les firmes innovantes sont plus souvent exportatrices (sur ce point, voir aussi Oséo, 2010) et présentent une croissance plus rapide. La théorie économique a formalisé le caractère central de l'innovation dans le processus de croissance (cf. Geroski, 2000 et 2005, ou encore Aghion et Howitt, 1992).

De l'autre, quelques rares travaux empiriques réalisés au cours de la même période échouent à mettre en évidence une relation directe entre certaines formes d'innovation et la croissance. Le plus connu, signé Greenan et Guellec (1996), montre que l'innovation de procédé exerce une influence négative sur l'emploi. L'étude de la Direction des Études et Synthèses Économiques (1998) montre aussi que la synergie « innovation-croissance-emploi » n'émerge dans l'industrie qu'à partir d'un

---

[3] La firme déclare avoir une activité d'innovation qui peut avoir été abandonnée ou, même, avoir débouché sur un échec.

[4] Il s'agit d'une enquête annuelle conduite auprès de plus de 3 000 cadres dirigeants d'entreprises à travers le monde. Voir : http://www.mckinseyquarterly.com/Energy_Resources_Materials/The_McKinsey_Global_Survey_of_Business_Executives__Business_and_Society_1741

certain niveau de concentration des efforts de R&D. En revanche, les services, la construction, le transport et l'immobilier enregistrent une érosion de leurs ventes comme de l'emploi à la suite d'efforts de R&D. Ces doutes sur les effets exclusivement positifs de l'innovation sur la performance se retrouvent aussi chez Heunks (1998), pour qui l'innovation peut entraîner une réduction des profits lorsque le phénomène est observé en coupe instantanée. Freel (2000) met plutôt en évidence la non-linéarité de la relation entre rentabilité et innovation, suggérant le rôle joué par des facteurs non identifiés. Boyer et Didier (1998) résument la situation en rappelant que le rapprochement des données de l'enquête innovation avec la croissance du chiffre d'affaires et des effectifs par secteur conduit à constater une corrélation toujours significative entre la croissance des ventes et divers indicateurs d'innovation (de produit, de procédé, d'organisation et de marketing). Par contre, la relation avec l'emploi est plus incertaine car l'innovation améliore la productivité et n'appelle pas nécessairement de nouvelles embauches. On peut également s'interroger sur le niveau de mesure pertinent de l'impact de l'innovation sur l'emploi : les établissements, les unités légales ou les groupes.

Les écarts d'appréciation sur le sens de la relation entre innovation et performance conduisent Cefis et Orsenigo (2001) à souligner la nécessité de faire progresser la connaissance dans ce domaine. Dans cette perspective, nous nous interrogeons ici sur la relation entre les performances de l'entreprise, d'une part, et les stratégies d'innovation, de l'autre.

Pour ce faire, nous partons d'un modèle multivarié de croissance de la firme (Levratto *et al.*, 2010) que nous adaptons à l'analyse des conséquences d'une activité innovante sur le chiffre d'affaires. Ce dernier a été choisi comme variable à expliquer car, théoriquement, la croissance des ventes est la première forme de croissance et précède celle de l'emploi. De plus, il est possible que l'entreprise accroisse ses ventes sans recruter de personnel additionnel, ou bien développe ses ressources grâce à l'outsourcing ou à la sous-traitance (Delmar, 1999). Enfin, nombre de travaux antérieurs ont utilisé cet indicateur pour observer l'impact d'une série de facteurs. Ainsi, Kumar (1985), dans son article sur la relation entre la taille et la performance de firmes britanniques, souligne la pertinence des ventes comme indicateur en rappelant que le chiffre d'affaires constitue le premier solde intermédiaire de gestion. Il en va de même de Miller et Toulouse (1986) dans leur étude des déterminants managériaux des performances des entreprises québécoises mesurées par le chiffre d'affaires. Ce résultat est renforcé par Nkongolo-Bakenda *et al.* (2010) qui prennent en compte l'impact de la vision stratégique de l'équipe dirigeante sur les ventes.

Les travaux de Wijewardena et Tibbits (1999), sur un échantillon de firmes australiennes, et de Wicklund (1999), pour un sous-ensemble de firmes suédoises, sont des références privilégiées car ils testent les effets des caractéristiques de la firme, de sa stratégie et de son environnement sectoriel, géographique et conjoncturel sur la croissance des ventes.

Notre modèle s'inscrit dans cette lignée puisque les variations du chiffre d'affaires y sont expliquées par un ensemble de facteurs de différentes natures : structurelles, stratégiques et spécifiquement liées à l'innovation.

1.1. Variables structurelles

Parmi les variables explicatives de la croissance étudiées, la taille est certainement celle qui a mobilisé le plus grand nombre d'auteurs depuis la parution de la thèse que Robert Gibrat a consacrée à la loi de proportionnalité en 1931. Selon la loi de Gibrat, le taux de croissance de la firme est aléatoire car indépendant de sa taille initiale. En d'autres termes, « la probabilité d'un changement proportionnel de dimension au cours d'une période donnée est le même pour toutes les entreprises d'un secteur particulier, quelle que fut leur taille au début de la période » (Mansfield, 1962). Cette conclusion a été largement contestée dans des travaux plus récents qui montrent qu'au delà d'un certain seuil, variable selon les études, la taille influence négativement la croissance de l'entreprise[5]. De façon générale, la littérature montre que les entreprises de petite dimension connaissent un rythme de croissance supérieur à celui des grandes mais que cette relation n'est pas linéaire. C'est pourquoi nous retenons également l'hypothèse d'une relation discontinue entre la taille initiale de la firme et sa croissance.

La deuxième variable la plus fréquemment introduite dans les modèles de croissance de la firme est l'âge. Depuis le travail pionnier de Fizaine (1968) consacré aux entreprises des Bouches-du-Rhône, nombre d'auteurs ont montré que l'âge exerce un effet négatif sur la croissance et que la variance du taux de croissance est d'autant plus faible que la firme est ancienne. Evans (1987), de même que Brock et Evans (1989), ont confirmé cette conclusion. Ceci nous conduit à poser l'hypothèse que la croissance de la firme diminue avec l'âge.

---

[5]   Voir par exemple Kumar (1985) et Dunne et Hughes (1994) pour des entreprises industrielles anglaises cotées, Hall (1987), AmirKhalkhali et Mukhopadhyay (1993) et Bottazzi et Secchi (2003) pour des entreprises industrielles américaines cotées. Des unités de moindre taille ont été étudiées par Evans (1987), qui s'intéresse à des PME industrielles américaines, et par Gabe et Kraybill (2002), qui ont étudié des établissements localisés dans l'Ohio.

Une abondante littérature est consacrée ensuite à la relation entre la forme de détention du capital et le rythme de croissance. C'est notamment aux contributions de Thollon-Pomerol (1990) et de Picart (2006) que nous nous référons ici pour étayer l'hypothèse d'une relation positive entre la structuration en groupe et le taux de croissance.

Enfin, la liste des variables explicatives demeurerait incomplète si le secteur n'était pas pris en compte. Au motif que les entreprises partagent un même ensemble de ressources, la littérature sur l'écologie des populations souligne l'influence des facteurs liés au secteur d'appartenance de l'entreprise sur la croissance. Depuis Schmalensee (1985), un nombre important de travaux empiriques a testé l'impact du secteur sur les performances de la firme (voir, par exemple, Rumelt, 1991, et McGahan et Porter, 1997). Nous prenons en considération la relation entre secteur d'appartenance et croissance de la firme comme une variable de contrôle de manière à évaluer les différences de sensibilité entre les composantes de l'industrie au sens large. Nous nous attendons à trouver une relation significative entre les deux variables.

1.2. Variables stratégiques

Nous référant de nouveau au modèle de croissance développé dans Levratto *et al.* (2010), nous introduisons des variables stratégiques qui visent à mettre en évidence la relation entre, d'une part, les choix productifs et financiers de la firme, et, d'autre part, la croissance du chiffre d'affaires. Trois facteurs explicatifs interviennent à ce niveau.

Il s'agit en premier lieu de la productivité, dont l'effet sur la performance a été abondamment étudié dans la littérature. Les premières analyses se trouvent chez Penrose (1995), qui suggère qu'au-delà d'un certain seuil, la croissance conduit à une baisse de la productivité (« effet Penrose »). Au contraire, le concept de rendements croissants dynamiques de Kaldor et Verdoorn (Verdoorn, 1949) implique une corrélation positive entre productivité et croissance de l'entreprise car les meilleures entreprises peuvent investir dans des technologies et des méthodes de production plus efficaces. La théorie évolutionniste systématise cette idée en montrant que les firmes les plus productives croissent en raison d'un processus de réaffectation des ressources qui les avantage (Metcalfe, 1994). Toutefois, ce point de vue est contredit par des travaux empiriques dont les plus récents (Bottazzi *et al.*, 2002, 2006) échouent à mettre en évidence une relation positive entre productivité et croissance. Certains vont même jusqu'à montrer que la relation est négative (Disney *et al.*, 2003). Ces résultats sont confirmés par les travaux de Coad et Broekel (2007) qui confirment la relation négative entre la croissance (de l'emploi) et la hausse subséquente de la productivité. La portée de ce résultat est limitée par la sensibilité de la relation croissance-performance à l'indicateur de productivité choisi (productivité du travail, du capital ou multiproductivité des facteurs). Nous supposons ici que la productivité du travail influence positivement la croissance de la firme et, qu'au contraire, le coût du travail l'influence négativement.

En plus des facteurs de production, Marris et Wood (1971) ont mis en évidence la contrainte sur la croissance pouvant résulter d'une insuffisance de ressources financières. La littérature sur ce point est abondante. L'article de Rajan et Zingales (1998) montre que les secteurs industriels dont les besoins de financement externe sont importants connaissent une croissance significativement moins importante dans les pays aux marchés financiers peu développés. Les travaux microéconomiques sont toutefois plus rares que les analyses macroéconomiques comparatives. Le texte de référence au niveau de la firme peut être attribué à Becchetti et Trovato (2002) qui testent à la fois la manière dont le levier financier et la contrainte de financement affectent la croissance de l'entreprise. Ils concluent à la non significativité de l'effet de levier et à l'impact significatif des contraintes de financement sur la croissance. Ce résultat est en partie confirmé par Fagiolo et Luzzi (2006). Le rationnement du crédit étant difficile à apprécier individuellement puisqu'il suppose la connaissance la demande (variable notionnelle) et de l'offre, nous apprécions la nature des relations entre les créanciers et l'entreprise emprunteuse par le coût du crédit. Plus il est élevé, moins l'entreprise a accès à des financements : un coût de la dette élevé traduit donc une contrainte de disponibilité des ressources financières externes. Admettant que la rareté et la cherté du crédit contraignent la croissance en raison des opportunités limitées d'investissement qui en résultent, nous supposons que plus la charge de la dette est importante, moins le taux de croissance observé est élevé.

1.3. Variables d'innovation

L'introduction des variables d'innovation dans l'analyse s'opère autour de la distinction désormais classique, initiée par le Manuel d'Oslo de l'OCDE (2005), entre innovation de produit, innovation de procédé et activité d'innovation[6].

Une innovation de produit consiste à introduire sur le marché un bien ou un service nouveau qui confère à la firme un monopole temporaire

---

[6] Les activités d'innovation sont définies à la question 5.1. du questionnaire CIS. Elles concernent la recherche et développement, l'acquisition de machines, logiciels et équipements, et l'acquisition d'autres compétences externes. De manière générale, il s'agit d'activités en cours non encore abouties. Compte tenu de la période couverte par l'analyse, les innovations de marketing et d'organisation prises en compte à partir de CIS 4 seulement ont été exclues de l'analyse.

puisqu'elle est la seule à le produire. Ce monopole technologique permet à l'entreprise de réaliser un profit important (une « rente ») car elle peut imposer ses prix sur le marché captif ainsi créé. Il s'agit de fidéliser le consommateur en le rendant dépendant d'un nouveau système technique. En complément, et toujours en vue d'améliorer sa rentabilité et faire face à la concurrence, l'entreprise doit avoir les coûts unitaires les plus faibles du marché. Cette diminution des coûts de production et de distribution est obtenue principalement par une innovation de procédé. Elle consiste à introduire dans l'entreprise une technique de production nouvelle ou une nouvelle organisation qui dégage des gains de productivité.

Qu'il s'agisse de l'innovation de produit, d'une innovation de procédé ou d'une combinaison d'innovations de produits et de procédés, parvenues à terme ou non, nous nous attendons à ce qu'elles entretiennent une relation positive avec la croissance de l'entreprise. Le tableau 1, ci-dessous, résume la liste des variables explicatives et de leur signe.

Tableau 1
Impact attendu des variables explicatives sur la croissance

Variable	Signe attendu
Âge	-
Effectif	-
Structure sociétaire (groupe)	+
Secteur	Significatif
Productivité	+
Frais de personnel par tête	-
Coût de la dette	+
Type d'innovation	+

2. Structure de la population et technique d'estimation

2.1. Population d'entreprises

L'analyse empirique est conduite à partir d'un échantillon de 18 243 entreprises de 10 salariés et plus du secteur manufacturier actives entre 1997 et 2007 (tableau 2). Il s'agit d'un panel non cylindré[7] d'entreprises pour lesquelles on dispose des informations suivantes :

---

[7] Il s'agit d'un échantillon comportant des observations relatives à des individus pour plusieurs années (ici 2) dans lequel on choisit de conserver une entreprise dans l'échantillon final même si elle n'est pas présente sur toute la période d'observation. Il s'oppose au panel cylindré duquel on exclut les entreprises qui ne sont pas présentes sur l'ensemble de la période.

- données de bilan et de compte de résultat provenant de :
  - . l'Enquête annuelle sur les entreprises : EAE Industrie (SESSI), IAA (SCEES),
  - . la Base DIANE, Bureau Van Dijk et COFACE
- informations sur la structure du capital provenant de :
  - . le fichier de liaisons financières entre sociétés (LIFI INSEE)
- informations sur leur stratégie d'innovation issues de :
  - . quatre vagues de l'Enquête CIS (Community Innovation Survey) sur les périodes suivantes : 1994-1996 (CIS2), 1998-2000 (CIS3), 2002-2004 (CIS4), 2004-2006 (CIS6).

Tableau 2
Décomposition de l'industrie par sous-secteur et par année

Secteurs	Nombre d'entreprises par année				Total ligne
	1997	2000	2004	2006	
1. IAA	1	1	76	756	834
2. Industrie textile, cuir	568	558	707	450	2 283
3. Travail du bois, papier	531	446	699	567	2 243
4. Cokéfaction, industrie chimique, caoutchouc	559	711	837	682	2 789
5. Fabrication de produits minéraux, métalliques	976	844	1057	779	3 656
6. Fabrication de machines et équipements électriques et électroniques	887	953	1207	985	4 032
7. Fabrication de matériel de transport	209	218	536	426	1 389
8. Autres industries manufacturières	193	237	344	243	1 017
Total colonne	3 924	3 968	5 463	4 888	18 243

L'échantillon d'entreprises est représentatif de la structure par taille et par secteur. Il reflète la part importante des groupes au sein du tissu productif français.

La variable expliquée est la croissance annuelle du chiffre d'affaires dont la distribution est donnée dans le tableau 3 et la figure 1.

Tableau 3
Distribution de la variation du chiffre d'affaires
des entreprises de l'échantillon

Min	Max	Moyenne	Ecart-type	25e centile	Médiane	75e centile	90e centile	95e centile	99e centile
-12,25	5,77	0,03	0,29	-0,04	0,04	0,12	0,21	0,30	0,62

Figure 1
Distribution empirique de la variable croissance
du chiffre d'affaires

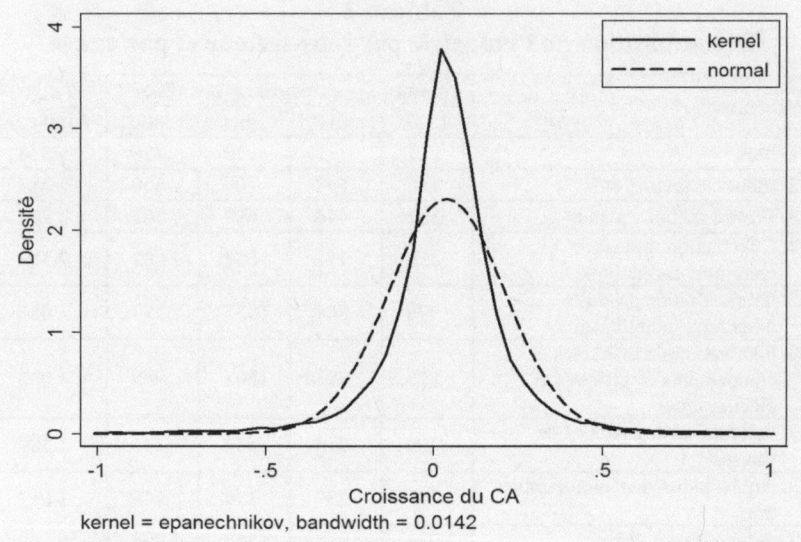

kernel = epanechnikov, bandwidth = 0.0142

Le secteur est pris en considération sous la forme d'une variable indicatrice notée Ind, basée sur la Nomenclature d'activité française (NAF, révision 1, 2003). L'ensemble de l'industrie est divisé en huit sous-secteurs (tableau 1). La taille est une variable retardée mesurée par le nombre de salariés, alors que la variable « age » est égale à la différence entre l'année courante et l'année de création de l'entreprise. En supposant que la structure du capital soit un facteur explicatif de la croissance, nous introduisons une variable appelée groupe qui décrit la situation de chaque entreprise selon la forme de détention du capital. Elle peut être indépendante (modalité de référence), tête de groupe (indicatrice tête de groupe), être une filiale contrôlée par un groupe, et à ce titre être incluse dans son noyau dur (indicatrice noyau dur), ou être située dans la mouvance d'un groupe sans pour autant être majoritairement contrôlée (indicatrice contour élargi).

Les variables stratégiques sont tirées du bilan et du compte de résultat des entreprises de l'échantillon. Le coût du travail est mesuré par les salaires et cotisations sociales rapportés au nombre de salariés. Son complément naturel, la productivité, est égal à la valeur ajoutée également rapportée au nombre de salariés. Afin d'inclure une variable révélatrice de la situation financière de la firme, nous avons choisi de faire figurer dans l'équation le poids des frais financiers mesuré par le rapport des intérêts débiteurs au chiffre d'affaires. L'extrême dispersion de cette variable nous a conduits à la transformer en variable qualitative. Les 5 % d'entreprises dont la ponction des frais financiers sur le chiffre d'affaires est la plus élevée sont comparées aux 95 % restants, pris comme modalité de référence.

2.2. Modèle et estimation

L'estimation de la densité de probabilité de la variable dépendante, croissance du chiffre d'affaires, par la méthode du noyau (kernel) montre que sa distribution empirique ne suit pas une loi normale (figure 1). Elle ressemble plutôt à une double exponentielle se caractérisant par un pic pointu et avec des queues qui s'étendent des deux côtés. Dans ce cas, une modélisation linéaire n'apparait pas un choix adéquat pour estimer les déterminants de la croissance. En effet, la régression linéaire reste très sensible à l'hétérogénéité des données. La solution à ce problème est l'utilisation de méthodes qui tiennent compte de l'hétérogénéité du comportement des entreprises composant la population étudiée.

La solution proposée dans le présent travail consiste à transformer la variable dépendante continue en une variable discrète qui renvoie à différents niveaux de croissance. En observant la distribution du taux de croissance (figure 1, page précédente), nous pouvons distinguer quatre régimes de croissance du chiffre d'affaires :

1) les entreprises en difficulté majeure connaissant une décroissance nette de leur chiffre d'affaires (< P25),
2) les entreprises dynamiques enregistrant un taux de croissance supérieur à la médiane (> P50),
3) les entreprises en forte croissance se situant parmi les 25 % plus fortes croissances et
4) les « championnes » de la croissance, qui représentent les 10 % meilleurs taux de croissance dans l'échantillon des entreprises.

Ce découpage, élaboré à partir d'une observation empirique de la distribution de la variable dépendante, tient compte de l'hétérogénéité du comportement des entreprises. Il permet de tester l'impact des variables explicatives sur différents niveaux de croissance. Ce test est réalisé en utilisant un modèle de régression logistique qui permet de discriminer entre les deux niveaux d'une variable binaire en fonction de différentes caractéristiques observables. L'estimation est réalisée à partir de quatre modèles Logit binomiaux testés successivement suivant le découpage préalable.

Soit y_i une variable binaire, égale à 1 si l'entreprise connait un niveau x de croissance du chiffre d'affaires et 0 sinon, on note P_i la probabilité de connaitre le niveau de croissance considéré. La probabilité inverse est égale à $(1 - P_i)$. Le modèle logistique modélise le logarithme du rapport de ces deux probabilités comme une fonction linéaire dans les paramètres des variables explicatives. Le modèle à estimer à partir de notre échantillon pour les différents niveaux de croissances retenus, prend donc la forme de l'équation suivante :

$$\log\left(\frac{P_i}{1 - P_i}\right) = \alpha + \beta_1 taille + \beta_2 age + \beta_3 Innov + \beta_4 Prod + \beta_5 FraisPers$$
$$+ \beta_{16} TauxFF + D_1 Secteurs + D_2 Groupe + D_3 annees \qquad (1)$$

avec :

taille : la taille de l'entreprise mesurée par l'effectif employé

age : l'âge de l'entreprise, calculé comme la différence entre l'année d'observation et l'année de création de l'entreprise

Innov : des indicateurs de l'innovation (innovation technologique, innovation étendue)

Prod : la productivité du travail (valeur ajoutée/emploi)

FraisPers : les frais du personnel par employé

TauxFF : une variable indicatrice d'un taux très élevé de frais financiers par rapport au chiffre d'affaires (intérêts/chiffre d'affaires : supérieur au 95e centile)

$D_1 Secteurs$: des indicatrices de secteurs, avec $D = 1, ..., 8$ (pour les secteurs voir tableau 2)

$D_2 Groupe$: des indicatrices d'appartenance à un groupe, avec $D = 1, ..., 4$ (1. être une tête de groupe, 2. appartenance au noyau dur d'un groupe, 3. appartenance au contour élargi d'un groupe, 4. entreprise indépendante)

$D_3 années$: indicatrices des années, avec $D = 1, ..., 4$.

Pour chaque configuration nous testons trois formes d'équation. La première est le modèle de référence ne comportant que les variables d'environnement et stratégiques présentées dans la section 1. Afin de faire différencier l'impact sur la croissance des deux principales formes d'innovation identifiées, nous introduisons ensuite une variable composite de l'innovation en deux temps : tout d'abord une innovation de produits ou de procédés (innopp) déclarée par les entreprises, ensuite une innovation de produit ou de procédé complétée par des activités d'innovation déclarées (variable ppa incluant R&D, études techniques, prototypage, activités de design et études de marché). Les résultats sont présentés dans la section suivante.

3. Résultats

L'objectif de ce travail est de lier la croissance des entreprises à des caractéristiques économiques et productives et à l'innovation. Nous tenons compte également des différents secteurs d'activité, de la taille de l'entreprise et de la conjoncture. L'analyse sur une longue période nous a conduit à retenir une conception essentiellement technologique de l'innovation excluant l'innovation marketing et organisationnelle. La variable innopp concerne seulement les innovations qui ont abouti alors que la variable ppa inclut également les activités d'innovation en cours. Ces deux modalités sont en effet communes aux différentes vagues de l'enquête CIS. Cette section présente les résultats issus de l'estimation de douze formes du modèle, soit :

<P25 : modèle structurel-stratégique

<P25 : Innovations de produits et de procédés

<P25 : Innovations PPA

>P50 : modèle structurel-stratégique

>P50 : Innovations de produits et de procédés

>P50 : Innovations PPA

>P75 : modèle structurel-stratégique

>P75 : Innovations de produits et de procédés

>P75 : Innovations PPA

>P90 : modèle structurel-stratégique

>P90 : Innovations de produits et de procédés

>P90 : Innovations PPA

La construction de ces modèles obéit à une logique interne. Il s'agit, dans un premier temps, de mesurer les effets de variables d'environnement et de variables stratégiques sur la croissance des entreprises. Puis, dans une seconde phase seulement, nous estimerons l'effet de formes spécifiques d'innovation sur la croissance.

Le tableau 4 (cf. Annexe A) décrit les résultats obtenus pour les différents modèles. Nous indiquons, pour chaque variable explicative, la valeur du coefficient, le signe de la corrélation, sa significativité et l'écart type.

3.1. Variables structurelles et stratégiques

Le modèle n'incluant que des variables structurelles et stratégiques permet de retrouver les principaux résultats de la littérature sur la croissance de la firme.

Comme dans la plupart des travaux récents visant à tester la loi de Gibrat, nous montrons ici que la relation entre croissance du chiffre d'affaires et taille de l'entreprise est significative pour les plus fortes croissances annuelles du chiffre d'affaires (supérieures à P75 à P90) et, dans une moindre mesure, pour les baisses de chiffre d'affaires (inférieures à P25). Le signe du coefficient est toujours négatif. Les plus grandes entreprises sont donc les moins susceptibles d'enregistrer des fortes variations de leur chiffre d'affaires. Leur grande taille leur garantit une plus grande stabilité de l'activité d'une année sur l'autre. Le contraire est observé pour les PME. C'est parmi les entreprises de cette classe que la probabilité de connaître une croissance du chiffre d'affaires est la plus élevée.

Ces résultats sont renforcés par l'examen des signes associés aux coefficients de la variable age. L'âge de l'entreprise est en effet toujours négativement corrélé aux variations annuelles du chiffre d'affaires. De fait, il est légitime de considérer que plus l'entreprise est jeune, plus ses capacités de croissance sont importantes. La corrélation est significative lorsque l'entreprise voit son chiffre d'affaires progresser mais elle ne l'est pas lorsque le chiffre d'affaires baisse de plus de 10 % sur la période (situation du groupe testé dans le modèle < P25). Ici encore, les résultats obtenus vont dans le même sens que ceux de Coad *et al.* (2010) et Becchetti et Trovatto (2002) qui ont introduit ces deux variables dans des modèles de croissance de la firme.

Le modèle analyse l'impact de l'appartenance à un groupe par rapport à une situation de référence, celle des entreprises indépendantes. Dans la plupart des cas, l'appartenance à un groupe ne permet pas d'observer des croissances annuelles du chiffre d'affaires significativement supérieures à celles enregistrées dans les entreprises indépendantes. Les trajectoires individuelles des entreprises apparaissent ainsi très diversifiées. *A contrario*, pour les valeurs de la distribution supérieures à P50 et à P75, appartenir au noyau dur d'un groupe industriel s'accompagne de croissances annuelles significativement plus faibles que pour les entreprises indépendantes. Ainsi, faire partie d'un groupe ne suffit à assurer un très fort dynamisme de l'entreprise.

L'analyse des différences sectorielles est réalisée grâce à l'estimation de l'impact de l'appartenance à un secteur industriel particulier par rapport à une situation de référence donnée par les entreprises du secteur de la construction métallique et de la fabrication de produits métalliques et minéraux. Parmi les impacts sectoriels les plus évidents, on observe que les secteurs à faible intensité technologique (textile, cuir, travail du bois, papier, industries agro-alimentaires) enregistrent des croissances annuelles de l'activité significativement plus faibles que le secteur de référence pour les plus fortes modalités de la distribution (supérieures à P50, P75 et à P90). Les entreprises de ces secteurs enregistrent également des baisses du chiffre d'affaires plus fortes que celles du secteur de référence (inférieures à P25). À l'opposé, le secteur du matériel de transport montre une dynamique de croissance annuelle systématiquement plus forte que le secteur de référence. Enfin, le secteur de la construction mécanique, des équipements et de la construction de machines montre une situation très éclatée. Les variations du chiffre d'affaires y sont en même temps positivement corrélées aux plus fortes hausses et aux baisses les plus importantes de la distribution. De même que pour les variables précédentes, on retrouve une forte similitude entre nos résultats et ceux d'autres travaux relatifs aux facteurs explicatifs de la croissance de l'entreprise. Comme nous l'avions supposé, le secteur conditionne bien les performances de la firme.

Les signes associés à la variable productivité confirment le débat sur l'effet Penrose et l'effet Kaldor-Verdoorn, comme le révèle la distribution en U inversé des signes associés à l'impact de la productivité sur les performances. Ainsi, la productivité du travail influence positivement les croissances moyennes du chiffre d'affaires (supérieures à P50). Au contraire, pour les entreprises en très forte croissance et celles en très forte baisse du chiffre d'affaires, la corrélation est négative et significative. Les entreprises en progression ou en ralentissement rapide peuvent enregistrer des niveaux de productivité apparemment contraires à leur situation économique générale : faible productivité en situation de croissance rapide et forte productivité en situation de récession. Une croissance rapide peut s'accompagner de désorganisations productives et, a contrario, une stabilisation de la part de marché peut être réalisée par des gains de productivité issus de réductions d'effectifs et d'amélioration des processus de production ne passant pas par l'innovation (formation, apprentissage par la pratique, par l'usage, etc.)

L'analyse de la productivité est complétée par celle des frais de personnel ou du coût unitaire du travail. Ce dernier est en relation inverse avec la croissance du chiffre d'affaires pour les entreprises en croissance moyenne ou forte (supérieures à P50 et P75). *A contrario*, la corrélation devient négative lorsqu'on observe les entreprises dont le chiffre d'affaires est en diminution ; ces dernières présentent des frais de personnel par tête plus élevés. Ces relations confirment l'idée selon laquelle le contrôle du coût du travail est une condition nécessaire à la croissance de l'entreprise. Cette règle admet cependant une exception importante qui concerne les entreprises à forte croissance. En effet, pour le dernier décile de croissance du chiffre d'affaires, la relation n'est plus significative, ce qui semblerait indiquer que les « championnes » privilégient un emploi très qualifié dont le coût unitaire est plus élevé. Comme le souligne Wigniolle (2001), l'accroissement inégal des salaires accompagne l'apparition de nouvelles formes d'organisation productive privilégiant les travailleurs les plus qualifiés.

La structure financière des entreprises varie selon la trajectoire de croissance, comme le montrent les coefficients associés à l'indicateur ici retenu qui mesure l'impact du poids du coût de la dette (ratio supérieur à P95). De façon non surprenante, on observe un poids des frais financiers maximum pour les deux extrémités de la distribution de la croissance. On est ainsi amené à prendre en compte les contraintes financières associées à la recherche (Nelson et Winter, 1982). Notre analyse n'aborde pas cette question sous l'angle de l'arbitrage entre autofinancement et financement externe. Ce sont les frais financiers qui constituent ici la variable approximative de la situation de la firme vis-à-vis des créanciers. Deux catégories d'entreprises supportent un surcoût de la dette très élevé (>P95) : celles en croissance très rapide et celles en récession. Le recours massif à l'endettement des premières et la dégradation de la probabilité de remboursement des secondes les confrontent à des difficultés de financement qui se traduisent notamment par un accroissement rapide des frais financiers.

Le modèle analyse enfin l'impact de la conjoncture sur les variations annuelles de chiffre d'affaires observées entre 1998-1997, 2001-2000 et 2005-2004 par rapport aux variations observées au cours de la période de référence 2007-2006. L'année 2007 semble constituer un optimum de croissance. Les années 1998, 2001 et 2005 font apparaître des croissances significativement plus faibles que l'année de référence pour les croissances supérieures à P50 et P75. La situation est plus contrastée pour les plus fortes croissances de la distribution (supérieures à P90). Seule la période 2005-2004 montre des croissances significativement plus faibles par rapport à la situation de référence. Cette année 2007 est également annonciatrice de changements de tendance. Certaines entreprises connaissent une évolution très difficile. On observe parallèlement une corrélation positive et significative avec les plus fortes baisses de chiffre d'affaires des années précédentes.

3.2. Relation entre la croissance du chiffre d'affaires et les indicateurs composites de l'innovation

À côté du modèle composé de variables structurelles et stratégiques, nous avons testé deux équations comprenant deux modalités d'innovation. L'examen des résultats confirme l'idée selon laquelle les firmes les plus engagées dans l'innovation sont également celles qui bénéficient des plus fortes trajectoires de croissance. Comme le montrent les signes et la significativité des coefficients présentés dans le tableau 4 (cf. Annexe A), l'innovation de produit et de procédé (innopp), de même que l'innovation technologique, y compris lorsqu'elle est non aboutie (ppa), favorise la croissance de la firme. Ces deux variables sont négativement corrélées aux baisses du chiffre d'affaires alors que leur coefficient est positif pour les firmes en forte croissance. Nos résultats confirment ceux des auteurs qui ont observé une relation positive entre l'innovation et la croissance des entreprises mesurée par les ventes (Storey, 1994, cité dans Freel, 2000 ; Geroski et Machin, 1992 ; Roper, 1997). Ils confirment également les caractéristiques des entreprises à forte croissance, les « gazelles », dont le rôle significatif sur le dynamisme économique a été démontré par l'OCDE (2002). La relation n'est cependant pas significative pour les plus fortes croissances mesurées (supérieures à P90). L'innovation n'épuise pas les explications des croissances de chiffre d'affaires exceptionnelles.

Les tests de robustesse des modèles résumés dans le tableau 5 (cf. Annexe B) montrent que l'introduction d'une indicatrice de l'innovation de l'entreprise améliore toujours la performance du modèle, et ce, quelle que soit la modalité de la distribution de la croissance du chiffre d'affaires considérée. Ce pouvoir explicatif de la variable innovation est cependant beaucoup plus faible pour les valeurs de croissance du chiffre d'affaires les plus élevées de la distribution (supérieures à P75 et à P90). En revanche, la distinction entre une innovation de produit et procédé, d'une part, et une conception de l'innovation élargie aux activités de R&D, de l'autre, n'améliore jamais les performances globales du modèle. La relation entre la croissance des ventes, l'innovation, la structure financière et l'âge des entreprises tend à mettre en évidence l'importance de l'introduction du développement de produits nouveaux sur les performances de l'entreprise.

À la lecture de ces résultats, il apparaît évident que l'innovation se présente comme une stratégie incontournable pour le maintien des positions concurrentielles des entreprises ou pour l'amélioration de la position des PME. Elle peut être le fait d'une décision stratégique de la direction ou favorisée par le contexte. Quelle qu'en soit la cause, son effet sur la croissance de l'entreprise est très largement positif. Son occurrence ne va toutefois pas sans risque, comme l'indique le surcoût de la dette supporté par des entreprises en très forte croissance. Il apparaît donc que, si les politiques d'innovation des entreprises ont bien un rôle significatif dans l'accroissement des ventes, elles sont impuissantes à expliquer les plus grands accroissements d'activité au cours de la période. D'autres facteurs de succès ont vraisemblablement une contribution au moins aussi importante.

Conclusion

Construit à partir d'une étude empirique sur la situation des firmes françaises au cours de la période 1997-2007, ce travail nous a permis de mettre en évidence l'impact des stratégies d'innovation des entreprises sur la croissance de leur chiffre d'affaires. Sur la base d'un modèle multivarié de croissance individuelle dont les variables explicatives reposent sur les principales théories de la croissance de la firme, nous avons montré que l'évolution du chiffre d'affaires est sensible à un ensemble de déterminants, dont les stratégies d'innovation. Les variables d'environnement (secteur, nature du marché, conjoncture, localisation), les contraintes économiques, les choix stratégiques et l'engagement dans un processus d'innovation technologique permettent ainsi d'expliquer les évolutions de la production vendue. L'intensité de la relation observée dépend à la fois de la période considérée et du rythme d'évolution du chiffre d'affaires et de la taille des entreprises. Il est en effet frappant de constater que les effets de l'innovation sont loin d'être identiques selon l'intensité de la croissance. Le modèle est en effet nettement plus robuste pour le premier et le dernier quartile que pour les 10 % de « gazelles » de notre échantillon. Les petites entreprises à croissance très rapide ne s'appuient donc pas forcément sur l'innovation pour renforcer leur trajectoire. Cette conclusion revêt une importance particulière du point de vue des politiques économiques en faveur de l'innovation dans les PME : les incitations financières (crédit impôt recherche, en particulier) ne compensent pas la relative faiblesse des débouchés qui reste la barrière à l'innovation la plus importante.

Ce travail a également confirmé la complexité sous-jacente au processus de croissance de la firme. Il résulte d'une interaction entre des facteurs de différentes natures, dont l'innovation n'est qu'un maillon. La performance se construit sur un triptyque : l'adaptation de la firme à son environnement, la gestion de l'organisation et la prise en compte de la contrainte capitalistique. L'innovation est transversale par les effets quantitatifs et qualitatifs qu'elle peut induire sur ces trois dimensions. Elle permet également de se positionner par rapport à la concurrence. Les firmes doivent se comparer sur un même marché, d'où l'importance des aspects sectoriels dans l'approche conduite.

La compréhension de la croissance et son observation doivent ainsi s'appuyer sur différentes méthodes d'analyse. C'est pourquoi cette recherche devra être complétée par des travaux empiriques autres qu'économétriques. On peut penser que des monographies peuvent utilement décrire des trajectoires préalablement à leur mesure. De même, les résultats observés sont fortement influencés par les indicateurs utilisés. Les définitions de l'innovation prises en compte dans ce travail conduisent d'ailleurs à nuancer la portée de nos résultats. La distinction de l'innovation de produits et procédés et une innovation plus large incluant des activités de R&D est insuffisante pour améliorer la compréhension des performances de la firme. Les composantes organisationnelles et marketing de l'innovation devront être prises en compte à l'avenir. Cela passe notamment par des recherches méthodologiques s'interrogeant sur les marqueurs de l'innovation qui dépassent le simple empilement des définitions successives de l'innovation.

Annexe A - Tableau 4 : Résultats des estimations

Croissance du chiffre d'affaires	inférieure à P25			supérieure à P50			supérieure à P75			supérieure à P90		
Variables	Structurel	Innovation produit	Innovation PPA	Structurel	Innovation produit procédé	Innovation PPA	Structurel	Innovation produit	Innovation PPA	Structurel	Innovation produit procédé	Innovation PPA
Intercept	-2,006*** (0,0988)	-1,97*** (0,0991)	-1,96*** (0,0992)	0,92*** (0,0855)	0,89*** (0,0859)	0,89*** (0,086)	-0,12 (0,0987)	-0,14 (0,0991)	-0,14 (0,0992)	-1,56*** (0,1368)	-1,57*** (0,1375)	-1,56*** (0,1377)
Âge	-0,001 (0,000873)	-0,0007 (0,000876)	-0,0007 (0,000876)	-0,003*** (0,000752)	-0,003*** (0,000754)	-0,003*** (0,000754)	-0,007*** (0,000955)	-0,007*** (0,000957)	-0,007*** (0,000957)	-0,01*** (0,00156)	-0,01*** (0,00156)	-0,01*** (0,00156)
Effectif	-0,00006** (0,000026)	-0,00005* (0,000025)	-0,00005* (0,000025)	0,000006 (0,0001)	-0,0000009 (0,000016)	-0,0000005 (0,000016)	-0,00007** (0,000026)	-0,00007*** (0,000027)	-0,00007*** (0,000027)	-0,0002*** (0,000062)	-0,0002*** (0,000062)	-0,0002*** (0,000062)
indicatrice tête de groupe	-0,13 (0,0964)	-0,10 (0,0967)	-0,10 (0,0967)	0,07 (0,0825)	0,05 (0,0827)	0,04 (0,0827)	0,01 (0,0949)	0,0004 (0,0951)	0,001 (0,0951)	-0,01 (0,1401)	-0,03 (0,1404)	-0,03 (0,1403)
indicatrice noyau dur	0,005 (0,0524)	0,05 (0,053)	0,05 (0,0531)	-0,06 (0,0454)	-0,09* (0,0461)	-0,09* (0,0461)	-0,12** (0,052)	-0,14*** (0,0527)	-0,14*** (0,0527)	-0,06 (0,0747)	-0,08 (0,0756)	-0,08 (0,0756)
indicatrice contour élargi	-0,071 (0,0975)	-0,04 (0,0977)	-0,05 (0,0977)	0,07 (0,0837)	0,05 (0,0839)	0,05 (0,0839)	0,06 (0,0926)	0,06 (0,0928)	0,05 (0,0928)	0,02 (0,1301)	0,01 (0,1304)	0,01 (0,1303)
indicatrice IAA	-0,21 (0,1516)	-0,22 (0,1516)	-0,22 (0,1516)	-0,43*** (0,1088)	-0,43*** (0,1089)	-0,42*** (0,1089)	-0,33*** (0,1236)	-0,33*** (0,1236)	-0,33*** (0,1236)	-0,30 (0,1928)	-0,30 (0,1929)	-0,30 (0,1929)
indicatrice textile Cuir	0,81*** (0,0725)	0,80*** (0,0726)	0,79*** (0,0726)	-0,70*** (0,0663)	-0,69*** (0,0664)	-0,68*** (0,0665)	-0,60*** (0,0793)	-0,60*** (0,0794)	-0,60*** (0,0794)	-0,42*** (0,1141)	-0,42*** (0,1142)	-0,42*** (0,1142)
indicatrice travail du bois, papier	0,15** (0,0757)	0,13* (0,0759)	0,13* (0,0759)	-0,47*** (0,0641)	-0,45*** (0,0642)	-0,45*** (0,0643)	-0,65*** (0,0797)	-0,65*** (0,0798)	-0,65*** (0,0798)	-0,80*** (0,1279)	-0,79*** (0,128)	-0,79*** (0,128)
indicatrice cokéfaction, industrie chimique, caoutchouc	0,03 (0,0723)	0,06 (0,0726)	0,064 (0,0726)	-0,11* (0,06)	-0,13*** (0,0603)	-0,13** (0,0603)	-0,28*** (0,0699)	-0,30*** (0,0702)	-0,30*** (0,0702)	-0,41*** (0,1075)	-0,42*** (0,1079)	-0,42*** (0,108)
indicatrice fabrication de machine et équipements électriques	0,27*** (0,0635)	0,31*** (0,0641)	0,31*** (0,064)	-0,05 (0,0538)	-0,08 (0,0543)	-0,08 (0,0543)	0,05 (0,0595)	0,03 (0,06)	0,03 (0,06)	0,20** (0,0828)	0,18** (0,0836)	0,18** (0,0836)
indicatrice fabrication de matériel de transport	0,12 (0,0902)	0,14 (0,0904)	0,14 (0,0904)	0,17*** (0,0765)	0,16*** (0,0766)	0,16*** (0,0766)	0,38*** (0,0806)	0,37*** (0,0806)	0,37*** (0,0806)	0,56*** (0,1066)	0,55*** (0,1066)	0,55*** (0,1067)
indicatrice autres industries manufacturières	0,32*** (0,1001)	0,33*** (0,1003)	0,33*** (0,1002)	-0,12 (0,0871)	-0,12 (0,0872)	-0,12 (0,0872)	-0,27*** (0,1009)	-0,27*** (0,101)	-0,27*** (0,101)	-0,41*** (0,1568)	-0,41*** (0,1568)	-0,41*** (0,1568)
indicatrice 1998-1997	0,24*** (0,069)	0,25*** (0,0691)	0,25*** (0,0691)	-0,21*** (0,0572)	-0,23*** (0,0574)	-0,23*** (0,0574)	-0,19*** (0,0642)	-0,20*** (0,0643)	-0,19*** (0,0643)	0,05 (0,0934)	0,04 (0,0935)	0,04 (0,0935)
indicatrice 2001-2000	0,45*** (0,0657)	0,46*** (0,0658)	0,46*** (0,0658)	0,42*** (0,0556)	-0,43*** (0,0556)	-0,43*** (0,0557)	-0,32*** (0,0632)	-0,33*** (0,0632)	-0,33*** (0,0632)	-0,02 (0,0917)	-0,02 (0,0918)	-0,02 (0,0918)
indicatrice 2005-2004	0,53*** (0,0601)	0,54*** (0,0602)	0,54*** (0,0602)	-0,57*** (0,051)	-0,58*** (0,0511)	-0,57*** (0,0511)	-0,45*** (0,0583)	-0,45*** (0,0583)	-0,45*** (0,0583)	-0,18** (0,0853)	-0,18** (0,0854)	-0,19** (0,0853)
Productivité	-0,0009*** (0,000284)	-0,0009*** (0,000284)	-0,0009*** (0,000284)	0,0005* (0,000205)	0,0005*** (0,000206)	0,0005*** (0,000206)	0,0002 (0,000242)	0,0002 (0,000243)	0,0002 (0,000243)	-0,004*** (0,00101)	-0,004*** (0,00101)	-0,004*** (0,00101)
Frais de personnel par tête	0,01*** (0,00161)	0,01*** (0,00162)	0,01*** (0,00162)	-0,008*** (0,00145)	-0,009*** (0,00146)	-0,009*** (0,00146)	-0,007*** (0,00175)	-0,007*** (0,00176)	-0,008*** (0,00176)	0,004 (0,0023)	0,003 (0,00231)	0,003 (0,00231)
indicatrice frais financiers supérieur à P 95	0,26*** (0,0925)	0,27*** (0,0926)	0,27*** (0,0925)	-0,07 (0,0845)	-0,08 (0,0845)	-0,08 (0,0845)	0,18 (0,0954)	0,17 (0,0954)	0,17 (0,0954)	0,46*** (0,1238)	0,46*** (0,1238)	0,46*** (0,1238)
Type d'innovation	-0,22*** (0,0445)	-0,22*** (0,0441)	-0,22*** (0,0445)	0,17*** (0,0382)	0,17*** (0,0382)	0,17*** (0,0386)	0,09** (0,0441)	0,09** (0,0441)	0,09** (0,0447)	0,09 (0,0637)	0,09 (0,0637)	0,09 (0,0645)

Annexe B - Tableau 5 : Performances des modèles

Croissance du chiffre d'affaires	inférieure à P25			supérieure à P50			supérieure à P75			supérieure à P90		
Paramètre	Structurel	Innovation produit procédé	Innovation PPA	Structurel	Innovation produit procédé	Innovation PPA	Structurel	Innovation produit procédé	Innovation PPA	Structurel	Innovation produit procédé	Innovation PPA
Statistique d'Akaike (AIC)	14399,88	14376,568	14378,199	17817,253	17799,457	17799,463	14394,487	14391,915	14392,563	8226,977	8227,028	8227,079
Critère de Schwarz (SC)	14541,99	14526,161	14527,793	17959,367	17949,051	17949,056	14536,601	14541,509	14542,157	8369,09	8376,622	8376,673
2 LOG vraisemblance	14361,88	14336,568	14338,199	17779,253	17759,457	17759,463	14356,487	14351,915	14352,563	8188,977	8187,028	8187,079
Pseudo R^2 (Mc Fadden)	0,021	0,023	0,023	0,020	0,021	0,021	0,026	0,026	0,026	0,038	0,038	0,038
Pourcentages correctement prédits	59,7	60,1	60,1	59,1	59,4	59,4	60,8	60,9	60,9	64,3	64,3	64,3
Test d'adéquation de Hosmer et Lemeshow: $H0$: Le modèle est correctement spécifié.	$p=0,7108$ non rejeté	$p=0,3878$ non rejeté	$p=0,3418$ non rejeté	$p=0,5561$ non rejeté	$p=0,8279$ non rejeté	$p=0,6133$ non rejeté	$p=0,6642$ non rejeté	$p=0,5628$ non rejeté	$p=0,5613$ non rejeté	$p=0,3703$ non rejeté	$p=0,3213$ non rejeté	$p=0,275$ non rejeté

Références

Aghion P. et Howitt P. (1992), « A Model of Growth through Creative Destruction », Econometrica, Vol. 60, N° 2, pp. 323-351.

AmirKhalkhali S. et Mukhopadhyay A. K. (1993), « The influence of size and RD on the growth of firms in the U.S. », Eastern Economic Journal, Vol. 19, N° 2, pp. 223-233.

Becchetti L. et Trovato G. (2002), « The determinants of growth for small and medium sized firms. The role of the availability of external finance », Small Business Economics, Vol. 19, N° 4, pp. 291-306.

Bottazzi G., Coad A., Jacoby N. et Secchi A. (2010), « Corporate Growth and Industrial Dynamics: Evidence from French Manufacturing », Applied Economics, Online first.

Bottazzi G. et Secchi A. (2003), « Common properties and sectoral specificities in the dynamics of U.S. manufacturing companies », Review of Industrial Organization, Vol. 23, pp. 217-232.

Bottazzi G., Cefis E. et Dosi G. (2002), « Corporate growth and industrial structure: some evidence from the Italian manufacturing industry », Industrial and Corporate Change, Vol. 11, pp. 705-723.

Bottazzi G., Secchi A. et Tamagni F. (2006), « Productivity, profitability and financial fragility: evidence from Italian business firms », LEM Working Paper Series, 2006/08.

Boyer R. et Didier M. (1998), Innovation et croissance, Rapport du Conseil d'analyse économique, N° 10, Paris, La Documentation Française.

Brock W.A. et Evans D.S. (1989), « Small Business Economies », Small Business Economics, Vol. 1, pp. 7-20.

Carden S. D. (2005), « What global executives think about growth and risk », McKinsey Quarterly, N° 2, pp. 16-25.

Cefis E. et Orsenigo L. (2001), « The persistence of innovative activities: A cross-countries and cross-sectors comparative analysis », Research Policy, Vol. 30, pp. 1139-1158.

Coad A. et Broekel T. (2007), « Firm growth and productivity growth evidence from a panel VAR », Documents de travail du Centre d'Economie de la Sorbonne, série rouge, N° 07072, Université Panthéon-Sorbonne (Paris 1).

Crepon B. et Iung N. (1999), « Innovation, emploi et performances », Documents de travail de la Direction des Etudes et Synthèses Économiques, N° G9904, INSEE, mars.

Delmar F. (1999), « Entrepreneurial growth motivation and actual growth – A longitudinal study », in : RENT XIII - Research on Entrepreneurship, Londres, 25-26 novembre.

Direction des Études et Synthèses Économiques (1998), L'évolution des industries françaises de haute technologie : éléments descriptifs, Ronéotypé INSEE, N° 11/G231, 7 avril.

Disney R., Haskel J. et Heden Y. (2003), « Restructuring and productivity growth in UK manufacturing », Economic Journal, Vol. 113, pp. 666-694.

Duguet E. et Greenan N. (1997), « Le biais technologique : une analyse économétrique sur données individuelles », Revue Économique, Vol. 48, N° 5, pp. 1061-1089.

Dunne P. et Hughes A. (1994), « Age, size, growth and survival: UK companies in the 1980s », Journal of Industrial Economics, Vol. 42, N° 2, 115-140.

Evans D. S. (1987), « The Relationship Between Firm Growth, Size, and Age: Estimates for 100 Manufacturing Industries », The Journal of Industrial Economics, Vol. 35, N° 4, pp. 567-581.

Fagiolo G. et Luzzi A. (2006), « Do liquidity constraints matter in explaining firm size and growth? Some evidence from the Italian manufacturing industry », Industrial and Corporate Change, Vol. 15, N° 1, pp. 1-39.

Fizaine F. (1968), « Analyse statistique de la croissance des entreprises selon l'âge et la taille », Revue d'Économie Politique, Vol. 78, pp. 606-620.

François J.-P. (1998), « Innovation, croissance et emploi des entreprises industrielles », Ronéotypé, Direction Générale des Stratégies Industrielles, SSI, Paris, Ministère de l'Industrie, 31 mars.

Freel M. S. (2000), « Strategy and Structure in Innovative Manufacturing SMEs: The Case of an English Region », Small Business Economics, Vol. 15, N° 1, pp. 27-45.

Gabe T.M. et Kraybill D. S. (2002), « The effect of state economic development incentives on employment growth of establishments », Journal of Regional Science, Vol. 42, N° 4, pp. 703-730.

Geroski P. A. (2005), « Understanding the Implications of Empirical Work on Corporate Growth Rates », Managerial and Decision Economics, N° 26, pp. 129-138.

Geroski P. A., (2000), « The growth of firms in theory and practice ». In : Foss, N. et Mahnke V. (Eds.), Competence, Governance and Entrepreneurship, Oxford University Press, Oxford, pp. 168-186.

Geroski P. et Machin S. (1992), « Do Innovating Firms Outperform Non-Innovators? », Business Strategy Review, Vol. 3, N° 2, pp. 79-90.

Gibrat R. (1931), Les inégalités économiques, Librairie du Recueil Sirey, Paris.

Greenan N. et Guellec D. (1996), « Technological Innovation and Employment Reallocation », Document de travail INSEE, N° G9608.

Hall B. H. (1987), « The relationship between firm size and firm growth in the U.S. manufacturing sector », Journal of Industrial Economics, Vol. 35, N° 4, pp. 583-600.

Hay M. et Kamshad K. (1994), « Small Firm Growth: Intentions, Implementation and Impediments », Business Strategy Review, Vol. 5, N° 3, pp. 49-68.

Heunks J. F. (1998), « Innovation, creativity and success », Small Business Economics, Vol. 10, N° 2, pp. 263-272.

Janssen F. (2005), « La conceptualisation de la croissance : L'emploi et le chiffre d'affaires sont-ils des représentations interchangeables d'un même phénomène ? », Gestion 2000, N° 6, pp. 267-291.

Kumar M. S. (1985), « Growth, acquisition activity and firm size: Evidence from the United Kingdom », Journal of Industrial Economics, Vol. 33, N° 3, pp. 327-338.

Levratto N., Tessier L. et Zouikri M. (2010), « The determinants of growth for SMEs. A longitudinal study from French manufacturing firms », EconomiX Working Papers, N° 2010-28, octobre, Université de Paris-Ouest, Nanterre.

Mansfield E. (1962), « Entry, Gibrat's law, innovation, and the growth of firms », American Economic Review, Vol. 52, N° 5, pp. 1023-1051.

Mansfield E., Rapoport A., Romeo E., Villani S., Wagner ? et Husic F. (1977), The Production and Application of New Industrial Technology, Norton, New York.

Marris R. et Wood A. (1971), The corporate economy, Harvard University Press, Cambridge, MA.

McGahan A. et Porter M. E. (1997), « How much does industry matter, really? », Strategic Management Journal, Vol. 18, pp. 15-30.

Metcalfe J. S. (1994), « Competition, Fisher's principle and increasing returns in the selection process », Journal of Evolutionary Economics, Vol. 4, pp. 327-346.

Miller D. et Toulouse J-M. (1986), « Chief Executive Personality and Corporate Strategy and Structure in Small Firms », Management Science, Vol. 32, N° 11, pp. 1389-1409.

Nelson R. R. et Winter S. G. (1982), An evolutionary Theory of economic Change, Harvard University Press, Cambridge, MA.

Nkongolo-Bakenda J.-M., Anderson R., Ito J. et Garven G. (2010), « Structural and Competitive Determinants of Globally-oriented Small and Medium-sized Enterprises: An Empirical Analysis », Journal of International Entrepreneurship, Vol. 8, N° 1, pp. 55-86.

OCDE (2005), The Measurement of Scientific and Technological Activities Oslo Manual: Guidelines for Collecting and Interpreting Innovation Data, OECD Science & Information Technology, N° 18, Paris.

OCDE (2002), Les PME à forte croissance et l'emploi, OCDE, Paris.

Oséo (2010), « Le lien innovation-exportation : l'expérience d'Oséo et Ubifrance », Regards sur les PME, N° 19, La Documentation Française, Paris.

Penrose E. (1995), The Theory of the Growth of the firm, first edition, 1959, Oxford University Press, Oxford.

Picart C. (2006), « La place des groupes dans le tissu productif : d'une croissance extensive à une croissance intensive ». In : Petit E. et Thevenot N. (Eds.). Les nouvelles frontières du travail subordonné, Éditions La Découverte, Paris.

Rajan R. et Zingales L. (1998), « Financial Dependence and Growth », American Economic Review, Vol. 88, N° 3, pp. 559-586.

Roper S. (1997), « Product innovation and small business growth: a comparison of the strategies of German, U.K. and Irish companies », Small Business Economics, Vol. 9, N° 4, pp. 523-537.

Rumelt R. (1991) « How much does industry matter? », Strategic Management Journal, Vol. 12, 167-185.

Schmalensee R. (1985), « Do markets differ much? », American Economic Review, Vol. 75, N° 2, pp. 341-351.

Thollon-Pommerol V.(1990), « Les groupes et la déformation du système productif », Economie et Statistique, N° 229, pp. 21-28.

Verdoorn J. P. (1949), « On the Factors Determining the Growth of Labor Productivity ». Reproduit in : L. Pasinetti (Ed.), Italian Economic Papers, Vol. II, Oxford University Press, Oxford, 1993.

Wicklund J. (1999), « The sustainability of the entrepreneurial orientation - performance relationship », Entrepreneurship Theory and Practice, Vol. 24, pp. 37-48.

Wigniolle B. (2001), « Croissance, innovations organisationnelles et progrès technique biaisé », Economie et Prévision, N° 150, pp. 159-170.

Wijewardena H. et Tibbits G. E. (1999), « Factors contributing to the growth of small manufacturing firms: data from Australia », Journal of Small Business Management, avril, pp. 88-95.

Chapitre 5

Conditions initiales et performances des jeunes entreprises innovantes

Emilie-Pauline GALLIÉ et Renelle GUICHARD

Chercheure et chercheure associée à l'IMRI,
Université Paris Dauphine

Introduction

Confrontées aux évolutions technologiques et à la compétition international, les jeunes entreprises innovantes sont considérées comme une source importante de dynamisme concurrentiel. Leur taille et la spécificité des produits et/ou des services qu'elles proposent leur permettent une grande flexibilité, souvent considérée comme un atout essentiel pour s'adapter et réagir aux conditions du marché. Ces entreprises présentent une probabilité plus forte de proposer des innovations radicales, qui exerceront des effets positifs sur l'activité économique des entreprises en place (Schneider et Veugelers, 2008). Elles ont ainsi des effets directs et indirects sur la croissance économique. Cette idée est renforcée par le succès de certaines jeunes entreprises innovantes comme Google... La création de telles entreprises est ainsi fortement encouragée par les services publics, puisqu'elles représentent des sources potentielles de croissance. Cependant, s'il semble qu'il y ait un consensus pour tenir compte du rôle de ces entreprises dans l'activité économique, il s'avère également qu'un grand nombre de jeunes entreprises innovantes rencontrent des difficultés pour rester en activité.

La littérature économique souligne l'importance des conditions initiales dans le succès des jeunes entreprises innovantes (Cooper *et al.*, 1994 ; Dahlqvist *et al.*, 2000 ; Honjo, 2004). Cependant, peu d'études, du moins en France, analysent avec précision les performances économiques de ces entreprises. La raison principale est l'absence de données statistiques sur cette population difficile à identifier.

Le présent travail s'inscrit dans la lignée des travaux séminaux de Copper *et al.* (1994) portant sur les effets des conditions initiales sur la performance des nouvelles entreprises, par la suite adaptés au contexte suédois par Dahlqvist *et al.* (2000), puis au contexte japonais par Honjo (2004). Dans ce chapitre, nous étudions ainsi les effets des conditions initiales sur la performance économique des jeunes entreprises innovantes en France. Dans ce but, en accord avec la littérature, nous étudions l'impact des caractéristiques de l'entrepreneur et de l'entreprise à sa création ainsi que celui des facteurs environnementaux.

En conformité avec ces travaux, deux indicateurs traditionnels mesurent la performance économique : le chiffre d'affaires (à 3 et 5 ans) et le taux de mortalité. Si ces indicateurs sont tous les deux significatifs, ils n'ont pas la même interprétation économique : le premier nous renseigne sur l'intensité de l'activité de l'entreprise, tandis que le second nous renseigne sur la durée de vie de l'entreprise[1], mais sans indication sur l'intensité de son activité. Cette différence est particulièrement importante dans les pays, comme la France, où les PME rencontrent des difficultés à se développer. La diversité des indicateurs de performance permet d'identifier des spécificités en termes de modèles de développement économique. Ces résultats peuvent avoir des conséquences importantes en termes de politiques publiques.

Pour réaliser notre étude empirique, nous utilisons une base de données du Ministère de la Recherche français recensant les jeunes entreprises innovantes. Cette base a été fusionnée avec la base de données DIANE, qui nous fournit l'information sur les chiffres d'affaires des entreprises étudiées. L'analyse économétrique est basée sur les méthodes des moindres carrés ordinaires (MCO) et Logit.

Nos résultats confirment ceux obtenus par Cooper *et al.* (1994), mais certaines parties de leur étude n'ont pas pu être répliquées. Dans une certaine mesure, cela est dû à la faible opérationnalisation de certaines variables, mais les différences d'échantillon et/ou de pays peuvent également jouer un rôle.

Ce chapitre est structuré comme suit : nous présentons dans une première section les indicateurs les plus appropriés et leurs facteurs explicatifs – en fonction de notre revue de littérature sur les facteurs de succès et les facteurs de survie des jeunes entreprises innovantes. La section suivante est consacrée à notre analyse statistique : nous détail-

---

[1] Dans notre étude, les entreprises « sortent » du marché lorsqu'elles font faillite ou lorsqu'elles changent de raison sociale ; notons que moins de 2 % des entreprises de notre échantillon ont été rachetées ou ont fusionné.

lons notre méthodologie, nos données et nos variables. Nous présentons ensuite les résultats principaux. La dernière section conclue notre étude et en présente les limites.

1. Choix des indicateurs économiques et de leurs facteurs explicatifs

La question des indicateurs les mieux appropriés pour estimer les performances des jeunes entreprises, comme le chiffre d'affaires, la croissance des effectifs et la pénétration du marché, reste largement débattue (pour une revue de la littérature, cf. Weinzimmer et Manmadhan, 2009). À ce titre, il est important de considérer que les entreprises peuvent délibérément arbitrer entre croissance à long terme et bénéfices à court terme (Zahra, 1991). Par conséquent, nous avons retenu deux indicateurs différents, reflétant la croissance et la performance économique : le chiffre d'affaires et le taux de survie.

Nous avons procédé à une revue de la littérature sur les critères de succès et les facteurs de survie des jeunes entreprises. Nous avons choisi ceux qui nous ont semblé particulièrement appropriés, prenant en compte le profil des entreprises que nous étudions.

1.1 Indicateurs économiques classiques : chiffre d'affaires et taux de survie

Les ventes sont une approximation immédiate du dynamisme économique[2] : Le dynamisme des ventes constitue le reflet de l'activité de l'entreprise.

Plusieurs études prouvent que les PME de haute technologie se développent plus rapidement que d'autres PME. Une étude d'Ernst & Young (2008) sur 1046 PME de haute technologie en France indique ainsi une croissance moyenne du chiffre d'affaires de presque 5,3 % entre 2006 et 2007. Ce chiffre doit être comparé à la moyenne de 2,2 % pour l'économie française dans son ensemble, et de 4,1 % pour la moyenne des entreprises du CAC 40. Fabre et Kerjosse (2006) montrent également que plus le chiffre d'affaires à 3 ans de l'entreprise est important, plus elle a des chances d'atteindre son 5e anniversaire.

La survie (versus la mortalité) est un autre indicateur fréquent du dynamisme économique. Nous voulons souligner ici que la mortalité n'est pas systématiquement la conséquence d'une faillite financière ou d'une erreur de gestion. Les entreprises peuvent en effet sortir du marché sur décision du propriétaire : quelques entrepreneurs décident de

---

[2] Nous les considérerons comme égales au chiffre d'affaires dans le reste de ce chapitre.

suspendre leur activité sans aucune perte financière importante, ni faillite ou insolvabilité, ni en prévision d'un échec économique, mais pour des raisons plus personnelles ou sociales : retraite, volonté de devenir salarié, pour créer une nouvelle entreprise, ou bien encore parce qu'ils ne peuvent pas trouver de successeur (Fabre et Kerjosse, 2006).

Bartelsman *et al.* (2003) montrent, à partir de données couvrant la première partie des années 90, que le taux d'entrée d'entreprises sur le marché plus le taux de sortie se situe entre 15 et 20 % dans la plupart des pays (i.e., un cinquième des entreprises sont des débutantes ou fermeront dans l'année). Or, selon ces auteurs, la sélection du marché est assez forte : environ 20 à 40 % de toutes les entreprises entrantes échouent dans leurs deux premières années d'existence. Et, bien que les taux d'échec diminuent sur la durée, seulement 40 à 50 % du total des entreprises entrantes dans une cohorte survivent au-delà de la septième année.

1.2 Facteurs expliquant la performance économique et le taux de survie des jeunes entreprises

Sur toute la durée de vie d'une entreprise, beaucoup de facteurs influencent ses performances et ses chances de survie. Ils sont liés au secteur d'activité, aux caractéristiques de l'entreprise (dont sa taille, et ce, dès sa création) et au fait que les entreprises sont réellement impliquées dans des activités de R&D[3]. D'une façon générale, ces facteurs peuvent être rassemblés dans trois catégories : ceux qui se rapportent à l'entrepreneur, à l'entreprise et à l'environnement.

L'hétérogénéité des dirigeants est généralement considérée comme contribuant à expliquer les performances des entreprises (Santarelli et Vivarelli, 2007). Plus particulièrement, l'âge, l'expérience et les diplômes du fondateur sont souvent invoqués pour expliquer le dynamisme économique de l'entreprise. Toutefois, les résultats empiriques n'établissent pas toujours des relations stables entre ces variables et les performances des entreprises.

Ainsi, l'expérience et les compétences de l'entrepreneur agissent positivement sur la durée de vie de la jeune entreprise. Bates (1990) a démontré que le niveau d'éducation du fondateur est une cause déterminante de survie. Storey (1994) argue du fait que, puisque le niveau d'éducation de l'entrepreneur inspire confiance aux clients et aux banquiers, l'entrepreneur hautement diplômé peut avoir plus d'opportunités

---

[3] Les données concernant les activités de recherche et d'innovation (budgets de R&D, part du chiffre d'affaires attribuable à l'innovation, dynamique des réseaux de coopération, …) ainsi que la localisation géographique des entreprises n'étaient pas disponibles pour cette étude ; nous ne développerons donc pas ces points ici.

de croissance pendant la période de démarrage. Mata (1996) souligne également que les personnes à haut niveau de qualification sont potentiellement des managers efficaces. Toutefois, ce résultat est à nuancer, notamment dans le cas des entreprises innovantes, qui sont en partie créées par des chercheurs, très compétents dans leur domaine, mais à qui il manque souvent la dimension managériale.

Selon Fabre et Kerjosse (2006), si l'expérience du fondateur est plus influente que son diplôme, son âge et son genre ont également leur importance. Plus précisément : « Les individus qui choisissent le travail indépendant après 35 ans ont de meilleures chances de survie pour leurs entreprises » (Scott, 1995). Un créateur, en France, a 2 chances sur 3 de voir sa jeune entreprise survivre à 3 ans s'il a au moins 50 ans, alors qu'un jeune entrepreneur de moins de 25 ans a seulement 1 chance sur 2 (Lamontagne et Thirion, 2000). Mata (1996) avance que les entreprises contrôlées par des personnes plus âgées présentent moins de risques que celles contrôlées par les jeunes. Il suggère que les entrepreneurs « d'âge moyen » (ici, 40-49 ans) tendent à avoir des compétences de gestionnaire assurant la survie de leurs entreprises. Cette assertion est cohérente avec celle de Bates (1990), qui a constaté que les propriétaires âgés de 45 à 55 ans ont une probabilité de survie plus élevée.

L'impact de l'âge varie donc selon les études. Ainsi, Wicker et King (1989) montrent une relation positive entre l'âge et le succès. Les entrepreneurs plus âgés auraient développé des réseaux plus solides, seraient plus expérimentés et pourraient ainsi lever plus facilement des fonds et des capitaux. D'autres travaux montrent une relation inverse entre l'âge et le succès (Pleschak, 1997). Les jeunes entrepreneurs sont alors considérés comme étant plus ambitieux et motivés. Storey et Wynarczyk (1996) ont quant à eux constaté que les entrepreneurs « d'âge moyen » (i.e., quadragénaires) présentent une probabilité plus forte de créer des entreprises pérennes. Enfin, plusieurs recherches n'établissent pas de relation significative entre l'âge et le succès (Brüderl *et al.*, 1996).

Ces études suggèrent donc que les attributs de l'entrepreneur ont un effet sur la croissance et la survie des entreprises. Toutefois, ces résultats ne sont pas vérifiés par Lasch *et al.* (2005) qui n'observent pas de différences entre les entrepreneurs qui réussissent de ceux qui échouent.

Sur un autre plan, la plupart des travaux de recherche s'accordent pour considérer que la taille de l'entreprise nouvellement créée et ses ressources financières sont des déterminants majeurs de sa réussite. Le montant du capital dans la période de création et un financement suffisant dans les trois premières années sont, d'une certaine façon, une garantie pour la continuité du développement de la jeune entreprise et une protection contre les événements imprévus (Lasch *et al.*, 2005).

Ainsi, le statut juridique et le capital initial de la jeune entreprise (également désigné par « capitaux propres ») ont une forte influence sur les performances des entreprises. Il semble en effet que certains statuts juridiques soient davantage propices à la croissance des entreprises : la plupart des sociétés anonymes à responsabilité limitée (SARL) et des sociétés anonymes (SA) ont des taux de croissance plus élevés que les autres entreprises (notamment les entreprises individuelles). De la même manière, ces entreprises perdurent plus longtemps que les entreprises individuelles (Fabre et Kerjosse, 2006 ; Demoscope, 2008).

Plusieurs études de l'INSEE montrent que les possibilités de survie augmentent avec le capital initial (Fabre et Kerjosse, 2006 ; Lamontagne et Thirion, 2000) : plus il est important, plus les risques de mortalité sont faibles. Ainsi, dans l'économie globale, plus de 80 % des entrepreneurs ayant investi au moins 76 000 euros en phase de démarrage sont toujours en activité 3 ans après (Fabre et Kerjosse, 2006). Investir suffisamment au début, et régulièrement par la suite, aide l'entreprise à se maintenir en activité, voire même à se développer. Il semblerait même, pour certains économistes, que le taux de survie soit en corrélation plus étroite avec le volume de capital initial qu'avec les compétences de l'entrepreneur (Lamontagne et Thirion, 2000).

Selon Bygrave *et al.* (2003) et Cooper (1994), les ressources financières sont également directement liées à la croissance et à la performance des entreprises, alors que la contrainte financière freine leur croissance. Les ressources financières sont essentielles pour la phase de démarrage et la croissance. Ainsi, nous pouvons nous attendre à un impact positif du niveau de capital initial sur la croissance.

Le lien entre le développement d'un pays et le niveau d'activité entrepreneuriale est au cœur du questionnement politique et académique. Les facteurs « environnementaux » définis ici rassemblent les influences du secteur économique et des mesures d'accompagnement proposées au fondateur, en amont ou en aval de la création de l'entreprise. Bartelsman *et al.* (2003) récapitulent ce propos en expliquant que le chiffre d'affaires dépend des caractéristiques du marché, mais également des règlements et des institutions influençant les coûts de démarrage et le financement de nouvelles entreprises.

Le secteur économique est un facteur discriminant important. Cela est facilement compréhensible car chaque secteur a un rythme d'innovation, un capital humain et des besoins en capitaux propres spécifiques (typiquement, les entreprises de biotechnologie ont besoin de plus de fonds que les entreprises informatiques), et est confronté à différents niveaux de risque et d'incertitude.

L'environnement concurrentiel est également important pour la survie des jeunes entreprises. Plus le taux de création d'entreprises dans un secteur est élevé, plus l'espérance de vie des nouvelles unités est faible, selon la corrélation entre le taux d'entrées et de sorties. Mata *et al.* (1995) et Honjo (2000) ont ainsi constaté que la survie des jeunes entreprises est plus difficile dans les industries caractérisées par un taux élevé d'entrées.

Ce qui ressort clairement de la littérature est qu'être bien préparé, entouré ou conseillé sont des atouts importants (Fabre et Kerjosse, 2006). Pour cette raison, les mesures d'accompagnement peuvent être un facteur de performance. Ces mesures sont aussi diverses qu'être incubé, bénéficier de crédits d'impôts de R&D ou toute autre aide financière publique, de services de conseils en gestion, etc. En France, les entrepreneurs qui bénéficient de telles mesures pendant une longue période ont une durée de vie nettement supérieure à celles qui n'en bénéficient pas (Legloan, 2007).

2. Données et variables

2.1. Les données

Notre analyse s'appuie sur une base de données originale du Minis-tère de la Recherche français, qui contient la totalité des 1 020 entreprises créées entre 1999 et 2007 et labellisées « innova-trices » par le Ministère. Toutes ces entreprises ont bénéficié de soutiens publics. Cette base de données n'a fait à ce jour, et à notre connaissance, l'objet d'aucune analyse statistique approfondie. Pourtant, elle offre l'opportunité d'étudier un millier de jeunes entreprises innovantes, entreprises qui, du fait de leur jeune âge et de leur taille, sont rarement comptabilisés dans les bases de données des offices statistiques. De plus, elle rassemble des entreprises relativement homogènes. En re-vanche, on peut regretter que les entreprises qui développent des innova-tions non technologiques ne soient pas prises en compte. Cette base nous fournit des indicateurs caractérisant l'entreprise (comme l'âge, le secteur, le statut juridique, les capitaux propres, en activité ou pas) et l'entrepreneur (âge, genre, formation).

Cette base a été fusionnée avec la base de données DIANE, afin d'obtenir l'information sur les performances des entreprises sur la période 1999-2007. Malheureusement, toutes les entreprises de notre échantillon initial ne sont pas renseignées dans DIANE et cette fusion a ainsi induit une perte importante d'observations. L'échantillon final contient 578 entreprises pour lesquelles nous disposons au moins des informations sur le chiffre d'affaires à 1 an. Il a une structure identique à notre échantillon initial en termes d'âge et de secteur. La diminution de la taille de l'échantillon pour les variables à 3 et 5 ans est plus importante : elle est principalement expliquée par la sortie des entreprises de moins de 3 et 5 ans (par exemple créées après 2002).

2.2. Variables et méthodologie

La revue de littérature montre que les performances des jeunes entreprises peuvent être mesurées de différentes manières. Par ailleurs, ces performances s'expliquent en partie par les conditions initiales lors de la création de l'entreprise. Ces conditions tiennent compte des caractéristiques de l'entrepreneur, de celles de l'entreprise et de son environnement. Notre étude repose sur l'hypothèse que les indicateurs de performance ne sont pas neutres et que, de ce fait, les facteurs de développement des entreprises pourraient varier selon l'indicateur de performance retenu.

Pour tester notre hypothèse, nous avons choisi trois indicateurs de performance. D'une part, nous comparons les chiffres d'affaires des entreprises à 3 et 5 ans afin d'analyser si la dimension temporelle contribue à faire varier les facteurs explicatifs des performances. Précisons que nous n'étudions pas les taux de croissance des chiffres d'affaires, car dans les premières années ces variations peuvent être très importantes (le niveau de référence initial étant très faible) sans pour autant avoir de réelle signification économique. D'autre part, nous comparons ces résultats avec le taux de disparition des entreprises.

Afin de faciliter les comparaisons, ces trois indicateurs de performance sont expliqués par les mêmes conditions initiales que recensées dans la littérature. Notre analyse des conditions initiales a été contrainte par la disponibilité des données. Rappelons qu'il est rare de disposer d'une base de données sur les jeunes entreprises innovantes. Ainsi, bien que certaines variables n'aient pas pu être testées, nous considérons que notre étude contribue à expliquer les performances des entreprises. Nous avons retenu comme indicateurs des conditions initiales : le niveau des fonds propres, l'activité économique à 1 an, le secteur d'activité et le statut légal de l'entreprise, ainsi que l'âge de l'entrepreneur, sa formation et son genre. Il n'a pas été possible de prendre en compte la taille de l'entreprise, mesurée par le nombre de salariés, car les données concernant les effectifs des entreprises de notre échantillon ont été considérés comme peu fiables.

Les variables sont décrites en Annexe 1. Concernant la variable « Secteur », les entreprises ont été regroupées en 4 secteurs : l'industrie, le secteur informatique et communication, le secteur services professionnels, scientifiques et techniques, et les autres secteurs. La variable formation a été construite, quant à elle, en trois modalités. Elle recense toutes les formations allant jusqu'à Bac + 4, les ingénieurs et les docteurs. D'autres découpages ont été testés, notamment en distinguant les formations à Bac + 2 et à Bac + 4, mais, quel que soit le nombre de modalités et les découpages réalisés, les résultats ne sont pas modifiés.

Notre méthodologie est basée sur une analyse économétrique afin d'estimer l'impact des conditions initiales sur le niveau du chiffre d'affaires et la probabilité de mortalité des entreprises[4]. La première évaluation est réalisée à l'aide d'un modèle des moindres carrés ordinaires, alors que la deuxième est basée sur un modèle Logit. Les variables continues sont transformées en variables log-linéaires.

3. Principaux résultats

Les analyses qui suivent présentent les performances des jeunes entreprises innovantes et testent les facteurs explicatifs (tableau 1, page suivante). Nous n'avons pas pu tester tous les facteurs identifiés dans la littérature. Nous avons retenu ceux qui nous paraissaient les plus pertinents compte tenu des informations disponibles dans nos bases de données. Nous examinons les mêmes variables explicatives pour le chiffre d'affaires et le taux de mortalité.

3.1. Chiffre d'affaires

Les entreprises de notre échantillon ont généré, au cours de l'année 2007, un chiffre d'affaires cumulé de 323 millions d'euros[5]. Le chiffre d'affaires moyen des entreprises après 1 an est 130 000 euros, 332 000 euros après 3 ans et 694 000 euros après 5 ans. Le chiffre d'affaires moyen est ainsi quasiment multiplié par 5 en 5 ans. Ce chiffre confirme la dynamique évoquée dans la littérature. Le chiffre d'affaires médian est plus faible que la moyenne, mais il augmente plus rapidement : il est multiplié par 6,7 entre la première et la cinquième année. La variabilité forte entre les entreprises augmente avec le temps : l'écart-type du chiffre d'affaires augmente au cours du temps. Nous pouvons en induire que les entreprises suivent des modèles de développement différents. Les performances des entreprises divergeraient ainsi davantage avec l'âge de l'entreprise.

---

[4] Par commodité, nous étudions la probabilité de disparition des entreprises, qui est l'inverse de la probabilité de survie.

[5] Le chiffre d'affaires pour 2007 est calculé pour 549 entreprises.

Tableau 1
Résultats économétriques

Variables	CA 3 ans	CA 5 ans	Disparition
Méthode d'estimation	(MCO)	(MCO)	(Logit)
CA 1 an	0,613***	0,442	0,004
	(0,044)	(0,061)	(0,099)
Age	- 0,754	- 1,586	0,383
	(0,315)	(0,55)	(0,887)
Fonds propres	0,076	0,143	- 0,236***
	(0,045)	(0,069)	(0,093)
Industrie	référence	référence	référence
Info Com	- 0,631	0,116	0,729
	(0,217)	(0,313)	(0,719)
Services prof.	- 0,533	0,284	0,804
	(0,216)	(0,397)	(0,687)
Autres secteurs	- 1,006	- 0,698	2,023***
	(0,334)	(0,629)	(0,734)
Genre	- 0,005	0,38	- 0,196
	(0,238)	(0,464)	(0,669)
Diplômes Bac + 4 ou moins	référence	référence	référence
Ingénieurs	0,272	- 0,303	- 0,001
	(0,214)	(0,35)	(0,542)
Docteurs	- 0,094	- 0,284	- 0,554
	(0,224)	(0,393)	(0,568)
SA	référence	référence	référence
SARL	- 0,251	- 0,717	- 1,552***
	(0,207)	(0,328)	(0,589)
SAS	0,086	- 0,011	- 0,609
	(0,191)	(0,31)	(0,444)
Autres statuts	- 0,385	- 0,729	ns
	(0,319)	(0,51)	ns
Constante	5,385	8,901	- 3,326
	(1,208)	(2,004)	(3,487)
R^2	0,494	0,414	0,113 (pseudo R^2)

*Notes : *, **, *** indiquent le niveau de signification des coefficients respectivement au seuil de 1, 5 et 10 % ; les écarts-types sont entre parenthèses ; ns = non significatif ; l'industrie manufacturière est le secteur de référence ; la société anonyme (SA) est le statut légal de référence.*

Sources des données : Ministère de la recherche, Base "Observatoire", Diane.

L'objectif de cette sous-section est d'examiner l'impact des conditions initiales sur les chiffres d'affaires à 3 et 5 ans. Ces deux variables sont examinées séparément. La méthode utilisée est celle des moindres carrés ordinaires, qui permet d'estimer des variables continues (les estimations ont également été réalisées avec la méthode Tobit, qui nous permet de tenir compte des variables censurées : les résultats obtenus sont similaires).

Nos résultats (voir tableau 1) montrent que c'est principalement le chiffre d'affaires à 1 an qui explique le chiffre d'affaires à 3 ans. Il y aurait ainsi un cercle vertueux : plus l'entreprise génère un chiffre d'affaires important au cours de sa première année, plus son chiffre d'affaires est élevé la troisième année. De même, le niveau des capitaux propres a également une influence positive sur le chiffre d'affaires à 3 ans, mais le coefficient est plus faible. Les activités précédentes et les bases financières des entreprises ont un rôle important dans leur futur succès. Ces résultats sont compatibles avec la littérature (Lasch *et al.*, 2005).

L'âge de l'entrepreneur a un fort impact négatif. Plus l'entrepreneur est jeune, plus le chiffre d'affaires est élevé. Une des raisons, parfois invoquée dans la littérature (cf. par exemple Rai, 2008, ou Pleschak, 1997) serait que les jeunes entrepreneurs prendraient plus de risques que les plus « anciens ». Nous avons testé notre estimation avec une variable qualitative afin d'identifier un seuil dans l'âge de l'entrepreneur. L'âge de 45 ans semble être un seuil, mais nous notons néanmoins que les entrepreneurs en dessous de 35 ans produisent de meilleurs résultats.

Par ailleurs, les entreprises du secteur industriel ont une probabilité plus forte de générer un chiffre d'affaires élevé, en comparaison avec les entreprises d'autres secteurs (commerce, information et communication, …). Ce résultat confirme, sans surprise, l'idée que les secteurs sont associés à des niveaux très différents de chiffres d'affaires. En revanche, comme l'âge de l'entrepreneur et le secteur d'activité de l'entreprise ne sont pas statistiquement corrélés, on ne peut pas conclure qu'il existe un biais expliquant par exemple que les jeunes entrepreneurs s'orienteraient davantage vers des secteurs où le chiffre d'affaires est élevé.

De manière plus surprenante, les autres variables, telles que le statut juridique de l'entreprise, la formation et le genre de l'entrepreneur, n'ont aucun impact significatif sur le chiffre d'affaires à 3 ans. Ces résultats sont contraires à la littérature (Cressy, 1996) et pour certains d'entre eux, sont étonnants. En effet, la littérature souligne l'importance du diplôme et de l'expérience sur la croissance des entreprises. Nos résultats montrent que le facteur le plus important est l'âge de l'entrepreneur. Comme les variables formation ne sont pas significatives, on peut penser que la variable âge reflète davantage le dynamisme de l'entrepreneur que son expérience, non pas comme « proxy » de son expérience mais plutôt de son dynamisme. Des estimations ont également été réalisées sans la variable d'âge afin d'examiner si d'autres caractéristiques de l'entrepreneur pouvaient être significatives. Aucune d'elles ne l'est. Ces résultats sont néanmoins conformes à ceux de Lasch *et al.* (2005) pour les start-up dans les technologies de l'information et de la communication (TIC).

Le chiffre d'affaires à 5 ans est expliqué par les mêmes variables que précédemment. Les résultats sont légèrement différents. En effet, les coefficients du chiffre d'affaires à 1 an et des capitaux propres sont encore positifs et significatifs. De même, l'âge a toujours un impact négatif sur le niveau du chiffre d'affaires de l'entreprise. En revanche, le secteur n'a aucun impact significatif. Après 5 ans, ce qui devient important est le statut juridique initial[6] : avoir un statut de société anonyme à responsabilité limitée a un impact négatif sur le chiffre d'affaires en comparaison au statut de société anonyme. Cela semble signifier que le statut juridique pourrait d'une façon ou d'une autre être une limite à la croissance de l'entreprise.

Il apparaît ainsi que les facteurs expliquant le dynamisme économique des entreprises diffèrent en partie à 3 et 5 ans, même si les activités précédentes et l'âge de l'entrepreneur sont toujours des facteurs importants. Ces résultats prouvent que le choix du statut juridique n'est pas neutre et qu'il a une influence statistique sur les performances « à long terme » des entreprises. Ce résultat est important et doit être gardé à l'esprit par les futurs entrepreneurs.

3.2. La mortalité des entreprises

Le taux de survie des entreprises représente le nombre d'entreprises toujours actives après un certain nombre d'années (spécifié chaque fois), par rapport au nombre initial d'entreprises. Son corollaire, le taux de mortalité, rend compte des entreprises qui sont sorties du marché[7].

---

[6] Nous ne disposons que du statut juridique à la création. Il ne nous est donc pas possible de vérifier si certaines entreprises ont changé de statut.

[7] Rappelons-nous que les disparitions d'entreprises peuvent être analysées comme un signe du dynamisme de l'économie (Baldwin et Brown, 2004). Ce « renouvellement » est nécessaire pour compenser l'érosion constante de la base économique et pour augmenter la productivité : le cycle de vie des produits est de plus en plus court et des technologies nouvelles naissent dans des intervalles plus rapides. En illustration de ce dynamisme, le rapport Demoscope (2008) annonce que 19 % des fondateurs ayant cessé leur activité pendant les cinq premières années, (interrogés 18 mois après leur cessation d'activité, avaient créé une nouvelle entreprise et 24 % avaient prévu de le faire dans un délai de 2 à 3 ans.

Dans cette sous-section, nous travaillons sur la mortalité, déterminée par les entreprises en cessation d'activité et en liquidation. Deux autres variables ont été également établies : la mortalité à 3 et 5 ans. Ces deux indicateurs nous permettent de mesurer le nombre d'entreprises ayant disparu respectivement avant la fin de leur troisième année et avant la fin de leur cinquième année[8].

Les entreprises de notre échantillon ont un taux de mortalité « global » de 17 % à la fin de l'année 2008. Cela signifie que seule 1 entreprise sur 6 est sortie du marché. 95 % des entreprises sont toujours en activité après 3 ans et 88 % après 5 ans.

Les entreprises innovantes de notre échantillon parviennent à survivre plus longtemps que d'autres entreprises et à présenter une certaine stabilité pendant leurs 5 premières années d'existence. Ces entreprises ont en effet une meilleure performance que l'ensemble des jeunes entreprises. Rappelons que Bartelsman *et al.* (2003) trouvent que 20 à 40 % des jeunes entreprises meurent dans leurs 2 premières années. Une autre étude sur les jeunes entreprises en France montre que 5 ans après leur création, 49 % des entreprises sont sorties du marché (cohorte de 1998) (Fabre et Kerjosse, 2006). Dans la même veine, Demoscope (2008), qui suit l'évolution de 58 000 entreprises créées en 1998 dans tous les secteurs (donc pas nécessairement technologiquement innovantes), met en lumière le fait que, après 3 ans, le taux de disparition est de 21,8 %, et il monte à 45,5 % après 5 ans. En moyenne, cette étude note que, tous les ans, 10 % des entreprises disparaissent et 1 % sont mises en liquidation. Nous pouvons également comparer nos résultats aux entreprises incubées, qui ont un taux de mortalité de 24 % après 5 ans (cohorte de 2000) (DGRI, 2008).

Nos résultats soulèvent quelques questions sur les explications potentielles : Ces entreprises reçoivent-elles plus d'aides publiques que les autres ? Les entreprises innovantes sont-elles moins fragiles dans leurs phases de démarrage ?

Nous employons la méthode logit, qui nous permet de tester des variables binaires. Nous expliquons la probabilité de disparition des entreprises par les variables précédemment étudiées. L'échantillon utilisé pour cette analyse est l'échantillon pour lequel nous avons pris l'information sur le chiffre d'affaires à 1 an. Il ne nous a pas été possible de prendre l'échantillon utilisé pour estimer le chiffre d'affaires à 3 ou 5 ans, car le taux de disparition dans ce cas était trop faible pour pouvoir être testé.

---

[8]   Par construction, le taux de mortalité à 5 ans inclut les entreprises qui ont disparu entre l'année 0 et l'année 5 après leur création. Il est ainsi toujours supérieur ou égal au taux de mortalité à 3 ans.

L'étude économétrique montre que plus les capitaux propres sont importants, plus la probabilité de mortalité est faible. Ici encore, il semble y avoir un cercle vertueux : des capitaux propres élevés garantiraient une certaine pérennité. Ce résultat est conforme à la littérature (Lasch *et al.*, 2005). Au contraire, le niveau de chiffre d'affaires à 1 an n'a aucun impact sur la survie des entreprises. Ce résultat est étonnant, car nous pouvions nous attendre à la même relation qu'avec les capitaux propres.

De la même manière, le statut juridique des entreprises influence leur probabilité de disparition. Ainsi, les SARL ont une probabilité plus faible de sortir du marché que les SA. Ce résultat pourrait suggérer que la stratégie de développement n'est pas neutre vis à vis du statut juridique. Mais il se pourrait aussi bien que les entrepreneurs qui choisissent le statut de SARL aient des stratégies de gestion plus prudentes, afin de maintenir leur activité.

Par ailleurs, les entreprises qui n'appartiennent pas aux secteurs de l'industrie, de l'informatique et de la communication, ou des services professionnels, scientifiques et techniques, ont une probabilité beaucoup plus élevée de disparaitre. Toutefois, ce résultat pourrait être liée à la relative hétérogénéité de la catégorie « Autres secteurs ».

En conclusion, aucune des caractéristiques de l'entrepreneur (âge, formation ou métier précédent) n'a d'impact sur le taux de mortalité. Ce résultat va à l'encontre la littérature. Une explication possible est qu'il y ait un profil commun des entrepreneurs choisissant le statut de SARL.

4. Conclusions et perspectives

Dans notre étude, tout comme chez Cooper (1994) et Dahlqvist *et al.* (2000), les facteurs prédictifs de la performance économique sont en partie différents des facteurs prédictifs de la survie des entreprises.

4.1. Principaux résultats

L'âge est la seule caractéristique de l'entrepreneur qui contribue à expliquer le chiffre d'affaires à 3 et à 5 ans des jeunes entreprises innovantes. Nos résultats convergent ainsi avec ceux de Honjo (2004), qui suggère que les jeunes entreprises fondées par des personnes âgées de 30 à 39 ans ont de plus fortes probabilités de se développer. Comme il le note, ceci peut impliquer que les entrepreneurs jeunes (30-39 ans) tendent à chercher la croissance rapide dès la période de démarrage. Il est intéressant de noter que les jeunes entrepreneurs parviennent à générer un chiffre d'affaires plus élevé. Les jeunes et les entrepreneurs « entre deux âges » semblent ne pas avoir la même stratégie de développement : les premiers semblent être plus ambitieux et preneurs de risques, ce qui peut engendrer un chiffre d'affaires élevé ; les seconds semblent préférer une stratégie plus sécurisée, mais qui génère moins de chiffre d'affaires, confirmant ainsi les travaux de Rai (2008) et Pleschak (1997).

Nos résultats confirment également ceux de Mata (1996) sur le comportement plus risqué des plus jeunes entrepreneurs, ou, en d'autres termes, l'impact négatif de l'âge sur le comportement innovateur, l'intérêt accru pour le statu quo et l'aversion accrue pour le risque (Janssen, 2003). Mais ceci peut également impliquer que cela prend davantage de temps d'acquérir des compétences pour la longévité que pour croître. Finalement, nos résultats montrent que l'âge des entrepreneurs explique assez largement la croissance des entreprises.

Cependant nos résultats divergent de la littérature en ce qui concerne les facteurs explicatifs de la survie des entreprises. Aucune des caractéristiques de l'entrepreneur n'influence ici le taux de mortalité.

Le statut juridique des entreprises influence également les performances des entreprises. En effet, les SARL ont une probabilité plus élevée de survivre que les SA, mais une plus faible probabilité pour produire un chiffre d'affaires élevé à 5 ans. Les entreprises qui choisissent « un statut juridique léger » (par opposition aux SA) semblent se développer plus lentement, mais être plus stables. Ce résultat nous amène à penser que le choix du statut juridique est lié à la stratégie de développement de l'entreprise, ou à la nature du projet de R&D sous-jacent (niveau de risque, nature de l'innovation, etc.).

Nos résultats prouvent également que les deux indicateurs de performance sont influencés par les capitaux propres initiaux. Comme indiqué dans Terjesen et Szerb (2008), le capital initial est une cause déterminante de la croissance pour les jeunes entreprises. Il semble y avoir un cercle vertueux : plus les fonds propres initiaux sont importants, plus le taux de mortalité est faible. De la même manière, plus les capitaux initiaux sont élevés, plus les chiffres d'affaires à 3 et 5 ans sont élevés.

Au contraire, seul le chiffre d'affaires est influencé par les activités précédentes des entreprises, confirmant ainsi les résultats de la littérature.

Nos résultats montrent ainsi que différents facteurs influencent les performances des jeunes entreprises innovantes. Il s'avère que les facteurs explicatifs de l'activité économique de l'entreprise innovante diffèrent en partie de ceux de sa survie. En effet, si le statut juridique influence ces deux critères de performance, les secteurs n'ont pas le même impact. Il est ainsi nécessaire de garder à l'esprit que les actions mises en œuvre dans le but d'améliorer l'activité des jeunes entreprises innovantes doivent être élaborées en fonction des objectifs visés. En effet, le choix de l'indicateur de performance n'est pas neutre. Si la puissance publique vise à favoriser des entreprises avec un chiffre d'affaires élevé, elle devrait encourager le développement des SA par de jeunes entrepreneurs. Si elle souhaite favoriser une augmentation du nombre de jeunes entreprises innovantes, elle devrait encourager le développement de SARL. Un niveau élevé de capitaux propres initiaux doit également être encouragé.

4.2. Limites de l'étude et pistes de recherches futures

Notre étude est confrontée à une limite principale. Nous avons opéré un choix limité des indicateurs énumérés dans la revue de littérature comme étant explicatifs des performances économiques et du taux de survie des jeunes entreprises innovantes. Pour cette raison, nos résultats devront être enrichis par d'autres analyses lorsque des bases de données plus complètes sur les jeunes entreprises innovantes seront disponibles. Nous manquons en particulier de données sur les activités de R&D des entreprises étudiées, et sur l'impact que l'activité de R&D peut avoir sur la croissance et la dynamique des entreprises (Stam et Wennberg, 2009). Quelques indicateurs pourraient par exemple être : les dépenses de R&D, le personnel scientifique, le nombre de brevets, la part du chiffre d'affaires attribuable à l'innovation, le nombre de coopérations de R&D, etc. Nous pourrions également approfondir la question des contributions de la recherche publique : moyens du laboratoire (généralement matériaux et techniques), savoir-faire, logiciels et brevets (Arundel et Bordoy, 2008 ; Mustar *et al.*, 2006).

De plus, il serait intéressant de pouvoir distinguer les entreprises essaimées par des grandes entreprises de celles essaimées par les organismes de recherche publics. En particulier, on peut supposer que le niveau des fonds propres des premières pourrait être plus important que celui des secondes[9]. De même, le niveau des fonds propres pourrait être corrélé avec la capacité d'endettement. D'une manière générale, il serait intéressant de pouvoir décrire la structure financière de l'entreprise en précisant notamment les éventuelles entrées en bourse[10], le nombre de tours de tables et les montants levés…

Une autre dimension, absente de cet article, concerne la localisation de l'entreprise : est-elle ancrée dans un pôle innovant, ou est-elle isolée ? Cette information est d'importance, particulièrement en France où

---

[9] Toutefois, dans notre échantillon, il semble que la majorité des entreprises créées soit issue de la recherche publique ou d'un incubateur public.

[10] Il semble que, dans notre échantillon, d'après un retour du terrain, très peu d'entreprises aient été introduites en bourse.

le poids donné à la politique des pôles de compétitivité est fort. Il serait également intéressant de pouvoir statuer sur « l'effet de levier » (Meunier et Mignolet, 2004) de la concurrence sur la dynamique d'innovation (en cherchant par exemple à identifier et à estimer la deuxième génération de produits innovants).

Notre étude analyse les performances à 3 et 5 ans. Un recul historique plus long constituerait une piste de recherche intéressante. Toutefois, dans notre cas, étant donné la structure de notre échantillon, qui regroupe en l'état des entreprises créées entre 1999 et 2007, une analyse à 7 ou 10 ans nous aurait amené à utiliser un échantillon dont la taille aurait été trop restreinte.

Par ailleurs, notre connaissance des jeunes entreprises innovantes serait fortement enrichie si nous pouvions comparer nos résultats avec un échantillon de jeunes entreprises non technologiques innovantes, ou non labellisées par le Ministère, ou bien encore avec un échantillon d'entreprises non innovantes.

Enfin et surtout, les liens entre la croissance et le taux de survie/disparition des entreprises sont au cœur d'une bibliographie riche (Dahlqvist *et al.*, 2000 ; Cooper *et al.*, 1994 ; Phillips et Kirchhoff, 1989). Ces études tendent à montrer une corrélation sans pour autant pouvant établir la direction de la causalité. Dans la lignée de ce travail, nous avions au commencement envisagé d'entreprendre l'analyse croisée du taux de mortalité et des performances (en particulier le chiffre d'affaires à 3 et 5 ans et le volume d'exportations). Mais, en raison de nos contraintes méthodologiques pour la construction de l'échantillon, une telle analyse ne s'est pas avérée statistiquement satisfaisante – le nombre d'entreprises disparues de cet échantillon étant trop faible.

Références

Arundel A. et Bordoy C. (2008), « Developing Internationally Comparable Indicators for the Commercialization of Publicly-funded Research », UNU-MERIT Working Papers.
PDF: https://atmire.com/labs/handle/123456789/6926

Baldwin J. et Brown W. (2004), Quatre décennies de destruction créatrice : renouvellement de la base du secteur de la fabrication au Canada, de 1961 à 1999, Division de l'analyse microéconomique, Statistique Canada, Ottawa.
PDF : http://dsp-psd.pwgsc.gc.ca/Collection/CS11-624-8-2004F.pdf

Bartelsman E., Scarpetta S. et Schivardi F. (2003), « Comparative analysis of firm demographics and survival: micro-level evidence for the OECD countries », OECD Working Papers, N° 348.
PDF: http://digilander.libero.it/fschivardi/images/demographics.pdf

Bates T. (1990), « Entrepreneur human capital inputs and Small business longevity », Review of economics and statistics, N° 72, pp. 551-559.

Brüderl J., Preisendörfer P. et Ziegler R. (1996), « Der Erfolg neu gegründeter Betriebe: eine empirische Studie zu den Chancen und Risiken von Unternehmensgründungen », Betriebswirtschaftliche Schriften, N° 140.

Bygrave W., Hay M. et Reynolds P. (2003), « Executive forum: a study of informal investing in 29 nations composing the global entrepreneurship monitor », Venture Capital, Vol. 5, N° 2, pp. 101-116.

Cooper A., Gimeno-Gascon F. et Woo, C. (1994), « Initial human and Financial capital as predictors of new venture performance », Journal of Business Venturing, Vol. 9, N° 5, pp. 371-395.

Cressy R. (1996), « Are business startups debt-rationed? », The Economic Journal, Vol. 106, N° 438, pp. 1253-1270.

Dahlqvist J., Davidsson P. et Wiklund J. (2000), « Initial conditions as predictors of new venture performance: A replication and extension of the Cooper *et al.* study », Enterprise and Innovation Management Studies, Vol. 1, N° 1, pp. 1-17.

Demoscope (2008), « Objectif Croissance : que sont devenues les entreprises créées depuis 1998 ? », Conférence tenue au Salon des Entrepreneurs, Paris, 6 février 2008.
PDF : http://media.apce.com/file/49/0/conference%20demoscope%20salon%20des%20entrepreneurs%2006-02-08%20version%20longue%20vl%200-95.19490.zip

DGRI (2008), Recherche et développement, innovation et partenariats 2007, Direction Générale de la Recherche et de l'Innovation, Ministère de l'Enseignement Supérieur et de la Recherche, Paris.
PDF : http://media.enseignementsuprecherche.gouv.fr/file/Innovation,_recher cheetdeveloppement_economique/70/5/Bilan_SIAR_DGRI_2007_34705.pdf

Ernst & Young, (2008), La croissance des entreprises accompagnées par le capital investissement en France, Paris.

Fabre V. et Kerjosse, R. (2006), « Nouvelles entreprises, cinq ans après : l'expérience du créateur prime sur le diplôme », INSEE Première, N° 1064, INSEE, Paris. PDF : http://www.insee.fr/fr/ffc/ipweb/ip1064/ip1064.pdf

Honjo Y. (2000), « Business failure of new firms; an empirical analysis using a multiplicative hazard model », International journal of industrial organization, N° 18, pp. 557-574.

Honjo Y. (2004), « Growth of new start-up firms: Evidence from the Japanese manufacturing industry », Applied Economic Letters, N° 11, pp. 21-32.

Janssen F. (2003), « Determinants of SME's employment growth relating to the characteristics of the manager », ESPO/IAG Working paper 93/03, Louvain.
PDF: http://www.ucl.eu/cps/ucl/doc/iag/documents/WP_93_Janssen.pdf

Lamontagne E. et Thirion B. (2000), « Création d'entreprises : les facteurs de survie », INSEE Première, N° 703, INSEE, Paris.
PDF : http://www.insee.fr/fr/ffc/docs_ffc/ip703.pdf

Lasch F., Le Roy F. et Yami S. (2005), « Les déterminants de la survie et de la croissance des start-up TIC », Revue Française de Gestion, Vol. 2, N° 155, pp. 37-56.

Legloan C. (2007), Les politiques publiques dans la création et le financement de start-up en France, Une évaluation du Concours national d'aide à la création d'entreprises de technologies innovantes, Thèse de Doctorat, Université

Paris 2 Assas, Paris. PDF : http://tel.archives-ouvertes.fr/docs/00/33/54/14/ PDF/these_CLEGLOAN_version_122008.pdf

Mata J. (1996), « Markets, entrepreneurs and the size of new firms », Economic Letters, N° 52, pp. 89-94.

Mata J., Portugal P. et Guimaraes P. (1995), « The survival of new plants: start-up conditions and post-entry evolution », International Journal of Industrial Organization, N° 13, pp. 459-481.

Meunier O. et Mignolet M. (2004), « Les aides à l'investissement : opportunes ? Efficaces ? », Reflets et Perspectives de la Vie Économique, 2004-1, Tome XLIII, pp. 39-54.

Mustar P., Renault M., Colombo M., Piva E., Fontes M., Lockett A., Wright M., Clarysse B. et Moray N. (2006), « Conceptualising the heterogeneity of re-search-based spin-offs: A multi-dimensional taxonomy », Research Policy, Vol. 25, pp. 289-308.

Phillips B.D. et Kirchhoff B.A. (1989), « Formation, growth and survival; Small firm dynamics in the U.S. Economy », Small Business Economics, Vol. 1, N° 1, pp. 65-74.

Pleschak F. (1997), « Entwicklungsprobleme junger Technologieunternehmen und ihre Überwindung ». In : Koschatzky K. (eds.), Technologieunternehmen im Innovationsprozess: Management, Finanzierung und regionale Netze, Heidelberg, Schriftenreihe des Fraunhofer-Instituts für Systemtechnik und Innovationsforschung/ISI-Technik, Wirtschaft und Politik, N° 23, pp. 13-33.

Rai S. (2008), « Indian entrepreneurs: an empirical investigation of entrepre-neur's age and firm entry, type of ownership and risk behaviour », Journal of Services Research, Vol. 8, N° 1. PDF: http://findarticles.com/p/articles /mi7629/is200804/ai_n32279759/?tag=content;col1

Santarelli E. et Vivarelli M. (2007), « Entrepreneurship and the process of firms' entry, survival and growth », Industrial and Corporate Change, Vol. 16, N° 3, pp. 455-488.

Schneider, C. et Veugelers R. (2008), « On young innovative companies: Why they matter and how to (not) policy support them? », Copenhagen Business School, Department of Economics Working Paper, 4-2008, Copenhagen. PDF: http://papers.ssrn.com/sol3/Delivery.cfm/SSRN_ID1311782_code11292 74.pdf?abstractid=1311782&mirid=1

Scott A. (1995), « From Silicon Valley to Hollywood: Growth and Develop-ment of the Multimedia Industry in California », Lewis Center for Regional Policy Studies Working Paper, UCLA, N° 13.

Stam E. et Wennberg K. (2009), « The role of RD in new firm growth », Small Business Economics, Vol. 33, N° 1, pp. 77-89. PDF: http://www.springerlink.com/content/tv23618864p702tv/fulltext.pdf

Storey D. (1994), Understanding the small business sector, Thomson Learning, London.

Storey D. et Wynarczyk P. (1996), « The survival and non survival of micro firms in the UK », Review of Industrial Organization, N° 11, pp. 211-229.

Terjesen S. et Szerb L. (2008), « Dice thrown from the beginning? An empirical investigation of determinants of firm level growth expectations », Estudios de Economia, Vol. 35, N° 2, pp. 153-178.

Weinzimmer L. et Manmadhan A. (2009), « Small business success metrics: The gap between theory and practice », International Journal of Business Research, Vol. 9, N° 7, pp 166-173.

Wicker A. et King J. (1989), « Employment, ownership and survival in micro-businesses: a study of new retail and service establishments », Small Business Economics, Vol. 1, pp. 137-152.

Zahra S. (1991), « Predictors and financial outcomes of corporate entrepreneur-ship: An explorative study », Journal of Business Venturing, N° 6, pp. 259-285.

Annexe 1 : Présentation des variables

Variables Expliquées	Description
CA 3 ans	Logarithme du chiffre d'affaires à 3 ans
CA 5 ans	Logarithme du chiffre d'affaires à 5 ans
Disparition	1 si l'entreprise est sortie du marché avant la fin 2008
Variables Explicatives	
CA 1 an	Logarithme du chiffre d'affaires à 1 an
Age	Logarithme de l'âge de l'entrepreneur
Fonds propres	Logarithme des capitaux propres à 1 an
Information et Communication	1 si secteur Informatique et communication, 0 si Industrie
Prof. Service	1 si Services professionnels, scientifiques et techniques, 0 si Industrie
Autres	1 si Autres, 0 si Industrie
Genre	Genre = 1 si l'entrepreneur est un homme
Training2	1 si Ingénieur
Training3	1 si Doctorat
SARL	1 si SARL
SAS	1 si Société en Actions Simplifiée, SAS
Other	1 si Autre Statut Légal

L'industrie manufacturière est le secteur de référence. La SA est le statut légal de référence.

DEUXIÈME PARTIE

FORMES ET MODES DE DÉPLOIEMENT DE L'ENTREPRENEURIAT ET DE L'INNOVATION

Chapitre 6

Déterminants et trajectoires de l'entrepreneuriat au féminin

Une revue critique de la littérature

Valérie BALLEREAU

*Doctorante à l'Université de Montpellier 1,
Professeure au Groupe ESC Dijon Bourgogne*

Introduction

En France, peu d'équipes académiques s'intéressent à la problématique de l'entrepreneuriat au féminin. Cette situation est très atypique comparée à d'autres pays développés, comme notamment les pays Anglo-Saxons où depuis bientôt trente ans, de nombreux travaux de recherche sont menés pour définir et revendiquer une spécificité à l'entrepreneuriat vécu par les femmes.

Seulement, au regard des données économiques sur l'entrepreneuriat en général (hommes et femmes) dans le monde en général, la France fait figure de maillon faible, se positionnant en fin de classement relativement au taux entrepreneurial des pays de l'OCDE (GEM, 2007), alors que les femmes entrepreneures françaises sont dans les taux internationaux d'entrepreneuriat féminin, c'est-à-dire aux alentours de 30 %.

À elle seule cette situation peut expliquer la désaffection des chercheurs français sur le thème des femmes entrepreneurs : la priorité est avant tout sur l'entrepreneuriat en général, et les moyens et politiques pouvant être mis en œuvre pour favoriser la création et la reprise d'entreprise en France.

Mais cette raison n'est pas suffisante, et ce chapitre a pour objectif principal de mettre en évidence les trajectoires possibles des futures recherches sur ce thème, en s'appuyant tout d'abord sur le portrait économique chiffré de l'entrepreneuriat au féminin. Ensuite un panorama des résultats de la recherche académique obtenus jusqu'en 2010 sur les différences hommes femmes en entrepreneuriat sera proposé. Enfin dans une dernière partie, l'intérêt d'une perspective systémique des problématiques de l'entrepreneuriat des femmes, associée à une analyse pluridisciplinaire mobilisant d'autres champs de recherche, sera mis en évidence.

1. Données économiques de l'entrepreneuriat au féminin dans le monde

L'importance du développement de l'entrepreneuriat au féminin, tant dans les pays développés que dans les pays en voie de développement, ne fait pas de doute. Dès 1997, les Nations Unies ont mis en place un programme de recherches visant à développer des mesures économiques et politiques à l'attention des femmes. En effet, le retour sur investissement des projets entrepreneuriaux portés par les femmes est important. Elles sont plus enclines à réinvestir leurs richesses potentielles dans l'éducation, la santé, et les ressources en général de leurs proches et de leurs communautés (Allen, 2008). En conséquence, aucun pays ne peut faire l'économie de cette valeur ajoutée, quel que soit son stade de développement.

Les taux d'entrepreneuriat féminin dans le monde ont connu une progression importante dans les dernières années. Ils sont particulièrement importants dans les pays à revenus nationaux bruts moyens et faibles, avec un leadership incontesté des pays d'Amérique Latine et des Caraïbes, qui ont un taux d'entrepreneuriat au féminin proche de 21 %[1] (taux qui est 3 à 4 fois supérieur à celui des pays européens par exemple).

Les femmes entrepreneurs ont beaucoup de similitudes avec leurs homologues masculins, même si quelques disparités demeurent. Les résultats du Global Entrepreneurship Monitor (2007) interpellent sur un point qui vient remettre en cause certaines idées reçues : c'est dans les pays à hauts revenus (Zone Euro, USA) que les différences hommes - femmes en entrepreneuriat sont les plus notables.

---

[1] Ce taux est calculé par le Global Entrepreneurship Monitor (GEM) par rapport au nombre de femmes impliquées dans des projets entrepreneuriaux par rapport au nombre de femmes adultes dans la population du pays. Une distinction est faite entre deux catégories : les "early stage entrepreneurs", qui développent un projet entrepreneurial (sur une durée comprise entre 6 mois avant l'immatriculation et jusqu'à 42 mois après) ; les "established entrepreneurs", qui pilotent des entreprises depuis au moins 42 mois. Pour plus d'informations, sur le calcul des données du Global Entrepreneurship Monitor, voir Tthe Global Entrepreneurship Monitor 2007 Data Assessment disponible sur le site www.gemconsortium.org.

Relativement aux motivations et aux objectifs entrepreneuriaux, les femmes entrepreneurs choisissent l'entrepreneuriat tant par nécessité que par opportunité. De fortes divergences en fonction des pays à l'intérieur même de la typologie « femmes entrepreneurs » sont à noter : les femmes entreprennent en Norvège massivement par opportunité alors qu'en Turquie ou en Serbie, c'est la nécessité, c'est-à-dire l'impossibilité à trouver un autre moyen pour générer du revenu, qui pousse à la création d'entreprise.

Les projets portés par des femmes, tant dans la vente de produits que dans la proposition de services, sont similaires en termes d'innovation vis-à-vis de projets portés par leurs homologues masculins.

Un lien important entre activité professionnelle préalable et réalisation d'un projet entrepreneurial a été mis en évidence. La volonté de devenir entrepreneur est deux à trois fois supérieure pour les femmes qui sont employées comparativement à celles qui sont étudiantes ou au chômage, quels que soient les pays étudiés.

Lorsque des disparités hommes-femmes sont mises en exergue, elles sont souvent relativisées si on ajoute une comparaison par typologie de pays. Par exemple, les femmes entrepreneurs ont une peur de l'échec supérieure à leurs homologues masculins. Lorsqu'on regarde la typologie de pays, alors cette affirmation n'est plus vérifiée que pour les pays à faibles revenus.

Les études statistiques de grande envergure (internationale particulièrement) sont à prendre avec beaucoup de précaution. Au regard des résultats présentés dans le GEM Report 2007, il semble que les seules différences réellement mises en évidence proviennent avant toute chose du ressenti des individus : les femmes et les hommes perçoivent le monde différemment (Allen, 2008, p. 40).

L'apport des recherches académiques plus pointues permettant une analyse fine de l'entrepreneuriat au féminin est nécessaire pour relativiser les résultats quantitatifs de ce genre d'études. L'activité entrepreneuriale est un phénomène complexe qui varie significativement en fonction des pays et des régions.

Par exemple, à l'intérieur des pays à faibles revenus, les différences hommes - femmes sont plus importantes dans les pays européens et asiatiques (où elles sont proches des résultats trouvés pour les pays à hauts revenus) que dans les pays d'Amérique du Sud ou des Caraïbes.

Les particularités individuelles, les disparités tant nationales que régionales, l'impact de la culture, de la géographie, du contexte politique… sont autant de facteurs qui viennent ajouter à la complexité de la compréhension du phénomène entrepreneurial et rendent délicate la description d'un entrepreneuriat au féminin à l'échelle internationale.

En conséquence, les données économiques massives, issues de statistiques majoritairement quantitatives, sont à prendre avec beaucoup de précautions, tant pour l'activité entrepreneuriale en général, que plus particulièrement pour les différences possibles entre les hommes et les femmes qui entreprennent dans le monde.

La situation française illustre bien l'importance des précautions à prendre. En 2009, en France, le Conseil Économique, Social et Environnemental s'est penché sur l'entrepreneuriat au féminin, en commandant une communication sur ce thème à la Délégation aux droits des Femmes et à l'égalité des chances entre hommes et femmes. Le premier constat effectué a mis en évidence une carence importante dans l'existence de données disponibles tant qualitatives que quantitatives sur les femmes entrepreneurs. À cette carence s'ajoutent de vraies limites sur la fiabilité des données quantitatives.

En effet en France, les seules données indiquant le genre du créateur concernent les entreprises individuelles. Pour les sociétés, les informations sont détenues au niveau des greffes des tribunaux, mais elles ne sont pas regroupées, et pas toujours exploitées (FIDUCIAL, 2006).

Le taux d'entrepreneuriat au féminin en France, tel que défini par le GEM Report 2007 est de 3,16 %. Ce taux est un des plus faibles parmi tous les pays étudiés, tout comme le taux d'entrepreneuriat masculin qui est de 6,66 %. Toutes choses égales par ailleurs, la France n'est pas un pays entrepreneurial. Cette situation peut peut-être en partie expliquer le désintérêt de la recherche en gestion pour l'entrepreneuriat en général, et l'entrepreneuriat des femmes en particulier.

Néanmoins, quelques études économiques permettent d'avoir une photographie des femmes entrepreneurs françaises. Les enquêtes SINE (Systèmes d'information sur les nouvelles entreprises) réalisées par l'INSEE incluent la variable genre. Ces enquêtes sont des questionnaires détaillés envoyés au moment de la création de l'entreprise, puis à trois et cinq ans après la date de création. Dans ce questionnaire, le genre est une donnée collectée et étudiée par secteurs d'activités. En revanche, la structure juridique de l'entreprise n'est pas une variable collectée. En conséquence, il n'est pas possible d'obtenir d'informations statistiques fiables sur le genre de l'entrepreneur en fonction de la structure juridique de sa société. Les seules données disponibles concernent les secteurs d'activités.

Malgré tout, quelques données (très peu en comparaison d'autres pays dans le monde) sont disponibles et permettent d'esquisser la situation des femmes entrepreneurs en France. Elles représentent 26 % des créateurs d'entreprises nouvelles (APCE, 2006) et 31 % des dirigeants de PME/TPE (SOFRES, 2007) ; 19 % sont des entrepreneurs-dirigeants, c'est-à-dire qu'elles possèdent plus de 50 % du capital de l'entreprise.

Elles créent majoritairement des entreprises individuelles (64 %). Ces entreprises appartiennent principalement au secteur des services (particulièrement les services à la personne), de la santé et de l'éducation, et créent en moyenne 1,9 emploi au démarrage de l'entreprise.

Les motivations déclarées par les femmes pour devenir entrepreneur sont tout d'abord le désir d'être indépendante, suivi par le goût d'entreprendre. Il semblerait qu'une majorité vient à l'entrepreneuriat après une période d'emploi salarié[2]. Ainsi, au regard des statistiques, l'entrepreneuriat de nécessité n'apparaît pas comme la motivation première pour entreprendre lorsqu'on est une femme française (ce qui se rapproche des résultats trouvés sur le plan international). En revanche, il est impossible de simplifier à ce point et d'omettre que l'entrepreneuriat de nécessité est une réalité en France. Certaines régions et certains milieux sociaux sont sans doute plus concernés que d'autres, mais ceci soulève la problématique de la qualité des échantillons mobilisés pour les études.

Enfin les études montrent que les femmes ne trouvent pas plus difficile de diriger une entreprise parce qu'elles sont des femmes. La principale difficulté spécifique soulevée est la conciliation vie familiale - vie professionnelle (APCE, 2006).

L'entrepreneuriat au féminin en France est donc une réalité économique et, en comparaison avec le taux de féminisation de l'Assemblée Nationale (18,5 %) et du Sénat (22 %), les femmes entrepreneurs sont bien plus représentatives. Néanmoins, elles demeurent peu étudiées et tout aussi peu médiatisées. Académiquement en France, depuis 2000 et l'unique publication d'importance sur le sujet (Duchénaut, 2000), aucun ouvrage n'a été écrit et presqu'aucun article académique n'a été produit. Médiatiquement, les femmes entrepreneurs, lorsqu'elles font l'objet d'études ou d'interviews, sont souvent comparées aux femmes politiques (Fitoussi, 2007 ; Gategno, *et al.*, 2007).

Développer des projets de recherche scientifiques sur l'entrepreneuriat au féminin français permettrait réellement de contribuer significativement à une meilleure connaissance des logiques et dynamiques entrepreneuriales, et en conséquence à la formulation des besoins en termes de politiques et d'actions plus adaptées pour le développement, l'encouragement, et l'accompagnement des projets entrepreneuriaux portés par les femmes.

---

[2] Les statistiques consultées sur ce point sont contradictoires : dans le traitement APCE 2005 de l'enquête SINE 2002, 45 % des femmes entrepreneurs avaient un emploi salarié avant la création ou la reprise d'une entreprise. Dans l'enquête TNS SOFRES 2007, ce taux monte à 62 %. La méthode d'échantillonnage dans une étude comme dans l'autre est donc à questionner.

2. L'entrepreneuriat au féminin dans la littérature académique internationale : une analyse rétrospective jusqu'en 2007

De manière générale, la recherche académique sur cette thématique est peu développée en comparaison aux études sur le genre en psychologie ou en sociologie par exemple.

Les femmes créent de plus en plus d'entreprises dans le monde et pourtant les publications de recherche sur elles en tant qu'objet de recherche ne représentent que 6 à 7 % des publications dans les huit premières revues classées en entrepreneuriat[3] au niveau international.

Historiquement, jusqu'aux années 1970, la recherche sur l'entrepreneuriat n'a pas étudié l'entrepreneuriat avec un focus spécifique sur le genre. Brush et Vanderwerf (1992), Ahl (2006) et De Bruin (2006) insistent sur le rôle déterminant des recherches dirigées par des hommes pendant de nombreuses années, mobilisant des théories économiques testées sur des échantillons d'entrepreneurs presque exclusivement de sexe masculin. Pour ces auteurs, cette orientation « masculine » a nécessairement influencé la manière d'envisager les problématiques. En conséquence, ce prisme spécifique ne permettait pas de rendre compte des particularités des femmes entrepreneurs et il était nécessaire alors de proposer d'autres perspectives d'analyse : c'est ainsi que se sont développées les premières recherches sur les femmes entrepreneurs et leurs entreprises.

Des années 1970, et jusqu'à la fin du XXe siècle, les études ont privilégié l'étude de la femme entrepreneur en essayant de la comparer à l'homme entrepreneur (De Bruin, 2007) et en étudiant l'influence potentielle des stéréotypes (Kyrö, 2009). Beaucoup de recherches ont porté sur des analyses descriptives d'études de cas, tentant de mettre en évidence des spécificités propres aux femmes. Or les résultats empiriques, tant en raison des méthodologies utilisées que de la pertinence des échantillons analysés ne permettent pas de formuler de conclusions objectives sur des différences de genre notables.

De nos jours, les recherches sur les femmes entrepreneurs évoluent et s'attachent désormais à rendre compte des spécificités potentielles des femmes entrepreneurs par rapport aux hommes entrepreneurs mais aussi par rapport à d'autres populations de femmes (comme des femmes managers, par exemple).

---

[3] De Bruin (2006), p. 585 : *Entrepreneurship Theory and Practice* ; *Journal of Small Business Management* ; *Journal of Business Venturing* ; *Entrepreneurship and Regional Development* ; *Frontiers of Entrepreneurship* ; *Research, Journal of Small Business Strategy* ; *Small Business Economics* ; *Venture Capital Journal*.

Au moins jusqu'en 2007, la recherche sur les femmes entrepreneurs est majoritairement d'influence anglo-saxonne : 83 % des articles publiés portent sur des femmes entrepreneurs issues de pays occidentaux anglo-saxons (Tan, 2008, citant Ahl, 2003).

De manière générale dans la littérature sur l'entrepreneuriat au féminin, deux grandes catégories d'études peuvent être identifiées. D'une part, des recherches se focalisent sur des populations d'entrepreneurs femmes, postulant que l'entrepreneuriat au féminin est avant toute chose de l'entrepreneuriat, et, qu'en tant que tel, il est un objet d'étude (Holmquist, 2009). D'autre part, des études académiques s'intéressent quant à elles à l'étude du genre comme facteur explicatif des spécificités de l'entrepreneuriat au féminin en comparaison à l'entrepreneuriat masculin.

Différentes thématiques récurrentes ont été identifiées dans les revues de littérature sur ce domaine. Jusqu'en 2007, sept grands thèmes se distinguent dans les objets d'étude des articles de recherche (Carrier, 2006 ; De Bruin, 2007) : les motivations à devenir entrepreneur, le style de gestion ou de management de l'entrepreneur, les besoins de formation de l'entrepreneur, la performance des entreprises, la conciliation travail-famille, l'implication et la gestion des réseaux, et le financement des entreprises et de leur croissance.

Certains de ces thèmes sont clairement identifiés comme porteurs d'avenir dans la recherche (De Bruin, 2007) : le financement, les réseaux et le capital social, la croissance et la performance des entreprises.

En écho au travail de C. Brush (1992), il est intéressant de proposer une synthèse des principaux résultats issus des revues de littérature menées jusqu'en 2007 selon le cadre conceptuel de l'entrepreneuriat formulé par Gartner (1985) qui reprend les quatre dimensions classiquement étudiées : l'individu, l'environnement, l'organisation et le processus (tableau 1).

Tableau 1 - Synthèse des résultats de la recherche sur l'entrepreneuriat des femmes jusqu'en 2007

Dimensions du processus Gartner (1985)	Thèmes traités relativement à l'entrepreneuriat au féminin	Principaux résultats reprenant les états de l'art de la recherche en entrepreneuriat réalisés par (Carrier, 2006) sur une littérature à la fois francophone et anglo-saxonne, et par (De Bruin, 2007) sur une littérature internationale en langue anglaise
Entrepreneur	Motivations	Peu de différences hommes-femmes prouvées empiriquement. Principaux résultats avec des différences importantes en fonction des pays : - Pour les pays industrialisés en général : possibilité de faire des bénéfices, besoin d'autonomie et de réalisation personnelle, reconnaissance extérieure, saisie d'opportunités ; - Pour les pays à plus faibles revenus, la situation est très hétérogène. La nécessité n'est pas systématiquement la motivation première pour entreprendre, on trouve également la saisie d'opportunité comme déterminant de l'acte d'entreprendre. Peu de recherches s'intéressent à cette thématique sur la période étudiée.
	Style de management	Aucune conclusion sur ce thème n'est convaincante, et certains chercheurs remettent en cause l'intérêt même de l'étude de cette question.
	Besoins en formation	Les besoins en formation étaient importants au début des années 1970-80 lorsque les femmes n'avaient pas forcément suivi d'études au préalable. Dès 1987 et l'étude de Birley et al., les résultats ont montré qu'il y avait peu de différences hommes-femmes sur ce point, et donc aucune spécificité propre à un entrepreneuriat au féminin.
Organisation	Financement	Ce thème retient l'attention de nombreux chercheurs, et demeure en vogue relativement à l'entrepreneuriat des femmes. Le Projet Diana, porté par des chercheuses américaines, vise notamment à travailler sur le processus de financement des projets de croissance portés par des entrepreneurs femmes. La encore, les études divergent et ne permettent pas d'arriver à des résultats très concluants. Deux approches sont abordées dans les études. Tout d'abord l'analyse de la discrimination potentielle dont sembleraient souffrir les femmes pour l'obtention de capital à investir dans leurs entreprises. En parallèle, le thème de leur satisfaction vis-à-vis des apporteurs de capital (banquiers, investisseurs, etc.) est également étudié. Un cercle vicieux peut être mis en évidence : des croyances subsistent sur le fait que les projets portés par les femmes feraient l'objet de discrimination, ce qui entraîne une crainte des femmes entrepreneurs lors de la présentation de leur projet, d'où une performance moindre, et donc de possibles échecs quant aux levées de fonds. Des recherches utilisant les cadres d'analyse de celles menées en psychologie, concernant les discriminations par exemple, pourraient être une piste d'investigation complémentaire.
	Performance et croissance	Ce sujet fait partie des thèmes récurrents en entrepreneuriat en général. La variable genre a aussi été prise en compte, et demeure sujette à controverse dans toute la littérature sur la performance. Le principal écueil à la lisibilité de ces études est la définition de la performance étudiée. Aucune étude ne permet de conclure à une distinction prouvée sur une différence de performance notable entre les entreprises gérées par des femmes et celles gérées par des hommes, une fois contrôlées les variables secteur d'activité et taille de l'entreprise par exemple.
Process	Conciliation Vie Familiale / Vie Professionnelle	La encore, les études s'accordent pour ne pas montrer de différences en fonction du genre de l'entrepreneur. En revanche, la situation matrimoniale, le soutien de la famille, l'entente dans le couple et la disponibilité d'un revenu complémentaire sont des variables qui expliquent les difficultés ou non rencontrées par les entrepreneurs femmes relativement à cette dimension. Ce thème encore peu étudié apparaît comme un thème d'avenir dans la recherche en entrepreneuriat.
Environnement	Réseaux et capital social	En plus d'être également un thème d'avenir pour la recherche en entrepreneuriat, l'implication dans les réseaux et la gestion du capital social est le seul thème pour lequel des différences claires ont été notées en entrepreneuriat en fonction du genre de l'entrepreneur. Tout d'abord, dès le début des années 1990, C. Brush (1992) soulignait que la femme entrepreneur est en mesure de gérer de manière "intégrée" ses différents réseaux : familial, professionnel, sociétal. Ensuite, les recherches ont mis en évidence des différences qui concernent plus particulièrement la composition du réseau (qui est plus hétérogène chez les hommes), le temps passé dans ces activités de réseautage, et l'impact de ces réseaux sur un certain nombre de décisions : de l'intention d'entreprendre aux décisions relatives à la croissance par exemple.

Source : Auteur

Une conclusion est toujours difficile à apporter dans les études sur les femmes entrepreneurs. Finalement, ce sont davantage des similitudes entre entrepreneurs hommes et femmes que des différences qui sont mises en évidence. Régulièrement, les résultats indiquent clairement que lorsque des variables telles que le secteur d'activité, la taille de l'entreprise et le type de pays où l'entreprise est implantée sont contrôlées, alors la variable genre n'a pas d'impact significatif sur les résultats.

Est-il donc intéressant de poursuivre les recherches sur l'entrepreneuriat des femmes ?

3. Pistes de recherches pour le futur : la femme, un entrepreneur comme un autre ?

« Les femmes deviennent visibles à partir de leur propre réalité. Il est à souhaiter que les recherches futures éviteront d'essayer de caractériser "la" femme entrepreneure ; la réalité est tout autre. On trouve des entrepreneurs présentant des combinaisons variées de styles de gestion, de motivations et de façons de concevoir leur entreprise et son développement » (Carrier, 2006) : l'entrepreneur femme est un entrepreneur comme les autres, et comme l'ont décidé les chercheurs du Diana Project, les projets de recherche devraient désormais « considérer l'entrepreneuriat au féminin comme de l'entrepreneuriat et l'étudier de ce point de vue » (notre traduction).

À partir d'une revue de la littérature sur l'entrepreneuriat au féminin des trois dernières années[4] dans des revues classées[5], une analyse spécifique permet de mettre en évidence des thèmes que les typologies précédentes ne permettaient pas d'identifier clairement. Par exemple, plusieurs travaux s'intéressent aux spécificités territoriales, sectorielles, ou encore culturelles des femmes entrepreneurs et de leurs entreprises.

En ce sens, ces thèmes évoquent la complexité de l'analyse de l'entrepreneuriat qui ne peut s'affranchir de l'étude de l'influence du milieu (Julien, 2005) et de la proximité (Torrès, 2003) sur les entrepreneurs et sur leurs entreprises (Bouba-Olga, 2008).

Un essai de typologie à partir de la pyramide de l'entrepreneuriat proposée par Julien (2005) semble représenter une approche intéressante pour identifier des pistes de recherche futures (tableau 2).

---

[4]   Mots clés testés à partir de la base EBSCO : *women, entrepreneurs.*
[5]   Ranking CNRS 2008, Section 37 (Economie/Gestion) du Comité National de la Recherche Scientifique.

Figure 1
La pyramide de l'entrepreneuriat

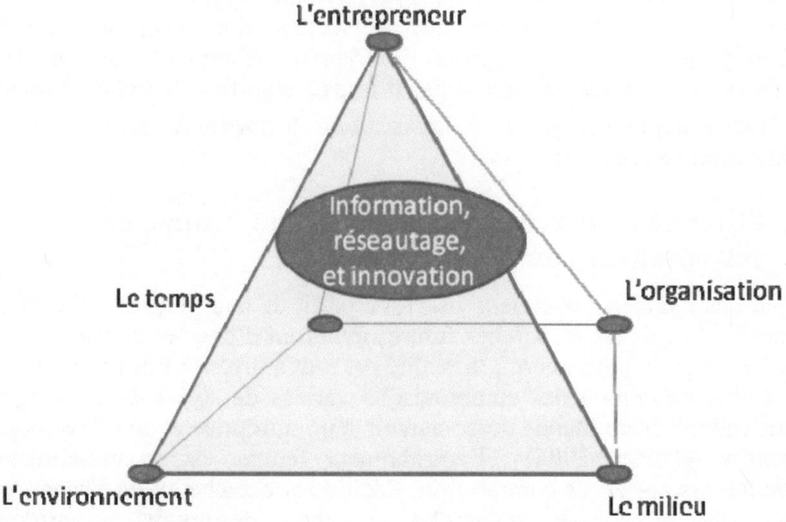

Source : Julien (2005), p. 17.

À partir de cette modélisation, les articles ont été classés en fonction de leur thématique relative aux quatre triangles proposés par Julien (2005).

L'auteur distingue deux éléments dans la dimension extérieure qui influence un projet : l'environnement, d'une part, et le milieu, d'autre part, prenant ainsi en compte l'importance particulière, comme le souligne Julien (2005, p. 18) « des acteurs proches, et des structures et de liens d'affaires dans l'entrepreneuriat ». Il intègre également une dimension nouvelle, le temps, important notamment dans la saisie d'opportunités d'affaire par exemple. On peut arriver trop tôt ou trop tard sur un marché, et le facteur temps peut donc être une explication du succès ou de l'échec des entreprises.

Le triangle E/O/M de cette pyramide est composé du triptyque Entrepreneur/Organisation/Milieu bien connu des chercheurs en entrepreneuriat. Neuf des articles étudiés peuvent être positionnés dans ce triangle.

Le second triangle E/E/M est constitué par la combinaison Entrepreneur/Environnement/Milieu et regroupe, dans notre analyse, la majorité des articles étudiés (onze). Quatre des articles touchent à des thématiques pouvant à la fois être classées dans le premier ou le deuxième triangle, car prenant en compte tant l'environnement que les spécificités liées à l'influence de la proximité (facteurs culturels, religieux, secteur d'activités, etc.).

Ainsi en tout, ces deux premières faces de la pyramide de l'entrepreneuriat regroupent 24 des 26 articles retenus.

Le troisième triangle E/O/T représente un triptyque nouveau composé de l'Entrepreneur, de l'Organisation et du facteur Temps, qui amène un autre prisme d'analyse à de nombreuses thématiques de recherche en entrepreneuriat.

Enfin, le quatrième et dernier triangle prend en compte le système constitué de l'Entrepreneur et de l'Environnement dans lequel il évolue, relativement là encore au facteur Temps. L'étude de l'intention entrepreneuriale, par exemple, par ce système dynamique devrait peut-être permettre d'identifier des résultats potentiellement novateurs.

Tableau 2 - Revue des articles sur l'entrepreneuriat au féminin de 2007-2010 classés selon la pyramide entrepreneuriale de Julien (2005)

E/E/M : Entrepreneur/Environnement/Milieu ; E/O/M : Entrepreneur/Organisation/Milieu ; E/O/T : Entrepreneur/Organisation/Temps

Triangles de la "pyramide entrepreneuriale"	Thèmes	Auteurs	Année	Titre	Revue
E/E/M	Minorités ethniques / immigration / identités entrepreneuriales et religion	Essers, C., Benschop, Y.	2009	Muslim businesswomen doing boundary work: The negotiation of Islam, gender and ethnicity within entrepreneurial contexts	*Human Relations*
E/E/M	Formation	Hsu, D., Roberts, E., Eesley, C.	2007	Entrepreneurs from technology-based universities: evidence from MIT	*Research Policy*
E/E/M	Formation	F. Field, Jayachandran, S., Pande, R.	2010	Do Traditional Institutions Constrain Female Entrepreneurship? A Field Experiment on Business Training in India	*American Economic Review*
E/E/M	Différence de genre / récession	Manning, M.	2009	What's sex got to do with it?	*Financial Management*
E/E/M	Entrepreneuriat technologique / segmentation sectorielle et spatiale	Mayer, H.	2008	Segmentation and Segregation Patterns of Women-Owned High-Tech Firms in Four Metropolitan Regions in the United States	*Regional Studies*
E/E/M	Economies en transition	Tan, J.	2008	Breaking the "Bamboo Curtain" and the "Glass Ceiling": The Experience of Women Entrepreneurs in High Tech Industries in an Emerging Market	*Journal of Business Ethics*
E/E/M	Economies en transition / Perspectives institutionnelles / Economie	Aidis, R., Welter, F., Smallbone, D., Isakova, N.	2007	Female entrepreneurship in transition economies: the case of Lithuania and Ukraine	*Feminist Economics*
E/E/M	Economies en transition / Croissance	Manolova, N., Carter, N., Manev, I., Gyoshev, B.	2007	The Differential Effect of Men and Women Entrepreneurs' Human Capital and Networking on Growth Expectancies in Bulgaria.	*Entrepreneurship: Theory & Practice*
E/E/M	Femmes Business Angels	Sohl, J; Hill, L.	2007	Women business angels: Insights from angel groups	*Venture Capital*
E/O/M	Minorités ethniques / Immigration / Processus entrepreneurial	Pio, E.	2007	Ethnic Entrepreneurship Among Indian Women in New Zealand: A Bittersweet Process	*Gender, Work and Organization*
E/O/M	Minorités ethniques / Immigration / Firmes de biotechnologies	McQuaid, J., Smith-Doerr, L., Monti, D.	2010	Expanding Entrepreneurship: Female and Foreign-Born Founders of New England Biotechnology Firms	*American Behavioral Scientist*
E/O/M	Différence de genre / Psychologie	Malach-Pines, A., Schwartz, D.	2008	Now you see them, now you don't: gender differences in entrepreneurship	*Journal of Managerial Psychology*
E/O/M	Génétique / Entrepreneuriat / Genre	Zhang, Z., Zyphur, M., Narayanan, J., Arvey, R., Chaturvedi, S., Avolio, B., Lichtenstein, P., Larsson, G	2009	The genetic basis of entrepreneurship: Effects of gender and personality	*Organizational Behavior & Human Decision Processes*

Tableau 2 *suite* - Revue des articles sur l'entrepreneuriat au féminin de 2007-2010 classés selon la pyramide entrepreneuriale de Julien (2005)

E/E/M : Entrepreneur/Environnement/Milieu ; E/O/M : Entrepreneur/Organisation/Milieu ; E/O/T : Entrepreneur/Organisation/Temps

E/O/M	Intention d'entreprendre / Stéréotypes de genre	Gupta, V., Turban, D., Wasti, A., Sikdar, A.	2009	The Role of Gender Stereotypes in Perceptions of Entrepreneurs and Intentions to Become an Entrepreneur	*Entrepreneurship: Theory & Practice*
E/O/M	Microfinance / association	Basargekar, P.	2009	Microcredit and a Macro Leap: An Impact Analysis of Annapurna Mahila Mandal (AMM), an Urban Microfinance Institution in India	*Journal of Financial Economics*
E/O/M	Monographie d'entreprise	Ammatucci, F., Coleman, S.	2007	Radha Jalan and ElectroChem, Inc.: Energy for a Clean Planet	*Entrepreneurship: Theory & Practice*
E/O/M	Identification d'opportunités / Différences de genre	De Tienne, D., Chandler, G.	2007	The Role of Gender in Opportunity Identification	*Entrepreneurship: Theory & Practice*
E/O/M	Construction de réseaux d'affaires / Femmes entrepreneurs	Constantinidis, C.	2010	Représentations sur le genre et réseaux d'affaires chez les femmes entrepreneures	*Revue Française de Gestion*
E/O/M + E/E/M	Entrepreneuriat africain / influence du genre	Amine, L., Staub, K.	2009	Women entrepreneurs in sub-Saharan Africa: An institutional theory analysis from a social marketing point of view.	*Entrepreneurship & Regional Development*
E/O/M + E/E/M	Projet Diana	E. Gatewood, Brush, C., Carter, N., Greene, P., Hart, M	2009	Diana: a symbol of women entrepreneurs' hunt for knowledge, money, and the rewards of entrepreneurship	*Small Business Economics*
E/O/M + E/E/M	Projet Diana	Holmquist, C.; Carter, S.	2009	The Diana Project: pioneering women studying pioneering women	*Small Business Economics*
E/O/M + E/E/M	Minorités ethniques/immigration	Collins, J., Low, A.	2010	Asian Female immigrant entrepreneurs in small and medium-sized businesses in Australia*	*Entrepreneurship and Regional Development*
E/O/M + E/E/M	Minorités ethniques/immigration / succès	Lofstrom, M., Bates, T.	2009	Latina entrepreneurship.	*Small Business Economics*
E/O/M + E/E/M	Économies en transition	Yueh, L	2009	China's Entrepreneur	*World Development*
E/O/T	Motivations entrepreneuriales	Patterson, N., Mavin, S.	2009	Women Entrepreneurs: Jumping the Corporate Ship and Gaining New Wings	*International Small Business Journal*
E/O/T	Gestion du temps des entrepreneurs	Verheul, I, Carree M., Thurik, R.	2009	Allocation and productivity of time in new ventures of female and male entrepreneurs	*Small Business Economics*

Source : Auteur

La prise en compte de l'influence de la proximité, représentée ici par le milieu, est donc une thématique porteuse pour la recherche sur l'entrepreneuriat des femmes. De nombreux articles de recherche prennent en compte des variables de proximité, et mettent en évidence le facteur explicatif de cette dimension. Par exemple, un thème revient très régulièrement dans les articles des trois dernières années : l'entrepreneuriat ethnique et immigrant.

Comment l'influence d'un milieu culturel différent impacte les capacités entrepreneuriales d'un individu ? Le milieu aurait-il plus d'influence que le genre (comme semble le montrer le contrôle de la variable secteur d'activités par exemple) ? Trente ans de suprématie dans la recherche sur les femmes entrepreneurs par les Anglo-saxons n'ont-ils pas nécessairement influencé les résultats publiés par des facteurs explicatifs empreints par le milieu local anglo-saxon quasi exclusivement ?

De même, le facteur temps apparaît comme une dimension d'avenir dans la recherche sur les femmes entrepreneurs. Dans l'analyse de la littérature passée à aujourd'hui, seulement deux articles prennent en compte le temps. Le premier aborde la problématique de l'efficacité de la gestion du temps et met en évidence des différences significatives entre les hommes et les femmes entrepreneurs. Le second article traite du choix de carrière des femmes managers qui décident de quitter leur activité salariée pour se lancer en entrepreneuriat : l'expérience et l'histoire professionnelle de la femme sont ici étudiées.

D'autres thématiques apparaissent comme intéressantes à étudier par le prisme de la dimension temporelle. Les problématiques de conciliation vie familiale - vie professionnelle par exemple ont par essence une dimension temporelle. En effet, a-t-on les mêmes besoins de conciliation en fonction de la présence ou non d'enfants dans la famille (variable dépendante notamment de l'âge de procréation), et de l'âge et du niveau d'autonomie de ces enfants ? L'encastrement familial mentionné dans plusieurs recherches (cf. notamment Aldrich et Cliff, 2003) est un élément important des contraintes qui pèsent sur les femmes entrepreneurs, et ce, quelles que soient leur nationalité, leur culture, ou les pays où elles se développent. Face à cette problématique, l'intégration de la dimension temporelle pourrait permettre d'éclairer la situation et d'envisager des solutions pour permettre aux femmes qui entreprennent de sortir de cette dépendance qui semble « négative » pour le développement de leur entreprise.

De même, est-ce qu'un entrepreneur a la même façon de construire des réseaux professionnels en fonction de sa courbe d'expérience en affaires ?

De Bruin (2007) suggère que les différences de genre dans la structuration des réseaux pourraient influencer tant l'intention d'entreprendre que différentes décisions relatives au succès et à la pérennité de l'entreprise. Manolova (2007) montre l'influence du réseau sur les attentes de croissance des entrepreneurs et met en évidence des différences significatives entre les femmes et les hommes : ces derniers tirent leur croissance des conseils reçus par les membres de leur réseau, ce qui n'est pas le cas pour les femmes, qui, elles, s'appuient d'abord sur leur expérience préalable. De plus les femmes demeurent peu présentes dans les réseaux d'affaires traditionnels (Aldrich, 1989 ; Manolova, 2007 ; St Cyr, 2004). Or, un des freins principaux est le manque de temps lié aux responsabilités familiales (Aldrich, 1989), facteur qui, nous semble-t-il, peut varier précisément en fonction du temps.

En synthèse, l'histoire de la vie d'une femme qui souhaite devenir entrepreneur, le contexte dans lequel elle évolue, les facteurs de proximité avec lesquels elle et son projet interagissent sont les éléments qui nécessitent l'attention des chercheurs en entrepreneuriat.

Plutôt qu'une approche thématique, un point de vue systémique relativement à des cadres d'analyse mobilisés dans la recherche en entrepreneuriat en général semble plus approprié pour travailler sur la variable genre (qui est une variable parmi d'autres).

Un dernier point s'impose à la revue de la littérature académique sur ce thème. À la difficulté de trouver des résultats convergents vis-à-vis des différentes problématiques suscitées par l'entrepreneuriat au féminin viennent s'ajouter de nombreuses limites méthodologiques soulignées très régulièrement dans les études. Tout d'abord, la taille et les typologies des échantillons peuvent varier de manière très importante d'une étude à l'autre. Certaines études ne s'appuient que sur des échantillons de femmes entrepreneurs, alors que d'autres prennent en compte tant les hommes que les femmes. Ensuite, peu d'études à ce jour prennent en compte des données longitudinales qui permettraient peut-être de mieux comprendre si les résultats obtenus sont plus conjoncturels que structurels. Enfin, que les études soient de nature qualitative ou quantitative, elles font nécessairement l'objet de biais déclaratifs très importants.

Les recherches sur le genre en psychologie expérimentale sont unanimes sur ce point. Si vous demandez à une personne son genre avant même de commencer tant l'entretien que les réponses aux questionnaires, un homme répondra en tant qu'« homme social », et une femme en tant que « femme sociale ». Différentes recherches sont sur ce point tout à fait édifiantes (Fine, 2010). Tout d'abord, les recherches sur le niveau de mathématiques des étudiants prouvent le poids social des approches déclaratives. Les chercheurs proposent un test de mathématiques à des garçons et des filles en milieu scolaire. Lorsque ce test est donné sans précision sur le contenu, les résultats des élèves sont similaires entre les garçons et les filles. En revanche, si les chercheurs introduisent l'expérience en précisant qu'il s'agit d'un test de mathématique, alors les filles vont avoir des résultats inférieurs. Ainsi, le pouvoir d'une croyance sociale peut conditionner la réalisation d'un examen…

Une autre recherche, portant cette fois sur le lien entre une hormone, la testostérone, et les capacités de leadership d'un individu, vient confirmer encore ce biais déclaratif. Le premier résultat de cette expérience est qu'un lien est mis en évidence entre le degré de testostérone évalué et les capacités de leadership d'un individu, quel que soit son sexe[6]. Lorsque les chercheurs précisent aux personnes interviewées qu'ils font une étude sur les capacités de leadership (qui sont des capacités associées socialement au genre masculin), alors les femmes ayant un taux de testostérone important (donc possédant des capacités de leadership dans le premier test de l'expérience) obtiennent des résultats non seulement inférieurs aux hommes, mais également aux femmes qui ont un taux de testostérone inférieur.

Ainsi, conditionner socialement l'expérience en précisant à l'avance qu'elle porte sur des compétences reconnues comme masculines entraîne un effet amplificateur sur le biais de genre.

La solution méthodologique pour contourner ce conditionnement scientifiquement dommageable est de mobiliser l'expérimentation, à laquelle ont recours systématiquement les chercheurs en psychologie et en économie expérimentale qui travaillent sur le genre. Ces méthodologies peuvent peut-être présenter des pistes d'avenir pour la recherche en entrepreneuriat, qui, à ce jour, ne les mobilise pas.

Conclusion

En conclusion, ce regard sur la littérature consacrée à l'entrepreneuriat permet de souligner les limites de l'intérêt d'étudier aujourd'hui la variable genre en entrepreneuriat comme une variable distinctive principale.

Ce prisme était sans doute nécessaire il y a une vingtaine d'années car les femmes entraient sur le marché du travail, et la discrimination était socialement ancrée et réelle.

Aujourd'hui, leur présence sur le marché du travail, leur poids dans l'activité économique des pays est une réalité. En France, elles représentent 47,5 % de la population active. Leur présence à l'université devient même majoritaire dans de nombreux domaines (excepté les mathéma-

---

[6] Pour les détails de l'expérience, nous recommandons vivement la lecture de Fine (2010).

tiques et l'informatique). Elles sont également présentes dans la création et la reprise d'entreprise, bien plus qu'en politique par exemple, puisqu'elles représentent 30 % environ de la population des entrepreneurs, ce qui correspond aux taux des pays développés de l'OCDE. La problématique de l'entrepreneuriat au féminin en France n'en est pas réellement une : les femmes entrepreneurs françaises sont des entrepreneurs français comme les autres. Elles entreprennent par opportunité ou par nécessité comme ailleurs, pour gagner en indépendance professionnelle ou parce que l'entrepreneuriat les attire, ou encore pour créer leur propre emploi car elles n'ont pas d'autre choix. Et comme beaucoup de femmes du monde (entrepreneurs ou salariées), celles qui ont des enfants subissent une contrainte forte relative à l'envie de concilier leur vie de mère et leur vie d'entrepreneur. Mais les problèmes administratifs relatifs à la création et la reprise d'entreprise, les freins culturels, la peur du risque et de l'échec, le manque d'idées et d'innovation ne sont pas spécifiques au genre de l'individu. Le taux d'entrepreneuriat français en est une preuve. À la traîne de tous les pays de l'OCDE (et de ses voisins européens), ce résultat est bien plus préoccupant pour le développement économique du pays.

Ainsi, poursuivre les études académiques en France sur le thème de l'entrepreneuriat (en s'intéressant ou non à la variable genre parmi d'autres) afin de comprendre la complexité du processus, et permettre de développer ce choix professionnel tant pour les hommes que pour les femmes, est une nécessité. Mobiliser dans ce champ d'autres disciplines associées à une perspective plus systémique de l'objet de recherche apparaît comme une perspective d'avenir intéressante.

Références

Ahl, H. (2006), « Why Research on Women Entrepreneurs Needs New Directions », Entrepreneurship Theory and Practice, Vol. 30, n° 5, pp. 595-621.

Ahl, H. (2003), « The Scientific Reproduction of Gender Inequality: A Discourse of Research Articles on Women's Entrepreneurship », Gender and Power in the New Europe, The 5th European Feminist Research Conference, Jönkoping University, Sweden.

Aidis, R., Welter, F., Smallbone, D. et Isakova, N. (2007), « Female Entrepreneurship in transition Economies: the case of Lithuania and Ukraine », Feminist Economics, Vo. 13, n° 2, pp. 157-183.

Aldrich, H. (1989), Networking among women entrepreneurs, New York: Hagen O., Rivchum C., Sexton D.

Aldrich, H. et Cliff, J. (2003), « The pervasive effect of family on entrepreneurship: Toward a family embeddedness perspective », Journal of Business Venturing, Vol. 18, pp. 573-596.

Allen, E. I., Elam, A., Langowitz, N. et Dean, M. (2008), Global Entrepreneurship Monitor 2007: Report on Women and Entrepreneurship, The Center for Women's Leadership at Babson College, Kaufmann Foundation. http://www.gemconsortium.org/about.aspx?page=special_topic_women

Amatucci, F. et Coleman, S. (2007), « Radha Jalan and ElectroChem, Inc.: Energy for a Clean Planet », Entrepreneurship Theory and Practice, Vol. 31, n° 6, pp. 971-989.

Amine, L. et Staub, K. (2009), « Women Entrepreneurs in sub-Saharan Africa: An institutional Theory Analysis from a Social Marketing point of view », Entrepreneurship and Regional Development, Vol. 21, n° 2, pp. 183-211.

Basargekar, P. (2009), « Microcredit and a Macro Leap: An Impact Analysis of Annapurna Mahila Mandal (AMM), an Urban Microfinance Institution in India », Journal of Financial Economics, Vol. 7, n° 3-4, pp. 105-120.

Bouba-Olga, O. et Grossetti, M. (2008), « Socio-économie de proximité », Revue d'Économie Régionale et Urbaine, n° 3, pp. 1-18.

Brush, C. (1992), « Research on Women Business Owners: Past Trends, a New Perspective and Future Directions », Entrepreneurship: Theory and Practice, Vol. 16, n° 4, pp. 5-30.

Brush, C. et Vanderwerf, P. (1992), « A comparison of methods and sources for obtaining estimates and internet littératures », Journal of Business Venturing, Vol. 7, n° 2, pp. 157-170.

Carrier, C., Julien, P.A et Menvielle, W. (2006), « Un regard critique sur l'entrepreneuriat au féminin, une synthèse des études des 25 dernières années », Gestion, Vol. 31, n° 2, pp. 36-50.

Collins, J. et Low, A. (2010), « Asian Female immigrant entrepreneurs in small and medium-sized businesses in Australia », Entrepreneurship and Regional Development, Vol. 22, n° 11, pp. 97-111.

Constantinidis, C. (2010), « Représentations sur le genre et réseaux d'affaires chez les femmes entrepreneurs », Revue Française de Gestion, n° 202, pp.127-143.

De Bruin, A. M., Brush, C. et Welter, F. (2006), « Introduction to the special issue: Towards building cumulative knowledge on Women's entrepreneurship », Entrepreneurship: Theory and Practice, Vol. 30, n° 5, pp. 585-593.

De Bruin, A. M., Brush, C. et Welter, F. (2007), « Advancing a framework for coherent research on women's entrepreneurship », Entrepreneurship Theory and Practice, Vol. 31, n° 3, pp. 323-339.

De Tienne, D. et Chandler, G. (2007), « The Role of Gender in Opportunity Identification », Entrepreneurship Theory and Practice, Vol. 31, n° 3, pp. 365-386.

Duchénaut, B. et Ohran, M. (2000), Les femmes entrepreneuses en France. Percée des femmes dans un monde construit au masculin, Seli Arslan, Paris.

Essers, C. et Benschop, Y. (2009), « Muslim businesswomen doing boundary work: The negotiation of Islam, gender and ethnicity within entrepreneurial contexts », Human Relations, Vol. 62, n° 3, pp. 403-423.

Field, F., Jayachandran, S. et Pande, R. (2010), « Do Traditional Institutions Constrain Female Entrepreneurship? A Field Experiment on Business Training in India », American Economic Review, Vol. 100, n° 2, pp. 125-129.

Fine, C. (2010), Delusions of Gender: how our minds, society and neurosexism create differences, W.W. Norton & Company, New York & London.

Fitoussi, M. (2007), Femmes au pouvoir femmes de pouvoir, Hugo et Compagnie, Paris.

Gatewood, E., Brush, C., Carter, N., Greene, P. et Hart, M. (2009), « Diana: a symbol of women entrepreneurs'hunt for knowledge, money, and the rewards of entrepreneurship », Small Business Economics, Vol. 32, n° 2, pp. 129-144.

Gartner, W.B. (1985), « A conceptual Framework for Describing the Phenomenon of New Venture Creation », Academy of Management Review, Vol. 10, n° 4, pp. 696-706.

Gattegno, H., Sarfati, A. C. et Levain, M. (2007), Femmes au pouvoir : récits et confidences, Stock, Paris.

Gupta, V., Turban, D., Wasti, S. et Sikdar, A. (2009), « The Role of Gender Stereotypes in Perceptions of Entrepreneurs and Intentions to Become an Entrepreneur », Entrepreneurship: Theory and Practice, Vol. 33, n° 2, pp. 397-417.

Homquist, C. et Carter, S. (2009), « The Diana Project: pioneering women studying pioneering women », Small Business Economics, Vol. 32, n° 2, pp. 121-128.

Hsu, D., Roberts, E. et Eesley, C. (2007), « Entrepreneurs from technology-based universities: Evidence from MIT » Research Policy, Vol. 36, n° 5, pp. 768-788.

Julien P. A. (2005), Entrepreneuriat régional et économie de la connaissance : une métaphore des romans policiers, Presses de l'Université du Québec, Québec.

Kyrö, P. (2009), « Gender lenses identify different waves and ways of understanding women entrepreneurship », Journal of Enterprising Culture, Vol. 17, n° 4, pp. 393-418.

Lofstrom, M. et Bates, T. (2009), « Latina Entrepreneurship », Small Business Economics, Vol. 33, n° 44, pp. 427-439.

Malach-Pines, A. et Schwartz, D. (2008), « Now you see them, now you don't: gender differences in entrepreneurship », Journal of Managerial Psychology, Vol. 23, n° 7, pp. 811-832.

Manning, M. (2009), « What's sex got to do with it? », Financial Management, n° 14719185, p. 14.

Mayer, H. (2008), « Segmentation and Segregation Patterns of Women-Owned High-Tech Firms in Four Metropolitan Regions in the United-States », Regional Studies, Vol. 42, n° 10, pp. 1357-1383.

Manolova, T., Carter, N., Manev, I. et Gyoshev, B. (2007), « The Differential Effect of Men and Women Entrepreneurs' Human Capital and Networking on Growth Expectancies in Bulgaria », Entrepreneurship Theory and Practice, Vol. 31, n° 3, pp. 407-426.

McQuaid, J., Smith-Doerr, L. et Monti, D. (2010), « Expanding Entrepreneurship: Female and Foreign-Born Founders of New England, Biotechnology Firms », American Behavioral Scientist, Vol. 53, n° 7, pp. 1045-1063.

Patterson, N. et Mavin, S. (2009), « Women Entrepreneurs: Jumping the Corporate Ship and Gaining New Wings », International Small Business Journal, Vol. 37, n° 2, pp. 173-192.

Pio, E. (2007), « Ethnic Entrepreneurship Among Indian Women in New Zealand: A Bittersweet Process », Gender, Work & Organization, Vol. 14, n° 5, pp. 409-432.

Sohl, J. et Hill, L. (2007), « Women business angels: Insights from angel groups » Venture Capital, Vol. 9, n° 3, pp. 207-222.

St Cyr, L. et Gagnon, S. (2004), « Les entrepreneuses québécoises : taille des entreprises et performance », 7e Congrès CIFEPME, Montpellier 27-29 octobre : http://web.hec.ca/airepme/images/File/2004/081.pdf

Tan, J. (2008), « Breaking the "Bamboo Curtain"and the "Glass Ceiling": The experience of Women Entrepreneurs in High Tech Industries in an Emerging Market », Journal of Business Ethics, Vol. 80, n° 3, pp. 547-564.

Torrès, O. (2003), « Petitesse des entreprises et grossissement des effets de proximité », Revue Française de Gestion, Vol. 29, n° 144, pp. 119-138.

Verheul, I., Carree, M. et Thurik, R. (2009), « Allocation and productivity of time in new ventures of female and male entrepreneurs », Small Business Economics, Vol. 33, n° 3, pp. 273-291.

Yueh, L. (2009), « China's Entrepreneurs », World Development, Vol. 37, pp. 778-786.

Zhang, Z., Zyphur, M., Narayanan, J., Arvey, R., Chaturvedi, S., Avolio, B., Lichtenstein, P. et Larsson, G. (2009), « The genetic basis of entrepreneurship: Effects of gender and personality », Organizational Behavior & Human Decision Processes, Vol. 110, n° 2, pp. 93-107.

Chapitre 7

L'impact de l'entrepreneuriat féminin sur l'identité du conjoint en tant que chef de famille

Anna NIKINA, Lois M. SHELTON
et Séverine LE LOARNE

Professeure affiliée à Grenoble Ecole de Management, Professeure associée à l'Université de Californie (Northridge - Los Angeles) et Professeure associée à Grenoble Ecole de Management

Introduction – L'entrepreneuriat féminin dans les pays développés et la limite de la conciliation vie privée - vie professionnelle

Dans un contexte de crise économique, l'entrepreneuriat est souvent perçu comme une solution pour créer des emplois, développer l'innovation et relancer une filière. Si, en France, les opportunités sont saisies par les hommes, il n'en est pas de même des femmes, qui restent minoritaires en matière d'action entrepreneuriale : une étude menée en 2007 par l'Agence Pour la Création d'Entreprises (APCE) montre que les femmes ne représentent que 28 % des entrepreneurs, alors qu'elles constituent 48 % de la population active (APCE, 2007). Pour comparaison, selon cette même étude, 48 % des entrepreneurs aux États-Unis sont des femmes.

Ce constat, qui peut paraître décevant, ne serait pas spécifique à la France. Il est généralisable à l'ensemble de l'Europe, comme en attestent les résultats d'une étude menée par exemple en Suède par Före-tagarna, un syndicat professionnel d'entrepreneurs : en 2008, seulement 5,7 % des femmes européennes en âge de travailler créeraient leur entreprise[1]. Le chiffre par pays, dont la France, n'est pas communiqué mais en Suède, par exemple, ce taux serait de 3,9 %, juste devant Malte et l'Irlande. Il varierait cependant selon les zones géographiques suédoises : faible dans les endroits peu industrialisés, le taux atteindrait près de 40 % sur la région de Stockholm[2].

Une troisième étude, publiée en 2009 par le Conseil Économique, Social et Environnemental (CESE, 2009), fournit plusieurs pistes d'explication à la faible participation des femmes dans l'aventure entrepreneuriale et met en évidence le fort impact de l'environnement socioculturel. Selon cette étude, la femme autocensurerait ses ambitions, estimant, consciemment ou non, que son rôle est surtout d'élever ses enfants. En outre, toujours selon cette même étude, elle n'a pas toujours la formation adéquate qu'ont souvent les entrepreneurs, à savoir une formation technique, « formation très "sexuée", accueillant généralement plus d'hommes que de femmes » (CESE, 2009, p. 26). Le troisième facteur d'explication serait la difficulté, pour une femme, à suivre des formations continues, du fait de la volonté de ne pas trop s'investir dans des activités qui prendraient du temps sur la vie familiale. Enfin, dernière explication, qui regroupe certainement les trois précédentes : la difficulté pour une femme à articuler vies professionnelle et familiale.

Les résultats de cette étude sont corroborés par des travaux de recherche menés hors du sol français pour toutes les femmes, salariées ou non (Lewis, 2006). Cette situation serait d'autant plus délicate pour les femmes entrepreneurs (Loscocco *et.al.*, 1991) : conciliation entre vie de famille et direction de sa propre activité professionnelle relèverait du challenge pour la femme, lui conférant une sorte de statut « d'acrobate ». Cette situation délicate deviendrait moins tendue lorsque la femme bénéficie du soutien du conjoint dans sa démarche entrepreneuriale (Kossek *et al.*, 1999, p. 110).

Ce soutien du conjoint comme facteur clé de succès de l'épanouissement et de la réussite entrepreneuriale est également attesté pour les hommes entrepreneurs. De nombreuses études attestent que les femmes d'entrepreneurs ou de salariés menant une carrière significative tendent à réduire leurs ambitions professionnelles pour soutenir leur conjoint tant d'un point de vue moral que d'un point de vue logistique, en s'occupant, plus précisément du foyer, voire même en jouant le rôle d'une assistante à domicile de l'entrepreneur (Bourdieu, 1998 ; Becker

---

[1] Ce chiffre est à rapprocher des résultats de l'étude menée en 2007 par la commission européenne qui rappelle que les femmes sont encore minoritaires dans une démarche de création d'entreprise puisqu'elles ne représentent que 30 % des entrepreneurs. (European Commission, 2007).

[2] http://www.foretagarna.se/

et Moen, 1999 ; Moen et Yu, 2000). Si la démarche entrepreneuriale masculine ne semble pas remettre en cause l'idéologie « classique » du couple, qu'en est-il dans le cas de l'entrepreneuriat féminin ? Dans quelle mesure la démarche entrepreneuriale de sa femme impacte-t-elle l'identité de l'homme en tant que chef de famille, fournisseur du revenu principal et tenant une faible part dans les activités du foyer ?

Malgré l'identification du rôle prédominant du soutien du conjoint dans la carrière de l'autre, en particulier dans la démarche entrepreneuriale, très peu de recherches ont été menées sur la nature du soutien du conjoint masculin à l'entrepreneuriat féminin ; de même, aucune étude n'est disponible sur la perception qu'aurait le conjoint de voir son statut éventuellement modifié dans le cas de la création d'entreprise par sa femme.

Le travail présenté dans ce chapitre vise précisément à apporter quelques éléments de contribution à cette réflexion. Nous explicitons, dans un premier temps, le fondement théorique sur lesquels nous appuyons notre recherche, à savoir la théorie du contrat psychologique. Une première grille de lecture nous permettra de mettre en évidence le rôle prédominant des stéréotypes / idéologies dans la construction des rôles de chacun des deux époux, en particulier sur le thème de la gestion du rapport « vie professionnelle - vie privée ». Dans un second temps, nous présentons le protocole de recherche d'une étude menée dans les pays scandinaves auprès d'un échantillon de 12 couples, dans lesquels la femme est entrepreneur. Dans un troisième temps, nous relatons les résultats de cette étude. Nous insisterons, entre autres, sur la survie des stéréotypes « classiques », sur les modifications d'identité perçues par le conjoint masculin, et sur son délicat soutien dans la démarche entrepreneuriale de sa femme. Enfin, nous conclurons ce chapitre sur les implications managériales pour stimuler l'entrepreneuriat féminin dans les pays scandinaves et, plus généralement, en Europe, implications qui reposent sur un travail de modification des idéologies et de la vision des tâches du couple au sein du foyer.

1. Ancrage Théorique – L'entrepreneuriat féminin et la famille : le contrat psychologique et l'idéologie du couple

L'interface famille - travail de l'entrepreneur est un élément manquant de la théorie de l'entrepreneuriat. Ce constat s'applique aussi bien à l'homme entrepreneur qu'à la femme entrepreneur (Buttner, 1993). Seuls quelques articles tendent à combler ce manque (Loscocco, 1997 ; Shelton, 2006) et, parmi ces rares travaux, aucun ne discute l'impact du conjoint dans la démarche entrepreneuriale d'un individu.

Pour étudier cette question, nous considérons le couple comme la mise en œuvre d'un contrat, qu'il soit formel (le contrat de mariage) ou non (la vie maritale). Au-delà des éventuels aspects financiers qui pourraient régir ce contrat, nous nous intéressons surtout au contrat d'ordre moral, implicite, qui sous-tend l'interaction entre les époux. Ce contrat est régi par deux variables (Sager, 1976 ; Nikina, 2010) : le contrat psychologique, d'une part ; la conception que l'individu se fait de la vie en couple et du rôle de la femme et de l'homme dans la société, d'autre part.

1.1. Le contrat psychologique

Argyris (1960) est le premier chercheur à mentionner le terme de contrat psychologique. Ceci permet de qualifier la relation entre l'employeur et l'employé, en fonction des attentes non verbales et pas toujours formalisées de chacune des deux parties (Smithson et Lewis, 2004). Cette terminologie a surtout été conceptualisée par Denise Rousseau, qui définit le contrat psychologique comme étant « les croyances individuelles qui régissent les obligations explicites mais aussi implicites entre un individu et une organisation » (Rousseau, 1989, p. 122). Cette approche est appliquée en sciences de gestion à des situations en management des ressources humaines, en particulier dans l'évolution de la carrière du salarié, implicitement promise par l'employeur (Cullinane *et al.*, 2006 ; Sturges *et al.*, 2005).

Un des aspects primordiaux du contrat psychologique est qu'il est en renégociation permanente car il évolue en fonction des attentes de chacune des parties et du contexte économique et social (Smithson et Lewis, 2004).

Les théoriciens du contrat psychologique considèrent que ce dernier s'exprime à deux niveaux :

1) Entre l'individu et son employeur, d'une manière générale et, en particulier, avec l'ensemble des parties prenantes liées à son activité : l'individu entrepreneur peut attendre, par exemple, que le financeur l'aide dans la stratégie de son entreprise, et pas uniquement dans le financement de l'activité et l'évaluation du résultat financier.

2) Entre l'individu et son conjoint, si on considère qu'il s'attend à ce que le conjoint doive l'aider, ou non, dans sa démarche de carrière.

Dès lors, nous pouvons identifier un lien entre le contrat psychologique, les attentes de chacune des deux parties et, par là même, l'idéologie, la représentation sociale, qui sous-tendent ces mêmes attentes.

1.2. L'idéologie concernant le rôle de chacun dans le couple et la famille

L'idéologie, dans ce cas, se définit comme « les modalités par lesquelles un individu s'identifie au regard du rôle qui est traditionnellement attribué à l'homme ou à la femme en tant que conjoint et membre de la famille » (Greenstein, 1996b, p. 586).

Concrètement, la thématique est surtout pensée dans un contexte marital et concerne l'allocation des tâches ménagères entre époux/conjoints (Greenstein, 1995, 1996a), l'interdépendance économique entre les époux (Sayer et Bianchi, 2000) et le soutien moral du conjoint, homme ou femme, par l'autre (Michelson et al., 2006).

Les travaux de recherche menés sur les idéologies dominantes en Europe – mais aussi aux États-Unis et en Chine – mettent en évidence que ces dernières reposent encore sur des stéréotypes classiques et dominants, patriarcaux, vieux de plusieurs millénaires : l'homme est en charge d'assurer les ressources pour la vie du foyer tandis que la femme se charge de la gestion de ce dernier (voir Glick et Fiske, 2001, et Valimaki et Lamsa, 2009, pour une revue de littérature relativement exhaustive sur ce point). Cette adhésion non consciente aurait des conséquences sur les trajectoires de carrières des époux : le conjoint masculin suit traditionnellement une carrière plus prestigieuse, plus rémunératrice, qui lui conférerait une plus forte autorité que la femme et justifierait sa plus faible implication dans la vie du foyer. Dès lors, la carrière de la femme est perçue comme « secondaire », éventuellement financièrement nécessaire pour « compléter » les revenus du conjoint masculin (England et Farkas, 1986 ; Lennon et Rosenfield, 1994, Zuo et Bian, 2001[3]).

D'une manière plus précise, Greenstein (1996b) montre que l'idéologie sous-jacente chez les femmes aux États-Unis est une variable explicative de leur manière de percevoir l'inégale répartition des tâches au sein du ménage et, dans ce cas, d'une évaluation négative de la qualité du ménage / mariage (Minnotte et al., 2010). Cette inégalité de la répartition des tâches ménagères entre homme et femme, couplée au fait que, dans un ménage, les conjoints ne partageant pas nécessairement la même « idéologie », expliquerait la génération de stress pour la femme

---

[3] Le constat académique se retrouve dans les résultats d'études empiriques menées dans différents pays : les femmes européennes ont, en 2008, des revenus salariés de 30 % inférieurs à ceux des hommes. Si le salaire de la femme devient indispensable pour les ménages appartenant à des catégories socioprofessionnelles (CSP) peu élevés, ce dernier devient secondaire dans les CSP plus élevé (source : Union européenne, 2009).

qui doit concilier carrière professionnelle avec succès et gestion de la famille.

La figure 1 ci-après résume l'approche théorique que nous utiliserons pour identifier et qualifier les éventuelles remises en cause de l'identité du conjoint masculin en tant que chef de famille suite à l'entrepreneuriat féminin, et pour qualifier le soutien du conjoint dans la démarche de sa femme.

Figure 1
Ancrages théoriques choisis
pour identifier et analyser l'impact de l'entrepreneuriat féminin
sur le statut du conjoint en tant que chef de famille

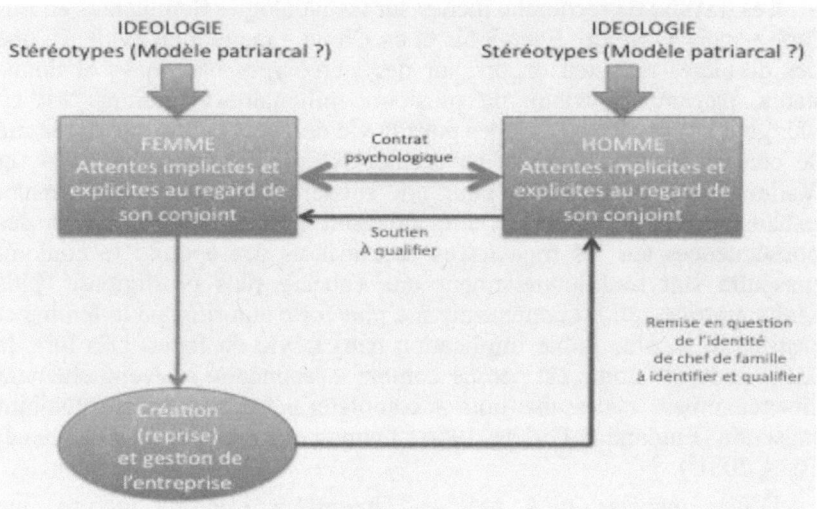

2. Méthodologie de la recherche

Pour répondre à la question que nous venons de poser dans le précédent paragraphe de ce chapitre, nous procédons à une analyse qualitative à finalité exploratoire.

2.1. Echantillonnage

Notre étude porte sur l'analyse de douze couples : 12 entrepreneurs féminins et leurs 12 conjoints respectifs. Afin d'identifier et, par là même de qualifier la nature et l'impact du soutien du conjoint sur l'entrepreneuriat féminin, nous nous sommes concentrées sur un échantillon dont les spécificités sont les suivantes :

1) Une focalisation sur les pays scandinaves (Finlande, Norvège, Danemark, Suède) : ce choix a été fait non seulement par opportunité, un des auteurs de ce chapitre étant scandinave, mais surtout parce que nous souhaitions réduire l'impact de la variable culture dans la constitution de l'idéologie. Aussi, nous n'avons pas opté pour une analyse comparative France, Scandinavie, États-Unis. En outre, ce choix pour un échantillon scandinave repose sur l'idée que ces pays nord-européens sont considérés comme les pays où l'égalité homme – femme dans la vie quotidienne est la plus mise en avant – comme en témoigne la possibilité juridique et sociale pour le conjoint masculin de prendre un congé parental après la naissance d'un enfant, par exemple, tandis que la femme peut reprendre son activité professionnelle.

2) Nous nous intéressons au rôle du conjoint dans le succès de l'entrepreneuriat féminin. Aussi, les 12 couples ont été choisis parmi une liste communiquée aux auteurs par des associations d'entrepreneurs féminins selon le succès de l'activité, succès que nous mesurons par deux critères :

   - La satisfaction personnelle de l'entrepreneur ;
   - Le succès financier de l'entreprise, mesuré par le taux de croissance et les résultats.

3) Outre ces critères permettant de qualifier le succès de l'entrepreneuriat féminin, nous avons ajouté le critère du métier du conjoint masculin dans la mesure où, avant même de réaliser l'interview, cette indication nous fournit une première idée sur le statut de l'homme dans le couple, en tant que principal fournisseur de revenus ou non.

4) Enfin, nous avons pris soin de sélectionner un échantillon avec des situations les plus diverses possibles, en cohérence avec une démarche exploratoire qualitative, comme l'indique le tableau suivant.

Tableau 1
Détail de l'échantillon
Activité entrepreneuriale de la femme versus Métier du conjoint

N° dans l'échantillon	Pays	Activité de la femme	Métier du conjoint
1	Danemark	Coach en vie personnelle	Entrepreneur, Expert comptable
2	Danemark	Consultant en Management Stratégique	Ingénieur électrique
3	Danemark	Designer graphique	Acheteur au siège d'une entreprise
4	Finlande	Service dentaire	Chef de produits
5	Finlande	Fleuriste	Directeur d'une entreprise de haute technologie
6	Finlande	Entreprise de services (Spas)	Chef de produits
7	Norvège	Agence de voyage	Retraité, impliqué Dans l'entreprise du conjoint
8	Norvège	Artiste ; gestionnaire d'événements	Charpentier
9	Norvège	Architecte d'intérieur	Consultant en High-Tech
10	Suède	Styliste et concepteur de vêtements	Entrepreneur – consultant
11	Suède	Guide conférencier	Chef de marché (finance de marché)
12	Suède	Architecte d'intérieur	Enseignant à mi-temps, aide ménager dans un hôpital, soutien à l'entreprise du conjoint

In fine, les 12 couples présentent une large diversité en termes de durée de mariage / vie maritale (de 4 à 40 ans, l'âge moyen de la relation dans le couple étant de 18 ans). La femme est âgée entre 30 et 60 ans : dans l'échantillon, 6 femmes sur les 12 ont entre 30 et 40 ans, 4 entre 45 et 50 ans et 2 participantes ont plus de 51 ans. Six couples sur les 12 ont deux enfants, 2 couples en ont trois, 2 couples n'en ont qu'un seul et les deux derniers couples sont sans enfant. L'âge moyen de l'entreprise est de 5 ans, la plus jeune entreprise a 2 ans tandis que la plus ancienne en a 22. La moyenne du revenu moyen généré des entreprises est située entre 200 000 et 500 000 euros. Seule une entreprise – de conseil – a un revenu annuel de 850 000 euros.

La taille de notre échantillon est certes restreinte. Pour autant, nous constatons que notre démarche est dans la ligne d'autres travaux de nature qualitative à visée exploratoire, qui prônent le recours à un échantillon de taille réduite (cf. Malhotra et Birks 2007, p. 152). Parmi les récentes recherches menées en entrepreneuriat, nous pouvons citer, pour comparaison, les travaux de Zuzic (2003) sur le rôle parental (analyse sur 6 couples), ceux de Zolot (2000) sur les interactions formalisées dans un mariage (11 couples étudiés).

2.2. Administration des entretiens et modalités de collecte du matériau

La collecte de données a eu lieu en 2008 et 2009. Nous avons eu recours à deux phases :

Chaque participant a rempli un questionnaire seul, présenté en annexe 1 de ce chapitre.

Nous avons réalisé auprès des participants des entretiens approfondis, en face-à-face ou par téléphone, d'une durée allant de 1 à 4 heures. Ces entretiens ont été réalisés après avoir reçu les réponses aux questionnaires écrits, ce qui nous a permis de préciser la nature des réponses. 6 entretiens ont été réalisés en finnois tandis que les autres ont été conduits en anglais. Les entretiens réalisés par téléphone ont été essentiellement menés auprès des hommes. Ce biais a été compensé par le fait que ces derniers apprécient ne pas avoir été consultés « en face à face » et ne pas avoir « eu le sentiment d'être agressé par le fait de voir l'interlocuteur. De fait, l'interlocuteur s'est senti plus libre dans ses propos.

À côté des questionnaires, dont les réponses étaient formulées par écrit par les participants eux-mêmes, chaque entretien a fait l'objet d'une retranscription.

2.3. Traitement des données

Le matériau recueilli a été analysé par trois modes complémentaires : une analyse comparative entre les différents couples, une analyse de contenu classique et une analyse consistant en la recherche de cas déviants (Leech and Onwuegbuzie 2007, p. 575). Plus précisément, nous avons catégorisé l'ensemble du matériau au regard de la revue de littérature comme indiqué dans le tableau 2 ci-après.

Tableau 2
Critères utilisés pour analyser le matériau recueilli

Catégories déduites de la revue de littérature	Thèmes afférents (obtenus par induction)
Impact de l'entrepreneuriat féminin sur le rôle du travail du conjoint masculin	1) Le rôle du conjoint masculin (par rapport au rôle du conjoint féminin) en tant que principal apporteur des ressources financières) 2) Choix du conjoint en matière d'occupation et d'orientation de développement de sa carrière
Impact de l'entrepreneuriat féminin sur le rôle du chef de la famille à la maison	3) Changements dans le rôle du conjoint à la maison
Changements en termes de perception de « leadership » familial	4) Qui prend les décisions majeures au sein de la famille ?
Soutien du conjoint masculin dans le nouveau métier de la femme	5) Mise à profit de l'expertise du mari pour développer l'activité 6) Initiatives du conjoint pour aider par sa propre activité ou des activités ménagères 7) Soutien émotionnel 8) Soutien par l'échange verbal

Dans un second temps, nous avons qualifié, pour chaque couple interrogé, les idéologies de chacun des conjoints. Nous avons ainsi pu vérifier l'existence d'une potentielle corrélation entre idéologie et comportements des conjoints.

3. Résultats

Les résultats de la démarche sont présentés en détail dans l'annexe 2 de ce chapitre. Notre analyse permet de mettre en évidence trois domaines sur lesquels l'entrepreneuriat féminin impacte le rôle du conjoint en tant que chef de famille : le rôle et le sens de son travail, le rôle et le sens de sa famille et, enfin, son rôle dans le soutien de la vie professionnelle de sa femme.

3.1. Impact de l'entrepreneuriat féminin sur le sens du travail du conjoint

Dans 5 des 12 cas de couples étudiés, le fait que la femme crée sa propre entreprise a inspiré et conduit le conjoint à réévaluer ses propres opportunités de carrière : « Je l'ai (mon mari) inspiré à ne pas aller au travail pour faire toujours les mêmes choses, jour après jour, mais à reprendre ses études et à mieux se vendre grâce à un nouveau diplôme. » Quatre autres exemples montrent que les conjoints masculins perçoivent leur carrière comme quelque chose d'aussi prioritaire, si ce n'est plus prioritaire, que de répondre aux besoins inhérents à la démarche entre-preneuriale de leur femme. Dans ce tiers de l'échantillon, l'accord du mari pour ajuster sa carrière aux contraintes générées par la démarche entrepreneuriale de l'épouse est soumis à condition. Par exemple, comme l'illustre le propos tenu par un des époux : « Ça ne me fait pas peur de réduire mes ambitions de carrière. Si j'avais à le faire, je le ferais, mais je ne m'en réjouirais pas pour autant. Je ne m'en réjouirais pas car cela signifierait que j'aurais à laisser tomber des missions inté-ressantes et que mon travail serait moins excitant, puisque tout travail excitant nécessite une forte implication en termes de temps, y compris du temps pris sur la vie familiale. »

Dans notre échantillon, 7 conjoints masculins sur les 12 interrogés entendent assurer la plus grosse part des revenus du foyer. Les femmes entrepreneurs, quant à elles, confirment ce point de vue, déclarant spontanément à la quasi-unanimité qu'un mari, dans une telle situation, doit avoir un salaire décent et être capable de subvenir aux besoins de la famille. Ce propos se retrouve d'ailleurs de manière unanime chez les entretiens menés auprès des hommes : « Ils doivent prendre soin de la famille et lui assurer sécurité (financière) et bien-être. »

Parallèlement, dans les 7 cas sur les 12, les femmes perdent des re-venus en créant leur entreprise. Ce point semble toutefois être plus le souci de ces dernières que de leur conjoint. Dans notre échantillon, 6 femmes interrogées sur 12 et seulement 1 homme interrogé sur 12 mentionnent spontanément ce point. Les femmes expliquent que « je ne gagne pas encore suffisamment pour vraiment contribuer aux revenus nécessaires du ménage » et « le point délicat dans ma démarche est que mes revenus sont irréguliers. Mon mari doit me supporter d'un point de vue financier ». « J'aimerais gagner plus pour que mon mari soit plus indépendant financièrement. »

Toutefois, l'envie de voir croître l'activité de la femme reste un souci partagé par le couple dans son ensemble (pour 11 des 12 couples inter-rogés) : si l'activité de la femme venait à se réduire, 50 % des revenus du ménage ne seraient plus assurés. Pour le mari, la croissance de l'activité signifie les éléments suivants : « Si elle rencontrait le succès, je pourrais alors changer de métier et réduire mon temps de travail. » « Je ne travaillerais pas autant. Maintenant, il faut que je subvienne à ses besoins. » « Alors, je pourrais commencer à travailler à temps plein, ce qui serait parfait, plus facile pour moi. »

Ces recherches tendraient donc à conforter le statut « traditionnel » de l'homme au sein du foyer en tant que chef de famille et fournisseur du principal revenu : cette responsabilité financière du conjoint masculin au sein du foyer ne serait donc pas initié par la création de l'entreprise par la femme mais, en revanche, en deviendrait accrue.

3.2. Impact de l'entrepreneuriat féminin sur le rôle du conjoint dans la famille

L'intégralité des femmes estime que les tâches domestiques doivent être également réparties entre l'homme et la femme. Pour autant, parmi les répondants masculins, 7 estiment que plus de 50 % de ces tâches doivent revenir aux femmes tandis que 4 avancent la répartition contraire (plus de 50 % des tâches doivent revenir à l'époux).

Quoi qu'il en soit, les tâches mentionnées, qui sont imparties et associées au travail de l'époux, sont relativement « classiques » : le bricolage et la réparation de la maison (50 % des couples), la réparation et l'entretien de la voiture (50 % des couples) et autres choses du même genre, tels que les petites réparations au quotidien, de l'électroménager par exemple (33,3 % des couples). Les femmes entrepreneurs s'occupent des activités de coordination au jour le jour : le rangement des affaires, la cuisine, le jardinage, la toilette et l'éducation des enfants, l'alimentation des animaux familiers, les courses, les lessives et le ménage sont autant de tâches qui sont mentionnées chez 5 couples sur les 12 interrogés.

6 couples sur les 12 interrogés reconnaissent qu'avant la création de l'entreprise, la femme était le membre du couple qui assurait la plus grande responsabilité des tâches ménagères et de l'entretien de la maison. Une des femmes explique : « Je faisais effectivement beaucoup plus pour la maison (avant la création de l'entreprise) : la cuisine, les courses et, en fait, j'aime bien faire ça mais je n'ai simplement pas le temps. C'est un peu comme ça désormais : celui d'entre nous qui a le temps les fait. » Ce verbatim illustre un constat générique que nous retrouvons dans 42 % des entretiens : dès que la femme crée son entreprise, le conjoint masculin doit faire preuve de plus de soutien, en particulier, à la maison. L'un d'entre eux raconte : « Depuis que la création de la boite est arrivée dans le paysage, elle s'implique de plus en plus dans son travail. Je me dois d'être plus présent, en particulier pour les enfants, et elle demande plus mon aide. »

En conséquence, l'entrepreneuriat affecte la disponibilité de la femme dans la tenue de la maison et de la famille, tant d'un point de vue quantitatif que qualitatif. Deux tendances sont identifiables :

1) Les femmes consacrent moins de temps aux tâches ménagères après la création entrepreneuriale.

2) Dans le cas du télétravail, les femmes ont tendance à augmenter leurs responsabilités à la maison.

Dans le premier cas, l'idéologie classique du rôle du conjoint masculin est remise en cause dans la mesure où ce premier est invité à prendre une plus grande implication dans la gestion du foyer.

Dans le second cas, l'identité « classique » du conjoint en tant que chef de famille n'est pas remise en cause : l'entrepreneuriat féminin semble être un moyen choisi par la femme pour accomplir au mieux sa mission de mère et de gestionnaire du foyer. La difficulté semble être plus forte pour l'entrepreneur féminin dans le cas où le conjoint masculin ne partage pas la même idéologie. Un verbatim illustre la situation pour 3 des 12 couples interrogés : « Nous sommes égaux et devons partager ces corvées ménagères. Pourquoi ce serait à moi (femme) de faire les courses et le ménage ? J'attends de lui qu'il fasse la moitié du travail. Je pense qu'il est souvent irrité depuis que j'ai créé mon entreprise parce que je lui en demande plus dans la vie quotidienne. C'est délicat pour lui d'accepter cela, tout simplement parce que je travaille à la maison et que, de fait, ce serait à moi de faire tout à la maison. »

3.3. Impact de l'entrepreneuriat féminin sur le rôle du conjoint comme conseiller professionnel

Dans 100 % des cas étudiés, la femme considère son activité comme « son bébé ». Toutefois, contrairement au cas de l'entrepreneuriat masculin, l'implication du conjoint, sous n'importe quelle forme, est une constante, avec ou sans l'accord explicite de la femme d'ailleurs. En effet, dans tous les couples, les expertises des conjoints en matière professionnelle sont mises à profit dans l'activité de la femme, en particulier sous la forme de conseils, comme l'illustre le verbatim suivant : « Je suis un expert en conduite de négociations. J'ai étudié ça à l'université. Je lui (ma femme) apporte donc cette expertise. »

Dans la moitié des cas, l'expertise apportée est surtout dans la gestion des tâches quotidiennes et dans la comptabilité. Pour quatre couples, l'aide réside également dans des conseils d'ordre technique et, pour trois couples, dans la réparation de machines, qui implique une force physique conséquente.

Les femmes entrepreneurs semblent apprécier le soutien émotionnel et verbal, presque plus que les soutiens techniques et professionnels : « Le soutien que j'apprécie le plus est le sentiment que mon conjoint adhère à mon projet et souhaite le succès de l'entreprise. Il comprend ainsi que monter une entreprise demande beaucoup de temps. » Ainsi, pour la moitié des couples interrogés, le support affectif clé est la prise de conscience pour le conjoint masculin que la femme a besoin de temps, et pour 5 couples sur les 12, la promulgation d'encouragements et de phrases de soutien.

Néanmoins, dans 10 cas sur les 12, les discussions en couple sur l'activité sont souhaitées et appréciées. Un conjoint masculin explique : « On discute beaucoup sur les aspects pro ! Mon travail, son travail, les stratégies à mener, les prix à fixer. Ça ne nous effraie pas. Cela m'aide lorsqu'elle écoute. Ça colle quand on a des intérêts communs, pas de secret, de l'honnêteté et de l'ouverture à l'autre ». La plupart du temps, les échanges portent sur la gestion du temps (50 %) et la stratégie à suivre pour l'entreprise (58 %).

Pour le conjoint masculin, la principale motivation pour apporter un soutien est d'éprouver une satisfaction personnelle dans l'utilisation des compétences d'une manière autre qu'habituelle, dans la capacité de « jouer à l'entrepreneur au travers du business de sa femme » : « Lorsque j'aide ma femme dans son travail, je fais moi-même un break dans mon propre travail. C'est un autre type de travail, après celui au bureau. C'est comme un hobby pour moi. » Pour 10 cas sur les 12 conjoints masculins, le sentiment d'être utile et le fait que l'aide leur soit demandée est une source de satisfaction naturellement exprimée : « Lorsque je l'aide, nous avons quelque chose en commun qui renforce notre relation. »

4. Conclusions : Une très faible remise en question de l'idéologie dominante de la relation homme - femme par l'entrepreneuriat féminin en Scandinavie et, plus généralement, en Europe

4.1. Une faible remise en cause des rôles classiquement attribués à l'homme ou à la femme dans la famille

L'analyse de l'impact de l'entrepreneuriat féminin sur le conjoint sous l'angle du contrat psychologique montre, certes, les trois niveaux de remise en cause du statut du conjoint masculin : en tant que soutien financier, que chef de famille et de la maisonnée, et que soutien de l'initiative féminine. Pour autant, ce « nouveau » rôle ne semble pas remettre fondamentalement en cause les idéologies concernant la place traditionnelle de l'homme et de la femme dans le couple et, indirectement, dans la société.

Nous constatons que l'ensemble des couples adhèrent à une conception traditionnelle de la famille, l'homme assumant assurer la plus grande part de la responsabilité économique de la famille et la femme, devant assumer la plus grande part des activités ménagères. Plutôt que de casser ces rôles traditionnels, l'entrepreneuriat féminin semble les conforter en offrant de nouvelles opportunités pour le conjoint masculin de développer/consolider un rôle de soutien familial et professionnel, plutôt que d'apparaître, au contraire, comme un « suiveur moderne des initiatives féminines ».

4.2. Trois opportunités spécifiques pour l'entrepreneuriat féminin

Pour autant, cette faible remise en cause de l'idéologie traditionnelle de la famille n'est pas sans présenter, selon nous, des opportunités pour l'entrepreneuriat féminin. Notre étude nous permet d'identifier trois situations différentes :

Le renforcement du couple, si les deux parties – en particulier le conjoint masculin – viennent à accepter des évolutions en termes de contrat psychologique : les attentes de chacun au regard de l'autre sont révisées, tant en matière de partage des tâches ménagères que de temps. Certains verbatim font ainsi clairement référence à la relance du couple dans la mesure où la femme entrepreneur serait plus épanouie (dixit le conjoint) et les échanges plus fructueux.

La possible prise de risque financier : une limite souvent affichée à l'entrepreneuriat est la perte de revenus. Dans le cas de l'entrepreneuriat féminin, cette perte est limitée et, généralement, bien inférieure à celle induite par l'entrepreneuriat masculin – les revenus mensuels de la femme étant, très souvent, inférieurs à ceux de l'homme.

Un accès privilégié à des conseils professionnels : l'entrepreneuriat féminin « réussi » pour le couple – et, entre autre, pour la satisfaction du conjoint – semble passer nécessairement par l'implication du conjoint masculin dans l'activité, ne serait-ce que par des conseils, point que l'on ne semble pas retrouver dans l'entrepreneuriat masculin.

4.3. Un maintien de l'entrepreneuriat féminin dans des activités secondaires et de petite taille ?

Notre principal résultat de recherche met en évidence l'impact non négligeable de l'entrepreneuriat féminin sur l'identité du chef de famille sans pour autant remettre en cause le modèle traditionnel. Cette absence de remise en cause semble être surtout importante chez la femme, pour qui la tenue du foyer reste, consciemment ou non, une priorité. Ce constat, nous l'avons vu, est prégnant dans notre échantillon en Europe du Nord. Mais il semble généralisable à d'autres cultures, comme en témoignent les résultats d'études menées auprès de femmes entrepreneurs françaises qui déclarent que le principal problème réside dans la difficile conciliation entre vie privée, entre autres avec le conjoint, et vie professionnelle[4]. Ce résultat est corroboré par les résultats du rapport

---

[4]   Source : Etude menée en 2007 par TNS – Sofres pour l'APCE. APCE (2007), *Entrepreneuriat féminin : vivier de croissance pour l'économie*, Etude interne, http://www.apce.com/cid69907/l-entrepreneuriat-feminin-un-vivier-de-croissance-pour-l-economie.html

d'activité de l'Union européenne sur l'entrepreneuriat féminin montrant l'impact de cette difficulté dans la décision de créer une entreprise, pour une femme[5] : en France, si les femmes constituent 50 % des personnes porteuses d'un projet d'entreprise en 2007, seules 30 % entreprises créées l'année suivante l'ont été par des femmes. L'étude montre que des facteurs naturels expliquent ce phénomène : idée difficilement réalisable, absence de marché, mais surtout stéréotypes, et peut-être crainte de ne pas pouvoir gérer sa vie privée et de bénéficier du soutien moral et logistique du conjoint.

Ainsi, cette difficile remise en cause du modèle classique expliquerait la raison pour laquelle les entreprises dirigées par des femmes restent de petite taille, comparativement à celles dirigées par des hommes[6]. Notre recherche met en évidence des motivations purement « féminines » pour expliquer la création d'une entreprise : la capacité d'échapper à une vie professionnelle trop stressante et de créer une activité pour s'épanouir, et la possibilité de concilier un travail professionnel intéressant avec une vie de famille – conciliation difficile pour une femme consultante dans un grand cabinet, par exemple. Aussi, dans ce contexte, la petite taille de l'entreprise et sa faible croissance pourraient directement être liées au stéréotype du partage des tâches entre membres du couple au sein du foyer et du rôle de la femme dans la vie privée.

4.4. Vers une remise en cause des incitations pour stimuler l'entrepreneuriat féminin

Si nous considérons notre résultat de recherche selon lequel l'entrepreneuriat féminin remettrait en cause l'équilibre dans le couple en matière de partage des tâches au sein du foyer, et si nous admettons le résultat selon lequel la plus grosse difficulté de l'entrepreneuriat féminin réside dans la conciliation entre vie familiale et vie privée, nous sommes amenées à reconsidérer les différentes actions actuellement menées par les différents gouvernements et ministères de l'économie en Europe, tout comme aux États-Unis, pour favoriser l'entrepreneuriat féminin. Ces actions sont de plusieurs ordres mais consistent essentiellement, soit à mieux communiquer sur l'entrepreneuriat féminin, soit à

---

[5] European Commission – Enterprise & Industry Directorate General (2009), *The European Network to Promote Women's Entrepreneurship (WES) – Annual Activity Report 2008*, October, p. 22.

[6] En France, 30 % des entreprises dirigées par des femmes n'ont pas de salarié, 18 % ont entre 20 à 49 salariés, 11 % ont de 100 à 249 salariés. Source : Etude 2007 TNS – Sofres, *op. cit.*. Nous n'avons pas été à même d'identifier une étude similaire menée dans d'autres pays européens.

faciliter ce dernier en privilégiant l'accès aux prêts pour la création d'entreprises (European Commission, 2009).

Notre étude semble montrer que les facteurs incitatifs à l'entrepreneuriat féminin résideraient davantage, soit dans l'aide à une remise en cause complète de l'idéologie dominante quant à la répartition des tâches de la maison entre conjoints (par exemple, des cours de sociologie dès le collège discutant ce modèle, une formation à l'entrepreneuriat pour adultes visant à intégrer et questionner ces dimensions), soit, plus simplement, à la mise en place d'actions visant à faciliter la conciliation entre vie professionnelle et vie familiale (crèches avec des amplitudes horaires plus larges, droit à des aides ménagères spécifiques en cas de création d'entreprise, etc.).

Références

APCE (2007), Entrepreneuriat féminin : vivier de croissance pour l'économie, Etude interne, http://www.apce.com/cid69907/l-entrepreneuriat-feminin-un-vivier-de-croissance-pour-l-economie.html

Argyris C. (1960), Understanding Organizational Behavior, Dorsey Press Homewood, Illinois.

Becker P. et Moen P. (1999), « Scaling Back: Dual-Earner Couples' Work-Family Strategies », Journal of Marriage & Family, Vol. 61, N° 4, pp. 995-1006.

Bourdieu P. (1998), La domination masculine, Éditions du Seuil, Paris.

Buttner E. H. (1993), « Female entrepreneurs: How far have they come? », Business Horizons, Vol. 36, N° 2, pp. 59-65.

Conseil Économique, Social et Environnemental (CESE) (2009), L'entrepreneuriat au féminin, La Documentation Française, Paris.

Cullinane N. et Dundon T. (2006), « The psychological contract: A critical Review », International Journal of Management Reviews, Vol. 8, N° 2, pp. 113-129.

England P. et Farkas, G. (1986), Households, Employment & Gender: A social Economic and Demographic View, Aldine de Gruyter, New York.

European Commission (2007), EU Policy for SMEs : The Small Business Act (SBA) for Europe, Brussels.

European Commission – Enterprise & Industry Directorate General (2009), The European Network to Promote Women's Entrepreneurship (WES) - Annual Activity Report 2008, October, 62 p.

Företagarna (2008), Female Entrepreneurship in Sweden, http://www.foretagarna.se/

Glick P. et Fiske S.T. (2001), « An Ambivalent Allicance: Hostile and Benevolent Sexism as Complementary Justifications for Gender Inequality », American Psychologist, Vol. 56, pp. 109–118.

Greenstein T. N. (1995), « Gender ideology, marital disruption, and the employment of married women », Journal of Marriage and Family, Vol. 57, pp. 31–42.

Greenstein T. N. (1996a), « Husbands' participation in domestic labor: Interactive effects of wives' and husbands' gender idéologies », Journal of Marriage and Family, Vol. 58, pp. 585–595.

Greenstein T. N. (1996b), « Gender ideology and perceptions of the fairness of the division of household labor: Effects on marital quality », Social Forces, Vol. 74, pp. 1029–1042.

Kossek E. E., Noe R. A. et DeMarr, B. J. (1999), « Work-Family Role Synthesis: Individual and Organizational Determinants », International Journal of Conflict Management, Vol. 10, N° 2, pp. 102–129.

Leech N. L. et Onwuegbuzie A. J. (2007), « An Array of Qualitative Data Analysis Tools: A Call for Data Analysis Triangulation », School Psychology Quarterly, Vol. 22, N° 4, pp. 557-582.

Lennon N. L. et Rosenfield A. J. (1994), « Relative fairness and the Division of Housework: The Importance of Options », American Journal of Sociology, Vol. 100, pp. 506-531.

Lewis P. (2006), « The Quest for Invisibility: Female Entrepreneurs and the Masculine Norm of Entrepreneurship », Gender, Work & Organization, Vol. 13, N° 5, pp. 453-469.

Loscocco K.A., (1997), « Work Family Linkage among Self-Employed Women and Men », Journal of Vocational Behavior, Vol. 50, N° 2, pp. 204-226.

Loscocco K. A., Robinson J., Hall, R. H. et Allen J. K. (1991), « Gender and Small Business Success: An Inquiry into Women's Relative Disadvantage », Social Forces, Vol. 70, pp. 65–85.

Malhotra N. K. et Birks D. F. (2007), Marketing Research: An Applied Approach, Third European Edition, Pearson Education Limited, Essex, England.

Michelson G. et Hearn M. (2006), « Rethinking work – Time, Space and Discourse », Cambridge University Press, 376 p.

Minnotte K. L., Minnotte M. C., Pedersen D. E., Mannon S. E. et Kiger G. (2010), « His and her perspectives: Gender ideology, work-to-family conflict, and marital satisfaction », Sex Roles, Vol. 63, pp. 425–438.

Moen Ph. et Yu Y. (2000), « Effective Work/Life Strategies: Working Couples, Work Conditions, Gender and Life Quality », Social Problems, Vol. 47, N° 3, pp. 291–326.

Nikina A. (2010), The impact of the wife's role as an entrepreneur on the husband's roles as leader and provider, DBA Grenoble Ecole de Management & Tongji University.

Rousseau D. M. (1989), « Psychological and Implied Contracts in Organizations », Employee Responsibilities and Rights Journal, Vol. 2, N° 2, pp. 121-139.

Sager C. J. (1976), Marriage Contracts and Couple Therapy, Brunner / Mazel Publishers, New York.

Sayer L. C. et Bianchi S. M. (2000), « Women's economic independence and the probability of divorce: A review and reexamination », Journal of Family Issues, Vol. 21, pp. 906–943.

Shelton, L. M. (2006), "Female Entrepreneurs, Work–Family Conflict, and Venture Performance: New Insights into the Work–Family Interface", Journal of Small Business Management, Vol. 4, N° 2, pp. 285-297.

Smithson J. et Lewis S. (2004), « The psychological Contract and work-family », Organizational Management Journal, Vol. 1, N° 1, pp. 70–80.

Sturges J., Conway N., Guest, D. et Liefooghe A. (2005), « Managing the career deal: the psychological contrat as a framework for understanding carrer management, organizational commitment and work behavior », Journal of Organizational Behavior, Vol. 26, N° 7, pp. 821-838.

Välimäki S. et Lämsa D. A. M. (2009), « The Spouse of the female Manager: role and influence on the woman's career », Gender in Management, Vol. 24, N° 8, pp. 596-614.

Zolot A. L. (2000), The Interpersonal Processes of Care and Social Support in Heterosexual Mid-life Couples: An Investigation of Symbolic Meanings, and Interpretations of Normative Marital Interactions. Dissertation: Humanities and Social Sciences, Vol. 60 (9-A), March.

Zuo J. et Bian Y. (2001), « Gendered Reousrces, Divisions of Housework and Perceived Fairness – A case in Urban China », Journal of Marriage and Family, Vol. 63, pp. 1122-1133.

Zuzic L. C. (2003), « Couples' Meaning-Making and Management of Parental Opposition to Their Marriages: A Qualitative Study", The Sciences and Engineering, Vol. 64 (4-B), pp. 126 – 145.

Annexe 1 : Questionnaire

ROLES AND STEREOTYPES

1. What do you think the role of a wife is? How does woman running her business fit in with this? *(In your opinion, how does the **entrepreneurship fit** in within the frame of the role of a wife?)*

2. Think of your home life before your wife started her business and think of your home life now. What has changed? (If nothing, what are three things you like about your home life most; what three things you would change?) *(How has the home life changed after your wife became an entrepreneur?)*

3. Is your wife still doing her part to make home life good?

4. What do you think the role of a husband is? How does having a wife who has her business fit into this role? What do you think most husbands would do when their wife have their business – would they feel comfortable with it? How do you feel? *(At times, do you feel torn to be seen as a supportive husband, but deep down struggling with the wife's career choice?)*

WIFE'S ROLE AS AN ENTREPRENEUR VS. THE HUSBAND'S ROLE

Type of business

5. (What kind of business is your wife running / what industry?) How would you feel if your wife's business shrunk to half of its size? How would you feel if your wife's business doubled in size? Do you think that would change your role as a husband? *(Do you think men feel differently about their role in partnership, if their wives run high growth, high profitability business?)*

6. Is there a difference to you of what kind of business your wife is running? The industry? How do men feel if it is track driving vs. dressing?

Her vs. his role as a leader and a provider

7. What kind of business do you think would allow also the family to have a good home life?

8. Think of an ideal business a wife should run. What would it be like? *(In your opinion, do men feel their position as **a provider and a leader** challenged when a wife becomes an entrepreneur? (Power/status balance.) (By starting their own business, do husbands feel that wives either consciously or subconsciously engage in **competition** with them? Does the competition brighten a relationship or kills the atmosphere? How does it make men feel?)*

Expected support

9. In many marriages there are parts of the house belonging either to husband or wife. Often kitchen belongs to wife and e.g. office room to husband, and living room to both – and the whole house belongs to both of them. Is wife's business hers, yours or belonging to both of you? *(Is your wife's business*

considered a common "pot" area? Does this apply to the success or problems of her business?)

10. Have you assisted your wife with her business (e.g. finances, contacts, advice)?

11. An example from the real life: "Mrs. Field's Cookies" grew very well, so the husband left his job and went to work for the wife's business. Do you think most men would be comfortable with that? Supposed that happened to your wife's business? *(At the extreme example, would you **forgo your own professional activities** to help out wife's business initiatives?)*

12. Running a business can be very challenging. Your wife might ask you for help and you cannot help for one reason or another (e.g. tired or working). Think of an example when you could not help. How did she feel? How did you feel? Give another example, when you were able to provide help. How did she feel? How did you feel? Do situations like these affect your relationship at all?

Household tasks

13. Who takes care of the household? You, wife, both? Approximate split? Is that different now then when she started her business?

    In respect to the household tasks, do you sit down and talk about the division of tasks or just get into it? Is there a system? How did you arrive at this system? (*from negotiated rules) *(Does your wife spend more time than you taking care of the household? How has the responsibility for the chores around the house shifted since entrepreneurship stepped into picture? Does business distract your wife from home duties?)*

14. Does your wife expect help? What kind of help is appropriate for you to provide?

Resources of exchange

15. Try an experiment with me: imagine your marriage as an exchange, where you give something and get something. (E.g. in a store you give money and get a dress.) Think of your relationship as of two people trading things – what it would be?

16. What are the benefits of helping your wife with business or household?

FORMATION OF PSYCHOLOGICAL CONTRACTS IN A MARRIAGE
Communication

17. Do you discuss work issues at home? Do you think you're able to support your wife this way?

18. Think of a time when your wife was upset with you. How did you know? What was the main way she let you know she was upset? Thinking of a time when you were upset, how did you let your wife know of it?

19. How do you think most men react when their wife is not doing something you've agreed to do or something she should be doing, like cooking?

Negotiated rules

In all marriages there are two people and there are agreements and disagreements. How do you handle it when there is one opinion and a different one; one wants one thing and another wants another thing? What kind of issues about your relationship you have sat down to talk about?

Are there some things you would never say or do?

Annexe 2
Résultats détaillés

Code		Nb répondants (n = 24)	Nb couples (n = 12)	Pourcentage de couples
Impact de l'entrepreneuriat féminin sur le travail du conjoint				
1) Son rôle de responsable financier du foyer				
a. Changements en tant qu'apporteur des ressources financières	Le conjoint s'attend à fournir la plus grosse partie des ressources à la famille	10	8	66,67
	La femme gagne moins avec la création de l'entreprise	7	7	58,33
	La femme ne gagne pas assez pour faire vivre la famille	5	5	41,67
b. Impact si l'activité de la femme se réduit	Le foyer, dans son ensemble, ferait banqueroute.	8	6	50,00
	Le conjoint aiderait à la recapitalisation de l'entreprise	5	4	33,33
	L'entreprise ferait faillite	4	4	33,33
c. Impact si l'activité de la femme croit	Ce serait bien	14	11	91,67
	C'est à double tranchant	7	5	41,67
	N'a aucune envie de faire croître l'activité	5	4	33,33
d. Impact sur le conjoint si l'activité de la femme change de dimension	Le conjoint n'aurait plus à assumer la responsabilité financière du foyer.	4	3	25,00
2) Choix des activités du conjoint et en matière de développement de carrière				
	La carrière du conjoint est primordiale. Pas question de l'adapter à la carrière de la femme	4	4	33,33
	La carrière de la femme inspire le conjoint dans la définition de sa propre carrière	4	4	33,33
Impact sur le rôle du conjoint à la maison				
3) Impacts sur les rôles à la maison				
a. Renforcement du rôle de l'homme à la maison	Le conjoint soutient l'épouse en étant plus présent à la maison	5	5	41,67
b. Responsabilité de l'homme dans la maison	Maintenance de la maison (réparations, …)	8	6	50,00
	Entretien de la voiture	7	6	50,00
	Autres	6	4	33,33
c. Responsabilité de la femme dans la maison	Organisation et décoration	8	5	41,67
	Enfants et animaux de compagnie	5	5	41,67
	Cuisine	6	4	33,33
	Jardin	5	4	33,33
	Courses	4	4	33,33
	Linge	4	4	33,33
	Ménage	4	4	33,33

	Code	Nb répondants (n = 24)	Nb couples (n = 12)	Pourcentage de couples
	Répartition égale des taches	12	8	66,67
	Plus de 50 % de la responsabilité incombe à la femme	7	5	41,67
d. Responsabilité au sein de la maison	Plus de 50 % de la responsabilité incombe au conjoint	4	3	25,00
	Avant la création de l'entreprise, la femme avait plus de responsabilité	10	8	66,67
	Avant la création de l'entreprise, le conjoint avait moins de responsabilité	6	5	41,67
	Pas de changement significatif	5	5	41,67
4) Changements en termes de leadership au sein de la famille				
	Pas de leader	13	6	50,00
	La femme est le leader	8	4	33,33
	Le changement de Leadership est le résultat de l'entrepreneuriat	5	4	33,33
L'aide apportée par le conjoint à l'activité de la femme				
5) Utiliser l'expertise du conjoint pour développer l'activité				
	Utiliser son expérience en comptabilité / finances	9	6	50,00
	Gestion des activités quotidiennes de l'entreprise	9	6	50,00
6) Initiatives de la part du conjoint pour s'occuper d'avantage de la maison				
	Satisfaction de la femme	12	10	83,33
	Renforce la relation du couple	5	5	41,67
7) Soutien émotionnel				
	Encourage et supporte	8	5	41,67
	Compréhension d'un besoin de temps complémentaires pour travailler	8	6	50,00
8) Support par l'échange				
a. Habitude de parler travail à la maison	Oui, ce type de support est primordial	15	10	83,33
b. Sujets abordés	Temps consacré au travail	7	6	50,00
	Stratégie de développement	7	7	58,33

Chapitre 8

Intrapreneuriat
et services publics marchands en réseau
Le cas de La Poste

Céline MERLIN-BROGNIART

Maître de conférences à l'Université de Lille 1

Introduction

La littérature économique consacrée à l'innovation laisse de plus en plus de place au concept d'intrapreneuriat. Cette dénomination a été popularisée par Pinchot (1985) dans les années 1980. Les entreprises disposeraient souvent, parmi leur personnel, de véritables intrapreneurs, autrement dit, de salariés créatifs cherchant à réaliser de manière autonome des projets innovants qui pourraient améliorer la performance de l'entreprise.

Une multitude de termes est utilisée, dans la littérature anglo-saxonne et francophone, pour désigner ce type d'entrepreneuriat[1]. La variété des termes et des définitions qui lui correspond contribue à rendre cette notion floue. Une partie de cette imprécision est liée à l'évolution des processus d'innovation des entreprises. En effet, l'organisation de l'innovation s'est structurée au fil du temps, et l'activité d'innovation est apparue dans la fiche de poste de certains

---

[1] *Corporate entrepreneurship* (Burgelman, 1983 ; Sharma et Chrisman, 1999), *Intrapreneurship* (Pinchot, 1985) et, dans une certaine mesure, *Internal corporate Venturing* (Block et McMillan, 1993), ou en français, *Management entrepreneurial, entrepreneur-manager, intrapreneuriat, entrepreneuriat corporatif* (sur ces concepts, cf. Fayolle et Hernandez, 2007). Nous choisissons, quant à nous, de conserver le terme « intrapreneuriat » pour désigner ce phénomène. Ce terme est issu de la contraction d'*internal* et d'*entrepreneurship* (Bouchard, 2009a).

salariés. Il règne depuis lors une certaine confusion entre les salariés dont le management de projet fait partie de leur fiche de poste, et les autres salariés qui peuvent avoir des projets innovants mais qui n'ont pas cette fonction dans leur fiche de poste (Hatchuel *et al.*, 2009). Les seconds sont par nature plus faciles à repérer que les premiers. Néanmoins, les salariés de la première catégorie peuvent développer, à côté de leur rôle formel de production d'innovations, des projets de type intrapreneurial.

Par ailleurs, si les dirigeants d'entreprise s'intéressent à ce phénomène, c'est non seulement en raison des pressions exercées par ces salariés inventifs, mais aussi car ils s'interrogent sur les capacités de leur processus d'innovation à répondre à un environnement concurrentiel changeant. Or, c'est dans le processus d'innovation existant que s'inscrivent les phénomènes d'intrapreneuriat (Hatchuel *et al.*, 2009). C'est pourquoi il est important de s'intéresser non seulement aux diverses conceptions de l'intrapreneuriat, mais aussi au contexte dans lequel elles prennent place. Certains environnements sont plus favorables à l'intrapreneuriat. En particulier, l'abondance de ressources humaines et financières (Burgelman, 1983) et l'autonomie laissée par la direction aux salariés (Bouchard, 2009a) favorisent les comportements intrapreneuriaux.

Les services publics français en réseau, à caractère marchand (ou à caractère industriel et commercial) font face à une concurrence de plus en plus intensive (les secteurs réservés disparaissent les uns après les autres, et la demande devient de plus en plus exigeante). Ces activités ont généralement vécu plusieurs changements organisationnels les contraignant à revoir leur mode d'organisation de l'innovation. Nous pouvons ainsi nous demander si d'une part, les services publics marchands en réseau, du fait de leur taille et de leur caractère industriel et commercial, ont pu disposer à certains moments de ces ressources « en excès », et d'autre part, si les changements d'organisation de ces entreprises dans le cadre des modifications de statut n'ont pas pu libérer d'éventuelles marges de manœuvre en faveur des pratiques intrapreneuriales.

Nous proposons dans ce chapitre d'identifier dans quelle mesure la notion d'intrapreneuriat s'applique aux services publics en réseau. Avec la déréglementation de leurs marchés et le développement de la concurrence qui en résulte, l'innovation s'impose comme une condition de survie. Est-ce que les départements de ces activités dédiées à l'innovation suffisent pour rester innovant ? Les services publics marchands en réseau auraient-ils une infrastructure et une organisation de l'innovation favorables au développement de pratiques intrapreneuriales ? L'intensification de la concurrence et le caractère (anciennement) public ont-ils tendance à favoriser les démarches intrapreneuriales, ou au contraire à les restreindre ?

Dans une première section, nous étudions la notion d'intrapreneuriat et nous essayons d'en délimiter les frontières. Nous exposons dans une seconde section les avantages et les inconvénients potentiels des services publics marchands en réseau pour développer (ou au contraire freiner) des pratiques intrapreneuriales. Enfin, dans une troisième section, nous illustrons ces possibilités d'hébergement de dispositifs intrapreneuriaux dans le cas de La Poste.

1. Intrapreneur et organisation de l'innovation

Les différentes conceptions de l'intrapreneuriat sont fonction de la perspective selon laquelle on se place. Cette notion peut tout d'abord se concevoir du point de vue de la situation de l'acteur intrapreneur. Qui est l'intrapreneur ? Quelles compétences doit-il posséder ? Pourquoi se lance-t-il dans des projets risqués ? L'intrapreneuriat peut aussi être analysé depuis l'entreprise employant le salarié. L'intrapreneuriat est alors un instrument supplémentaire de management des ressources humaines permettant de renforcer les liens entre l'entreprise et ses salariés en rendant le travail plus motivant. C'est un moyen de redynamiser l'image et l'organisation de l'entreprise. Enfin, l'intrapreneuriat peut être analysé comme un enjeu stratégique de l'entreprise et de son processus d'innovation. La place que l'entreprise lui accorde pourra évoluer au fil du temps en fonction de sa politique stratégique et de la conception de l'innovation qu'elle développe. Selon les époques et les types d'entreprise, l'intrapreneuriat pourra être externe ou intégré au processus d'organisation de l'innovation (Hatchuel *et al.*, 2009).

1.1. L'intrapreneur : statut, motivations et caractéristiques

L'activité entrepreneuriale a lieu dans une organisation déjà existante (Pinchot, 1985). Ainsi, une partie des définitions s'intéresse au comportement de l'intrapreneur - salarié au sein de l'entreprise. Ce salarié cherche à développer soit un projet autonome, mais en lien avec les activités centrales de l'entreprise, soit un projet à la marge de l'activité de l'organisation (Blanchot-Courtois et Ferrary, 2009). Initialement, ce projet est souvent développé par l'intrapreneur en plus de son activité de salarié ; autrement dit, le salarié travaille « en perruque » (Bouchard, 2009a ; Hatchuel *et al.* 2009). Il devra cependant, au bout d'un moment, faire approuver le bien-fondé de son projet par la direction de l'entreprise, afin d'obtenir son soutien. Lorsque l'entreprise accepte le projet, le salarié pourra non seulement exprimer son potentiel créateur (Pinchot 1985), mais aussi bénéficier de ressources financières, humaines et logistiques de l'entreprise, d'expertises, ou encore, de temps de travail afin de monter ce projet. La direction de l'entreprise peut aussi refuser ce projet si ce dernier ne correspond pas à ses enjeux stratégiques.

Mener à bien ce type de projet requiert un certain nombre de compétences. Si l'initiative individuelle, les compétences liées au domaine d'activité concerné et une grande motivation sont indispensables (Bouchard et Bos, 2006), l'intrapreneur détient également des compétences politiques. Au cours du temps, ce salarié doit identifier les parties prenantes au projet, mobiliser ses réseaux, convaincre sa hiérarchie du bien-fondé du projet, trouver les ressources nécessaires à son projet (Hatchuel *et al.*, 2009), et défendre son autonomie (Bouchard, 2009a). L'intrapreneur a par conséquent un rôle qui le place à la frontière entre le manager et l'entrepreneur (Basso, 2004 ; Blanchot-Courtois et Ferrary, 2009). Il doit ainsi souvent être désintéressé car il n'obtient pas forcément de reconnaissance (ou pas immédiatement) de la part de l'entreprise pour laquelle il travaille.

Selon Bouchard (2009a), les motivations de l'intrapreneur peuvent avoir deux origines (combinées ou pas), avec, d'un côté, l'intrapreneur altruiste, qui est convaincu d'apporter à l'entreprise un projet majeur, et de l'autre, un individu qui a le désir de se réaliser sur le plan personnel.

Dans le premier cas, l'objectif premier de l'intrapreneur-partenaire de l'organisation est d'aider l'entreprise à améliorer son fonctionnement interne ou à développer ses marchés « en faisant levier sur son talent propre, sa motivation, ses réseaux, et ses compétences » (Bouchard 2007, p. 35). Ici, l'intrapreneur ne cherche pas nécessairement une récompense financière et de carrière dans la mesure où les difficultés pour mener à bien de tels projets sont énormes (Bouchard, 2009a).

Dans le second cas, l'intrapreneuriat est une opportunité d'accomplissement personnel. Le salarié améliore ses capacités d'apprentissage, acquiert des compétences plus généralistes, et éventuellement tente de se libérer des contraintes de l'organisation, notamment lorsque les routines d'entreprise sont trop prégnantes (Bouchard et Bos, 2006). L'intrapreneuriat peut ainsi devenir une voie parallèle (Bouchard, 2009a) ou un « second chemin de carrière » (Pinchot 1985) qui permettrait aux inventeurs d'obtenir de la reconnaissance, d'améliorer leur statut professionnel et social (Bouchard et Bos, 2006) sans avoir nécessairement à assumer des responsabilités de management (Pinchot, 1985). Cette reconnaissance pourra se traduire par des compensations financières mais aussi par des signes symboliques (promotion, extension des responsabilités ou de l'autonomie) (Blanchot-Courtois et Ferrary, 2009).

1.2. L'organisation de l'entreprise
et le management des Ressources Humaines

Une seconde série d'explications met l'accent sur l'intrapreneuriat en tant que stratégie de management des ressources humaines. L'introduction d'un processus d'intrapreneuriat aurait un double avantage pour l'entreprise : il permettrait d'améliorer ses performances et son image par une « démarche de reconnaissance et d'exploitation des opportunités » (Bouchard, 2009a, p. 288), mais aussi celles des employés qui seraient ainsi davantage motivés dans leur travail. Cela contribuerait ainsi à améliorer le climat de travail de l'entreprise.

La plupart du temps, le projet de l'intrapreneur est non programmé, « spontané et sporadique à l'origine » (Bouchard, 2009a) ; autrement dit, l'organisation n'a pas mis en œuvre de processus particulier pour inciter l'intrapreneuriat (Bouchard, 2009b ; Burgelman, 1983). Mais les entreprises peuvent aussi organiser l'intrapreneuriat par un ensemble de mesures et de règles de fonctionnement. Dans ce contexte, le salarié-intrapreneur est contraint par ces mesures et les axes stratégiques décidés par l'entreprise, mais cet environnement peut être sécurisant (Bouchard, 2009a). L'innovation dépendra également du soutien proposé par l'entreprise, notamment en matière d'apprentissage au développement de projets (Asquin et Marion, 1999 ; Cunningham et Lischeron, 1991).

Si l'intrapreneuriat peut être un atout pour la croissance des entreprises, les innovateurs intrapreneurs provoquent des sentiments partagés chez les managers et dirigeants d'entreprise. D'un côté, les intrapreneurs aident l'entreprise à construire des avantages comparatifs ou à assurer sa survie ; de l'autre, l'évitement des règles imposées par l'entreprise génère aussi des tensions d'autant que la réussite du projet n'est jamais assurée. Les managers ou/et salariés de l'entreprise apprécient peu les intrapreneurs à qui l'on donne davantage d'autonomie et qui peuvent faire appel à des ressources hors des procédures budgétaires (Blanchot-Courtois et Ferrary, 2009). Le comportement en dehors des normes de l'entreprise peut ainsi conduire l'intrapreneur à être rejeté et isolé dans une unité de travail. La stratégie de management des entreprises doit donc analyser les avantages et les inconvénients d'héberger ces agents au comportement par nature déviant[2] (Blanchot-Courtois et Ferrary, 2009).

---

[2] Les intrapreneurs sont qualifiés de « déviants positifs » par de nombreux auteurs (cf. notamment : Alter, 2000 ; Blanchot-Courtois et Ferrary, 2009).

1.3. Intrapreneuriat et organisation de l'innovation

Une troisième série d'explications met l'accent sur l'intrapreneuriat en tant qu'outil de management de l'innovation (Basso, 2006 ; Blanchot-Courtois et Ferrary, 2009). Cette approche est apparue notamment suite au mouvement de flexibilisation et de dé-bureaucratisation des entreprises depuis les années 1970 (Bouchard, 2007). L'idée de départ est que les systèmes de management seraient « trop ancrés dans les routines de l'exploitation » (Hatchuel *et al.*, 2009). Selon ces auteurs, les processus d'innovation traditionnels, devenus trop coûteux et trop rigides, ne seraient plus adaptés pour répondre à la concurrence. Les intrapreneurs auraient la créativité pour développer de nouveaux produits, process et services qui permettraient en retour à l'entreprise de se développer et d'obtenir du profit (Pinchot, 1985, p. XV). Autoriser et encadrer les idées innovantes des salariés-intrapreneurs est donc un moyen d'améliorer l'efficacité de l'entreprise. Ces employés détectent des opportunités, constituent des réseaux ad hoc internes et externes, et raccourcissent ainsi le processus d'innovation (Bouchard, 2007).

À la différence d'un processus traditionnel d'innovation (par R&D notamment), l'intrapreneuriat « met l'accent sur la continuité humaine de l'innovation plus que la continuité organisationnelle » (Blanchot-Courtois et Ferrary, 2009, p. 94) ; autrement dit, le salarié ayant un comportement entrepreneurial suivra lui-même les étapes de son projet. Ainsi, les responsabilités (du succès ou de l'échec du projet) sont clairement définies et participent du processus de motivation du salarié. Par ailleurs, contrairement au mode d'organisation de l'innovation institutionnelle, le mode d'innovation intrapreneurial est plus égalitaire au sens où il « peut être adopté par n'importe qui au sein de l'organisation » (Bouchard, 2009a, p. 293).

Selon Hatchuel *et al.* (2009), cette conception de l'intrapreneuriat spontané, en opposition à l'idée d'organisation, et le fait que l'intrapreneur serait capable de travailler en marge du cœur opérationnel de l'entreprise, pose problème. En effet, selon ces auteurs, l'intrapreneuriat existe depuis longtemps mais la manière de l'intégrer a évolué au cours du temps avec la rationalisation de l'innovation. Ainsi, au début du XXe siècle, l'innovation a été systématisée et programmée au travers de procédures bien établies à partir de modèles conceptuels ou génératifs. Puis, dans les années 1990, l'innovation intensive n'étant plus suffisante, le management par projet s'est diffusé comme solution. Le management par projet est alors intervenu dans les fiches de poste de certains agents de l'organisation.

C'est à cette période que l'intrapreneuriat a été intégré et contrôlé par l'organisation. Aujourd'hui, cependant, les entreprises feraient face à une seconde crise, cette fois-ci d'identité de la firme et de ses objets, au sens où les fonctions des produits se complexifient et les modalités de commercialisation se modifient (Hatchuel *et al.*, 2009). Cette seconde évolution rend encore plus difficile la visibilité des nouvelles opportunités, et met ainsi en contradiction les stratégies de l'entreprise avec les opportunités perçues par les intrapreneurs. L'incertitude quant aux développements des produits à suivre et le caractère de plus en plus risqué des projets conduisent les entreprises, soit à considérer à nouveau l'intrapreneuriat plutôt comme une activité complémentaire (afin notamment de réduire les risques), soit à abandonner tout bonnement ce type de projets. Pour répondre à cet environnement complexe, les entreprises ont parfois recours à la création de spin-off ou à l'acquisition de petites entreprises afin de pallier le déficit de projets innovants en interne (Hatchuel *et al.*, 2009).

Dans un environnement incertain, le risque que la Direction mette fin à des projets dépend du type d'approche (voire culture) intrapreneuriale que possède l'entreprise. Plus l'engagement envers l'intrapreneuriat est faible, plus les risques de voir s'arrêter les projets en période d'incertitude est fort. Bouchard (2009a) repère ainsi trois types d'approches intrapreneuriales. Une approche « minimaliste », lorsque les dirigeants des entreprises ne s'engagent pas complètement dans une démarche intrapreneuriale et souhaitent garder le contrôle des activités d'exploration. Les ambitions sont alors limitées. Ce dispositif est plutôt relatif aux organisations décentralisées avec une bonne circulation de l'information. Une approche « soutenue », lorsque des règles de fonctionnement en termes de budget et de temps accordés aux intrapreneurs rythment le dispositif. Dans ce cas, des phases d'apprentissage sont nécessaires. Enfin une « culture entrepreneuriale », lorsque le dispositif est intégré dans une organisation innovante et que l'entreprise consacre à l'intrapreneuriat un modèle d'innovation à part entière (cf. par exemple 3M ou Google).

La mise en place de tels dispositifs n'est pas dénuée de risques. En effet, dans la mesure où les démarches intrapreneuriales sont complémentaires au mode de fonctionnement de l'innovation en vigueur dans l'entreprise, ces dispositifs peuvent entrer en conflit avec les systèmes existants (Blanchot-Courtois et Ferrary, 2009). Selon ces auteurs, pour éviter ce phénomène, il est possible de mettre en place une « communauté d'intrapreneurs », qui permettrait de favoriser le partage des connaissances et l'apprentissage par le moyen de l'encastrement social.

À la suite de Bouchard (2009b, p. 11), nous reprenons pour le reste de cet article la définition de Sharma et Chrisman (1999) pour définir l'intrapreneuriat : « L'intrapreneuriat est un processus par lequel un individu (ou un groupe d'individus), en association avec une organisation existante, crée une nouvelle organisation ou génère le renouvellement ou l'innovation au sein de cette organisation ». Cette définition se focalise sur le processus d'innovation de l'organisation.

Nous retenons également la nécessité de situer l'intrapreneur dans son contexte temporel et environnemental. Ainsi, les définitions d'hier ne correspondent plus au contexte intrapreneurial d'aujourd'hui : « on ne peut plus se limiter à définir l'intrapreneur comme celui qui crée des projets différents ou de nouvelles activités, puisque l'organisation industrielle s'est déjà complétement structurée pour routiniser ces changements » (Hatchuel *et al.*, 2009, p. 166).

2. Services publics marchands et intrapreneuriat

Si toutes les entreprises peuvent intégrer des dispositifs d'intrapreneuriat, toutes n'ont pas les mêmes structures et les mêmes modes de fonctionnement. Dans cette section, nous présentons les particularités des grandes entreprises, et notamment des services publics en réseau, face à l'intrapreneuriat. Ces services appartiennent aux services industrialisés de masse (Abramovici et Bancel-Charensol, 2006 ; Dumoulin et Vignon, 1991) ; ils sont dotés d'une infrastructure industrielle, mais délivrent une offre commerciale ainsi que des missions de service public. Ils sont donc confrontés aux mêmes problématiques d'organisation de l'innovation que les autres entreprises de grande taille mais possèdent en plus une dimension publique qui a pu influencer leur mode d'organisation et les processus d'innovation associés. Nous exposerons successivement l'impact que l'évolution du processus d'innovation des grandes entreprises a sur l'intrapreneuriat, puis nous analyserons les avantages et inconvénients qu'une structure publique peut comporter pour les intrapreneurs.

2.1. *Processus d'innovation, taille de l'entreprise et stades du capitalisme*

Selon Marchesnay (2008), la taille des entreprises, et le processus d'innovation associé, sont déterminés par le stade du capitalisme qui domine aux différents moments de l'histoire. Il est ainsi nécessaire de comprendre cette dynamique historique pour mieux cerner les phases d'intégration de l'intrapreneuriat dans les grandes entreprises.

Les grandes firmes seraient apparues dans une phase de post-modernité pendant laquelle elles ont cherché à systématiser et rationaliser la production d'innovations en la programmant autour de procédures bien établies (départements dédiés à l'activité de conception). Fin XIXe - début XXe siècle, l'entrée dans l'ère de la consommation de masse a renforcé ce processus. Les entreprises cherchent à personnaliser les produits vendus en les diversifiant, mais aussi à réduire leurs coûts et améliorer leurs performances. Elles dirigent alors leur processus d'innovation vers de l'innovation non risquée et peu coûteuse, autrement dit, plutôt dans le sens de l'amélioration incrémentale de produits déjà offerts ou de procédés déjà utilisés. La conception de l'innovation prendra alors plusieurs formes : ces entreprises disposent de départements de R&D traditionnels, qui mettent au point de nouvelles machines, introduisent le progrès technique, mais aussi de départements marketing ou de bureaux d'études, qui structurent des produits sur-mesure de masse en développant des familles de produits standardisées. Pendant cette phase, les intrapreneurs ont été en partie intégrés (ou « domestiqués ») dans le processus d'innovation (Hatchuel *et al.*, 2009).

Les services publics marchands n'ont pas échappé à cette tendance. Cependant, leurs stratégies en matière d'innovation ont été dictées au départ par l'État. Ainsi, pendant la période d'après-guerre, de nombreuses entreprises nationalisées sous la tutelle de l'État ont servi d'instrument de retour à la croissance. Dans la mesure où les infrastructures étaient déficientes ou insuffisantes, les efforts de recherche et d'innovation de ces activités ont consisté en la création et la diffusion de technologies auprès des industriels. La Poste a ainsi servi, comme d'autres entreprises publiques, à « soutenir le moral interne à coups de réussites technologiques ou à concrétiser l'aide à l'industrie française » (Hlavacek *et al.*, 1997, p. 5). Cet effort de R&D a conduit au développement de grands centres de recherche publics, tels que le Service de Recherche Technique de La Poste (SRTP) et le Services d'Études communes à La Poste et à France Télécom (SEPT), à La Poste. À cette période, les priorités de l'État marquent fortement la stratégie d'innovation. Par exemple, l'Administration des Postes a d'abord été partenaire des industriels avant de développer des axes de recherche correspondant à ses activités propres (Hlavacek *et al.*, 1997). De nos jours, l'État s'associe encore à la stratégie de l'entreprise. Il influence certains choix d'innovation ou d'adoption de technologie – notamment par l'intermédiaire des plans stratégiques.

Dans les années 1970, dans les grandes entreprises, le mode de fonctionnement des bureaux d'étude, et la conception de l'innovation selon des modèles génératifs sont remis en cause. D'une part, d'un point de vue organisationnel, car les départements d'innovation, qui se sont multipliés et localisés, laissent de moins en moins de liberté et d'espace pour la création, et coûtent à l'entreprise de plus en plus d'argent (Hatchuel *et al.*, 2009) ; ils perdent ainsi en efficacité. D'autre part, les grandes entreprises préfèrent améliorer les produits existants plutôt que de prendre le risque de mettre sur le marché des produits nouveaux qui pourraient entrer en concurrence avec les autres produits de l'entreprise (Marchesnay, 2008).

Les services publics marchands connaissent le même processus mais avec une période de retard. Ainsi, à partir des années 1980, ces activités sont à la recherche de nouvelles valeurs. L'essoufflement du progrès technologique et économique démobilise les salariés de ces entreprises, qui souhaitent de nouvelles organisations de l'innovation en phase avec un environnement plus concurrentiel (Trinh et Wieviorka, 1989). Selon Dickel (1997), jusqu'à la fin des années 1980, la forme traditionnelle de la plupart des monopoles-réseaux publics ressemblait à une structure organisationnelle qualifiée de « U-mécaniste » dans laquelle la techno-logie utilisée impose une standardisation des tâches. La place du con-trôle est prégnante afin d'éliminer l'incertitude et de contenir les con-flits. Les cadres dirigeants détiennent un pouvoir important dans la mesure où, dans une structure organisée par fonctions, les problèmes de coordination doivent remonter en haut de la hiérarchie pour être résolus.

Les dysfonctionnements de la structure U-mécaniste et l'accrois-sement de la concurrence ont conduit les services publics à passer progressivement à un modèle de performance décentralisée. Les princi-pales difficultés se situaient au sommet hiérarchique qui n'arrivait pas à traiter les problèmes non routiniers et à gérer les rythmes de conception des produits des différents départements. Cette forme d'organisation générait des pertes de temps et d'information entre les niveaux hiérar-chiques ainsi que des problèmes d'incitation de la base. Des tentatives d'autonomisation des unités ont été effectuées mais n'ont pas nécessai-rement donné satisfaction. Par exemple, la décentralisation de France Télécom aurait conduit, dans les faits, à réduire l'autonomie des établis-sements dans la mesure où chaque projet nécessitait l'approbation du comité d'investissement de la direction nationale (Dickel, 1997).

Par ailleurs, la structure multidivisionnelle adoptée par la plupart des grandes entreprises est un frein organisationnel à la créativité car, lors du développement de projets innovants transversaux, les ressources disponibles (humaines, techniques, financières, informationnelles) sont dispersées au sein des structures autonomes de l'entreprise, et les risques de doublons ou de blocage par certaines directions sont plus forts (Le Loarne, 2006). En outre, les objectifs stratégiques peuvent diverger entre les différents départements de l'entreprise.

À partir des années 1990, la crise de l'innovation dans les grandes firmes s'est renforcée. Cette crise est non seulement liée au mode de conception de l'innovation intensive dont le fonctionnement temporel n'est pas adapté aux exigences du capitalisme financier, mais aussi à la « crise d'identité de la firme et de ses objets » (Hatchuel, *et al.*, 2009) qui rend plus floues les stratégies d'innovation à poursuivre dans la mesure où les technologies mais aussi les valeurs sociales se modifient. Dans ce contexte d'incertitude, les projets des intrapreneurs deviennent plus difficiles à légitimer. Marchesnay (2008) évoque la période de l'hyper-modernité dans laquelle les firmes de petites tailles redeviennent importantes pour générer de l'innovation radicale. Les grandes entre-prises se sont recentrées sur la production d'innovations incrémentales impliquant un coût de communication extrêmement élevé. Pour sortir de cette impasse, elles vont avoir recours à toutes les formes d'entrepreneuriat en complément à l'organisation dominante (telles que la création de spin-off, l'acquisition de petites entreprises, l'intrapreneuriat), afin d'explorer des stratégies de rupture (Hatchuel *et al.* 2009). Lorsque la grande entreprise l'autorise, cette période est propice aux intrapreneurs qui cherchent à échapper aux logiques de la conception réglée. L'autonomie de l'intrapreneur deviendrait « l'antidote » de ce système (Hatchuel *et al.*, 2009, p. 160).

2.2. L'impact de la dimension publique sur le processus d'innovation

La dimension de service et la dimension publique des services pu-blics marchands en réseau ont tout d'abord un impact sur le processus d'innovation de ces entreprises en termes de risques, d'appropriation de l'innovation, de freins à l'innovation et de formes d'innovation. Mais ces dimensions ont également des conséquences positives ou négatives sur l'organisation de l'innovation et l'intrapreneuriat.

L'une des caractéristiques des services publics a été traitée précé-demment et concerne la taille de ces activités. De manière générale, la taille de l'entreprise a des conséquences négatives sur le processus d'innovation. Les phénomènes bureaucratiques s'installent dans les procédures de décision et entraînent des phénomènes d'inertie freinant l'innovation. Ainsi, selon Pinchot (1985, p. 11), si les grandes entre-prises ne manquent pas d'idées, elles ont beaucoup de mal à les mettre en place car elles sont confrontées à un « bourbier d'analyse, d'approbations et de politiques ». Ces difficultés conduisent les intra-preneurs potentiels à devenir entrepreneurs, augmentant ainsi le risque de développer des concurrents sur certains segments de marché. Par ailleurs, ce sont les salariés les plus créatifs de l'entreprise, qui possè-dent une grande expertise (notamment ingénieurs et chercheurs), qui partiront développer ce type de projet. Les organisations de type bureau-cratique sont défavorables à l'intégration de dispositifs intrapreneuriaux lorsque cette culture « valorise le respect des procédures et condamne les comportements innovants perçus comme "déviants" » (Blanchot-Courtois et Ferrary, 2009, p. 100).

Les services publics marchands, anciennes administrations, ont encore une organisation fortement marquée par les comportements bureaucratiques, et sont toujours en partie contrôlés par l'État, dans la mesure où ils poursuivent des missions de service public. Par ailleurs, la dimension « réseau » de ces activités rend la prise de décision en matière d'innovation plus délicate du fait de leurs répercussions sur l'ensemble du territoire national. Les notions de risque et d'appropriation de l'innovation sont amplifiées (Merlin, 2006).

La culture des entreprises détermine aussi leur capacité à intégrer les comportements intrapreneuriaux. Ainsi, si le nombre d'intrapreneurs est trop faible et dispersé dans l'entreprise, les pratiques intrapreneuriales seront condamnées car elles ne résisteront pas à la culture dominante ; en revanche, s'il existe une communauté d'intrapreneurs, l'identité de ce groupe sera forte dans la mesure où elle sera contraire à la culture dominante (Blanchot-Courtois et Ferrary, 2009).

Si la dimension publique peut être un frein à l'apparition d'une communauté d'intrapreneurs, la taille de l'entreprise et certains éléments des caractéristiques publiques contribuent aussi à soutenir de tels dispositifs. Ainsi, selon Burgelman (1983), la démarche d'intrapreneuriat est plus présente lorsque les ressources sont en excès. Or, lorsque les services publics ont acquis une autonomie par rapport à l'État, la redistribution des ressources et l'abaissement des contrôles ont pu mettre à disposition des intrapreneurs potentiels des moyens financiers et logistiques en abondance. Par ailleurs, ces entreprises embauchent un grand nombre de salariés, ce qui augmente le potentiel interne d'agents créatifs.

Les choix publics en matière d'innovation pris dans les années 1980 (prépondérance de la technique) ont pu contribuer à l'émergence de comportements intrapreneuriaux. Ainsi, la crise qui sévit à cette période dans certains services publics est non seulement culturelle et politique (constituée par le mauvais fonctionnement de l'organisation de l'entreprise), mais aussi stratégique (l'entreprise ne serait pas pilotée) (David, 1997). De nouvelles valeurs ont émergé à cette période (Trinh et Wieviorka, 1989) mettant en avant d'autres innovations que les seules innovations technologiques, et dégageant une réflexion sur les préoccupations de « service public ». Toujours dans les années 1980, les services publics marchands ont développé de nouvelles prestations de service plus adaptées au cœur de métier de l'entreprise, et au front-office, à côté de la R&D traditionnelle et plutôt technique. Les services publics marchands en réseau ont enrichi leurs prestations de produits-services. Pendant cette période, la plupart des entreprises publiques ont développé de nouvelles procédures de gestion des ressources humaines, telles que le management par projet. Ces procédures ont pu intégrer des projets intrapreneuriaux.

Appartenir à une entreprise publique est aussi un atout en termes de sécurité de l'emploi. Quel que soit le contrat par lequel l'intrapreneur est lié à l'entreprise (fonctionnaire ou contractuel), il est relativement rare que les intrapreneurs soient menacés de quitter l'entreprise. En revanche, les avancements de carrière dans l'entreprise peuvent dépendre des projets engagés.

Les services publics marchands en réseau génèrent des atouts pour les démarches intrapreneuriales, mais aussi des inconvénients. Ainsi, les projets d'innovation ont plus de chance d'être abandonnés pour des raisons indépendantes du projet. Les nombreuses restructurations ou les changements au niveau des directions peuvent remettre en cause certains projets intrapreneuriaux précédemment légitimés. Par ailleurs, les intrapreneurs peuvent se voir imposer des experts de l'entreprise (ou d'autres services publics marchands qui travaillent sur des projets ou technologies similaires) en vue de diminuer les coûts ou à des fins de contrôle du projet.

Le changement de présidence des services publics en réseau est aussi un risque pour les intrapreneurs dans la mesure où c'est le Conseil de direction de ces entreprises qui définit les grandes lignes de la stratégie de l'entreprise. En fonction de la croissance, de l'environnement concurrentiel, des liens noués avec l'État, le processus de production se recentre sur le processus d'exploitation, ou au contraire, donne des marges de liberté aux unités fonctionnelles de l'entreprise. Les services publics marchands en réseau, anciennes administrations à forte structure industrielle, fonctionnent avant tout sur une organisation d'exploitation. L'intensification actuelle de la concurrence pousse les entreprises à rationaliser leurs coûts, et donc à se concentrer sur l'exploitation plutôt que sur un processus de management par projets[3]. La phase actuelle serait donc davantage favorable à une réduction des dispositifs intrapreneuriaux plutôt qu'à leur expansion.

Les principales conséquences de la taille des services publics, et de leur caractère serviciel et public, sur la problématique de l'innovation et de l'intrapreneuriat précédemment présentées sont synthétisées dans le tableau 1.

---

[3] La culture de management par projet est caractérisée par l'unicité des projets (une création de projet) et suppose que l'attention soit portée sur les stimuli pour anticiper les sources de dysfonctionnement. La culture d'exploitation repose sur l'organisation, la répétition. C'est une culture héritée du service public.

Tableau 1
Synthèse des conséquences du caractère serviciel et du caractère public des services publics sur la problématique de l'innovation

Caractéristiques des entreprises de grande taille	Conséquences sur l'innovation et l'intrapreneuriat
Processus d'innovation	- Les grandes firmes privilégient l'innovation incrémentale (plus contrôlable, moins coûteuse et moins risquée), plutôt que radicale. Elles sont donc peu favorables à l'intrapreneuriat - L'innovation a été rationalisée et contrôlée par les managers dans des départements dédiés à l'activité de conception après les années 1950 (comportements intrapreneuriaux canalisés dans les départements dédiés à l'innovation) - Recours dans les années 1990 à l'intrapreneuriat sous toutes ses formes comme complément au processus d'innovation pour les projets risqués
Caractéristiques de service des services publics	**Conséquences sur l'innovation et l'intrapreneuriat (adapté de Djellal et Gallouj, 2000)**
Processus de prestation	- L'output est flou ce qui rend la distinction entre innovation de produit, de process et d'organisation difficile - Innovations redondantes, appréhension du degré de nouveauté difficile entre innovation, simple différenciation, diversification ; place particulière de l'innovation organisationnelle
Caractère immatériel de la prestation	- Imitation de l'innovation facilitée - Problème de protection de l'innovation - Relation ambiguë vis-à-vis de la technologie
Notion de temps, d'incertitude	- Impact économique de l'innovation difficile à percevoir dans sa globalité - Problème d'évaluation des coûts et des prix de l'innovation
Interactivité de la prestation de service	- La production de l'innovation n'a pas un caractère linéaire - La participation du client au processus de production de l'innovation (voire coproduction) est possible et fréquente - La cohabitation entre différents modèles d'organisation de l'innovation (dont les démarches intrapreneuriales) est possible - Nouvelles formes d'innovation liées à l'interactivité (sur-mesure, ad hoc) - Problème d'appropriation de l'innovation
Caractéristiques publiques des services publics	**Conséquences sur l'innovation et l'intrapreneuriat**
Acteurs de l'innovation/RH	- Poids des déterminants institutionnels de l'innovation plus important - Parcours professionnel inadapté à la rupture professionnelle que constitue la mise en place d'un projet intrapreneurial - Certains objectifs contradictoires conduisent à innover

Organisation « bureaucratique »	- Freins humains pour certaines innovations - Risques relatifs à l'innovation parfois atténués en interne (comme la structure est importante) – la taille de l'entreprise peut aider à trouver des appuis si la hiérarchie directe n'est pas favorable au projet - Les changements fréquents de direction de l'entreprise peuvent annihiler des efforts menés pour un projet, voire conduire à délégitimer des projets intrapreneuriaux en cours - Sortir des procédures peut s'avérer difficile dans les anciennes administrations - Risque que le projet ne soit pas suivi par l'intrapreneur mais repris par des personnes dont le métier est dédié à l'innovation. - Risque de se voir imposer des experts d'autres services publics qui travaillent sur des projets ou technologies similaires (pour diminuer les coûts ou pour contrôler l'avancement du projet) - Culture des services publics (processus d'exploitation) inadaptée au fonctionnement en management par projet
Statut public	- L'État utilise parfois le service public comme un instrument de politique industrielle et technologique et oriente certaines trajectoires d'innovation - Certaines ressources peuvent être abondantes à certaines périodes (personnel en surnombre, financements, locaux) et favoriser l'élaboration de ces projets - Importance de la direction de l'entreprise sur les choix d'innovation - Le statut de fonctionnaire protège les éventuels intrapreneurs des licenciements - Imitation/ diffusion de l'innovation parfois facilitée - Le principe de mutabilité prévoit d'intégrer les innovations élaborées à l'extérieur (NTIC, etc.) - Principe d'égalité, de désintéressement parfois en décalage avec la réalité du service
Organisation en réseau souvent national	- Risques économiques et sociaux (sociétaux) pour les innovations d'envergure - Impact socio-économique de l'innovation important

Source : Merlin (2006), complété par les entretiens menés en 2010 à La Poste.

La section suivante est consacrée à une étude de cas menée à La Poste concernant l'intégration des intrapreneurs dans le processus d'innovation au cours du temps. Nous cherchons à identifier à quel moment cette entreprise a pu héberger des intrapreneurs, et s'il existe (ou a existé) dans les modes d'organisation de l'innovation des démarches de type intrapreneurial.

3. Une perspective historique des processus d'innovation : Le cas de La Poste

Dans cette entreprise, il est possible de repérer trois grandes phases pendant lesquelles la conception intrapreneuriale a évolué. Ces phases sont liées aux modes de gouvernance de l'entreprise, qui ont pour déterminants non seulement les changements de statut de l'entreprise, mais aussi les modifications de l'organisation de l'innovation et du management des ressources humaines. Ces changements sont rythmés par les orientations stratégiques proposées par la direction de l'entreprise.

Les données empiriques de notre étude de cas ont été collectées en deux étapes. Une première partie des données (une cinquantaine d'entretiens semi-directifs effectués en 2004, puis une dizaine en 2008) a permis d'identifier l'évolution des formes et des processus d'innovation à La Poste (Merlin, 2006 ; Brogniart, 2010). Une dizaine d'entretiens a ensuite été réalisée en 2010 auprès des départements innovants de l'entreprise afin d'élargir l'étude au thème de l'intrapreneuriat. Ces entretiens ont été complétés par l'étude des documents officiels de l'entreprise (Documents internes, Rapports annuels et Rapports de développement durable, Communication sur le progrès, etc.).

3.1. L'intrapreneuriat et l'organisation de l'innovation

Le premier résultat de notre recherche empirique montre que, conformément aux conclusions présentées par Hatchuel *et al.* (2009), les modes d'intégration des démarches intrapreneuriales sont, dans cette entreprise, aussi, très liés aux évolutions de l'organisation de l'innovation. Ainsi, dans les trois phases repérées, les intrapreneurs ont été, soit intégrés dans les processus d'innovation existants, soit isolés dans des unités spécifiques. Ce type de projet a aussi été refusé par l'entreprise lorsque cette dernière a cherché à homogénéiser ses départements.

La première phase correspond à la période pendant laquelle La Poste était une administration. Comme énoncé par Blanchot-Courtois et Ferrary (2009), la structure de contrôle bureaucratique n'autorisait pas le développement d'un comportement intrapreneurial. En outre, comme cela a déjà été souligné, La Poste a été, sur cette période, partenaire des industriels en matière de R&D. Les réflexions stratégiques sur ses axes de recherche et ses prestations de service postal et bancaire ne sont apparues que très lentement, et ce, en interaction avec ses missions de service public (Hlavacek *et al.*, 1997). Puis les processus d'innovation se sont progressivement élargis au cours du temps. À côté des traditionnels départements de R&D dédiés à la recherche scientifique et technologique, et réservés aux ingénieurs, sont apparues des équipes de recherche spécifiques au sein des directions marketing et commerciales de l'entreprise. Les départements marketing, financiers et commerciaux ont enrichi l'offre de services, d'abord aux clients entreprises puis aux clients particuliers, en identifiant des familles de produits standards, puis des services sur-mesure de masse (Merlin, 2006). Ces derniers reposent sur une conception de l'innovation formalisée et programmée. Il s'agit d'un processus d'innovation élaboré à partir d'une construction quasi-matérielle du produit sous forme de package d'unités élémentaires de service (Clark et Henderson, 1990 ; Gallouj, 1997).

Une seconde modification majeure de l'organisation de l'innovation est survenue au début des années 1990, lorsque La Poste est passée du statut d'administration au statut d'exploitant autonome (au 1er janvier 1991). Ce changement de statut est concomitant à une période d'évolution de l'environnement concurrentiel (avec notamment l'apparition d'autres médias publicitaires que le mailing traditionnel). L'entreprise, jusqu'alors centrée sur l'organisation de l'exploitation, autrement dit, hostile à tout événement introduisant des perturbations dans les modes de production, expérimente des processus de manage-ment par projet. Par ailleurs, les nouvelles pressions concurrentielles liées aux évolutions du métier conduisent l'entreprise à revoir ses départe-ments d'innovation. On assiste alors à la diminution du poids relatif de la R&D industrielle classique au profit d'autres structures pouvant intégrer des activités de conception, comme la création d'un service dédié aux nouvelles technologies et aux e-services – nommé Direction de Développement des Nouveaux Services (DDNS) puis Direction de l'Innovation et du Développement des e-Services (DIDES). Ainsi, le degré d'autonomie des équipes s'est élargi, et, simultanément, la pré-sence de ressources humaines et financières en surnombre a facilité l'implémentation, pour certaines équipes, de projets d'intrapreneurs.

C'est à cette époque que de nombreux projets autonomes de re-cherche ont été menés, concernant notamment des innovations tech-niques destinées aux clients internes de La Poste (i.e., aux différentes directions de l'entreprise). La majorité des projets innovants développés par ces départements sont des projets demandés explicitement par la direction de l'entreprise. Aussi, ils ne relèvent pas de projets intra-preneuriaux. Cependant, certains d'entre eux peuvent s'apparenter, du fait de l'impulsion de départ ou de l'insertion de ce projet dans le pro-cessus d'innovation, à des projets intrapreneuriaux – tels, par exemple, le projet de réseau d'échange Chronomarques, l'ATNF, ou encore, dans une certaine mesure, le projet Vigik[4]. La réussite de tels projets tient non seulement à leur qualité intrinsèque, mais aussi à la capacité des intra-preneurs à avoir réussi à protéger ces projets (par la création de struc-tures juridiques ou de réseaux informels) des éventuels changements

---

[4] ATNF est un complément permettant aux vieilles machines de tri des années 1980 de pouvoir traiter l'informatique. Vigik est un système élaboré de maîtrise des accès pour les divers prestataires de services voulant entrer dans un immeuble d'habitation.

PME, dynamiques entrepreneuriales et innovation

d'avis de la direction[5], ou encore de l'imposition d'experts internes ou externes à l'entreprise sur ce domaine. La même démarche intrapreneuriale se retrouve aussi dans les autres départements innovants, dans le cadre, par exemple, du développement de nouvelles offres autour des technologies de l'information et de la communication.

À côté des départements dédiés à l'innovation, l'autonomie relative des différentes directions de La Poste a pu également engendrer quelques projets innovants de type intrapreneurial, mais de moindre envergure. Les salariés sont alors des innovateurs-entrepreneurs intégrés à l'organisation. Pendant cette période, on remarque que des choix différents en matière d'innovation ont pu été développés sur des problèmes identiques dans les directions de La Poste sur l'ensemble du territoire (par exemple : prestations de service de La Poste - pharmacie). Nous retrouvons sur ce point le phénomène de doublon précédemment identifié dans les structures multidimensionnelles par Le Loarne (2006).

Une troisième période est apparue dans cette entreprise à partir de 2002 avec le changement de direction de l'entreprise. Si la décentralisation des décisions dans les différentes directions de l'entreprise a été bénéfique à la créativité des intrapreneurs, la multiplication non contrôlée de ces sous-systèmes peut désorganiser l'entreprise et la rendre moins efficace. En vue de la libéralisation totale du courrier en 2011, face à l'intensification de la concurrence et à la perte de vitesse du courrier, et devant les tactiques des postes européennes concurrentes[6], La Poste a choisi de poursuivre la rationalisation de ses coûts de production en modernisant le système de traitement du courrier (Projet Cap Qualité Courrier) et par une stratégie d'acquisition d'entreprises et de développement de ses filiales[7]. Dans ce contexte, les routines des différents départements de l'entreprise ont été homogénéisées, les décisions progressivement contrôlées et centralisées, ce qui a réduit les marges de manœuvre des intrapreneurs. La Poste s'est alors à nouveau centrée sur une organisation d'exploitation, dans laquelle la répétition et l'ordre sont les maîtres-mots ; autrement dit, elle intensifie sa culture précédente, une culture opposée à celle du management par projet. Dans ce contexte, les projets innovants qui n'entrent pas directement dans

---

[5] Même si ces projets sont légitimés par la direction, un changement de direction peut les remettre en question.

[6] Au cours des quinze dernières années, les Postes néerlandaise et allemande ont modernisé leur outil industriel et automatisé leurs centres de tri. Le plan de modernisation de La Poste de 3,4 milliards d'euros (Cap Qualité Courrier) n'a commencé qu'en 2004.

[7] Le passage depuis le 23 mars 2010 en Société Anonyme à capitaux publics contribue à cette évolution.

l'alignement stratégique de l'entreprise ne sont plus soutenus. Le comportement intrapreneurial est de nouveau considéré comme « déviant ».

Depuis 2006 cependant, La Poste semble renouer avec l'intrapreneuriat. La direction de l'innovation et du développement des e-services de La Poste (DIDES) a choisi de mettre en œuvre le programme d'action-formation destiné aux intrapreneurs – mis en place auparavant par GDF (programme « Coup de pousse », commercialisé par la société Human Ventures). La Poste cherche, par ce procédé, à « qualifier et valoriser leur projet en temps réel tout en testant les capacités d'entrepreneur du porteur de projet » (B. Haurie, directeur de la DIDES, in Musso *et al.*, 2007, p. 256). Ce regain d'intérêt pour les démarches intrapreneuriales est cependant limité aux départements de l'entreprise considérés par la direction de La Poste comme étant actuellement les plus stratégiques.

Les trois phases d'organisation de l'innovation, leurs contextes juridiques, et leurs conséquences sur l'intrapreneuriat sont synthétisées dans le tableau 2.

Tableau 2
Modes de gouvernance et intrapreneuriat

Phases	Administration	1990-2002	Depuis 2002
Marge de manœuvre	Faible	Forte	Faible
Reconnaissance de l'intra-preneur	Faible	Tolérée	Faible
Contexte juridique	Statut public Dépend du ministère	Statut d'établissement autonome de droit public Relâchement du contrôle Ressources financières et humaines un peu plus disponibles	Statut de SA depuis 2010 Recentrage sur le métier de base Renforcement du contrôle des tâches des agents
Contexte environnemental	Situation de quasi-monopole Puis intra-preneuriat « domestiqué »	Eloignement de l'État Concurrence des autres Postes Concurrence des prestataires privés et des autres médias Place pour certains projets intrapreneuriaux Multiplication des projets Doublon de projets possible	Concurrence renforcée, disparition progressive de toutes les activités protégées Processus de libéralisation/déréglementation Recentrage stratégique

Dispositifs Intrapre-neuriaux	Inexistants	Inexistants mais place laissée à certaines démarches intrapreneuriales	De moins en moins de place laissée à certaines dé-marches intrapreneuriales hormis la formation « coup de pousse » réservée à certaines directions de l'entreprise
Autres dispositifs de canali-sation de l'innova-tion	Inexistants	Innovation participative pour l'ensemble du personnel	- Innovation participative (dispositif RH) - Pôle de reconversion éliminant les projets sur le cœur de métier (pôle peu dédié aux cadres)

Source : Merlin-Brogniart, élaboré à partir des entretiens 2010.

Le second résultat que l'on retire de nos entretiens concerne les ressources humaines, ce que l'on va détailler dans le point suivant.

3.2. Management des ressources humaines et intrapreneuriat

Le management des ressources humaines peut être utilisé pour favoriser l'innovation en fonction de la place laissée à la créativité des agents et du type de salariés concernés. À La Poste, ce phénomène est renforcé dans la mesure où les caractéristiques de cette entreprise favorisent la créativité des agents. En effet, La Poste est une activité multi-métiers, en perpétuel changement et comportant un grand nombre de salariés. De nombreux salariés font carrière sur différents postes au sein de l'entreprise. Ils possèdent ainsi une bonne connaissance de l'organisation. Cette structure contribue ainsi à développer les phénomènes d'apprentissage, le sens de l'ouverture des agents – notamment lorsqu'ils passent d'un métier à l'autre (chacun des métiers ayant sa propre culture), voire, auparavant, des télécommunications à l'activité postale. Il apparaît par ailleurs que, même après les changements de statut de l'entreprise, et quel que soit le type d'emploi du salarié (contractuel ou fonctionnaire), la sécurité de l'emploi soit conservée même si les projets intrapreneuriaux s'avèrent ne pas être concluants et sont abandonnés. Cependant, le poids de la hiérarchie est encore important. Cela peut entraîner un manque de réactivité de l'organisation et le blocage de certains projets lorsque les agents hiérarchiques intermédiaires tentent de « garder leur pré carré ». Par ailleurs, la sécurité de l'emploi a, elle aussi, un effet pervers. Ainsi, tandis que le mode de gouvernance de l'entreprise réduit les marges de liberté laissées aux intrapreneurs, il arrive que ces salariés aux comportements « déviants » soient isolés sur certains postes afin de ne pas gêner les routines organisationnelles de l'entreprise.

Si les pratiques intrapreneuriales sont plus courantes chez les cadres (car elles sont sans doute plus faciles à mettre en œuvre à ces niveaux hiérarchiques), les autres postiers ne sont pas exclus de ce processus. L'entreprise dispose en particulier d'un mécanisme d'innovation participative qui permet à chaque postier de remonter des idées ou des projets. En principe, ce mécanisme constitue un canal d'innovation complémentaire, plutôt destiné à une innovation de proximité de type incrémental. Cependant, à La Poste, l'activité de la Mission Prospective et Innovation (MPI), créée en 1983, s'est d'abord focalisée sur la production d'innovations techniques « majeures ». Les agents aux compétences « d'inventeur » étaient privilégiés. Cette structure aurait contribué au lancement de projets importants dans le domaine de l'informatisation des bureaux de poste. Dans ce contexte, cette procédure d'innovation « ascendante » a pu intégrer des démarches d'intrapreneurs. Mais cette procédure a très vite été orientée vers de l'innovation « locale »[8] et a abouti, de façon plus modeste, à un canal de remontée d'idées dont certaines constituent des innovations incrémentales. En outre, cette gestion de l'innovation participative a pu avoir des effets pervers dans la mesure où ce sont souvent les mêmes agents qui déposent des idées, et que certains de ces agents sont « animés par la chasse à la prime ».

Avec le changement de statut de l'entreprise, La Poste a créé l'AVIP (Agence pour la Valorisation de l'Innovation Participative). La MPI devient une Direction à Compétence Nationale, rattachée à la Direction des Ressources Humaines. Le traitement des dossiers est alors décentralisé en départements, et le processus d'innovation participative est devenu un outil de management, ayant pour objectif de permettre aux agents de s'approprier les produits et les méthodes de travail. La détection des projets intrapreneuriaux n'est plus l'objectif de cette agence. Les activités de l'AVIP ont, depuis, été intégrées au sein de la Direction de la qualité.

À côté du management participatif, d'autres processus de gestion des ressources humaines peuvent favoriser les démarches intrapreneuriales. Le management par projet, dont nous avons déjà parlé, en est un exemple. À La Poste, pendant longtemps, l'organisation de l'innovation est restée administrative au sens où chaque manager gérait son domaine de responsabilité. Ce système n'étant pas incitatif, les solutions innovantes n'étaient pas diffusées. En modifiant les responsabilités du personnel (la description de poste intégrant désormais la valorisation de projets), le changement de statut de La Poste en 1990 a contribué à

---

[8] En 1989, reprise du système de Boîte à Idées (créé en 1986), sous le terme d'Idée Poste par la MPI. Le traitement des dossiers s'effectue alors par des Délégués Régionaux Prospective Innovation (DRPI) qui filtrent les meilleurs dossiers au niveau des régions. Un système de récompenses est instauré (primes allant jusqu'à 50 000 F).

rendre attractif le développement d'idées innovantes, y compris en dehors des départements dédiés à l'innovation. La mise en œuvre de projets est devenue à cette période plus fréquente étant donné qu'elle participe, dans une certaine mesure, de la reconnaissance des responsables. Cependant, cette évolution n'a pas été contrôlée ; elle a conduit à la multiplication de projets, d'autant qu'elle n'était pas accompagnée d'une formalisation des méthodes de travail. Par ailleurs, ce système aurait eu pour effet pervers de réduire les réflexions collectives et d'attiser les conflits autour de projets, ce qui a conduit aujourd'hui la hiérarchie à contrôler davantage ce type de management.

Les procédures de management des ressources humaines que nous avons présentées suggèrent que La Poste a développé des dispositifs intrapreneuriaux. Cette appréciation doit cependant être nuancée, et ce pour au moins deux raisons. Premièrement, si la première phase d'existence de l'innovation participative ressemble à un dispositif intrapreneurial, il semblerait, selon nos entretiens, que la mise en œuvre et la gestion de l'innovation participative auraient été à un certain moment une activité concédée plutôt que véritablement attendue par le siège. Deuxièmement, si actuellement des procédures de management par projet existent et permettent aux salariés de développer certains de leurs projets innovants, les modes d'innovation « bottom-up » ne semblent pas être une priorité pour l'entreprise. Ainsi, les projets mis en œuvre dans le cadre du management par projet sont aujourd'hui essentiellement des projets imposés par la direction de l'entreprise.

De fait, si certains mécanismes ont pu s'apparenter à des démarches intrapreneuriales, et si La Poste propose aujourd'hui à la marge des formations intrapreneuriales à certains de ses salariés, l'entreprise ne semble pas vouloir développer une culture intrapreneuriale. Certaines périodes se sont avérées cependant beaucoup plus propices aux intrapreneurs, et ont permis de développer quelques projets intrapreneuriaux authentiques.

Conclusion

Au cours de ce chapitre, nous avons pu montrer que les modifications de l'environnement des services publics marchands en réseau, telles que l'augmentation des exigences de la demande, la multiplication des parties prenantes ou encore l'intensification de la concurrence, conduisent ces activités à modifier leur processus d'innovation.

Par ailleurs, le caractère public de ces activités a également un impact sur le processus d'innovation. Les changements de statut successifs (parfois la privatisation) de ces services, modifient les objectifs stratégiques de l'entreprise et influencent les démarches d'innovation.

Les démarches intrapreneuriales mises en place par ces activités sont tributaires non seulement de cet environnement concurrentiel et juridique, mais aussi des changements de direction de l'entreprise dont la fréquence (élevée) est propre aux grands groupes. Ainsi, le risque que les projets intrapreneuriaux soient remis en cause est plus grand que dans d'autres entreprises, et le contrôle des activités innovantes est renforcé ou atténué selon les périodes.

Nous avons également pu constater que l'intrapreneuriat peut relever d'un dispositif explicite séparé du processus d'innovation de l'entreprise ou au contraire être intégré à ce dernier. Ces dispositifs intrapreneuriaux sont en lien étroit avec le management des ressources humaines de l'entreprise et son mode de gouvernance.

Dans le cas de La Poste, alors que le premier changement de statut avait été favorable aux démarches intrapreneuriales, le début des années 2000 et le changement de statut ont fait entrer l'entreprise dans une phase de rationalisation de ses coûts. La modernisation de son appareil productif conduit cette entreprise à homogénéiser les comportements des différentes directions, et par conséquent, à diminuer les marges de manœuvre autrefois accordées aux salariés entrepreneurs. Ce prestataire de service externalise certaines des activités proches de son cœur de métier et développe ses filiales. Depuis 2006, il semblerait que l'accompagnement des projets innovants soit à nouveau soutenu, mais ciblé vers les départements considérés comme stratégiques par l'entreprise (comme la DIDES).

En étendant cette recherche à d'autres services publics en réseau, nous constatons qu'il existe différents modes d'organisation des démarches intrapreneuriales. Alors que La Poste tente actuellement de contrôler, cibler et limiter les comportements intrapreneuriaux à certains départements de l'entreprise, d'autres organisations en réseau s'approprient au contraire de telles procédures et les diffusent au sein de l'entreprise.

Ainsi, l'entreprise EDF, a-t-elle créé, en 2000, une entité spécifique, Business Innovation, qui initie les projets innovants de ses salariés puis, selon leur faisabilité, les accompagne jusqu'à leur réalisation. Cette approche correspond à un « modèle de l'enclave » (Basso et Legrain, 2004), autrement dit, à la création d'une entité dédiée au sein du groupe, en vue d'initier, de porter ou d'appuyer des initiatives entrepreneuriales.

Suite aux remises en cause des monopoles locaux en Europe, GDF a voulu en 2001 développer le comportement intrapreneurial de ses salariés avec le programme « GDF entreprendre ». Ce programme comportait trois sous-programmes : un programme de formation-action nommé « Coup de pousse » (environ 200 formations en 4 ans et demi), un programme d'essaimage de projets stratégiques proches du cœur de métier de GDF nommé « poll'En », et un programme de rapprochement avec les jeunes entreprises innovantes du secteur de l'énergie nommé « Energie up » (Basso et Legrain, 2004). Le programme « GDF entreprendre » relève, selon ces auteurs, davantage d'un modèle de dissémination. Il consiste en la création d'une équipe légère au sein de l'organisation traditionnelle de l'entreprise afin de promouvoir les valeurs entrepreneuriales et de les diffuser via le réseau de la communauté d'intrapreneurs (Blanchot-Courtois et Ferrary, 2009). Ce projet s'est ensuite traduit par la création de la société Human Ventures, société de formation et de conseil en management de l'innovation dirigée par Valérie Blanchot-Courtois, qui commercialise avec CERAM Sophia Antipolis le produit « coup de pousse » auprès d'EDF mais aussi d'autres sociétés comme La Poste.

Ainsi, beaucoup de services publics en réseau (à l'image d'EDF, de Gaz de France ou de La Poste) ont tenté l'expérience de l'intrapreneuriat. Bien que le degré d'intégration des intrapreneurs et les logiques stratégiques soient différents (recherche d'opportunité de croissance, déconstruction de la chaîne de valeur, valorisation des salariés), un point commun les rapproche : toutes ces activités utilisent l'intrapreneuriat pour soutenir l'innovation face à l'intensification de la concurrence.

En définitive, dans le cas de La Poste, et au vu de l'expérience d'autres services publics en réseau, nous pouvons nous demander si l'homogénéisation des comportements des salariés, bien qu'elle soit nécessaire pour éviter la déperdition d'énergie et les doublons, n'est pas dangereuse sur le long terme, et s'il ne serait pas souhaitable de réfléchir à la dynamique intrapreneuriale à suivre, afin de développer une véritable culture intrapreneuriale dans la stratégie d'innovation de l'entreprise.

Références

Abramovici M. et Bancel-Charensol L. (2006), « Tests de validation clients et processus d'innovation de service : le cas des services industrialisés de masse », XVe conférence de management stratégique, Annecy - Genève, 13-16 juin.

Alter N. (2000), L'innovation ordinaire, PUF, Paris.

Asquin A. et Marion S. (1999), « L'intrapreneuriat holographique : un concept de sélection apriori des innovations intrapreneuriales en PME », Actes du colloque international EURO-PME Entrepreneurship: Building for the future, Rennes. http://centremagellan.univ-lyon3.fr/fr/articles/7-68_706.pdf

Basso O. (2004), L'intrapreneur, Economica, Paris.

Basso O. (2006), « Peut-on manager les intrapreneurs ? » Revue française de gestion, N° 168, pp. 225-242.

Basso O. et Legrain T. (2004), « La dynamique entrepreneuriale dans les grands groupes », Les notes de l'Institut, Rapport pour l'Institut de l'entreprise. http://www.institut-entreprise.fr/index.php?id=404

Blanchot-Courtois V. et Ferrary M. (2009), « Valoriser la R&D par des communautés de pratique d'intrapreneurs », Revue française de gestion n° 195, pp. 93-110.

Block Z. et McMillan I. C. (1993), Corporate venturing: creating new businesses within the firm, Harvard Business school Press, Boston.

Bouchard V. (2007) « Les dispositifs intrapreneuriaux à la loupe », L'expansion Management Review, N° 125, pp. 28-35.

Bouchard V. (2009a), « L'intrapreneuriat ». In : Entrepreneuriat, M. Coster (Ed.), Pearson Education, Paris, pp. 287-311.

Bouchard V. (2009b), Intrapreneuriat, innovation et croissance. Entreprendre dans l'entreprise, Dunod, Paris.

Bouchard V. et Bos C. (2006), « Dispositifs intrapreneuriaux et créativité organisationnelle. Une conception tronquée ? » Revue Française de Gestion, N° 161, pp. 95-109.

Burgelman R. A. (1983), « A Process Model of Internal Corporate Venturing in the Diversified Major Firm » Administrative Science Quarterly, Vol. 28, pp. 223-241.

Clark K. et Henderson R. (1990), « Architectural Innovation: The Reconfiguration of Existing Product, Technologies and the Failure of Established Firms », Administrative Science Quarterly, Vol. 35, N° 1, pp. 9-30.

Cunningham B.-J. et Lischeron J. (1991), « Defining entrepreneurship », Journal of Small Business Management, Vol. 29, N° 1, pp. 45-61.

David A. (1997), « RATP : la métamorphose ? Pilotage du changement et innovation dans l'entreprise publique », Cahiers Lillois d'Economie et de Sociologie, N° 29, pp. 23-37.

Dickel S. (1997), « La décentralisation face à la crise des modes d'organisation et d'allocation des ressources d'une entreprise publique s'ouvrant à la concurrence : le cas de France Télécom », Cahiers Lillois d'Economie et de Sociologie, N° 29, pp. 55-69.

Djellal F. et Gallouj F. (2000), « Le casse-tête » de la mesure de l'innovation dans les services : enquête sur les enquêtes », Revue d'Economie industrielle, N° 93, pp. 7-28.

Dumoulin C. et Vignon V. (1991), « La maitrise du processus de production du service ». In : Entreprises, sept facteurs clé de réussite, Dumoulin C. et Flipo J.-C. (Eds.), Paris, Éditions d'organisation, Ch. 5, pp. 121-123.

Fayolle A. et Hernandez E.-M. (2007), « Grandes entreprises et esprit d'entreprise », L'Expansion Management Review, N° 125, pp. 10-15.

Gallouj F. (1997), Vers une théorie de l'innovation dans les services, avec la collaboration de F. Djellal et C. Gallouj, Recherche effectuée pour le Commissariat Général du Plan, juillet.

Hatchuel A., Garel G., Le Masson P. et Weil B. (2009), « L'intrapreneuriat compétence ou symptôme ? Vers de nouvelles organisations de l'innovation », Revue Française de Gestion, N° 195, pp 159-174.

Hlavacek P., Chaffard L. et Disarbois M. (1997), « La recherche à La Poste et dans ses filiales », Contrôle général, La Poste, octobre.

Le Loarne S. (2006), « De l'idée d'offre à l'innovation-produit au sein d'un groupe multidivisionnel », Revue Française de Gestion, N° 161, pp. 111-123.

Marchesnay M. (2008), « L'hypofirme, vivier et creuset de l'innovation hypermoderne » Innovations, N° 27, pp. 147-161.

Merlin C. (2006), Les services publics en mutation. La Poste innove, collection L'esprit économique, L'Harmattan, Paris.

Merlin-Brogniart C. (2010), « The integration of sustainable development in for-profit public service networks in France. The case of the postal and energy field (GDF, EDF) », Journal of Innovation Economics, N° 5, pp. 107-128.

Musso P., Ponthou L. et Seulliet E. (2007), Fabriquer le futur 2, L'imaginaire au service de l'innovation, collection Village mondial, Pearson Education, Paris.

Pinchot G. (1985), Intrapreneuring, why you don't have to leave the corporation to become an entrepreneur, Harper and Row Publishers, New York.

Sharma P. et Chrisman J. J. (1999), « Toward a reconciliation of the definitional issues in the field of corporate entrepreneurship », Entrepreneurship Theory and Practice, Vol. 33, N° 29, pp. 11-27.

Trinh S. et Wieviorka M. (1989), Le modèle EDF, La Découverte, Paris.

Chapitre 9

Clusters, innovation organisationnelle et leadership du changement dans les industries de PME

L'exemple de l'éco-construction

Catherine REMOUSSENARD
et Jean-Guillaume DITTER

Professeurs au Groupe ESC Dijon Bourgogne

Introduction

Depuis sa renaissance au début des années 1990 (Beccatini, 1992 ; Porter, 1998), le concept de système productif local ou « cluster » est devenu une référence de la politique économique régionale en France, où les industries de PME-PMI traditionnelles sont soumises à une concurrence accrue. Les mesures mises en œuvre partent du constat que la compétitivité des entreprises et l'attractivité des territoires sur lesquels elles opèrent passent par des coopérations entre acteurs locaux (entreprises, enseignement supérieur, recherche) soutenues, voire impulsées, par l'État et les collectivités territoriales (DATAR, 2004).

Contrairement aux clusters *de facto* du type district industriel italien (Beccatini, 1992), spontanés et auto-organisés, les dispositifs impulsés par les pouvoirs publics ont pour objet de faire coopérer des acteurs initialement concurrents, ou issus de mondes différents et qui s'ignorent. Ils représentent une forme d'innovation organisationnelle majeure qui suppose des mécanismes de pilotage et d'animation formels incarnés par un individu ou une équipe réduite. L'animateur est alors un leader du changement, un « interpreneur » (cf. infra, § 1.2).

Nous exposons ici les premières étapes d'une étude réalisée à partir du modèle des compétences de base du leader développé par Mumford *et al.* (2000). Dans une première section, nous définirons le système productif local (SPL) ou cluster, ses applications en matière de politique publique et implications en matière de gouvernance. Les concepts de changement organisationnel et leadership du changement, ainsi que leur application en matière d'analyse des clusters et des animateurs de cluster, seront détaillés dans une deuxième section. Enfin, nous proposerons dans une troisième section des éléments de réponse à ces questions de recherche sur la base de deux études de cas concrètes dans le secteur de l'éco-construction.

1. Clusters et gouvernance

1.1. Du cluster à la politique de « clustering »

La référence au concept de cluster est présente dans la quasi-totalité des dispositifs de coopération territorialisés récemment impulsés ou soutenus par les pouvoirs publics. Pour M. Porter, qui a contribué à sa popularisation et à son déploiement en objectif de politique publique, il constitue une « une forme d'organisation dont la compétitivité est basée sur l'existence de relations étroites entre acteurs [entreprises, centres de recherche, organismes de formation] liés par des objectifs communs ou complémentaires, enracinés (embedded) sur un territoire donné » (Porter, 1998)[1].

La multiplicité des dénominations existantes reflète l'existence d'un corpus théorique relativement diversifié, au sein duquel s'inscrivent des sociologues (Scott, 1995), des économistes (Beccatini, 1992 ; Krugman, 1995), ou des géographes (Benko et Lipietz, 1992)[2]. Tous insistent pour mettre en évidence les effets positifs sur les gains de productivité, les capacités d'innovation et la dynamique entrepreneuriale au plan local de l'articulation entre ressources offertes par le territoire et intensité des relations de coopération-concurrence inter-entreprises induites par la proximité géographique. Au cœur du processus se trouvent les économies externes d'agglomération et de localisation.

Le courant de l'économie de la proximité (Rallet et Torre, 2004 ; Bouba-Olga *et al.*, 2008), qui sera ici notre référence, considère pour sa

---

[1] Ehlinger *et al.* (2007) proposent le terme générique de « réseau territorialisé d'organisations » pour recouvrir la diversité des dispositifs et termes existants. Pour notre part, nous nous en tiendrons au terme anglo-saxon de cluster (grappe). Parmi les différentes définitions données par M. Porter, nous avons par ailleurs volontairement choisi celle mettant le plus clairement en évidence la dimension territoriale du cluster (pour une discussion des conceptions variées de la notion de cluster chez Porter, voir Hamdouch, 2008).

[2] Voir Markusen (1996) pour une typologie détaillée.

part le cluster comme un modèle d'organisation géographique de l'activité économique combinant proximité géographique, distance itinéraire traduite en temps ou en coût de franchissement (Pecqueur et Zimmerman, 2004), et proximité organisée. Cette dernière est d'essence relationnelle et peut être appréhendée selon deux dimensions, institutionnelle et organisationnelle (Gilly et Lung, 2004 ; Torre, 2006).

La proximité organisationnelle est un ensemble de ressources complémentaires détenues par des acteurs potentiellement aptes à participer à une même activité finalisée de type meso-économique, au sein d'une organisation ou d'un ensemble d'organisations (réseau de coopérations, secteur d'activité, système productif local). La proximité institutionnelle consiste, quant à elle, en une adhésion des acteurs à des règles d'action communes, explicites ou implicites (habitus), et, dans certaines situations, à un système commun de représentations, voire de valeurs, résultat de compromis provisoires entre des acteurs aux intérêts divergents et parfois contradictoires (Gilly et Lung, 2004).

Au-delà des seules externalités d'agglomération induites par la proximité géographique, ce sont donc les ressources mobilisées par la proximité organisée qui sont susceptibles de déboucher sur la constitution d'un cluster sur un territoire donné (Torre, 2006). Celle-ci est plus particulièrement liée à la transformation d'une confiance interpersonnelle, qui est à la base des interactions entre agents, en une forme de confiance organisationnelle structurant l'action collective (Dupuy et Torre, 2004). Le cluster n'est en effet pas une simple agglomération d'acteurs, mais un espace relationnel et social construit à l'échelle d'un territoire.

Un cluster est perçu comme une construction spontanée, dans laquelle les actifs d'un territoire sont valorisés par les acteurs économiques locaux qui vont peu à peu mettre en place les structures organisationnelles et les institutions adaptées à leurs intérêts. Sa structuration repose sur des facteurs cumulatifs engendrés dans des circonstances particulières et qui rendent chaque expérience unique, difficilement généralisable comme « recette » de développement au niveau local. Le rôle des pouvoirs publics régionaux ou nationaux se limite alors à accompagner le développement de clusters existants et non pas à imposer le développement de clusters ex nihilo (Hamdouch, 2008). La création d'un environnement favorable – soutien à l'éducation et au développement d'infrastructures adéquates (éducation, recherche, transports et télécommunications), élaboration d'un cadre règlementaire créant les conditions d'une concurrence fluide – en sont les principaux piliers, permettant aux acteurs privés d'enclencher une dynamique de grappe.

Cependant, on a assisté dans les années 1990 au développement de l'idée de cluster « volontariste » appuyé, voire impulsé, par les pouvoirs publics. Sous l'égide de la DATAR (1999), la France a lancé à la fin des années 1990 un dispositif de labellisation et soutien financier à quelques 160 systèmes productifs localisés (SPL), devant favoriser la coopération au sein des industries de PME-PMI qui forment l'ossature du système productif français. Quelques années plus tard, la politique des pôles de compétitivité s'est appuyée sur des bases similaires pour chercher à dynamiser la coopération entre industrie, recherche et formation. D'autres dispositifs nationaux – ainsi les pôles d'excellence rurale (PER) – ou régionaux (tels que les clusters Rhône-Alpes) font référence aux mêmes soubassements.

Ce renversement de perspective pose un certain nombre de questions quant aux facteurs de réussite de ces dispositifs, et plus précisément, quant aux modes de coordination entre acteurs : comment créer de la proximité organisée là où seule existe la proximité géographique ?

1.2. Coordination, gouvernance et animation des clusters

Contrairement aux « clusters spontanés » nés des besoins des entreprises et organisés de façon décentralisée et informelle (Loubaresse, 2007), les « clusters volontaristes » impulsés par les pouvoirs publics concernent des systèmes productifs caractérisés par une certaine concentration spatiale d'entreprises qui n'entretiennent, au départ, que peu de liens les unes avec les autres. Leur objectif est de rassembler des partenaires aux intérêts différents, voire contradictoires, qui n'ont pas nécessairement la volonté de coopérer. Il s'agit donc bien de créer de la proximité organisée là où n'existe initialement que de la proximité géographique, processus qui requiert des mécanismes de gouvernance et de pilotage centralisés et formels (Loubaresse, 2007).

La question de la gouvernance des clusters, définie par Ehlinger *et al.* (2007) comme « les modes de régulation des rapports entre différentes unités » n'a que tardivement fait l'objet d'une réflexion approfondie. Les chercheurs ont parfois mis l'accent sur le caractère auto-organisé des clusters (Ehlinger *et al.*, 2007) ou bien les recherches n'ont porté que sur la définition du réseau comme un mode de gouvernance en soi, situé entre marché et hiérarchie (Williamson, 1985).

Les travaux récents font ressortir trois grands modes de gouvernance des clusters (Mendez, 2005 ; Chabault, 2007). Le premier d'entre eux peut être dit « focal », le cluster étant piloté par une grande firme pivot, et se rapproche de la hiérarchie au sens de Williamson.

Le deuxième, typique des clusters spontanés de type district industriel italien, est appelé « associatif ». Il est fondé sur un équilibre des pouvoirs entre les membres du dispositif, généralement des PME, dérivant de l'existence d'un environnement institutionnel structuré et d'un degré élevé de proximité institutionnelle existant entre les membres permettant le développement de relations de confiance et de solidarité.

Le troisième mode de gouvernance est qualifié de « territorial » dans la mesure où il implique fortement des acteurs locaux, au premier rang desquels les collectivités territoriales, autour d'objectifs et référentiels partagés. Mendez (2005) en propose une typologie plus fine, distinguant trois types de gouvernance territoriale : à une forme de gouvernance « privée » dominée par les acteurs privés, s'ajoutent une gouvernance « privée collective » dont l'acteur clé est une institution formelle regroupant les acteurs privés et une gouvernance « publique » dont les moteurs sont les institutions publiques.

Chabault (2007) définit quant à lui un mode de gouvernance supplémentaire appelé « partenarial » ou « mixte », articulant les modalités précédentes.

Les formes concrètes prises par la gouvernance des clusters sont les modalités selon lesquelles les membres du dispositif délèguent une partie de leur pouvoir de décision à une structure particulière (Ehlinger *et al.*, 2007). Sa fonction est de définir les objectifs stratégiques du cluster, et de représenter et d'arbitrer entre les intérêts de ses différents membres. Selon Alberti (2001), la structure de gouvernance joue un rôle de planificateur pour l'ensemble du réseau ayant en charge l'articulation des demandes des différents acteurs, la légitimation des actions du réseau et, enfin, la traduction de la stratégie collective en plan d'actions concret. Au-delà des modalités formelles de la gouvernance, Chabault insiste sur l'existence de mécanismes de gouvernance informels reliés à des effets de confiance et/ou de réputation fondés sur l'ancrage local et la proximité avec les partenaires.

Ces structures se présentent sous une grande variété de statuts : associatif, administratif, Groupement d'Intérêt Économique (GIE). D'une importance vitale pour le fonctionnement de la structure se trouve un individu ou une petite équipe, la structure d'animation du cluster. Dans une étude précédente (Ditter et Bobulescu, 2010), nous montrons que, dans trois cas de clusters analysés, la présence d'un « leader charismatique » (Loire) ou d'une équipe dynamique (Atlanbois ; cluster éco-construction de Wallonie) est l'un des facteurs clés de la performance du dispositif créé. L'animateur contribue, dans un premier temps, à impulser la construction organisationnelle et institutionnelle du cluster, au sein duquel les acteurs vont pouvoir interagir et construire de la confiance. Dans un deuxième temps, l'animateur devient le pilote du changement organisationnel et institutionnel, remettant en cause les routines et habitudes établies qui limitent l'incitation à créer des liens utiles avec d'autres acteurs du territoire.

Bien que reconnu en pratique comme décisif et nécessitant des formations spécifiques, le rôle de l'animateur a rarement fait l'objet d'études théoriques approfondies. Le concept de « broker de réseau » met en avant ses fonctions « d'architecte du réseau, manager et facilitateur des relations » (Snow *et al.*, 1992 ; Loubaresse, 2007). L'organisme « France Clusters » – anciennement Club des Districts Industriels Français – définit quant à lui l'animateur comme un « interpreneur »[3], porteur d'innovation inter-organisationnelle.

Nous nous situons, pour notre part, dans le cadre du changement organisationnel, et plus précisément du leadership du changement, ce qui nous amène à analyser les compétences de leadership mises en œuvre par l'animateur.

2. L'animateur, leader du changement

2.1. Typologies de changement et profil de l'animateur

La littérature relative aux stratégies de changement est très abondante. Si l'on se place au niveau du processus de décision des acteurs du changement, nous pouvons envisager cinq courants fondamentaux :

1) Le courant rationaliste

Ce courant met l'accent sur la planification du changement. Ici, l'information joue un rôle essentiel : elle permet au décideur, au leader, d'adopter une démarche séquentielle, basée sur une approche logique et rationnelle (Ansoff et McDonnell, 1990). La nécessité de la mise en place d'un plan d'action solide par l'animateur du cluster ne fait pas de doute et s'inscrit bien dans cette approche.

2) Le courant politique

Le courant politique met en exergue le jeu contradictoire des diverses rationalités des acteurs. Cyert et March (1963), Crozier et Friedberg (1977) et Pfeffer (1981) s'inscrivent dans cette approche.

Ce courant de littérature insiste sur la volonté des dirigeants de l'organisation et sur les politiques pour expliquer les changements. Ainsi, la politique générale de l'entreprise se caractérise par un ensemble de politiques concernant l'ensemble de ses fonctions : politique du personnel, politique commerciale, etc. Ici, l'accent est mis sur les stratégies de l'organisation. Simon (1991) considère que c'est la décision qui donne corps à l'organisation et que le changement (qui est

---

[3]   Voir les documents de l'association France Cluster (http://www.franceclusters.fr/do ssier.php?idpage=12), consulté le 15 novembre 2010.

interne à celle-ci) prend forme au cours du processus intelligence / modélisation / choix.

Pour leur part, Crozier et Friedberg (1977) ont montré le caractère opportuniste des stratégies des acteurs et la part irréductible des marges de liberté qu'ils se donnent à l'intérieur des systèmes d'action auxquels ils appartiennent, ce qui explique les difficultés nombreuses des « changements contraints », comme certaines réformes institutionnelles qui n'influent pas sur le fonctionnement réel des organisations.

Bernoux (1985) reprend cette théorie en mettant en avant trois postulats :

-   Premier postulat : les hommes sont des acteurs qui vont mettre en œuvre des stratégies qui leur sont favorables. Même si la forme du cluster se révèle très originale dans la mesure où elle a vocation davantage à « fédérer » des activités économiques connexes et complémentaires, il n'en demeure pas moins que toute tentative de mise en réseau va générer des jeux d'acteurs. À la différence d'une organisation ayant une forme institutionnelle (avec une formalisation au moins partielle des structures de pouvoir au travers de l'organigramme), le cluster laisse à la fois beaucoup de liberté aux acteurs et par la même occasion une grande incertitude. Dès lors que se trouvent en présence des personnes avec des intérêts personnels divergents, on assiste à la montée en puissance de jeux de pouvoir. Ces jeux de pouvoirs constituent des résistances à la mise en place de règles favorables à l'organisation.

-   Deuxième et troisième postulats : le pouvoir est une coopération d'échanges politiques et économiques et permet des échanges négociés.

D'un côté, il y a l'échange économique (ou instrumental) : les joueurs échangent des ressources (des comportements) sur une base donnant-donnant sans inclure dans leur échange les termes ou règles qui le structurent. De l'autre, il y a l'échange politique : ici les joueurs échangent encore des ressources (des comportements), mais en essayant simultanément de manipuler en leur faveur les termes ou les « règles » qui gouvernent cet échange. L'échange politique est source de comportements potentiellement « déviants » et opportunistes. Les résistances des acteurs vont se caractériser soit par un refus d'implication dans l'organisation du cluster, soit, de manière plus subtile, dans la création de connaissance au sein de la gestion de projet (Sargis-Roussel, 2005).

Dans la perspective de la mise en place d'une conduite du changement sous forme de cluster, les jeux de pouvoirs laissent beaucoup de place aux stratégies individuelles. D'où un élément clé de l'analyse stratégique : la zone d'incertitude. Tout système connaît des incertitudes, mais aucune ne contraint l'organisation de manière mécanique. Les incertitudes rentrent dans le jeu des acteurs dont elles diminuent ou renforcent l'autonomie.

En période de changement, la zone d'incertitude s'accroît. Elle permet aux jeux d'acteurs de s'intensifier. D'où l'importance pour l'animateur du cluster d'être capable de comprendre les jeux d'acteurs et les résistances au changement. Il s'agit là d'une des facettes de son leadership.

D'autres auteurs mettent en relief l'importance du processus de management. Pour Pettigrew (1987), le changement dépend du contexte interne de l'organisation ; il assigne un rôle important aux leaders porteurs de projet de changement. Selon lui, le processus de changement est un véritable processus de pourparlers, de négociations, de marchandages. Martinet (1984) et Remoussenard (2007a et 2007b) soulignent également l'importance du rôle joué par les managers dans la conduite des processus de changement.

3) Le courant incrémentaliste

Dans cette approche, les auteurs soutiennent que, dans le processus de formation des décisions, ce ne sont pas les méthodes formelles de planification qui prédominent mais qu'il s'agit à l'inverse le plus souvent d'un développement continu à caractère itératif et incrémental (Linblom, 1959 ; Quinn, 1980). Dans une telle perspective, l'importance du leader du changement prend toute sa place car il devient un acteur quotidien de la transformation organisationnelle souhaitée. Cette question particulière sera envisagée ultérieurement.

4) L'approche contingente

Pour ce courant de la littérature, les organisations doivent nécessairement s'adapter en permanence à leur environnement pour mener un changement (Donaldson, 2001). Dès lors, elles se doivent d'être ouvertes à la diversité humaine et culturelle ainsi qu'aux différentes formes d'organisation du travail (Lawrence et Lorsch, 1989 ; Hofstede, 1991). Les dirigeants ou leaders doivent avant tout procéder à de bons ajustements pour mener à bien le changement dans un souci de recherche de cohérence (Pichault, 2009).

Dans cette approche aussi la spécificité de l'animateur de cluster peut-être mise en évidence. En effet, celui-ci se doit d'être un point d'articulation entre les différentes parties prenantes en tenant compte des spécificités culturelles des différents acteurs.

5) L'approche interprétative

Dans ce courant de la littérature, c'est l'organisation, définie comme un système social construit sur la base de représentations communes, qui façonne de manière active l'environnement. Organisation et environnement sont créés ensemble au travers des interactions sociales qui se jouent entre les membres. Dans ce courant, dont Weick (1979) est le chef de file, l'accent est mis sur la conception et l'attribution de sens à l'action du dirigeant ou leader.

Le rôle de l'animateur du cluster peut être envisagé sous l'angle du management stratégique, comme un véritable leader du changement. L'originalité de sa posture réside dans le contexte inter-organisationnel dans lequel il est amené à évoluer. En effet, l'animateur de cluster doit en innovateur organisationnel permettre, dans un premier temps, la création de relations de confiance entre les différents acteurs du cluster, puis, dans un deuxième temps, la mise en place de pratiques coopératives (Dupuy et Torre, 2004). Il s'agit là d'une véritable posture de leader du changement.

2.2. Le leadership du changement

Qu'entend-t-on exactement par « leadership du changement » ? Son rôle consiste à guider un système, une personne, une organisation dans une transformation (Dupuis, 2004 ; Carton, 1999 ; Sardas et Guenette, 2004). D'un point de vue technique, le leadership du changement désigne l'ensemble de la démarche qui va du diagnostic à la mise en œuvre d'un plan d'actions visant à apporter des solutions d'évolution et d'adaptation dans les meilleures conditions de réussite. Il s'agit d'une approche globale (Mintzberg, Ahlstrand et Lampel, 2005).

Pour bien situer notre étude, il est important de comprendre ce que l'on entend par « leadership transformationnel ». Si la notion de leadership fait l'objet de nombreuses études, l'ouvrage de référence sur cette question est celui de Sashkin (2004), dans lequel l'auteur passe en revue les différents styles de leadership. Selon lui, il faut distinguer les approches transactionnelles et transformationnelles du leadership. L'approche transactionnelle s'intéresse aux échanges qui s'inscrivent dans une logique de transaction entre le manager et les managés (Burns, 1978, 2004). Par exemple, en échange de la réalisation d'un résultat déterminé, le subordonné sera récompensé par le manager par une augmentation de salaire. La principale difficulté dans le cas de la structure cluster réside dans le fait qu'il n'y a pas de hiérarchie entre l'animateur et les membres du réseau. L'approche transactionnelle n'est donc pas adaptée à cette forme d'organisation.

L'approche transformationnelle considère, elle, que le leadership est un processus qui engage mutuellement le leader et le subordonné. Dans un tel contexte, les subordonnés sont habilités (empowered) à accomplir des tâches et à remplir des objectifs communs avec ceux du leader. L'engagement conjoint du leader et du subordonné repose sur une adhésion à une vision et à des valeurs communes suggérées par le leader. Ainsi le charisme du leader transformationnel est-il déterminant[4]. Le profil de leader que nous allons décrire ci-dessous s'inscrit dans ce courant du leadership transformationnel.

Le modèle de Mumford *et al.* (2000) peut servir de point de départ à la construction d'un modèle théorique décrivant le profil de l'animateur de cluster (figure 1). Dans ce modèle, on constate trois entrées (inputs), toutes liées à la connaissance.

Tout d'abord, le leader doit avoir la connaissance de l'organisation. Dans le cas de la mise en place d'un cluster, cette connaissance consiste dans la capacité à comprendre les interactions entre les différentes parties prenantes, comme celles existant entre les pouvoirs publics et les entrepreneurs. Le deuxième aspect concerne la connaissance des problèmes et des rôles de chacun. Ici, l'animateur de cluster doit se positionner sur une expertise technique afin d'identifier clairement et rapidement les problèmes rencontrés, ainsi que la part et la responsabilité de chacun dans le processus en construction. Le troisième et dernier point réside dans la connaissance des personnes. Celle-ci permet d'adapter la communication et d'instaurer un climat de confiance centrale pour la réussite du cluster.

---

[4] Cette approche correspond mieux au contexte de l'animation d'un cluster, même si le cadre idoine dans le contexte de l'animation de réseau est le mode projet. Celui-ci permet une mutualisation de la connaissance dans une organisation de type horizontal (Sargis-Roussel, 2005).

Figure 1
Le modèle de Mumford *et al.*

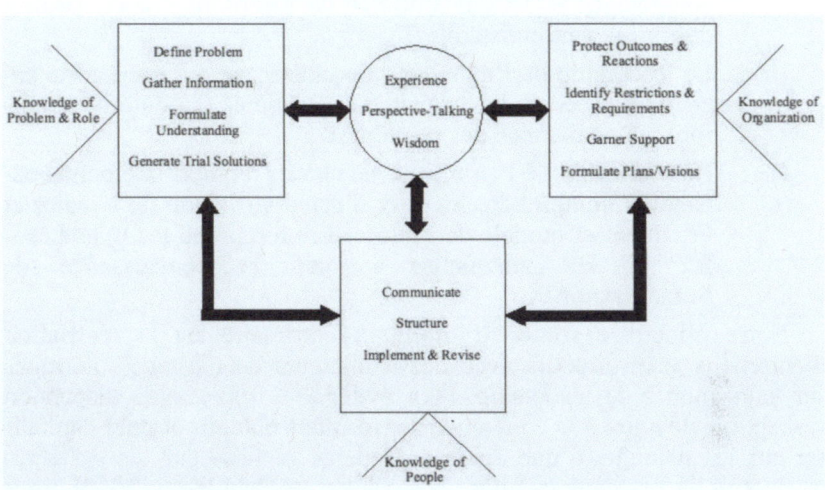

Source : Mumford *et al.* (2000).

Le modèle repose sur la conjonction de trois facteurs : connaissance de l'organisation, connaissance des problèmes et des rôles, et enfin, connaissance des personnes. Ce point central consiste en une posture (« idéale », pourrait-on dire) qui donne à l'animateur de cluster l'expérience, la capacité à prendre du recul ainsi qu'une certaine « sagesse ». Nous nous appuierons sur ce modèle pour construire notre propre modèle d'animateur leader, en tentant de répondre à la question de recherche suivante : quelles sont les compétences de leadership d'un animateur de cluster ?

3. Application : les clusters de l'éco-construction

3.1. Méthode et objet de recherche

Cette étude s'appuie sur la méthode des cas, définie comme la relation d'un événement ou une série d'événements (présents ou passés) pour en tirer un savoir théorique susceptible d'éclairer la pratique. Ce recours à la méthode des cas dans le cadre d'une recherche exploratoire nous est suggéré par Eisenhardt (1989), Yin (2003) et Eisenhardt et Graebner (2007), pour lesquels elle constitue le moyen de générer un savoir aux applications pratiques à partir de données empiriques. Notre étude s'appuie à la fois sur des sources primaires et secondaires dans un objectif de corroboration des données.

Nous cherchons à tester trois hypothèses :

H1 : Le leadership de l'animateur de cluster s'appuie sur une forte compétence technique (modèle de Mumford : connaissance des problèmes et des rôles).

H2 : Le leadership de l'animateur de cluster suppose une forte capacité à créer de la confiance et à fédérer (modèle de Mumford : connaissance des personnes).

H3 : Le leadership de l'animateur de cluster requiert une bonne capacité à comprendre les jeux d'acteurs (théorie de Crozier et Friedberg et modèle de Mumford : on reprend les hypothèses H1 et H2 auxquelles s'ajoute la connaissance de l'organisation).

Notre principale source d'information primaire est la réalisation d'entretiens semi-directifs avec des animateurs de clusters, interrogés sur leurs modes de leadership. Pour éviter une trop grande dispersion susceptible de nuire à la cohérence des résultats obtenus et pour capitaliser sur les résultats d'une étude précédente réalisée sur les systèmes productifs locaux dans la filière bois (Ditter et Bobulescu, 2010), nous avons choisi de nous concentrer sur des clusters opérant dans le domaine de l'éco-construction. Ce secteur nous a semblé d'autant plus intéressant qu'il est essentiellement constitué de PME-PMI et se prête bien à une organisation en clusters.

Étant donné la grande variété des termes utilisés par les acteurs – SPL ou pôle de compétitivité en France au niveau national, cluster dans différentes régions ou à l'international – et des réalités qu'ils recouvrent, nous n'avons pas voulu nous limiter aux seuls SPL ou clusters labellisés. Nous avons, en conséquence, choisi la définition suivante d'un cluster : il s'agit d'un regroupement d'entreprises opérant sur un couple produit-marché – dans notre cas l'éco-construction – lié à des acteurs institutionnels et soutenu par les pouvoirs publics. Les membres du dispositif recourent à une coordination dirigée, qui en constitue le point focal, sous la forme d'une cellule d'animation constituée d'une personne ou d'une petite équipe. Celle-ci appartient à une association interprofessionnelle, une chambre de commerce, une entreprise leader, ou une association créée à cet effet.

Dans une première étape, et en prévision d'une étude plus systématique à l'échelle européenne, nous avons effectué en mars 2010 deux entretiens tests de trente minutes à une heure auprès de l'animateur du cluster Ecobuild, localisé à Bruxelles. Pour ce faire, nous avons réalisé deux guides d'entretien. Ces entretiens ont été croisés avec les résultats obtenus lors de deux entretiens réalisés en 2006 auprès des animateurs du cluster Eco-construction de Namur en Wallonie, dans le cadre de l'étude précédente. Le choix de deux exemples belges nous permet de donner une dimension transnationale à notre étude et de bénéficier d'informations obtenues dans une région relativement avancée, que ce soit dans le secteur de l'éco-construction ou dans les expériences de clustering.

3.2. Caractéristiques des premiers cas analysés

Le cluster éco-construction de Wallonie[5], basé à Namur, est né d'une convergence entre volontarisme politique et intérêt des industriels, le gouvernement wallon ayant lancé en 2001 plusieurs projets pilotes avec l'aide de financements régionaux, intercommunaux et européens (FEDER, Objectif 2). Une expérience de cluster bois entamée en 2002 n'a pas abouti, faute de pouvoir fédérer un nombre suffisant d'acteurs moteurs, mais elle a débouché dès 2003 sur la constitution du cluster éco-construction, intégrant en particulier des membres de l'ancien cluster bois.

Initialement hébergé par la Chambre de Commerce et d'Industrie (CCI) de Namur, le cluster a, par la suite, pris un statut associatif distinct pour pouvoir représenter les acteurs de l'ensemble de la Région wallonne. Composé au départ de 6 entreprises, il comporte plus de 90 membres en 2010, essentiellement des opérateurs du bâtiment, mais aussi de nombreuses activités connexes comme l'économie sociale ou la santé. On y trouve aussi des organismes d'information et de promotion, de formation et de recherche, des fédérations professionnelles (bois, mais aussi BTP) et la CCI de Namur, mandatée pour représenter l'ensemble des CCI de Wallonie.

Les actions collectives menées au sein du cluster incluent la participation à des salons en vue de le faire connaître du grand public, à des conférences et séminaires, la constitution et l'animation de groupes de travail sur des thèmes intéressant les membres. Le cluster représente ces derniers auprès de divers partenaires, tels que les collectivités locales, les investisseurs potentiels, ou encore les organismes de formation et recherche. Sa cellule d'animation est composée de deux personnes et ses locaux sont situés dans un bâtiment construit selon les techniques de l'éco-construction, accueillant des associations et autres organisations proches des problématiques du développement durable et de l'économie sociale. Il sert en conséquence de vitrine aux réalisations des organisations membres.

Selon ses animateurs, l'impact le plus visible du cluster sur le tissu régional a été le développement d'échanges entre entreprises qui

---

[5] Une description plus détaillée de ce cluster est disponible dans Ditter et Bobulescu (2010).

s'ignoraient auparavant, que ce soit dans le cadre de groupes de travail, de contacts débouchant sur des contrats, ou encore de la mise en œuvre de coopérations ouvrant l'accès à des marchés nouveaux. Il a permis des changements notables dans leur état d'esprit et, en particulier, a créé une émulation entre les entreprises. Mais sa pérennisation est une problématique constante : la confiance entre les partenaires ne pouvant se construire que dans la durée, il est important d'offrir aux membres l'occasion de se rencontrer et d'échanger régulièrement pour la créer et la perpétuer.

La structuration du cluster bruxellois Ecobuild répond, pour sa part, à une logique top-down : dans le cadre d'un Contrat pour l'Économie et l'Emploi, le gouvernement de la Région de Bruxelles-Capitale a en effet décidé en 2005 de soutenir le secteur de l'éco-construction, doté d'un fort potentiel de croissance et susceptible de générer des emplois non délocalisables. La création d'une plateforme favorisant les synergies entre les acteurs du secteur ayant été identifiée comme une condition nécessaire à sa structuration, le gouvernement régional a confié à l'Agence Bruxelloise pour l'Entreprise (ABE), créée le 1er janvier 2003 à l'initiative du Ministère régional de l'Économie, le soin d'impulser un cluster en éco-construction à Bruxelles. Celui-ci a pour mission de structurer, soutenir le développement économique et améliorer la visibilité du secteur.

Le cluster, qui compte environ cinquante membres en 2010, est donc un lieu d'échange visant à informer, guider et soutenir les entreprises dans le montage de projets communs. Il participe à la reconnaissance et la visibilité des acteurs du réseau par le biais de l'information et la promotion, de l'organisation de communications avec la presse, ou encore de la participation à certains événements, comme le Salon Batibouw. Cette visibilité doit à son tour contribuer à la diffusion des principes et bonnes pratiques de l'éco-construction auprès du grand public et des professionnels de la construction classique. Un autre objectif est de favoriser les collaborations et synergies entre entreprises, organismes de soutien et centres de recherche, ainsi qu'entre les différents corps de métier de l'éco-construction, de l'architecte à l'entrepreneur, en passant par l'artisan de la construction et le vendeur d'éco-matériaux. Il cherche ainsi à rassembler la totalité de la chaîne de compétences et à créer les conditions de mise en œuvre de grands projets communs.

Selon son animateur, le cluster est encore actuellement dans une phase de maturation : le premier objectif est d'atteindre une masse critique de membres avec pour but de pérenniser et accroître la visibilité de la structure et de susciter des projets communs. Cette coopération permettrait de croiser la logique top-down avec une logique bottom-up.

3.3. Résultats et discussion : proposition d'un modèle de leadership

Le leadership de l'animateur de cluster s'appuie, tout d'abord, sur une forte compétence technique. L'entretien-test réalisé avec l'animateur du cluster Ecobuild de Bruxelles met particulièrement en évidence la solidité technique de son parcours. Architecte de formation, la personne interrogée travaille dans le domaine de la construction depuis près de trente ans. Elle a assuré la direction de chantiers importants, avant de reprendre l'animation du cluster en 2009. Son large panel de connaissances techniques sur la construction lui permet de développer une vision panoramique d'un système complexe, comme par exemple de comprendre les problématiques et attentes des membres du cluster pour les relayer. Elles lui permettent à un deuxième niveau d'asseoir sa légitimité, voire son autorité, auprès des différentes parties prenantes en vue de créer des relations de confiance, dans un milieu considéré comme très spécifique et dans lequel les aspects techniques sont essentiels. L'animateur occupe enfin une place centrale dans un contexte de négociation avec les différents opérateurs.

Les entretiens réalisés avec la structure d'animation du cluster éco-construction wallon mettaient eux aussi en relief la nécessité de disposer d'une forte compétence technique. Cette cellule d'animation comprenait en 2006 deux personnes aux profils distincts : l'un avait une formation d'ingénieur industriel complétée par un DEA en Environnement, l'autre était diplômée en études politiques et management de l'innovation. Cette combinaison de profils leur permettait de disposer d'une légitimité réelle auprès des professionnels tout en maîtrisant les nombreuses compétences nécessaires à l'animation d'un réseau. La pertinence d'une animation bicéphale est par ailleurs mentionnée par l'animateur du cluster Ecobuild, pour lequel les compétences techniques sont nécessaires, mais doivent être complétées par des compétences relationnelles (voir infra).

Figure 2
Compétences techniques de l'animateur de cluster

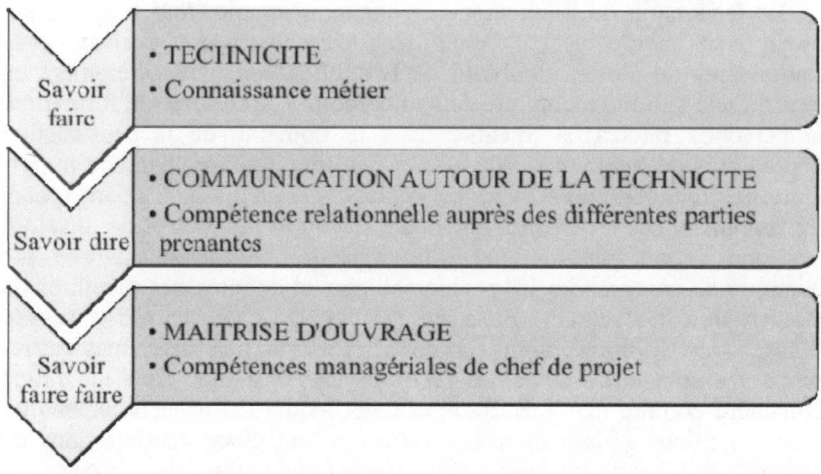

Source : Remoussenard et Ditter (2010).

Le leadership de l'animateur de cluster suppose, parallèlement, une forte capacité à fédérer et à créer de la confiance.

L'animateur du cluster Ecobuild et celui du cluster éco-construction de Wallonie se définissent comme des « facilitateurs », qui vont chercher à « développer des synergies » entre acteurs de l'éco-construction, mais aussi, dans le cas wallon, à les aider à déposer des dossiers ou à rechercher des financements, et à les représenter auprès des collectivités locales et des investisseurs. La communication joue, de fait, un rôle essentiel dans la fonction d'un animateur-chef de projet. Dans le cas bruxellois, l'animateur mentionne que son rôle consiste à faire « travailler ensemble des gens qui ne s'aiment pas forcément », des concurrents ou des opérateurs dont les contraintes et intérêts divergent, dans un milieu fortement concurrentiel. Pour ce faire, les compétences relationnelles de l'animateur sont centrales : la personne interrogée parle de « facultés de dialogue », voire de « capacités de séduction », lui permettant de créer des relations de confiance, d'attirer dans un premier temps les futurs membres avant de les fédérer en fonction d'un objectif commun.

La participation au cluster ne s'accompagnant d'aucun avantage financier spécifique, il faut pouvoir identifier chez chacun les motivations qu'il pourrait avoir à rejoindre cette structure. La personne interrogée évoque la nécessité de ne pas « brusquer » les membres potentiels, mais au contraire de les amener à s'intégrer progressivement dans les activités du cluster, en participant tout d'abord ponctuellement à des réunions, puis à certaines actions avant de s'impliquer de manière plus importante. La figure 3 ci-dessous permet de synthétiser ce rôle de l'animateur-chef de projet.

Figure 3
Rôle de l'animateur de cluster

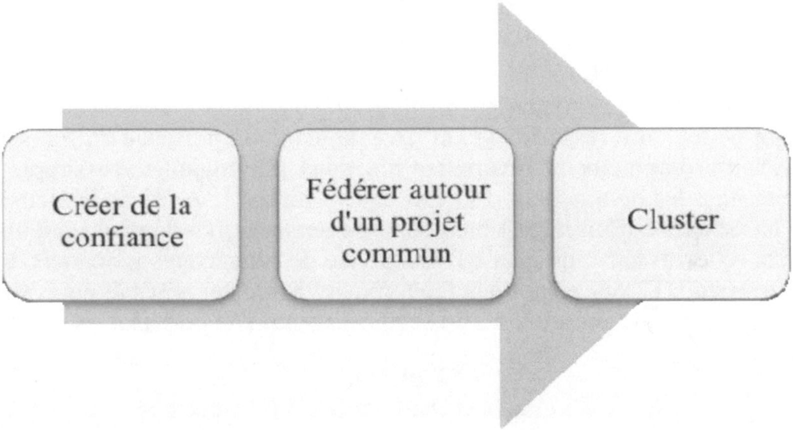

Source : Remoussenard et Ditter (2010).

Le leadership de l'animateur de cluster nécessite, enfin, une bonne capacité à comprendre les jeux d'acteurs.

La capacité à comprendre les jeux d'acteurs relève du « politique ». Elle englobe les deux compétences précédemment étudiées dans la mesure où créer de la confiance et fédérer supposent de proposer au préalable une perspective claire. Comme nous l'avons vu précédemment, en période de changement, le leadership naturel revient à ceux qui sont capables d'apporter de la lisibilité et de la clarté en zone d'incertitude. L'animateur - chef de projet a précisément ce rôle à jouer. Le besoin de clarté sera d'autant plus important que le nombre de parties prenantes sera élevé et diversifié, ce qui est le cas dans le secteur de l'éco-construction, dans la mesure où il intègre des métiers diversifiés participant à des systèmes complexes.

La mise en place d'un cluster performant suppose en particulier de dépasser un climat de méfiance réciproque entre acteurs – méfiance qui constitue en soi une véritable résistance au changement, empêchant de construire une coopération réelle et durable. Le partage d'informations, qui est au cœur de la démarche de clustering, est susceptible de générer des comportements de passager clandestin et de remettre en question la cohésion du groupe. Les opérateurs se connaissent au départ générale-ment mal, se méfient les uns des autres, voire sont potentiellement en conflit direct par rapport à l'accès au marché. Selon l'animateur du cluster bruxellois, il faut pouvoir décoder et comprendre les intérêts de chacun afin, dans un premier temps, d'éviter les conflits ouverts, puis, par la suite, d'obtenir des résultats. Cette capacité à analyser les jeux d'acteurs apparaît dans l'interview-test à travers le discours des acteurs lorsqu'ils évoquent la notion de « diplomatie », la nécessité « d'éviter les blocages », ou bien la notion de « charisme ».

Des jeux d'acteurs ont aussi été mis en évidence au sein du cluster wallon, même si les entretiens menés à cette époque n'avaient pas pour objet de les faire ressortir. Selon les animateurs la présence en son sein d'acteurs nombreux et diversifiés n'a ainsi pas toujours été simple à gérer, tant les divergences d'intérêt étaient fortes. L'esprit de consensus et la recherche d'un intérêt bien compris ont toutefois dominé : initiale-ment réticents car inquiets de l'émergence de concurrents potentiels, les acteurs du BTP ont ainsi finalement intégré le cluster après avoir évalué leur intérêt à être présents sur un segment de marché porteur.

Figure 4
Jeux d'acteurs et leadership de l'animateur

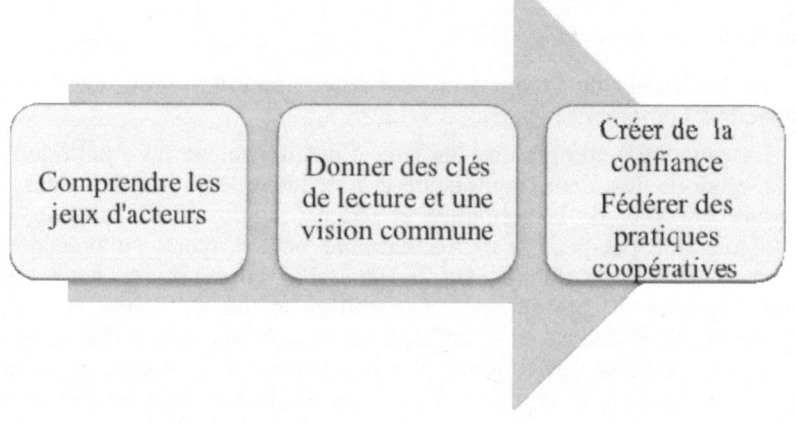

Source : Remoussenard et Ditter (2010).

Le modèle de Mumford semble adapté à notre questionnement et nos premiers tests nous permettent d'ores et déjà d'envisager un modèle structuré autour des quatre piliers que sont les capacités à donner du sens, à fédérer autour de pratiques, voire de projets communs, à créer de la confiance et enfin à réguler les jeux d'acteurs (cf. figure 5).

L'animateur, tel que nous pouvons le décrire à partir des entretiens réalisés, est en premier lieu un « facilitateur », mais aussi un « évangélisateur » doté d'une vision globale en même temps qu'un « diplomate » et un « arbitre ».

Figure 5
Modèle de leadership de l'animateur de cluster

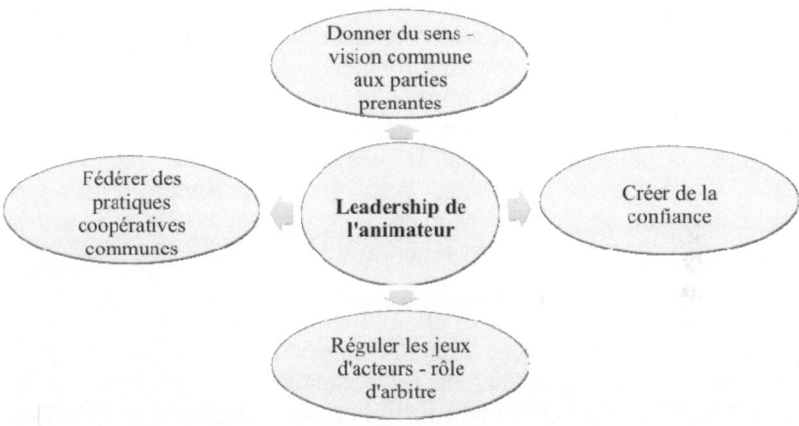

Sources : Remoussenard et Ditter (2010).

Conclusion

Nous avons souhaité dans ce chapitre mettre en évidence le rôle et les compétences de leadership de l'animateur dans le cadre d'une innovation organisationnelle majeure qu'est la constitution d'un cluster de type « volontariste ». Nous avons tout d'abord montré que, contrairement au cluster *de facto* généralement auto-organisé, le cluster volontariste requiert des mécanismes de gouvernance formels, dont l'animateur est une pièce centrale.

Puis, nous nous sommes appuyés sur le modèle de Mumford (2000), basé sur le management de la connaissance nécessaire au leadership du changement. Il s'agit, pour le leader, d'avoir à la fois une connaissance de l'organisation, des problèmes et des rôles des acteurs, et, enfin, des personnes. Ce cadre théorique nous a permis de formuler des hypothèses validées, qualitativement, par notre étude. Les résultats mettent en évidence trois types de compétences spécifiques au leader (animateur) de cluster.

-   Tout d'abord, des compétences techniques s'articulant autour d'un savoir faire, un savoir dire et un savoir faire faire.

- Ensuite, des compétences managériales ayant pour noyau la capacité à créer de la confiance entre les acteurs et à fédérer des pratiques coopératives.

- Enfin, des compétences politiques, liées à la capacité de l'animateur de cluster à comprendre et réguler les jeux d'acteurs.

Cette première étape de recherche nous permet ainsi d'esquisser un premier modèle de leadership de l'animateur de cluster.

Nos résultats doivent maintenant être systématisés. La prochaine étape de notre recherche consistera à affiner les guides d'entretien et à rencontrer un plus grand nombre d'animateurs de clusters de l'éco-construction, en France et dans d'autres pays de l'Union européenne (Belgique, Allemagne, Suisse). Il sera en particulier intéressant de mettre en évidence l'existence possible de plusieurs profils-types d'animateurs de cluster faisant appel à des compétences de leadership différenciées, en particulier en fonction de l'environnement dans lequel ils opèrent.

Les deux premiers cas analysés sont en effet des clusters belges portés par leur gouvernement régional respectif (Bruxelles-Capitale et Wallonie). Il sera intéressant de les comparer à des clusters français, opérant dans un environnement institutionnel radicalement différent et marqué par une tendance pluriséculaire à la centralisation.

Références

Alberti F. (2001), « The Governance of Industrial Districts: A Theoratical Footing Proposal », Liuc Papers, N° 82, Serie Piccola e Media Impresa, 5.

Ansoff H. I. et McDonnell E. J. (1990), Implementing Strategic Management, Prentice Hall, New York.

Beccatini G. (1992), « Le district industriel marshallien, une notion socio-économique ». In Benko G. et Lipietz A. (Eds.), Les régions qui gagnent, PUF, Paris.

Benko G. et Lipietz A. (Eds.) (1992), Les régions qui gagnent, PUF, Paris.

Bernoux P. (1985), La sociologie des organisations, Seuil, Paris.

Bouba-Olga O., Carrincazeaux C. et Coris M. (Eds.) (2008), « La Proximité : 15 ans déjà ! », Revue d'Économie Régionale et Urbaine, N° 3.

Burns J. M. G. (2004), Transforming leadership, Grove Press, New York.

Burns J. M. G. (1978), Leadership, Harper Torchbooks, New York.

Carton G. D. (1999), Éloge du changement. Leviers pour l'accompagnement du changement individuel et personnel, Village Mondial.

Chabault D. (2007), La gouvernance des réseaux territoriaux d'organisation, revue de littérature d'un concept émergent, Cahier de Recherche du CERMAT.
http://cermat.iae.univ-tours.fr/IMG/pdf/Vol_20_07-145_Chabault.d.pdf

Crozier M. et Friedberg E. (1977), L'acteur et le système, Seuil, Paris.

Cyert R. M. et March J. G. (1963), A behavioral theory of the firm, Prentice Hall, Englewood Cliffs.

DATAR (1999), Actes du colloque « Systèmes Productifs Locaux : des modes spécifiques de développement économique territorial en France », Toulouse-Labège, 21 juin.

DATAR (2004), La France, puissance industrielle : une nouvelle politique industrielle par les territoires, La Documentation Française, Paris.

Ditter J.-G. et Bobulescu R. (2010), « Les systèmes productifs locaux dans les industries du bois : trois études de cas », Revue d'Économie Régionale et Urbaine, N° 2, pp. 269-292.

Donaldson L. (2001), The contingency Theory of Organizations, Sage, Thousand Oaks.

Dupuis F. (2004), Sociologie du changement. Pourquoi et comment changer les organisations, Dunod, Paris.

Dupuy C. et Torre A. (2004), « Confiance et proximité ». In Pecqueur B. et Zimmermann J.-B. (Eds.), Économie de proximités, Hermès Lavoisier, Paris.

Ehlinger S., Perret V. et Chabaud D. (2007), « Quelle gouvernance pour les réseaux territorialisés d'organisations ? », Revue des Sciences de Gestion, 2007/1, N° 170, pp. 155-171.

Eisenhardt K. M. (1989), « Building theories from case study research », Academy of Management Review, N° 14, pp. 532-550.

Eisenhardt K. M. et Graebner M. (2007), « Theory building from cases : opportunities and challenges », Academy of Management Journal, Vol. 50, N° 1, pp. 25-32.

Gilly J.-P. et Lung Y. (2004), « Proximités, secteurs, territoires », 4e journées de la Proximité : proximités, réseaux et coordination, Marseille, juin.

Hamdouch A. (2008), « La dynamique d'émergence des clusters et réseaux d'innovation : revue critique de la littérature et éléments de problématisation », XLVème colloque de l'ASRDLF, Rimouski, 25-27 août. http://asrdlf2008.uqar.qc.ca/Papiers%20en%20ligne/HAMDOUCH-A.pdf

Hofstede G. (1991), Culture and Organizations. Software of the mind, McGraw-Hill, London.

Krugman P. (1995), « Rendements croissants et géographie économique ». In Rallet A. et Torre A. (Eds.), Économie industrielle et économie spatiale, Economica, Paris.

Lawrence P. et Lorsch P. (1989), Adapter les structures de l'entreprise : intégration ou différenciation, Les Éditions d'organisation, Paris.

Linblom C. E. (1959), « The science of "Muddling Through"», Public Administration Review, Vol., N° 19, Spring, pp. 79-88.

Loubaresse E. (2007), « Le pilotage d'un réseau productif local par un broker formel : une approche en termes d'encastrement », XVIème Conférence Internationale de Management Stratégique, Montréal, 6-9 juin. http://www.aims2007.uqam.ca/actes-de-la-conference/bottin-des-auteurs/loubaresse-elodie/index.html

Markusen A. (1996), « Sticky Places in Slippery Space: A Typology of Industrial Districts », Economic Geography, Vol. 72, N° 3, pp. 293-313.

Martinet A.-C. (1984), Management stratégique : organisation et politique, Éditions McGraw-Hill, Collection Stratégie et Management, Paris.

Mendez A. (2005), « Les effets de la mondialisation sur l'organisation et la compétitivité des districts industriels », Revue internationale sur le travail et la société, Vol. 3, N° 2, pp. 756-786.

Mintzberg H., Ahlstrand B. et Lampel J. (2005), Safari en pays stratégique. L'exploration des grands courants de pensée stratégique, Village Mondial, Paris.

Mumford M. D., Zaccaro S. J., Harding F. D., Jacobs T. O. et Feishman E. A. (2000), « Leadership skills for a changing world: solving complex social problems », Leadership Quarterly, Vol. 11, N° 1, pp. 11-35.

Pettigrew A. (1987), « Context and action in the transformation of the firm », Journal of Management Studies, Vol. 24, N° 6, pp. 649-670.

Pfeffer J. (1981), Power in Organizations, Ballinger, Cambridge.

Pichault F. (2009), Gestion du changement, De Boeck, Bruxelles.

Porter M. E. (1998), « Clusters and the new economics of competition », Harvard Business Review, November-December, pp. 77-90.

Quinn J. B. (1980), Strategies for Change: Logical Incrementalism, R. D. Irwin, Homewood, Chicago.

Rallet A. et Torre A. (2004), « Proximité et localisation », Économie Rurale, N° 28, pp. 25-41.

Remoussenard C. (2007a), « Études de cas : le pilotage du changement pôle d'expertise : apport de la conduite du changement à la GRH ». In Dupuich-Rabasse F. (Ed.), Les compétences managériales : enjeux et réalité, L'Harmattan, Paris.

Remoussenard C. (2007b), « Making Change », MIT Sloan Management Review, 15 June.
http://sloanreview.mit.edu/executive-adviser/articles/2007/3/4931/making-change/

Remoussenard C. et Ditter J.-G. (2010), « Cluster, changement organisationnel et leadership », XLVIIᵉ Colloque de l'ASRDLF, Aoste, 20-22 septembre.
http://asrdlf2010.let.fr/documents/papiers/F3/Remoussenard_49.pdf

Sardas J.-C. et Guenette A. (2004), Sait-on piloter le changement ?, L'Harmattan, Paris.

Sargis-Roussel C. (2005), « Création de connaissance et jeux de pouvoir : le cas d'un projet dans le secteur bancaire », XIVème Conférence Internationale de l'AIMS, Angers, 6-9 juin.
http://www.strategie-aims.com/events/conferences/9-xiveme-conference-de-l-aims/communications?theme=Organisation+-+Apprentissage

Sashkin M. (2004), « Transformational Leadership Approaches ». In Antonakis J., Cianciolo A. T. et Sternber G. R. (Eds.), Nature of Leadership, Sage publications, Thousand Oaks.

Simon H. A. (1991), « Bounded rationality and organizational learning », Organization Science, Vol. 2, N° 1, pp. 125-134.

Snow C. C., Miles R. E. et Coleman H. J. (1992), « Managing 21st century network organization », Organizational Dynamics, N° 20, Winter, pp. 5-20.

Torre A. (2006), « Clusters et systèmes locaux d'innovation », Région et Développement, N° 24, pp. 15-43.

Weick K. E. (1979), The social Psychology of Organization, Addison Wesley, Reading (Mass.).

Williamson O. E. (1985), Les institutions de l'économie, InterEditions, Paris.

Yin R. K. (2003), Case study Research, Design and Methods, Sage publications, Thousand Oaks.

Chapitre 10

Le rôle de l'innovation organisationnelle dans les petites entreprises

Éclairages à partir du secteur agroalimentaire

Michel MARTIN et Corinne TANGUY

*Ingénieur d'études INRA
et Maître de conférences à AGROSUP Dijon*

Introduction

La compétitivité des entreprises réside de plus en plus dans la maîtrise de compétences portées par leurs salariés et non dans la possession de ressources matérielles. Les entreprises confrontées aux exigences de clients comme la grande distribution, aux changements des habitudes de consommation, et, plus globalement, à l'exacerbation de la concurrence, sont dans l'obligation d'innover. Face à ces évolutions, les entreprises doivent modifier leur stratégie pour s'adapter du point de vue de leurs produits et process et de leur organisation. Il devient alors primordial de s'intéresser à l'innovation organisationnelle car elle joue un rôle central dans la performance des entreprises. Or elle reste peu étudiée, l'essentiel des travaux des économistes s'intéressant plutôt à l'innovation technologique. Très récemment cependant, les enquêtes statistiques, qui ne mesuraient que les changements technologiques, ont élargi la prise en compte de l'innovation, en incluant dans le champ des enquêtes, les innovations organisationnelles et marketing.

Les interrelations entre les innovations technologiques et organisationnelles sont nombreuses et leur prise en compte est essentielle à la réussite des projets d'innovation. En effet, très souvent, une innovation va entraîner des modifications d'ordre technologique, mais aussi des changements dans l'organisation, et nécessiter par conséquent une évolution des compétences. Il a été ainsi démontré que la structure organisationnelle d'une entreprise influait sur sa capacité à innover et sur sa capacité à intégrer des innovations de nature technologique. Les travaux sur l'informatisation des entreprises ont révélé le rôle central de l'innovation organisationnelle dans « l'efficacité » d'innovations technologiques comme les TIC (technologies de l'information et des communications) (Greenan, 1996). Comme le soulignent Askenazy et Gianella (2000, p. 219), en prenant comme terrain d'études l'industrie manufacturière américaine, « (l)'apparente absence d'impact des technologies de l'information sur la productivité globale des facteurs cacherait en fait un double phénomène : de forts gains de productivité dans les entreprises ayant adopté simultanément des innovations technologiques et organisationnelles et un échec de l'informatisation dans les entreprises qui n'ont pas réorganisé leur processus de production ».

À l'instar de ces travaux (Ménard, 1995 ; Greenan et Mairesse, 2006 ; Lam, 2004 ; Ayerbe, 2006 ; Fontrouge, 2008), nous souhaitons analyser l'innovation organisationnelle en nous intéressant aux interactions entre celle-ci et l'innovation technologique au sein de petites et moyennes entreprises (PME) agroalimentaires. Si l'interdépendance entre les innovations technologiques et les changements organisationnels est maintenant bien établie, il est très difficile de démêler l'influence de l'organisation sur les choix technologiques ou de la technologie sur la structure organisationnelle de l'entreprise. Il est donc exclu de mettre, ici, en évidence un schéma de relations causales. Les questions auxquelles nous cherchons à répondre sont plutôt les suivantes : l'innovation organisationnelle est-elle un préalable à certaines innovations technologiques ou accompagne-t-elle l'innovation technologique ? Par ailleurs, l'innovation technologique influence-t-elle les choix organisationnels ? Cependant, nous montrerons que les entreprises définissent leur stratégie de développement en tenant compte des évolutions de leur environnement et de leurs compétences. Cette stratégie détermine des choix en matière d'innovations technologiques et/ou organisationnelles en réaction aux problèmes que l'entreprise identifie. Nous examinerons ainsi le rôle que l'innovation et les processus d'apprentissage jouent dans ce processus d'adaptation interne de l'entreprise.

Après avoir rappelé, dans une première section, la manière dont les économistes se sont saisis de la question du lien entre innovation organisationnelle et innovation technologique[1] nous montrerons ensuite, en nous appuyant sur des enquêtes menées en Bourgogne comment les innovations technologiques (procédés et/ou produits) peuvent être facilitées par des innovations organisationnelles, ou au contraire bloquées par des freins organisationnels en nous focalisant sur les petites entreprises. Nous mobiliserons, en complément, des données statistiques issues de l'enquête Innovation (CIS4[2]) pour préciser les résultats que nous obtenons au niveau régional.

1. Innovation technologique et innovation organisationnelle : quelles relations ?

Comme le note Ayerbe (2006), un faible nombre de travaux se sont focalisés sur la compréhension des influences mutuelles entre les innovations technologiques et les innovations organisationnelles. Il faut attendre, comme nous allons le voir à présent, les années quatre-vingts et les travaux des économistes évolutionnistes avant que le lien entre technologie et organisation ne soit abordé d'une manière moins déterministe.

1.1. D'une logique d'adaptation de l'organisation...

Une tradition ancienne en économie consiste à considérer l'innovation organisationnelle comme une conséquence du progrès technique (Ménard, 1995). Pourtant, depuis les travaux d'Adam Smith (1776), nous savons que la division du travail et la spécialisation des savoirs ont modelé le développement technologique. La mécanisation s'est développée au moment de la révolution industrielle parce que le travail parcellisé a rendu possible « l'application industrielle » de procédés et de techniques mises au point quelquefois bien avant cette période (Perrin, 1988). Des innovations organisationnelles, combinées au développement technique accompli jusqu'au XIXe siècle, ont donc permis de donner naissance à cette époque à des innovations techniques regroupées sous le terme de « mécanisation ». Ainsi le développement de la machine à vapeur ou celui du métier à tisser constituent des innovations cruciales à cette époque dont les concepts fondateurs sont beaucoup plus anciens. De même dans le domaine du secteur laitier, F. Vatin (1990)

---

[1]   Nous avons conscience qu'il existe de nombreux travaux centrés sur l'analyse des liens entre formes d'innovation dans le secteur des services. Dans la mesure où nos enquêtes concernent des PME industrielles et que les ressorts de l'innovation dans l'industrie présentent de notre point de vue des spécificités, nous avons choisi de nous centrer également dans nos développements théoriques sur les analyses de l'innovation dans l'industrie. Pour une analyse synthétique, voir par exemple Djellal et Gallouj (2006).

[2]   CIS4 : Community Innovation Survey (enquête communautaire innovation).

montre que, dans le dernier quart du XIXe siècle, les mutations techniques (invention de la centrifugeuse qui permet l'industrialisation de la beurrerie, malaxeurs mécaniques, technique de la pasteurisation) mais aussi économiques et sociales (émergence du mouvement coopératif) font naître la révolution laitière et les entreprises modernes en France. La technologie et l'organisation sont liées parce qu'elles agissent l'une sur l'autre et se définissent l'une par rapport à l'autre (Chandler, 1992, 1993 ; Mintzberg, 1994)[3]. Il ne s'agit pas cependant d'une relation déterministe qui établirait l'une de ces variables comme la résultante de l'autre (Jacot et Lajoinie, 1988).

De même, la conception de l'entreprise propre au modèle d'organisation du travail taylorien dans laquelle la transparence et la standardisation (des procédures, des langages, des normes) autorisent un fonctionnement organisationnel rationnel a permis le développement de l'automatisation et de l'informatisation.

Il existe donc une indissociabilité de la dimension organisationnelle et de la dimension technique dans la mise en œuvre des technologies. Cependant, que le changement d'organisation du travail soit considéré comme inexorable ou soumis à de nombreuses incertitudes, ce sont les conséquences du changement technique sur l'organisation qui ont très longtemps été examinées.

Plus récemment, une nouvelle conception de l'innovation enrichie par les nombreux allers-retours entre les différents stades de recherche, de conception, de production et de commercialisation (Kline et Rosenberg, 1986) est à l'origine de l'importance accordée au rôle du facteur organisationnel. Les travaux d'Aoki (1990, 1991) sur l'organisation de la firme japonaise s'inscrivent dans une telle perspective. Il oppose deux modèles d'organisation industrielle : le modèle de coordination hiérarchique ou modèle de la firme américaine, et le modèle de coordination horizontale ou modèle de la firme japonaise. Un des apports principaux des travaux d'Aoki est d'établir le fait que la structure organisationnelle peut conditionner la capacité d'une firme à innover (Asquin, 1995). La perspective de l'innovation en tant que processus permet de rompre avec l'idée du déterminisme technique pour considérer les conditions organisationnelles propices à son développement dans les firmes. Selon la structure organisationnelle, le processus d'innovation est conduit différemment et donne lieu à la construction de capacités technologiques spécifiques. Dans ce cadre d'interprétation, le changement de la struc-

---

[3] Si la spécialisation et la simplification des opérations ont contribué à rendre possible l'utilisation de machines exécutant ces mêmes opérations, ces dernières ont à leur tour introduit des changements organisationnels, et notamment, une redéfinition des savoirs et des savoir-faire nécessaires pour les utiliser.

ture organisationnelle intra-firme (décentralisation des décisions, orga-nisation moins hiérarchique) et de l'organisation des relations entre la firme et les acteurs externes (coopération inter-firmes, relations avec des universités, etc.) peut être interprété comme le moyen d'accroître la capacité d'innovation et la performance des firmes. L'entreprise doit adapter son organisation au nouvel environnement dans lequel elle opère. Cette thèse n'est pas sans rappeler les travaux développés dans les années soixante en sciences de gestion par les auteurs appartenant au courant de la contingence environnementale (Burns et Stalker, 1961 ; Emery et Trist, 1965 ; Lawrence et Lorsch, 1967). Il est nécessaire d'adapter l'organisation d'une entreprise en fonction de l'environnement plus ou moins turbulent dans lequel elle évolue.

1.2. ...À une perspective en termes d'apprentissage

Dans une perspective de la firme qui s'appuie sur les travaux pion-niers d'Edith Penrose (1959), l'analyse évolutionniste postule que, selon les compétences possédées par une firme et développées grâce à diffé-rents processus d'expérimentation, elle sera plus ou moins en mesure de saisir les opportunités technologiques de son environnement. Cependant, « les contraintes de sentier ne sont pas seulement de nature technolo-gique » (Dosi *et al.*, 1990, p. 245). Les routines, ou capacités organisa-tionnelles de la firme, influencent la création technologique. Selon Nelson et Winter (1982), les activités d'innovation sont incertaines mais la recherche de solutions, la sélection des éléments à prendre en compte seront routinières.

Une des caractéristiques majeures des processus d'apprentissage dans une firme selon les auteurs évolutionnistes est donc qu'ils sont inscrits dans un sentier (« path dependency ») (Dosi, 1988). En effet, en raison de l'incertitude qui caractérise les activités d'innovation, c'est-à-dire la recherche de solutions à des problèmes, les entreprises utilisent des routines organisationnelles afin de réduire la complexité des déci-sions et des actions (Nelson et Winter, 1982 ; Feldman et Pentland, 2003).

Si les avantages du comportement routinier dans une organisation sont considérables, les routines présentent cependant l'inconvénient de canaliser les comportements des organisations dans le sentier technolo-gique connu et de réduire le rang des opportunités technologiques perçues. Les compétences guident les actions, et la plupart du temps les individus et les organisations agissent d'une certaine manière parce qu'ils ont les compétences pour le faire et ne choisissent pas ce qu'il faut faire pour constituer ensuite la compétence requise (Marengo, 1995), ceci même si les routines dites « dynamiques » sont elles orien-tées vers de nouveaux apprentissages.

Le changement organisationnel n'est plus ici appréhendé à travers les évolutions de la structure organisationnelle, mais il correspond à la modification des compétences intégrant les savoir-faire plus ou moins tacites d'une firme au cours du temps. Les compétences organisationnelles intègrent une dimension historique (elles ont été progressivement élaborées au cours des évolutions) et une dimension dynamique (elles ont été construites au cours d'un processus), dimensions qui sont absentes d'une perspective centrée sur l'adaptation de l'organisation aux nouvelles exigences productives. Dans les études consacrées à l'importance du changement organisationnel, il n'existe généralement pas de véritable analyse de la manière dont une firme peut passer d'un modèle d'organisation à un autre. Dans la problématique qui est la nôtre, centrée sur l'analyse de la capacité d'un collectif à gérer l'innovation, il est primordial d'étudier le passage d'une capacité productive à une autre, via la construction de nouveaux savoirs et savoir-faire.

Dans une perspective de création de technologie, la mise en œuvre d'une nouvelle technologie ne détermine pas plus la nature des compétences organisationnelles que ces dernières ne déterminent la manière dont la technologie sera conçue, utilisée et transformée au cours des évolutions. L'innovation est dans ce cas indissociable d'une modification des compétences organisationnelles existantes, modification qui peut s'avérer difficile à mettre en œuvre. L'élaboration de nouvelles pratiques et le développement de nouveaux produits peuvent en effet rencontrer des obstacles dans la mesure où, comme l'ont montré Henderson et Clark (1990) ainsi que Mustar (1994), les savoirs qui sont à la base de la conception des produits et de la gestion des procédés sont encastrés dans les compétences existantes ou les routines de la firme. L'analyse de l'acquisition de nouvelles compétences organisationnelles, et des obstacles qui peuvent se dresser à son encontre, est donc primordiale pour comprendre la manière dont les technologies sont élaborées, améliorées et gérées. Le concept d'apprentissage organisationnel, qui a pour objet de décrire la construction et la mémorisation de savoirs (Argyris et Schön, 1978 ; Foray, 1993 ; Lam, 2004), nous semble pertinent pour étudier le processus de modification des compétences d'une firme et la manière dont elle apprend à travers ses technologies et ses relations avec l'environnement (Le Bas et Zuscovich, 1993). L'organisation crée, dans sa dynamique d'action, des opportunités nouvelles qu'il est impossible de mettre à jour ex ante (Amendola et Gaffard, 1987). En effet, conformément à la conception de la création de technologie que nous avons privilégiée, il faut considérer que le processus d'innovation est fondamentalement incertain. L'essence même de l'apprentissage est la construction de savoirs au cours de processus d'essais-erreurs, et cet aspect de la construction progressive des savoirs pertinents au cours de l'action rend impossible les anticipations précises sur la marche à suivre.

1.3. Le rôle majeur de la modification des routines organisationnelles et du processus d'apprentissage « techno-organisationnel »

Les différentes conceptions de l'apprentissage organisationnel insistent toutes sur l'importance des facteurs de déclenchement de cet apprentissage et sur le rôle fondamental de la mobilisation des acteurs afin de profiter de ces opportunités pour modifier les compétences obsolètes. Certains auteurs (par exemple, Doz, 1994) ont montré l'importance de la mise à l'épreuve des routines, c'est-à-dire le fait que les individus doivent d'abord remettre en cause ou désapprendre leur manière d'agir avant de s'interroger sur la façon d'améliorer cette façon d'agir. La modification d'une routine peut être conçue comme un processus de désapprentissage-apprentissage. Cette perspective implique que la nouvelle réponse à un problème (ou routine) dépend de manière étroite à la fois de la façon dont est posé le problème et des remises en cause qui sont intervenues. Les routines peuvent ainsi être envisagées non comme un frein mais comme un support de l'innovation. Support, en premier lieu, parce que les routines constituent des compétences organisation-nelles acquises au cours des expérimentations passées, et intégrant par conséquent des savoirs et des savoir-faire (« les leçons du passé ») fort utiles pour concevoir, fabriquer, commercialiser, améliorer de nouveaux produits et procédés. Support, en second lieu, car la mise à l'épreuve des routines est un facteur primordial de perception de nouveaux problèmes, problèmes dont la résolution peut aboutir à une modification dans la manière d'élaborer et de gérer les technologies. Envisager cette évolu-tion comme un processus d'apprentissage techno-organisationnel (Tan-guy, 1996) signifie qu'il est nécessaire de prendre en compte le fait que l'innovation, qui peut intervenir de manière continue, peut affecter les différentes composantes matérielles ou immatérielles de la technologie.

L'apprentissage techno-organisationnel, se traduira par l'élaboration de savoirs et de savoir-faire individuels mais aussi (et surtout) collectifs, non pas en s'ajoutant dans un « stock » préalablement existant, mais en remettant également en cause les pratiques instituées comme étant les « meilleures » façons de concevoir un produit ou un procédé ou bien de répondre aux demandes de nouveaux clients. Dans cette optique, le recours à des organisations extérieures (fournisseurs, clients, instituts de recherche, centres techniques, etc.) constitue autant un moyen d'accéder à de nouvelles connaissances et compétences que de remettre en cause celles qui existent dans l'entreprise. Le processus d'apprentissage organisationnel apparaît donc, en définitive, comme une évolution complexe qui peut, selon la structure organisationnelle, être plus ou moins favorisée, mais qu'il est impossible de prescrire. Il n'intervient pas de manière automatique car il est conditionné par la capacité de détection de nouveaux problèmes et par la motivation des individus à les résoudre collectivement et à modifier les compétences établies.

Dès lors, la capacité des dirigeants à favoriser ces stratégies, la capacité des ingénieurs à percevoir et à exploiter de nouvelles opportunités technologiques, celle des commerciaux à identifier les besoins de la clientèle ou encore celle des ouvriers à proposer des améliorations de procédés s'avèrent cruciales pour le développement d'activités menant à terme à l'élaboration des technologies. Et ces compétences dépendent notamment du construit organisationnel existant, des expériences passées d'une firme et des relations qu'elle a établies avec son environnement.

En conclusion, nous privilégions le concept d'apprentissage techno-organisationnel pour rendre compte de la construction indissociable et progressive des capacités technologiques et organisationnelles dans une firme. La remise en cause des routines apparaît, dans cette perspective, comme un facteur primordial de la perception de nouveaux problèmes et une source potentielle d'innovation. L'innovation (la résolution d'un nouveau problème) en question peut être organisationnelle dans le sens où elle va concerner les composantes organisationnelles de la technologie (pratiques de gestion ou de maintenance, organisation du travail, partenaires externes mobilisés, etc) ; mais elle peut être également technique si elle aboutit à une modification de la conception du produit ou à une amélioration du procédé. La construction concomitante de capacités technologiques et de nouvelles compétences organisationnelles s'effectue progressivement au cours des activités grâce à la perception et résolution de nouveaux problèmes ou de problèmes plus anciens interprétés différemment. Ne pas accepter la distinction traditionnelle entre différents types d'innovations consiste alors à reconnaître que toute innovation, même celle qualifiée de routinière, introduit un changement, voire un saut qualitatif. Ainsi que le soulignent O'Reilly et Tushman (2004), une organisation connaît des périodes de changements incrémentaux ponctuées par des changements « révolutionnaires » : elle est « ambidextre ». Il sera du ressort de l'équipe dirigeante de faire en sorte que puissent se développer ces deux formes d'innovation, en partie contradictoires. Ainsi, l'amélioration d'un produit ou d'un procédé au cours de son utilisation dépend de la « rupture » plus ou moins importante introduite dans les manières d'interpréter et de résoudre les problèmes.

Comme le note Ayerbe (2006, p. 25) : « En mettant en évidence leur rôle respectif d'inducteur et de support, nos résultats nous amènent à privilégier une approche en termes d'inter-action, ou encore de « co-activation », en ce sens qu'innovations technologique et organisationnelle s'entretiennent mutuellement ». Nos propres résultats montrent, comme nous allons le voir, que c'est bien lors du processus de confrontation à de nouvelles demandes de clients, à de nouveaux problèmes qui peuvent ou non être résolus par les processus routiniers internes que les entreprises, et particulièrement les PME, développent de nouveaux projets de produits et procédés, et procèdent à des modifications de leur organisation interne et externe.

2. Méthodologie de l'étude empirique

Notre objectif est de comprendre comment les entreprises, en particulier les PME, innovent en termes organisationnels et technologiques. Pour effectuer ce travail, nous mobiliserons essentiellement les données issues de nos investigations dans les petites entreprises agroalimentaires bourguignonnes et nous utiliserons, en complément, l'enquête communautaire innovation (CIS4)[4] qui permet de préciser les contours des innovations.

Nous avons enquêté 41 entreprises agroalimentaires bourguignonnes (dont vingt entreprises de moins de 50 salariés qui seront ici l'objet de notre attention) en 2002 et 2003 afin d'obtenir une représentativité satisfaisante de la structure sectorielle et de la répartition selon la taille des industries agroalimentaires (IAA) régionales. Le questionnaire d'enquête a été construit en fonction des critères reconnus d'organisation des firmes et de caractérisation de l'innovation (OCDE, 2005), en reprenant les critères de l'enquête CIS et en introduisant d'autres questions pour mieux prendre en compte l'organisation interne et externe des entreprises. Par ailleurs, des questions précises essayaient d'appréhender les spécificités de l'innovation, dans les petites entreprises, en prenant en compte le fait qu'elle est le plus souvent, dans ces organisations, constituée d'un processus d'amélioration continue et non de ruptures radicales. En effet, les démarches d'imitation technologique et de modifications à la marge de l'organisation s'accompagnent parfois d'adaptations non négligeables mobilisant largement les compétences internes des entreprises et leur capacité à aller, au-delà d'une simple transposition, vers des solutions originales en matière de technologies comme d'organisation.

---

[4] L'enquête communautaire Innovation 2002-2004, dite « CIS4 », a été effectuée dans l'ensemble des pays européens. Elle est représentative par secteur et par taille des 4000 entreprises agroalimentaires françaises de 10 salariés et plus qui sont recensées. Par contre, cette enquête n'est pas représentative au niveau régional.

3. Innovation technologique et innovation organisationnelle : les deux faces d'un même processus

Jusqu'à présent, la grande majorité des travaux n'appréhendaient que les innovations technologiques, bien que depuis quelques années, la complémentarité entre les innovations technologiques et les innovations organisationnelles ait été mise en évidence. Nous souhaitons, ici, apporter un éclairage sur les interrelations entre ces deux types d'innovation. Pour effectuer ce travail, nous préciserons ce que recouvrent ces deux notions, et évaluerons l'importance respective de ces types d'innovation en mobilisant l'enquête statistique CIS4. Puis, à partir des résultats de nos enquêtes, nous donnerons quelques exemples d'interrelations entre les innovations organisationnelles et technologiques et montrerons leur lien indissociable.

3.1. L'innovation organisationnelle, forme d'innovation la plus mobilisée par les entreprises agroalimentaires

D'après l'enquête innovation CIS4, dans les industries agroalimentaires, comme dans l'industrie manufacturière, l'innovation technologique (produit et/ou procédé) est mise en œuvre par plus de 40 % des entreprises. Si nous élargissons la mesure de l'innovation (voir encadré 1) pour prendre en compte l'innovation immatérielle (organisation, marketing), c'est 60 % des entreprises agroalimentaires qui déclarent avoir innové entre 2002 et 2004[5]. La taille de l'entreprise est un élément qui influe fortement sur la probabilité que celle-ci a d'innover. Ainsi, plus de 80 % des entreprises de plus de 250 salariés innovent. Cependant, l'activité innovatrice des entreprises de moins de 20 salariés n'est pas négligeable puisque 50 % de ces entreprises innovent.

---

[5] Le comportement d'innovation des entreprises des IAA est proche de celui des entreprises des autres secteurs industriels pour les innovations technologiques et organisationnelles. Par contre, il diffère en ce qui concerne l'innovation marketing puisque ce type d'innovation est mis en œuvre par près d'un tiers des entreprises des IAA contre 14 % pour les entreprises des autres secteurs.

Encadré 1
Les différentes catégories d'innovation dans l'enquête CIS4

L'innovation de produit correspond à l'introduction sur le marché d'un produit, bien ou service, nouveau ou amélioré de manière significative.

L'innovation de procédé se définit par la mise en œuvre de procédés de production, de méthodes de distribution, de méthodes logistiques, nouveaux ou significativement améliorés.

L'innovation marketing correspond à la mise en œuvre de concepts ou de méthodes de vente nouvelles ou modifiées significativement afin de faciliter l'accès des produits au marché. Les changements de design ou de packaging sont des innovations de marketing.

L'innovation d'organisation suppose des modifications significatives d'organisation du travail, de gestion des connaissances et des relations avec les partenaires extérieurs.

Lorsque nous examinons la proportion d'entreprises qui innovent en ventilant les innovations selon leur type (voir tableau 1), nous constatons que les innovations organisationnelles sont la catégorie d'innovation la plus mobilisée puisque 36 % des entreprises agroalimentaires les mettent en œuvre, toutes tailles confondues. La proportion d'entreprises qui innovent décroît pour les autres types d'innovation (32 % au niveau marketing ou procédé, 28 % pour les produits). Par ailleurs, les entreprises, selon leur taille, innovent différemment. Ainsi, les grandes entreprises innovent proportionnellement plus en produits et procédés qu'en organisation et marketing. En effet, elles commercialisent leur production (Martin, Tanguy et Albert, 2006) sur les marchés nationaux et internationaux sur lesquels la concentration de la production est forte et où la concurrence s'exprime à travers la possession de marques leaders. La survie d'une marque sur ce type de marché dépend de sa capacité à se différencier de ses concurrents, cette capacité se traduisant par une stratégie d'innovation, en particulier, en produits et procédés. À l'opposé, les entreprises de moins de 50 salariés, et particulièrement celles de moins de 20 salariés, privilégient relativement plus les modifications de leur organisation et les innovations marketing que les innovations technologiques. Peu dotées en moyens pour développer des innovations (personnel R&D mais de manière plus générale moyens humains et financiers), ces PME comme nous allons le voir dans le point suivant innovent de manière incrémentale, en améliorant de façon continue leur organisation, leur produits et procédés.

L'enquête innovation classe les innovations organisationnelles selon trois sous-ensembles : les modifications de l'organisation du travail, de la gestion des connaissances et des relations avec les partenaires.

Tableau 1
Les différents types d'innovations organisationnelles dans les
entreprises agroalimentaires entre 2002 et 2004 (en %)

Les innovations organisationnelles Total		Les innovations organisationnelles se ventilent en modifications :		
		du travail dans l'entreprise	du système de gestion des connaissances[6]	des relations de l'entreprise
Plus de 250 salariés	52	32	35	21
50 à 249 salariés	37	18	26	12
10 à 49 salariés	33	26	18	8
Ensemble	36	24	22	10

Source : Sessi-CIS4 2004, traitements de l'équipe.

Ainsi, si 36 % des entreprises modifient significativement leur organisation, elles sont d'après le tableau 1 : i) 24 % à modifier leur organisation du travail, ii) 22 % à faire évoluer leur système de gestion des connaissances, et iii) 10 % à modifier leurs relations externes. L'enquête innovation montre que les grandes entreprises sont celles qui modifient le plus fréquemment leurs pratiques, et ce, quel que soit le type d'innovations organisationnelles. À l'opposé, les petites entreprises modifient peu leurs relations avec leurs partenaires. Elles mettent en œuvre essentiellement des modifications internes de leur organisation du travail et à un degré moindre de leur système de gestion des connaissances.

Longtemps ignorée, les innovations organisationnelles sont le type d'innovation le plus utilisé par les entreprises, et en particulier par les plus petites. Examinons à présent comment et pour quelles raisons ces innovations sont développées au sein des entreprises agroalimentaires en Bourgogne.

3.2. Les transformations des modes d'organisation des petites entreprises agroalimentaires bourguignonnes

Nous mobilisons ici, en les synthétisant, les résultats issus des enquêtes effectuées auprès de vingt entreprises de moins de 50 salariés appartenant à des secteurs différents (majoritairement secteurs laitier, des boissons et spiritueux, de la panification, de la charcuterie et des condiments) au sein des industries agroalimentaires. Ceux-ci vont nous permettre de décrire les innovations organisationnelles mises en place par les entreprises sur une période de treize ans (1990-2003) et

---

[6] Les systèmes de gestion des connaissances se définissent comme tous les processus ou pratiques liés à la saisie, au partage et à l'utilisation des connaissances.

d'examiner les liens de ces innovations avec les innovations technologiques.

Nous avons (voir tableau 2) regroupé les innovations organisationnelles, que nous avons répertoriées, en les classant selon les trois catégories retenues par l'enquête innovation (CIS4).

Tableau 2
L'innovation organisationnelle au sein des petites entreprises
(moins de 50 salariés)

Nature de l'innovation organisationnelle	Enquête innovation 2002-2004	Enquêtes directes (années 1990-2003)
Organisation du travail	26 %	- **Adaptation de l'organisation du travail** (mise en place de procédures qualité, adaptation à la saisonnalité, automatisation de la production) - **Amélioration des conditions de travail** (politique salariale, processus d'intéressement, climat social agréable, voyage de fin d'année) - **Embauche de personnel avec d'autres types de qualification** (ex. de l'ingénieur qualité)
Gestion des connaissances	18 %	- **Formation des salariés à l'hygiène et à la qualité** - **Codification des savoirs et des savoir-faire** (avec le risque de fuite des savoirs) - **En contrepartie faible capacité de protection des innovations**
Modification des relations	8 %	- **Relations de longue durée avec clients et fournisseurs**, mais seulement épisodiques avec des centres techniques, très peu intenses avec des organismes de recherche (sauf grandes firmes et entreprises fabricant des produits alimentaires intermédiaires[7] (PAI))

Source : Auteurs.

Les innovations organisationnelles s'inscrivent dans une logique d'adaptation des entreprises à un contexte particulier pour les industries agroalimentaires, celui des crises alimentaires et de la montée en puissance des préoccupations de la société en termes de sécurité alimentaire. Les entreprises agroalimentaires se sont adaptées en faisant évoluer leur organisation interne et externe pour tenir compte des évolutions de leur environnement, notamment réglementaire, et en fonction de leur propre stratégie de développement.

---

[7] Un produit alimentaire intermédiaire (PAI) est un sous-ensemble qui sera assemblé avec d'autres sous-ensembles pour constituer un produit alimentaire qui sera proposé au consommateur final. Une entreprise qui fabrique des PAI a d'autres industriels comme clients.

Nous avons déjà constaté que dans la très grande majorité des petites entreprises, les innovations organisationnelles se focalisent sur des innovations destinées à faire évoluer leur organisation interne, particulièrement leur organisation du travail et dans une moindre mesure leur système de gestion des connaissances. Pour ces entreprises, l'innovation organisationnelle est un préalable pour pouvoir ensuite innover au niveau technologique. Elles répondent ainsi à un double objectif :

- un objectif interne : réussir le passage d'un stade de production de type artisanal à un stade de production semi-industriel. Dans cette perspective, les entreprises innovent sur le plan technologique et modifient leur process de production en automatisant partiellement ou totalement les différentes étapes de leur processus de production ;

- un objectif externe afin de se mettre en conformité avec les normes de plus en plus draconiennes en termes de sécurité alimentaire et de traçabilité.

3.2.1. De nouveaux enjeux d'innovation organisationnelle pour les PME de l'agroalimentaire

Si les entreprises sont de plus en plus contraintes à mettre en place des systèmes d'assurance qualité depuis la fin des années quatre-vingts, cette obligation est encore plus nette dans le secteur agroalimentaire. Dans un contexte marqué par de multiples crises depuis les années quatre-vingt-dix, la sécurité alimentaire[8] et la traçabilité[9] sont devenues des enjeux primordiaux pour les entreprises agroalimentaires. Ainsi, une directive européenne[10] oblige désormais les entreprises agroalimentaires à réaliser des autocontrôles selon les principes de la méthode HACCP (Messeghem, 1999). Cependant, parmi les petites entreprises, seulement 70 % déclarent avoir engagé la mise en place de dispositifs de type HACCP. Il est certain que la mise en œuvre d'un tel dispositif est coûteuse en ressources mais, contrairement à ce qu'affirment par exemple Koenig et Courvalin (2001), il semble que ce soit plutôt la normalisation

---

[8] La fabrication et la mise sur le marché des denrées alimentaires sont soumises au principe de sécurité préalable et au principe de responsabilité du fait des produits défectueux. Leur responsabilité quant à leurs pratiques et à leurs conséquences se traduit par l'obligation de mise en place d'autocontrôles fondée sur les principes de la méthode HACCP (*Hazard Analysis Critical Control Point*).

[9] Le règlement (CE n° 178/2002) établit les principes généraux de la législation alimentaire au niveau communautaire afin de définir une base commune pour les mesures régissant les denrées alimentaires et les aliments pour animaux dans un contexte de libre circulation des denrées alimentaires et de différences entre les législations entre les états membres.

[10] Règlement 93/43 CEE entré en application le 1er janvier 1996.

ISO qui soit difficilement accessible ou inadaptée par rapport aux attentes des PME. Outre leur coût, la relative désaffection des PME agroalimentaires à l'égard des processus de normalisation ISO pourrait s'expliquer, comme l'indiquent Cochoy, Garel et de Terssac (1998), par le fait que « (l)e référentiel normatif introduit un point de vue extérieur, un témoin qui donne à chacun le sentiment d'agir sous surveillance ». En ce qui concerne la normalisation ISO, ce témoin c'est très souvent l'AFAQ (Association Française pour l'Amélioration et le management de la Qualité), qui est l'un des principaux organismes en France chargés d'accorder ou de refuser la certification ISO. Selon les enquêtes, seules 15 % des entreprises ont acquis une certification ISO en visant des objectifs différents (voir encadré 2), certains chefs d'entreprises affirmant le décalage existant entre les exigences de procédures normalisées de type « universel » et le fonctionnement quotidien d'une PME, basé avant tout sur un système de relations interpersonnelles.

Encadré 2
La normalisation ISO 14001 : un outil de stratégie original pour une PME qui revendique un process de fabrication à l'ancienne

> Une entreprise située près d'une ville a axé sa stratégie sur trois piliers : la construction de nouveaux locaux en maintenant une production non mécanisée et une réputation bâtie sur la tradition (fabrication de fromages au lait cru), le développement du tourisme industriel et l'accueil de scolaires et enfin, le respect de l'environnement. Lors de la construction de l'usine, il a été prévu d'intégrer la circulation des visiteurs (touristes ou élèves) en concevant des lieux de circulation avec vue sur l'ensemble des étapes de fabrication des fromages afin de valoriser l'image de tradition, accroître ainsi sa notoriété et se différencier de ses concurrents sans avoir recours à une communication trop coûteuse. La PME revendique la fabrication des fromages selon des méthodes manuelles « ancestrales » et a mis en place un système d'épuration et de méthanisation de l'eurosérum sur le nouveau site. Elle veut respecter les normes environnementales et être en cohérence avec l'image que l'entreprise souhaite donner en particulier dans la perspective du développement du « tourisme industriel ». Elle a obtenu la certification de son système de management environnemental via l'obtention de la norme ISO 14001.

Dans le cas des petites entreprises agroalimentaires, le climat de crises alimentaires et de durcissement de la législation, ainsi que la pression de la grande distribution ont joué un rôle primordial dans ce processus de mise en place de systèmes qualité. Dans ce contexte, les groupes de la distribution et/ou agroalimentaires imposent aux PME leurs propres exigences, ceci même pour les entreprises certifiées ISO (9001, 9002[11]). En effet, le grand nombre d'audits que réclament ces

---

[11] D'après l'organisation internationale de normalisation (ISO) « Les normes de la famille ISO 9000 représentent un consensus international sur les bonnes pratiques du management de la qualité ». De nouvelles normes ISO incluant de nouvelles dimensions (ISO 22000, 26000) ont vu le jour plus récemment et remplacent progressivement ces normes ISO 9000.

groupes à leurs fournisseurs ressemble à de nombreux égards aux contraintes dictées par les donneurs d'ordre aux entreprises sous-traitantes de l'industrie automobile (Gorgeu et Mathieu, 1996).

Un aspect important de ce processus de formalisation est qu'il a été mené, en général, par le chef d'entreprise avec l'appui d'un ingénieur qualité. Cette personne est recrutée afin de mettre en place l'organisation nécessaire au respect de l'obligation de résultat imposée par les normes sanitaires et à la mise en place de procédures d'autocontrôle de type HACCP. Dans l'ensemble des entreprises ayant recruté un ingénieur, on constate qu'il tient un rôle important dans l'évolution de l'organisation interne et externe de l'entreprise. Sa formation et ses compétences lui permettent de tenir une position de traducteur entre l'entreprise et ses clients (particulièrement vis-à-vis de la Grande Distribution), et entre les institutions chargées de mettre en œuvre la politique sanitaire (en particulier la Direction générale de la concurrence, de la consommation et de la répression des fraudes (DGCCRF)) et l'entreprise. Il est capable de décrypter les normes et les audits imposés par les clients.

Au-delà de la mise en place de dispositifs d'assurance qualité et de processus de codification progressive des savoirs, nous constatons des évolutions marquées des process de fabrication allant dans le sens d'une automatisation. Pour faire évoluer leur processus de production, les entreprises modifient plus ou moins radicalement leur organisation du travail et leur système de gestion des connaissances et adaptent souvent des technologies standards aux spécificités de leur organisation (de type artisanal ou semi-industriel).

3.2.2. D'une production artisanale à une production industrielle

Les petites entreprises enquêtées se sont positionnées sur des créneaux de production difficilement mécanisables ou sur des activités en émergence. Leur métier est à l'origine artisanal avec une production de petites séries et elles ont progressivement opté pour un processus d'industrialisation de leur production tout en maintenant un niveau élevé de qualité gustative et bactériologique. Elles ont donc choisi d'avoir recours à des technologies industrielles d'automatisation afin d'augmenter la longueur des séries produites tout en maintenant un haut niveau de flexibilité « produit » et une forte réactivité aux attentes des consommateurs. Cette logique de développement n'a pas comme exigence première la réduction des coûts.

La spécificité de ces entreprises tient dans leur capacité à maîtriser les savoirs et savoir-faire indispensables au passage d'une production artisanale à une production semi-industrielle. Pour une entreprise qui met en place un système de traçabilité et d'assurance qualité, rappelons que l'objectif premier est d'obtenir une parfaite reproductibilité d'une qualité convenue avec le client (Campinos-Dubernet et Marquette, 1999). C'est bien une des difficultés premières des PME que d'obtenir cette régularité de leurs produits. En effet, la grande diversité des matières premières rend le processus d'industrialisation et d'assurance qualité particulièrement important mais très difficile également. Cette recherche de régularité en termes de qualité du produit peut conduire une entreprise à refuser certaines commandes car elle cherche à limiter ses cadences pour ne pas mettre en péril une régularité du produit complexe à obtenir. C'est d'ailleurs un des objectifs majeurs communs de l'innovation dans ces entreprises : tenter par tous les moyens de régulariser le process, de le rendre aussi peu dépendant que possible de circonstances climatiques, saisonnières ou autres. Malgré ces efforts, la production des entreprises reste très fluctuante au cours de l'année.

Pour s'adapter à ces fluctuations, des entreprises ont constitué un réseau local de gestion de la main-d'œuvre saisonnière. Cette collaboration entre entreprises permet de s'attacher les services de personnels formés aux règles d'hygiène strictes de l'agroalimentaire en leur proposant un contrat de travail sur l'ensemble de l'année. Les entreprises ont pu ainsi faire adhérer le personnel à cette obligation et le former par un long apprentissage. Ce réseau est constitué par des entreprises dont les cycles de production sont complémentaires en termes de saisonnalité et qui sont localisées dans une zone géographique restreinte afin de limiter les déplacements des salariés.

Ainsi, pour réussir cette mutation, les entreprises s'appuient sur une connaissance approfondie de l'ensemble des savoirs de leur profession et sur la mise en place une politique de formalisation progressive des savoirs indispensable à une production de type industriel. Cette démarche a été menée sur une période assez longue.

La réussite de cette politique, sur le long terme, est liée à leur capacité à maintenir un compromis par nature instable entre la détention de savoirs codifiés – qui autorisent une rationalisation et une certaine régularité du processus de production – et celle de savoirs tacites, non explicitables, mais qui sont indispensables au fonctionnement et à la performance de l'entreprise (voir encadré 3).

Encadré 3
Automatisation, maîtrise de la régularité de la qualité
et codification progressive (et partielle) des savoirs

Cette entreprise, située sur le marché « haut de gamme » du saumon fumé, fabrique des produits avec une durée limite de conservation limitée à 3 semaines contre trois mois dans ce secteur.

Le processus de codification des savoirs et savoir-faire s'inscrit dans le cadre d'une meilleure maîtrise de la régularité de la qualité du produit qui est dépendante en partie de la qualité des matières premières. Or cette qualité fluctue au cours de l'année et l'entreprise doit être capable d'adapter son processus de production en fonction de ces différences de qualité perçues. Pour cette entreprise, la codification partielle des savoirs est donc une nécessité : il s'agit de disposer de références écrites et d'une évaluation plus objective (par exemple sur l'appréciation de la variation de la salinité de la matière première selon les saisons) qui se substituent à une évaluation empirique de ce critère.

Par ailleurs, l'entreprise a introduit dans son processus de production des machines standard, mais qui ont été adaptées en collaboration avec les équipementiers pour ralentir leur cadence et être en cohérence à la fois avec la recherche de grande qualité du produit et avec l'organisation de l'entreprise. L'introduction de machines entraîne une modification des compétences et tend également à renforcer la codification des savoirs.

Cependant cette nécessité de codifier se heurte à une réalité. Dans cette entreprise, l'essentiel des savoirs est encore tacite notamment en ce qui concerne l'influence de divers facteurs (saison, température, hygrométrie) sur l'état de la matière traitée. L'entreprise ne s'engage donc que très progressivement vers une codification des savoirs. Pour le chef d'entreprise un processus de codification comme la certification ISO n'est pas adapté aux savoir-faire de l'entreprise car « on écrit ce que l'on doit faire, mais ce qu'on écrit n'est pas faisable ».

Par ailleurs, pour certains chefs d'entreprise rencontrés, les savoir-faire acquis dans l'entreprise au cours de l'expérience sont, au-delà des connaissances plus codifiées, les ingrédients majeurs de leur avantage concurrentiel, et ne pas voir « s'enfuir » ces savoirs constitue un aspect important de la gestion de leurs ressources humaines. En effet, ces entreprises sont confrontées à une contradiction majeure, puisque pour se développer, elles procèdent à une formalisation progressive de leurs savoirs. Or ces savoirs stratégiques ne sont protégés par aucun moyen juridique mais principalement par le secret. Dans ces conditions, le départ d'un salarié peut présenter pour l'entreprise un réel danger pour le maintien de son avantage concurrentiel.

3.2.3. *Un processus d'amélioration continue dans les organisations*

C'est bien une des conséquences importantes des systèmes d'assurance qualité que d'avoir fait entrer le client dans l'organisation (Cochoy et de Terssac, 1999). Dans le cas des PME agroalimentaires, fournisseurs de la grande distribution ou de groupes agroalimentaires, cette incursion dans l'organisation des entreprises est particulièrement nette : audits fréquents à l'issue desquels sont développés un ensemble de points à améliorer, voire à modifier, la marge de manœuvre quant à ces préconisations étant relativement étroite. À ce titre, le suivi collectif d'indicateurs clés est un moyen de vérifier en permanence des décalages éventuels et de provoquer (de manière plus ou moins formalisée) la constitution d'une équipe destinée à résoudre un problème. Ces indicateurs et l'ensemble des informations collectées mettent en évidence les interconnections entre les activités des uns et des autres. La transmission d'informations, l'organisation de réunions favorisant les échanges entre les responsables, mais aussi avec l'équipe de production et de commercialisation, sont également considérées, dans ce but, comme particulièrement importantes. Enfin, ces processus de mise à plat des pratiques et de formalisation des savoirs ont permis à des entreprises dont le métier était, de manière traditionnelle, transmis de manière orale, de rationaliser et de simplifier leur processus de production. La plupart de nos interlocuteurs sont conscients de l'importance de ce processus de codification des savoirs mais également des limites que comporte cette codification. De fait, un certain nombre des savoir-faire échappe inévitablement à ce processus.

En conclusion, le mouvement progressif de formalisation des savoirs et savoir-faire qui se développe dans l'industrie agroalimentaire contribue à faciliter les transferts d'informations et de connaissances en interne et l'apprentissage de nouvelles règles d'organisation. Cependant il n'en demeure pas moins que la majeure partie des salariés a été formée à un métier (fromager, charcutier, boulanger) dans des écoles professionnelles ou par apprentissage (Écoles Nationales des Industries Laitières pour les fromagers par exemple). De ce fait, ils partagent un ensemble de valeurs, de pratiques et de connaissances communes, ce qui favorise le transfert des connaissances au sein des entreprises. De manière générale, le partage des connaissances au sein d'une organisation pose la question de l'équilibre entre les connaissances des individus et la connaissance collective. Toutes les entreprises sont confrontées à la nécessité de faire circuler les connaissances au sein de l'organisation et de les sauvegarder au-delà du départ de certains individus.

Si ces évolutions apparaissent propices au processus d'amélioration continue, tant du point de vue technique qu'organisationnel, il est vrai que les entreprises continuent à éprouver un certain nombre de difficultés lorsqu'il s'agit de développer de nouvelles connaissances et d'avoir recours aux compétences scientifiques et technologiques externes. Ainsi, dans la plupart des cas cet apprentissage mérite plus souvent la qualification d'« apprentissage par exploitation » plus que d'« apprentissage par exploration » (March, 1991).

Après avoir étudié l'innovation organisationnelle du point de vue de ces deux dimensions que sont l'organisation du travail et la codification des connaissances, nous allons examiner à présent les relations pour innover avec des partenaires externes de ces entreprises. Globalement les PME du secteur agroalimentaire coopèrent peu avec d'autres partenaires pour innover. Cependant, nous montrerons dans la partie suivante qu'il existe un groupe parmi ces entreprises qui innovent de façon relativement importante et qui sont capables de coopérer avec d'autres entreprises et organismes pour pouvoir innover sur le plan technologique.

3.3. Des compétences et une capacité à collaborer différenciées selon les entreprises et leur positionnement stratégique

Nos travaux montrent que la capacité des entreprises agroalimentaires bourguignonnes à se mettre en relation avec d'autres entreprises ou organismes dans la perspective d'innover est déterminée avant tout par leur potentiel interne de R&D, leur potentiel en personnel qualité et la manière dont elles s'organisent en interne et vis-à-vis des acteurs externes (Martin, Tanguy et Albert, 2006). Ces facteurs constituent des éléments primordiaux de la « capacité d'absorption » (Cohen et Levinthal, 1990) de connaissances scientifiques et techniques externes pour ces PME. En cherchant des partenaires externes, les entreprises essaient de surmonter l'insuffisance ou l'absence de certaines compétences au sein de leur organisation. Les relations que l'entreprise tisse avec son environnement constituent donc tout particulièrement un facteur de compétitivité. À partir de ces travaux, nous distinguons, parmi les petites entreprises, deux types de stratégies, la première regroupe la très grande majorité des entreprises (85 %), la seconde est minoritaire (15 %) :

- Des entreprises qui possèdent des savoir-faire issus des métiers de bouche et qui collaborent peu avec l'extérieur.

Ces petites entreprises se positionnent généralement sur une niche de marché. Elles développent un compromis complexe entre le maintien d'une production de type « artisanal » et une approche technique et productive assurant régularité et contrôle de la production, avec une automatisation développée dans un souci de productivité et de traçabilité.

Elles se caractérisent par un potentiel interne d'innovation technologique très faible et par une ouverture très limitée sur l'extérieur.

- Des entreprises qui ont développé des compétences particulières et qui sont intégrées dans des réseaux scientifiques et techniques.

Ces entreprises vendent à d'autres industriels des produits alimentaires intermédiaires (PAI). Elles ont développé un potentiel interne d'innovation important en recrutant des personnels pour la R&D et le service qualité. Leur activité d'innovation est marquée par la place centrale qu'occupe l'innovation technologique radicale, au regard des référentiels du secteur agroalimentaire. Elles vendent des produits intermédiaires associés souvent à des services (voir encadré 4).

Encadré 4
Des entreprises de PAI qui associent produits et services

Une entreprise est spécialisée dans des formulations dédiées aux industriels de plats cuisinés, ces formulations cherchant à imiter les fromages « naturels » dans le cadre d'une utilisation industrielle. Ces formulations cherchent à retrouver les qualités organoleptiques des fromages en fonction de l'utilisation de cette préparation, c'est-à-dire en tenant compte des paramètres extérieurs. L'entreprise propose ainsi des formulations fromagères en liaison avec les services de R&D du client, ces formulations s'adaptant aux supports et aux autres ingrédients qui entrent dans la préparation du plat préparé ou de la pizza du client. En effet, les produits qui entrent dans la composition d'un plat peuvent interagir et poser des problèmes alors que pris isolément la préparation fromagère peut être correcte. Ainsi on sait que dans le cas de fabrication de pizzas, l'acidité de la tomate influence les qualités de la préparation, défaut qu'il faut corriger dans le cadre d'un processus industriel. Au-delà de la formulation proprement dite, l'entreprise offre son expertise au client pour lever tous les obstacles techniques (y compris en termes de machines) liés à la mise au point de son produit.

Une autre entreprise vend à ses clients meuniers et industriels de la boulangerie des ingrédients et auxiliaires technologiques entrant pour un faible pourcentage dans les différentes farines. Ces ingrédients corrigent certains « défauts » des farines de base et procurent des caractéristiques particulières jouant sur la qualité du produit. Ils permettent également d'assurer une régularité dans la production tout particulièrement primordiale pour les industriels. De façon progressive l'entreprise a inclus un ensemble de services qu'elle donne à ses clients sous la forme de fiches très élaborées autorisant les meuniers par exemple à suivre sur les derniers mois les besoins qu'ils ont eu en termes de correcteurs de farines ou aux industriels de visualiser et de caractériser très précisément (goût, texture, etc.) leurs produits. Dans ce but l'entreprise s'est dotée d'un laboratoire de photographie numérique et d'un laboratoire d'analyse sensorielle. L'entreprise est également en mesure avant la récolte de tester et de caractériser tous les blés de l'année selon leurs variétés et zones de production, outil extrêmement utile pour les meuniers en amont du processus d'achat.

Elles sont capables de collaborer de façon plus ou moins étroite avec les services de R&D des clients et sont très intégrées dans des réseaux. Ces entreprises doivent concevoir de nouveaux produits mais être également capables de les vendre. Or, la plupart du temps, elles n'ont pas développé suffisamment leurs compétences commerciales pour être capables de créer de nouveaux marchés pour les innovations radicales. Elles ont donc développé une stratégie de recherche systématique de partenaires possédant des compétences complémentaires. Nous avons identifié des degrés de collaboration variables. L'accord de commercialisation avec un groupe de l'agroalimentaire ou hors secteur alimentaire (pharmacie) est le mode de collaboration le plus fréquent. Mais, dans certains cas, la collaboration est plus étroite et de long terme puisqu'elle débouche sur la création d'une filiale commune entre l'entreprise et un groupe. Cette société commune fabrique le produit ou le procédé et le vend en passant par l'intermédiaire du groupe. La création d'une structure juridique autonome permet de limiter les risques financiers liés à toute innovation radicale.

Pour ces entreprises, les innovations organisationnelles accompagnent des innovations technologiques « radicales » qui ne s'adressent pas à leurs clients « traditionnels » (les clients industriels du secteur agroalimentaire ou pharmaceutique). En effet dans ce cas, il faut développer le marché, constituer de nouveaux réseaux de distribution et de nouvelles compétences commerciales. L'enjeu pour ces entreprises consiste le plus souvent plutôt à trouver des partenaires capables de commercialiser leur innovation technologique. Si elles sont dans l'incapacité de trouver un partenaire, nous avons pu constater que certaines de leurs innovations technologiques pouvaient se trouver bloquées.

Conclusion

Les résultats de nos enquêtes et ceux de l'enquête innovation semblent converger et permettre une meilleure compréhension du processus d'innovation dans les petites entreprises. Si l'enquête innovation permet de quantifier, les enquêtes directes donnent « de la chair » aux différentes catégories d'innovation organisationnelle. Par ailleurs, l'enquête innovation prend en compte l'activité d'innovation sur une période de quatre ans, alors que nos enquêtes directes l'étudient sur une période de 12 ans. Ce point est particulièrement important pour étudier les processus d'innovation continue au sein des petites entreprises. En effet, dans le cadre de leur politique d'adaptation, elles innovent, au niveau organisationnel ou technologique, par une succession de modifications mineures pour résoudre leurs problèmes en fonction des urgences. Seule une observation sur une période suffisamment longue permet de repérer la stratégie qui sous-tend ces innovations.

L'interdépendance entre les innovations technologiques et les changements organisationnels est alors évidente, même s'il est difficile de démêler l'influence de l'organisation sur les choix technologiques ou de la technologie sur la structure organisationnelle de l'entreprise. Les petites entreprises innovent, généralement, de façon séquentielle, c'est-à-dire qu'elles innovent soit au niveau organisationnel, soit au niveau technologique en fonction de priorités qu'elles définissent. Néanmoins, nous avons constaté que les petites entreprises mettent en place fréquemment des innovations organisationnelles comme si elles devaient au préalable, pour se développer, faire évoluer impérativement leur organisation. Cette évolution organisationnelle passe essentiellement par des modifications de l'organisation du travail et dans une moindre mesure par des processus de codification des savoirs. Le recours à des partenaires externes et l'évolution de ces collaborations concernent plutôt les entreprises de PAI qui doivent, pour répondre aux attentes ou exigences de leurs clients industriels, faire évoluer de façon conjointe leurs technologies et organisation.

Les innovations organisationnelles et technologiques s'inscrivent dans cette évolution « lourde » et participent, à des degrés divers et selon les cas, au processus d'adaptation et d'évolution de ces entreprises. Ainsi, à titre d'exemple, de nombreuses entreprises enquêtées se sont engagées dans un processus de certification et de normalisation, ce qui les a amenées à formaliser leurs savoirs et savoir-faire et à rationaliser leur processus de production. Ces changements ont provoqué un certain nombre d'évolutions organisationnelles en faveur, pourrions-nous dire, d'un modèle plus « interactif » de fonctionnement en facilitant les transferts d'informations et de connaissances en interne et l'apprentissage de nouvelles règles d'organisation (mise en place de groupes de résolution de problèmes, construction de nouveaux indicateurs, responsabilisation accrue du personnel, etc.). D'une certaine manière, on peut en conclure que ces innovations organisationnelles ont permis que se développent d'autres « habitudes » ou routines de travail et la formalisation de nouvelles règles de résolution des problèmes favorisant l'apparition d'innovations. Toutefois, dans d'autres cas (et de façon quelquefois concomitante), ce sont tout d'abord les évolutions technologiques, l'informatisation et l'automatisation de la production qui ont incité à la mise en place de nombreuses évolutions organisationnelles. Convergeant avec l'analyse de, Lambert et Ouedraogo (2010), nous avons pu constater que, quel que soit le cas, la dimension managériale et l'encouragement au changement véhiculé dans l'entreprise de la part du ou des dirigeant(s) sont sans nul doute un élément primordial de ce processus d'apprentissage et d'innovation.

Références

Amendola M. et Gaffard J.-L. (1987), « La modernisation du système productif », Revue Française d'Economie, printemps, pp. 61-88.

Aoki M. (1990), « Toward an Economic Model of the Japanese Firm », Journal of Economic Literature, N° 28, March, pp. 1-27.

Aoki M. (1991), Economie japonaise, information, motivation et marchandage, Economica, Paris.

Argyris C. et Schön D. A. (1978), Organizational learning: a theory of action perspective, Addison-Wesley Publishing Company, Reading (MA).

Asquin A. (1995), « Une interprétation processuelle de l'évolution des grandes firmes innovantes réputées inertielles ». In Rainelli M. et al. (Eds.), Les nouvelles formes organisationnelles, Economica, Paris, pp. 181-196.

Askenazy P. et Gianella C. (2000), « Le paradoxe de productivité : les changements organisationnels, facteur complémentaire à l'informatisation », Economie et Statistique, N° 339-340, pp. 219-241.

Ayerbe C. (2006), « Innovations technologique et organisationnelle au sein de PME innovantes : complémentarité des processus, analyse comparative des mécanismes de diffusion », Revue Internationale des PME, Vol. 19, N° 1, pp. 9-34.

Burns T. et Stalker G. (1961), The management of innovation, Tavistock Publications, London.

Campinos-Dubernet M. et Marquette C. (1999), « Une rationalisation sans norme organisationnelle : la certification ISO 9000 », Sciences de la Société, Numéro Spécial « Organisation et qualité », N° 46, pp. 83-101.

Chandler A. D. (1992), « Organizational capabilities and the economic history of the industrial enterprise », Journal of Economic Perspectives, Vol. 6, N° 3, pp. 79-100.

Chandler A. D. (1993), « Learning and technological change : the perspective from business history ». In : Thomson R. (Ed.), Learning and technological change, St. Martin's Press, New York, pp. 24-39.

Cochoy F. et De Terssac G. (1999), « Les enjeux organisationnels de la qualité : une mise en perspective », Sciences de la Société, Numéro Spécial « Organisation et qualité », N° 46, pp. 3-18.

Cochoy F., Garel J.-P. et De Terssac G. (1998), « Comment l'écrit travaille l'organisation : le cas des normes ISO 9000 », Revue Française de Sociologie, XXXIX (4), pp. 673-699.

Cohen W. M. et Levinthal D. A. (1990), « Absorptive capacity: a new perspective on learning and innovation », Administrative Science Quaterly, 35, pp. 128-152.

Djellal F. et Gallouj F. (2006), « L'économie des services : une économie de l'innovation : un bilan des débats récents », Repères et Perspectives, N° 8-9.

Dosi G. (1988), « Sources, procedures and microeconomics effects of innovation », Journal of Economic Literature, 26, pp. 1120-1171.

Dosi G., Teece D. et Winter S. (1990), « Les frontières des entreprises vers une théorie de la cohérence de la grande entreprise », Revue d'Economie Industrielle, N° 51, pp.238-254.

Doz Y. (1994), « Les dilemmes de la gestion du renouvellement des compétences clés », Revue Française de Gestion, N° 97, pp. 92-104.

Emery F.E. et Trist E. L. (1965), « The causal texture of organizational environments », Human Relations, Vol. 18, February, pp. 21-32.

Feldman M. S. et Pentland B. T. (2003), « Reconceptualizing organizational routines as a source of flexibility and change », Administrative Science Quartely, Vol. 48, N° 1, pp. 94-118.

Fontrouge C. (2008), « Entrepreneuriat et innovations organisationnelles. Pratiques et principes », Revue Française de Gestion, N° 185, pp. 107-123.

Foray D. (1993), « Autour de l'apprentissage organisationnel et de l'économie du savoir », Revue d'Economie Industrielle, N° 65, pp. 96-100.

Gorgeu A. et Mathieu R. (1996), « L'"assurance qualité fournisseur" de l'industrie automobile française », Revue d'Economie Industrielle, N° 75, pp. 223-237.

Greenan N., (1996), « Innovation technologique, changement organisationnel et évolution des compétences, une étude empirique sur l'industrie manufacturière », Economie et Statistique, N° 298, pp. 15-33.

Greenan, N. et Mairesse, J. (Eds.) (2006), « Réorganisations, changements du travail et renouvellement des compétences », Revue économique, Vol. 57, N° 6, novembre.

Henderson R. M. et Clark K. B. (1990), « Architectural innovation: the reconfiguration of existing product technologies and the failure of established firms », Administrative Science Quarterly, N° 35, pp. 9-30.

Jacot J.-H. et Lajoinie G. (Eds.) (1988), Modes d'organisation et technologie. Introduction de l'automatisation dans les PMI, Presses Universitaires de Lyon, Lyon.

Kline S. et Rosenberg N. (1986), « An overview of innovation ». In : The positive sum strategy, Landau R. et Rosenberg N. (Eds.), The National Academy Press, Washington, pp. 275-305.

Koening G. et Courvalin C. (2001), « De la difficulté de concevoir et d'appliquer des règles », Revue Française de Gestion, N° 136, pp. 145-153.

Lam A. (2004), Organizational innovation, School of Business and Management, Brunel University, April, working paper N° 1.

Lambert G. et Ouedraogo N. (2010), « Normes, routines et apprentissage d'entreprise », Revue Française de Gestion, Vol. 36, N° 201, pp. 65-85.

Lawrence P. et Lorsch J. (1967), Adapter les structures de l'entreprise. Tr. Française, Les Éditions d'Organisation, Paris, 1986.

Le Bas, C. et Zuscovitch, E. (1993), « Apprentissage technologique et organisation », Economie et Sociétés, Vol. 5, N° 1, Série Dynamique Technologique et Organisation, pp. 153-195.

March J. G. (1991), « Exploration and exploitation in organizational learning », Organization Science, Vol. 2, N° 1, pp. 71-87.

Marengo L. (1995), « Apprentissage, compétences et coordination dans les organisations ». In : Lazaric N. et Monnier J.-M. (Eds.), Coordination économique et apprentissage des firmes, Economica, Paris, pp. 3-22.

Martin M., Tanguy C. et Albert P. (2006), « Capacité d'innovation des entreprises agroalimentaires et insertion dans les réseaux : le rôle de la proximité organisationnelle », Economie Rurale, N° 292, mars-avril, pp. 35-48.

Ménard C. (1995), « La nature de l'innovation organisationnelle. Eléments de réflexion », Revue d'Economie Industrielle, numéro spécial, pp. 173-192.

Messeghem K. (1999), « L'assurance qualité : facteur dénaturant de la PME », Revue Internationale des PME, Vol. 3, N° 12, pp.107-126.

Mintzberg H. (1994), Structure et dynamique des organisations, Les Éditions d'Organisation, Paris.

Mustar P. (1994), « Organisations, technologies et marchés en création : la genèse des PME High Tech », Revue d'Economie Industrielle, N° 67, pp. 156-174.

Nelson R. R. et Winter S. G. (1982), An evolutionary theory of economic change, The Belknap Press of Havard University Press, Cambridge, Massachusetts, and London.

OCDE (2005), Manuel d'Oslo, principes directeurs pour le recueil et l'interprétation des données sur l'innovation, 3e édition, Paris.

O'Reilly C. A. et Tushman M. L. (2004), « The Ambidextrous Organization », Harvard Business Review, April, pp. 74-81.

Penrose E. T. (1959), The theory of the growth of the firm, Oxford University Press, Oxford.

Perrin J. (1988), Comment naissent les techniques ? La production sociale des techniques, Éditions Publisud, Paris.

Smith, A. (1776), Recherches sur la nature et les causes de la Richesse des Nations, Éditions Onasbruck Otto Zeller, 1966 (1re édition).

Tanguy C. (1996), Apprentissage et innovation dans la firme : la question de la modification des routines organisationnelles, Thèse de doctorat en sciences économiques, Université de Rennes I, 360 p.

Vatin F. (1990), L'industrie du lait – Essai d'histoire économique, Éditions L'Harmattan, Paris.

TROISIÈME PARTIE

STRATÉGIE DES PME ET INNOVATION

Chapitre 11

Les petites entreprises
dans la dynamique d'innovation
ouverte des groupes industriels

Blandine LAPERCHE et Gilliane LEFEBVRE

Maître de conférences à l'université du Littoral Côte d'Opale
et Ingénieure de recherches CNRS à l'Université
de Paris Ouest Nanterre

Introduction

La coopération a toujours été un élément clé du processus d'innovation (Mowery, 2009), mais, à partir du milieu des années 1980, avec la globalisation de l'économie et la mise en place de réseaux d'innovation associant groupes, petites entreprises et recherche académique, y compris à l'international, le modèle global d'innovation ouverte (open innovation) (Chesbrough, 2003) s'est progressivement renforcé. Dans ce modèle, « les idées valorisables peuvent venir de l'intérieur comme de l'extérieur de l'entreprise et peuvent également atteindre le marché à partir de l'intérieur comme de l'extérieur de l'entreprise » (*ibid.*, p. 47). C'est donc au sein de réseaux de coopération scientifique et technologique qu'une partie croissante du capital-savoir des entreprises – c'est-à-dire l'ensemble des informations et connaissances produites et acquises par l'entreprise pour innover – se construit.

Mais quelle est la place et le rôle spécifique des petites entreprises dans la constitution du capital-savoir des groupes français traditionnellement portés à davantage collaborer avec la recherche académique (Lefebvre et Madeuf, 2002) ? Quelles formes prend cette collaboration ? Dans ce chapitre, nous étudions ces questions sur la base d'une revue de la littérature et des résultats d'une enquête menée au cours de l'année 2009 et 2010 sur le capital-savoir des groupes industriels (Langlet *et al.*,

279

2010). La méthodologie est présentée en annexe 1, à ce jour l'enquête a porté sur 8 groupes (ArcelorMittal, General Electric HealthCare (GE HC), Lesieur, PSA, Renault, Saint-Gobain, Thalès et Valeo ; cf. annexe 2). Si les questionnements de cette enquête se sont essentiellement centrés sur les impacts de la financiarisation des groupes et de la crise financière et économique de la fin de la décennie 2000 sur l'activité et l'organisation de la recherche et développement (R&D), un certain nombre d'éléments obtenus nous permettent d'éclairer ici la nature et la forme des relations entre petites entreprises et groupes dans l'activité d'innovation.

Dans une première partie, nous revenons sur les origines de la constitution collaborative du capital-savoir. Dans la seconde partie, nous expliquons les formes et objectifs de la collaboration selon le type de partenaire associé au groupe industriel (recherche académique, clients et fournisseurs, concurrents et petites entreprises). La troisième partie porte plus précisément sur les formes de collaborations actuelles entre petites entreprises innovantes et groupes industriels. Nous mettons ainsi particulièrement l'accent sur le fait que cette coopération prend largement appui sur les dispositifs publics d'incitation à la création de réseaux d'innovation.

1. La constitution collaborative du capital-savoir : le modèle d'Open Innovation

L'innovation permet aux entreprises d'acquérir ou de maintenir leur avantage concurrentiel (Schumpeter, 1942, 1990 ; Porter, 1990 ; Uzunidis, 2004). Moteur de la croissance, elle est au cœur de la stratégie des groupes industriels. Pour les entreprises désireuses de rester performantes sur un marché largement mondialisé, la production, la gestion et l'appropriation de connaissances scientifiques et techniques tant au sein qu'à l'extérieur de l'entreprise s'avèrent essentiels. Les activités d'innovation résultent de la constitution d'un capital-savoir qui peut être défini comme l'ensemble des connaissances et informations produites, rassemblées et transformées par l'entreprise (seule ou en collaboration) et intégré dans un processus de création de valeur (transfert à d'autres entreprises, création ou amélioration de biens et services existants) (Laperche, 2007). Pour les mener à bien, les entreprises ont aujourd'hui besoin d'accroître leur capacité de production et d'absorption de connaissances scientifiques et techniques par le biais de la R&D interne (Teece, 1986 ; Cohen et Levinthal, 1990) mais aussi de créer des espaces et des réseaux de collaboration externe en multipliant les partenariats et en rachetant des capacités de recherche et développement. Les activités d'innovation des groupes menées via la recherche interne mais aussi et de plus en plus via la recherche collaborative au travers de réseaux propres et de clusters encouragés par les pouvoirs publics peuvent être ainsi schématisées (figure 1) :

Figure 1
Le Capital-Savoir d'un groupe
dans le modèle de l'innovation ouverte

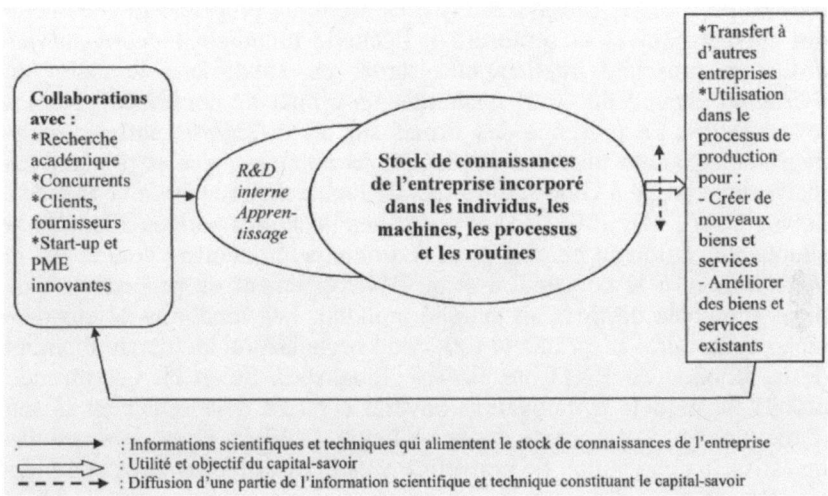

Source : Auteurs.

Le management des activités d'innovation par l'entreprise a évolué. Les premiers laboratoires de recherche ont tout d'abord été constitués dans quelques firmes multinationales à la fin du XIXe et au début du XXe siècle (Liebig en Allemagne, General Electric aux États-Unis) puis sont devenus une composante essentielle des entreprises. L'activité d'innovation des entreprises s'est au cours du XXe siècle appuyée sur le soutien des États qui dans les pays de l'OCDE finançaient jusqu'à la fin des années 1970 plus de 50 % de la dépense intérieure brute de R&D (30 % en moyenne aujourd'hui mais le soutien public prend d'autres formes, plus indirectes). Le modèle d'innovation était alors qualifié de « linéaire » : les étapes de la R&D se déroulaient de manière successive et dans des lieux différents : la recherche fondamentale dans les Universités et les centres publics de recherche, la recherche appliquée et le développement technologique dans les entreprises.

Au tournant des années 1980, alors que le modèle de production/consommation de masse rencontrait ses limites, l'innovation est devenue le moteur de la concurrence entre firmes adoptant progressivement des stratégies globales. La globalisation des firmes a dans un premier temps peu impliqué les laboratoires de recherche, ceci afin de réduire les risques de fuite d'informations ou de savoir-faire (Patel et Pavitt, 1991). La multiplicité des régimes de protection de la propriété intellectuelle renforçait aussi les risques d'appropriation de leur capital-savoir. Dans l'économie actuelle, fondée sur la connaissance, les technologies d'information et de communication facilitent les échanges globaux d'informations et la codification concerne des pans de savoir de plus en plus larges (Foray, 2004). Les droits de propriété intellectuelle ont été harmonisés et renforcés à l'échelle mondiale (accord sur les droits de propriété intellectuelle signés en 1994 dans le cadre de l'Uruguay Round du Gatt) instaurant un climat de confiance pour les investisseurs. La présence des firmes sur les différents marchés mondiaux ne se limite plus aux implantations commerciales et productives mais s'est élargie à celles de centres de recherche (Lefebvre et Madeuf, 2006 ; UNCTAD, 2005). Ceux-ci ont des vocations variées allant de la simple adaptation au marché local de produits initialement conçus par la maison-mère à la conception et au développement de procédés ou de biens d'emblée destinés au marché mondial. Les fonctions de ces derniers laboratoires n'est que le reflet de l'organisation au niveau mondial de la fonction de R&D des firmes globalisées. Selon H. Chesbrough (2003), le modèle d'innovation ouverte a pu se développer en raison d'une plus grande mobilité des travailleurs qualifiés, de la présence des investisseurs en capital, de nouvelles possibilités offertes pour commercialiser des idées développées en interne et des compétences croissantes de fournisseurs externes. La création de savoir et l'ensemble du processus d'innovation s'élaborent ici par feedback entre la R&D, le design, la production et la commercialisation. Dans ce modèle en chaîne (Kline et Rosenberg, 1986), la genèse de l'innovation résulte de liens systémiques entre le savoir et le marché. Les stratégies d'open innovation soulignent l'importance croissante des réseaux, au sein desquels le capital-savoir est construit (Laperche *et al.*, 2010).

La tendance à la constitution collaborative du capital-savoir est confirmée dans la littérature récente (Antonelli, 2005 ; Chesbrough, 2006 ; Gassman, 2006 ; Chesbrough *et al.*, 2010) et concerne des secteurs d'activités variés, de l'automobile (Ili *et al.* 2010) à la pharmacie (Yacoub et Laperche, 2010 ; Hughes et Wareham, 2010) ou bien encore à la chimie (Sieg *et al.*, 2010), etc. Notre enquête abonde en ce sens : la constitution collaborative du capital-savoir s'accélère (ou se poursuit) dans les groupes rencontrés. En effet, la crise économique en se propageant à l'ensemble de l'économie au milieu de l'année 2008 a entraîné un ralentissement de l'activité productive de tous les groupes rencontrés qui se sont néanmoins attachés à maintenir leurs dépenses ou au minimum leur effort de R&D (dépenses de R&D/CA) pour rester compétitifs. La R&D, et de façon plus large l'innovation, est en période de crise un « bien nécessaire » car elle reste alors plus que jamais le « levier du futur » (entretien ArcelorMittal). Pour y parvenir, le management de l'innovation a évolué. Les groupes ont engagé un processus de réorganisation voire de restructuration de leur R&D. La crise fut alors pour un certain nombre d'entre eux l'occasion de faire une « catharsis », de trier entre des projets pour se recentrer sur les plus porteurs et stratégiques (les clean technologies par exemple). Mais ils ont surtout développé la recherche collaborative, qui est désormais une composante essentielle des stratégies de constitution du capital-savoir des groupes industriels. Très souvent engagée bien avant la crise économique, elle s'inscrit parfaitement dans l'impératif de rentabilité auquel les entreprises ont dû faire face du fait de la pression accrue de la finance sur les résultats et donc la stratégie des groupes. Avec l'éclatement de la crise en 2008, elle a été globalement renforcée chez Renault, PSA, Valeo, Saint-Gobain, ArcelorMittal. En revanche, lorsqu'elle était menée depuis longtemps et déjà élément essentiel de la stratégie d'innovation du groupe, comme chez General Electric HC, elle a simplement été poursuivie. Constituer leur capital-savoir de manière plus collaborative permet aux groupes d'accéder à de nouvelles connaissances et compétences tout en bénéficiant d'une nette accélération du retour sur leur investissement en R&D (Chesbrough, 2003, 2006 ; Tidd *et al.*, 2005). Le recours à la recherche collaborative est aussi un moyen de pallier la faiblesse des ressources internes comme chez Lesieur, entreprise de taille bien plus modeste. Désormais composante majeure de la stratégie de constitution du capital-savoir des groupes industriels, l'open innovation est menée à toutes les étapes du processus d'innovation, mais sous des formes différentes.

2. Une recherche collaborative menée avec des partenaires divers à toutes les étapes du processus d'innovation.

À partir des années 1980, et pour répondre tant à l'impératif de rentabilité imposé par les nouvelles formes d'actionnariat qu'à la mondialisation des marchés et à la nécessité de renouveler constamment l'offre pour rester compétitif, les groupes industriels se sont recentrés sur leurs cœurs de métiers tout en externalisant un nombre croissant de fonctions (sous-traitance, infogérance, etc.). L'externalisation a longtemps concerné les seules phases aval de la chaîne de valeur des entreprises mais elle touche aujourd'hui les activités de recherche-développement. Les entreprises collaborent à toutes les étapes du processus d'innovation (de la conception à la mise au point des nouveaux biens et services) avec de multiples partenaires. Les objectifs recherchés sont variés, nous les synthétisons dans le tableau ci-dessous réalisé à partir des travaux d'Antonelli (2005), Chesbrough (2003, 2006) Tidd *et al.* (2005) et de nos propres travaux Langlet *et al.* (2011).

Tableau 1
Partenaires des groupes industriels,
formes de collaboration et objectifs recherchés

Type de partenaires	Formes de collaboration	Objectifs du groupe
Recherche académique	- Programmes de recherche - Appels d'offres nationaux et européens - Echange des chercheurs / installation de laboratoire dans l'entreprise, financement de thèse - Licences	- Accès à une vision anticipée de l'évolution technologique et à des connaissances appropriables - Réduction du risque et du coût de la recherche amont
Clients/ fournisseurs	- Alliances (avec participation au capital ou non) - Licences	- Recherche appliquée et développement de produits conjoints - Réduction du risque et du coût de mise au point
Concurrents	- Joint-ventures - Programmes de recherche nationaux ou européens	- Développement de technologie d'avenir - Recherche précompétitive - Réduction du risque et du cout de développement
Petites entreprises innovantes	- Financement, spin-off et parfois rachat de start-up - Accords de coopération dans le cadre des pôles de compétitivité - Programmes de recherche nationaux ou européens	- Accès à des compétences très pointues - Veille technologique - Réduction du risque et du coût de développement

Source : Auteurs.

2.1. Collaborations avec la recherche académique

Les collaborations des groupes avec la recherche académique ont pu se développer suite aux mutations institutionnelles des Universités, aux États-Unis d'abord (Mowery *et al.* 2001 ; Etzkowitz, 1998), puis se sont étendues à d'autres pays (pour la France, voir Laperche et Uzunidis, 2010). La valorisation de la recherche est en effet devenue la troisième mission des Universités, aux côtés de l'enseignement et de la recherche. De manière plus générale, en France à partir du milieu des années 2000, en application des décisions prises au niveau européen lors de la Stratégie de Lisbonne en 2000 et afin d'améliorer la compétitivité des entreprises, les pouvoirs publics se sont davantage impliqués dans un soutien actif au « transfert des technologies entre la recherche publique et les acteurs socio-économiques » (DGRI, 2010, p. 54). Différents dispositifs ont ainsi été mis en place ou améliorés : financement de projets via l'ANR, les pôles de compétitivité (2004), amélioration du Crédit d'Impôt Recherche (2008), conventions CIFRE (Conventions Industrielles de Formation par la Recherche), Instituts Carnot (2006), etc. Les premiers résultats de notre enquête attestent de l'importance croissante des liens entre recherche académique et entreprises.

En effet, dans tous les groupes rencontrés lors de cette enquête, la recherche collaborative est menée de façon prépondérante avec la recherche académique et se situe par là même au croisement du fondamental et de l'appliqué apportant aux groupes la compréhension de phénomènes amont qui aboutissent souvent au développement de produits ou procédés nouveaux. La recherche académique peut aussi donner une vision anticipée de l'évolution technologique. Les coopérations ainsi menées contribuent à la création de véritables « écosystèmes scientifiques et techniques de coopération » pour reprendre les termes du directeur de la recherche de Thalès. Saint-Gobain participe lui aussi très largement et de manière très revendiquée à ce même processus. Le groupe a installé au sein même de deux de ses centres de recherche transversaux français une UMR[1] CNRS. C'est un moyen supplémentaire d'intégrer des compétences nouvelles parfaitement adaptées à ses besoins par le biais du recrutement de doctorants dont la thèse, financée par l'entreprise, est effectuée dans ces mêmes UMR ou dans les Universités et Grandes Ecoles associées : « la formation à la recherche se fait par la recherche » selon le responsable de la R&D du groupe. Parallèlement, Saint-Gobain a recours à la recherche académique à l'échelle internationale via le réseau SUN (Saint-Gobain University Network), réseau de partenariats à long terme (10/15 ans) avec des instituts et Universités du monde entier dont l'excellence scientifique est reconnue. Valeo a établi des partenariats de long terme avec de nombreuses Universités et Grandes Ecoles telles que, en France, l'École des Mines – ParisTech, et l'ESIGELEC pour l'électronique. Les constructeurs automobiles développent aussi des partenariats stratégiques avec la recherche académique. Renault est ainsi engagé sur le thème de l'hypovigilance avec des Facultés de médecine ; sur les batteries électriques et les moteurs avec Supelec, Polytechnique, Centrale et l'Université d'Amiens ; sur la « mobilité durable » avec Mines ParisTech ainsi qu'avec le CEA. Chez PSA, un partenariat à long terme (5 ans minimum et reconductible) en ergonomie cognitive et sensorielle permet au groupe d'obtenir la meilleure technologie au moindre coût : un laboratoire du CNRS – l'Institut Scientifique du Mouvement de Marseille – a installé une équipe (4 à 5 chercheurs) à l'« open lab » (simulateur de conduite) du centre de recherche du groupe à Vélizy. La réciprocité d'intérêt est ainsi assurée. L'ISMM accède à un « terrain de

---

[1]   Unité Mixte de Recherche CNRS associée à une Université et/ou une Grande École.

recherches » performant en échange de ses compétences pointues. Les CIFRE financés dans ce cadre sont assurés d'être recrutés. La création de ce type d'« Open Laboratory » est intéressante pour PSA qui pour répondre à ses besoins signait auparavant des contrats avec des sociétés d'ingénierie, sans pouvoir en capitaliser les connaissances et savoir-faire.

2.2. Collaborations avec les clients et les fournisseurs

Les Groupes coopèrent également avec les clients et les fournisseurs. Les clients et plus généralement les utilisateurs sont reconnus comme ayant un rôle croissant dans l'amélioration des produits et sont considérés comme des partenaires. Il ressort des études empiriques menées (Von Hippel, 2005) que, selon les secteurs, entre 10 et 40 % des clients (firmes ou particuliers) s'engagent dans le développement ou le co-développement avec les producteurs afin de modifier le produit final. Il s'agit le plus souvent du ou des principaux clients. En trouvant une solution permettant de mieux satisfaire leurs besoins, ils en tirent l'important avantage de prendre une longueur d'avance sur les autres clients par rapport aux grandes tendances du marché. De même les fournisseurs sont de plus en plus des cotraitants en matière de R&D.

Dans notre enquête, avec les clients et les fournisseurs, l'open innovation porte essentiellement sur la recherche appliquée et le développement de produits conjoints afin d'en réduire les coûts de mise au point (Saint-Gobain, ArcelorMittal, Valeo, Thalès). Ainsi ArcelorMittal pratique le développement de produits conjoints avec un panel très large de clients : à la fois avec de grands acteurs dans leur domaine d'activité (les constructeurs automobiles Toyota, Renault, etc.) mais aussi avec un nombre important de petits acteurs (comme Phénix pour la construction, etc.). Les liens entre les constructeurs automobiles et les équipementiers sont très forts et les collaborations particulièrement étroites. Les équipementiers jouent en effet un rôle clé dans l'innovation automobile, ce qui est parfois un sujet de débat avec les constructeurs qui voudraient garder toute la maîtrise technologique du produit final, l'automobile. Cet objectif est très difficile à maintenir compte tenu de la diversité des technologies intégrées dans les automobiles et notamment du poids de l'électronique. Dans certains cas, des co-innovations peuvent être développées par un équipementier avec plusieurs constructeurs (exemple : le parking automatique actuellement développé par Valeo avec des constructeurs européens).

2.3. Coopérations avec les concurrents

Des coopérations sont aussi menées avec des concurrents. Les entreprises s'engagent alors dans des stratégies de « coopétition », i.e. de coopération et de compétition (Le Roy et Yami, 2010). Tout en se concurrençant férocement sur le marché mondial, les entreprises coopèrent en matière de R&D. Ces coopérations prennent le plus souvent la forme de joint-ventures spécialisées dans les technologies d'avenir. Elles sont particulièrement courantes entre les deux constructeurs automobiles rencontrés qui en mènent également avec leurs concurrents étrangers. Ce type de R&D collaborative n'est pas récent mais s'est accéléré à partir de 2008. Le GIE PSA - Renault, qui se situe au stade précompétitif, a pour objet d'améliorer le moteur et la sécurité des véhicules des deux constructeurs. Une autre coopération a été engagée avec Ford et Fiat pour la mise au point d'un moteur. Les équipementiers collaborent aussi entre eux et avec des entreprises autres que les constructeurs. Valeo s'est ainsi associé à 5 partenaires (Michelin, Leroy Somer, Johnson Controls-Saft, GKN et Leoni, les trois derniers sont des équipementiers) pour le développement de systèmes pour véhicules électriques et hybrides rechargeables afin d'en accélérer la mise sur le marché tant en France qu'à l'étranger. Par contre, dans un environnement très concurrentiel car très éclaté comme celui de la sidérurgie, la recherche constante d'avantages concurrentiels fait qu'il ne saurait y avoir de collaboration directe avec les concurrents à l'exception de grands programmes européens très encadrés qui leur permettent de financer en partie sur fonds publics des recherches coûteuses. Dans ces programmes français ou européens, groupes et PME travaillent ensemble.

2.4. Collaboration avec les petites entreprises

Les petites entreprises sont moins actives que les grandes dans l'activité d'innovation interne et externe. En France, en 2007, les entreprises de 1000 salariés et plus représentent 65 % de la dépense intérieure de R&D des entreprises (DIRDE) alors que les entreprises de moins de 250 salariés représentent 18 % de celle-ci. De même ce sont les entreprises de plus grande taille qui représentent la plus large part de la recherche externalisée. Ainsi les entreprises de 1000 salariés représentent 70 % des dépenses extérieures de R&D des entreprises, contre 18 % pour les entreprises de moins de 250 salariés (Talbot, 2009). À l'échelle européenne, 9,5 % des PME innovantes coopèrent à l'extérieur (11,5 % pour la France). La coopération est plus forte dans les pays leaders (Danemark, Finlande, Allemagne, Suède, Suisse, Royaume Uni) que dans autres pays (European Commission, 2010).

Il en découle que les travaux relatifs à l'innovation ouverte concernent davantage les grandes entreprises que les petites, même si un nombre croissant de travaux met en évidence les atouts d'une stratégie d'innovation ouverte dans les PME (Gassmann et Keupp, 2007 ; Lichtenthaler, 2008 ; Van de Vrande *et al.*, 2009). Les faibles ressources des PME et la nécessité d'être innovantes ne peuvent que les inciter à développer les collaborations avec l'extérieur. Les collaborations externes peuvent en effet être une source d'apprentissage, la présence d'un intermédiaire peut les y aider (Lee *et al.*, 2010). Les PME les plus performantes technologiquement, i.e. apportant de réelles innovations comme le font les entreprises de biotechnologies (Gassman et Keupp, 2007), mettent en œuvre l'open innovation. Commercialiser leurs technologies devient l'une de leurs compétences de base et leur assure un moyen de croissance rapide. Les études empiriques menées en Allemagne et aux Pays-Bas (Lichtenthaler, 2008 ; Van de Vrande *et al.*, 2009) mettent en avant que les firmes de taille moyenne surtout mais aussi de taille plus petite, qu'elles se situent dans les activités industrielles ou de services, s'ouvrent de plus en plus vers l'extérieur. Elles le font de manière assez souple et informelle et dans le but majeur d'accéder au marché et d'améliorer la commercialisation de leurs produits, même si l'accès à des connaissances nouvelles est aussi un objectif affiché. L'étude de Huet et Lazaric (2008) montre qu'en France les coopérations des PME restent marginales et qu'elles concernent des entreprises ayant à la fois une faible « distance cognitive » (une similarité des compétences) et une grande capacité d'absorption grâce à une recherche interne particulièrement active.

Concernant plus spécifiquement les relations entre petites et grandes entreprises, les travaux sur ce thème mettent l'accent sur l'apport des petites entreprises aux groupes en matière de technologies et savoir-faire spécifiques. Comprendre le processus d'innovation implique de se situer à la fois aux niveaux macro et micro économiques, de prendre en compte les ressources et moyens mais aussi l'organisation et le management de la R&D (Tidd *et al.*, 2005). Les auteurs mettent en avant la puissance des réseaux en matière d'innovation radicale et d'innovation de rupture. Les petites entreprises innovantes jouent un rôle clé dans ces réseaux. En effet, en faisant appel à des petites entreprises spécialisées très performantes dans leurs domaines, les groupes accèdent à des technologies hors de leurs champs habituels de recherche et peuvent intégrer dans leur capital-savoir des technologies et compétences complémentaires, particulièrement innovantes et pointues (ex. programme Nova de Saint-Gobain ; Valeo ; GE HC ; Thalès). La coopération avec les petites entreprises leur permet aussi de réaliser un produit à un coût moindre en raccourcissant les délais de mise au point.

Dans la troisième partie de ce chapitre, nous nous intéressons plus particulièrement aux formes actuelles prises par la collaboration entre groupes industriels et petites entreprises innovantes, en nous référant notamment les résultats de l'enquête que nous avons menée.

3. Les formes de coopération entre groupes et petites entreprises innovantes

Une des formes des relations entre petites et grandes entreprises dans l'activité d'innovation est celle de l'investissement dans les jeunes pousses – extérieures à l'entreprise ou exploitant une technologie de l'entreprise (« spin-off ») – par le biais du capital-risque. Le corporate venture s'est fortement développé aux États-Unis au cours des années 1990 puis s'est étendu en Europe avant d'être freiné par l'explosion de la bulle de la netéconomie en 2001 : nombre de ces investissements étaient orientés vers la réalisation d'un gain financier. Ils ont perduré et existent toujours aujourd'hui car les objectifs des entreprises associent à la recherche d'un gain financier celui de veille technologique et de développement moins coûteux de projets risqués ou complémentaires à l'activité de l'entreprise, ou encore cherchent à consolider l'activité du groupe (diffusion d'un standard par exemple) (Chesbrough, 2002). Pour les groupes, l'investissement dans le capital-risque s'inscrit alors dans leur stratégie techno-financière (Laperche et Bellais, 2000).

Les relations entre groupes et petites entreprises innovantes peuvent aussi prendre des formes purement partenariales. Actuellement, certains de ces programmes sont initiés par les entreprises elles-mêmes (pouvant aboutir au rachat de la start-up) et s'inscrivent de manière croissante dans les réseaux d'entreprises qui se forment soit dans le cadre des appels d'offre nationaux ou internationaux, soit dans le cadre des pôles de compétitivité encouragés par les pouvoirs publics.

3.1. Financer ou coopérer avec les entreprises innovantes

En matière de relations contractuelles, sur notre population d'entreprises, un premier constat s'impose : il y a eu davantage de financements de projets de recherche que de rachats de start-up. Valeo a développé une activité de financement de start-up dans les années 1990. Cette activité a donné quelques résultats probants comme le kit blue-tooth développé par l'entreprise Parrot. Puis le groupe a abandonné cette activité : « Valeo n'ayant pas vocation à devenir un financeur de start-up » selon le directeur de la R&D de l'équipementier qui continue toutefois d'entretenir des relations contractuelles de R&D avec des petites entreprises innovantes. Ainsi, un partenariat avec Mines ParisTech sur un système de maquette du comportement a donné lieu à un spin-off dont Valeo est devenu le premier client et a acheté les licences. General Electric HC poursuit la stratégie de financement/rachat amorcée dans les années 1990 tout en la faisant évoluer. Le groupe l'a d'abord développée avec succès, finançant puis rachetant de nombreuses start-up en leur imposant ses propres normes de management. Aujourd'hui, cette activité est maintenue mais réduite et les start-up acquises conservent désormais une plus grande autonomie. Les difficultés managériales liées à l'intégration de structures extérieures au groupe ont donc conduit nombre d'entreprises à revoir leur stratégie d'intégration de start-up innovantes. Thalès est particulièrement actif en matière de relations contractuelles et procède aussi à des rachats de start-up. Dans ses domaines d'activité à fort contenu technologique les barrières à l'entrée sont hautes ce qui implique une gestion dynamique d'un savoir global et collectif assurant l'accès à un écosystème de connaissances riche et diversifié. Le but ici n'est donc pas de se comporter en prédateur mais d'avoir en permanence un maximum d'ouverture sur un large panel de connaissances et de technologies pointues.

Sur l'ensemble de notre population d'entreprises, le rachat de jeunes pousses ne fait partie des stratégies d'acquisition d'innovation qu'à la marge. L'inclusion à venir de groupes pharmaceutiques – entre autres – dans la population étudiée pourrait infléchir l'observation. En effet, l'industrie pharmaceutique s'est largement engagée une stratégie d'open innovation multipliant partenariats et acquisitions de start-up. Dans un premier temps, les groupes, s'estimant protégés par des rentabilités particulièrement élevées de ce secteur, ont ignoré les apports que pouvaient présenter les biotechnologies et les biomédicaments. De ce fait, les sociétés de biotechnologies sont aujourd'hui à l'origine des deux-tiers des molécules en développement clinique (CESE, 2009). Toutefois, au début des années 2000, confrontés à l'épuisement du modèle block-buster, à l'affaiblissement croissant de la productivité de la R&D pour les médicaments traditionnels, à une croissance du marché des biomédicaments double de celui des médicaments classiques, à la meilleure résistance qu'offrent les biomédicaments aux génériques, au taux de succès des candidats biomédicaments en développement largement supérieur à celui des médicaments classiques (35 % contre 7 % ; CESE, 2009), les groupes pharmaceutiques se sont activement lancés dans les biotechnologies adoptant des politiques de croissance externe et des modèles de R&D transversaux moins centrés sur la R&D interne. Ils ont alors utilisé leur puissance financière pour multiplier les partenariats de R&D avec les start-up biotech afin de remplir à court terme leur pipe-line. Et, en 2009, parmi les leaders mondiaux externalisant une partie de leur bioproduction, nous trouvons Sanofi-Pasteur aux côtés de GlaxoS-mithKline, Astra Zeneca, Bristol-Myers Squibb, etc. Mais les partenariats devenant de plus en plus coûteux, à partir de 2005, un nombre croissant de groupes pharmaceutiques a privilégié les acquisitions qui ont été d'emblée menées à l'échelle mondiale. En 2006, 64 sociétés de sociétés biotechnologiques ont ainsi été rachetées à travers le monde par des laboratoires pharmaceutiques. Le mouvement d'acquisitions n'a cessé de s'amplifier. En 2007, le montant des transactions a augmenté de 87 % aux États-Unis et de 600 % en Europe (Ernst&Young, 2008). Au premier semestre 2008, le montant cumulé des transactions du premier semestre 2008 est proche de celui de 2007 (*ibid.*).

D'autres entreprises se sont dotées de programmes spécifiques de partenariats afin de capter l'innovation des start-up. Ce cas de figure est illustré par le programme NOVA External Venturing de Saint-Gobain. Cette cellule dédiée à la création de partenariats stratégiques entre le groupe et des start-up du monde entier est créée en 2007. Les partenariats portent sur les domaines de l'énergie, l'environnement, l'éclairage dans l'habitat. Des représentants des différentes activités du groupe sont implantés en Europe, aux États-Unis et en Asie de manière à être proches des jeunes pousses et des fonds de capital-risque. L'objectif de ce venturing est d'accroître les capacités d'innovation de chacun des partenaires par la combinaison de projets particulièrement novateurs issus des start-up et des atouts industriels et commerciaux d'un groupe largement internationalisé et leader dans ses secteurs d'activité. Saint-Gobain facilite le développement des start-up leur offrant un accès à ses marchés globaux à travers les canaux de distribution et équipes de ventes du groupe, des capacités de production à l'échelle industrielle, des technologies et produits complémentaires et un soutien financier. En contrepartie il en tire des avantages importants : il obtient via les fonds de capital-risque partenaires un accès à un portefeuille de start-up particulièrement performantes, l'accès à leurs technologies innovantes. Étant amené à réaliser moins de recherche pré-concurrentielle, il en tire un gain en termes de temps et coût. Les modalités de ces partenariats sont préétablies : il s'agit d'une recherche « au cas par cas du meilleur contrat réciproque » selon notre interlocuteur. L'équipe External Venturing est l'interface unique du groupe pour les start-up : elle aide à la création et au développement de leurs liens avec toutes les activités du groupe d'une part et d'autre part, collabore étroitement avec les fonds de capital-risque sur l'analyse des dossiers et sur le développement des start-up en portefeuille. Ces partenariats peuvent prendre des formes variées, accords de licence, de co-développement, accords de production ou de distribution, joint-ventures, prises de participation financière ou bien encore des combinaisons variables de celles-ci. En Mai 2010, après 3 ans de fonctionnement, le screening de plus de 1 100 projets et un tri/discussion sur la centaine de projets présélectionnés, 25 contrats de développement étaient en cours et une vingtaine dans le pipe-line. Les 3 Fonds Partenaires recensés lors de l'enquête sont tous axés sur les cleantech et sont des investisseurs pionniers dans les secteurs de l'énergie et de l'environnement. L'un, NGEN Partners, est implanté aux États-Unis, les deux autres sont situés en Europe, Emerald Technology Ventures à Zurich et 3E (Emertec Energie Environnement) à Grenoble. Les jeunes pousses sont elles aussi axées sur les technologies propres et sont à 90 % implantées à parts égales entre l'Europe et les États-Unis. La présence de deux équipes d'External Venturing au Japon et en Chine et la sélection d'une start-up partenaire en Australie (BlueGlass) illustrent l'extension géographique progressive et volontariste du programme.

3.2. Une coopération appuyée par les dispositifs publics

À grands traits, en France, la politique industrielle est passée depuis la Seconde Guerre mondiale d'un État « entrepreneur » (nombreuses entreprises publiques, grands programmes d'équipements et d'infrastructures (nucléaire, aéronautique, ferroviaire, …) mis en place par l'État, soutien des entreprises par subventions et commandes publiques) à un État « facilitateur » (l'État met en place un cadre réglementaire qui facilite l'activité des entreprises, appuie et finance des moyens d'actions). Le moyen d'action privilégié est aujourd'hui celui de la coopération entre acteurs (Beffa, 2005 ; Gaffard, 2003).

Concernant plus spécifiquement les PME, la politique industrielle s'est déplacée de la réduction des coûts de production vers l'accroissement du savoir-faire managérial et l'intensification des liens interentreprises (Carré et Levratto, 2009). Ces coopérations peuvent concerner les PME entre elles, au travers notamment des systèmes productifs locaux mais aussi intégrer concerner les relations entre PME, grandes entreprises et recherche publique. C'est alors par le biais des programmes de recherche nationaux et européens ou encore via les pôles de compétitivité que les PME sont incitées à coopérer avec les grands groupes.

A) Coopération via les programmes de recherche nationaux ou européens

Les groupes industriels rencontrés participent massivement aux programmes de recherche nationaux et européens comme les programmes de l'Agence nationale de la recherche (ANR), de l'Agence de l'Environnement et de la Maîtrise de l'Energie (ADEME), les programmes européens soit de type PCRD (programme cadre de recherche et développement) (Saint-Gobain, PSA-Citroën, Valeo, Renault) soit les très grands programmes spécifiques à certains secteurs précédemment évoqués car c'est un moyen pour eux de maintenir les budgets ou l'effort de R&D. Le Crédit Impôt Recherche est un autre moyen largement utilisé pour parvenir à ce maintien.

Ces appels d'offres et programmes qu'ils soient nationaux ou européens supposent une collaboration étroite entre groupes, PME, jeunes pousses et recherche académique. ArcelorMittal est très impliqué dans le consortium européen ULCOS (Ultra-Low Carbon dioxide (CO_2) Steelmaking) : les principaux pilotes d'ULCOS sont des cadres ou ingénieurs du groupe. L'ULCOS, consortium soutenu par la Commission euro-péenne, a été financé par le 6e PCRD et arrive à échéance fin 2010. Il regroupe 48 entreprises de toutes tailles (dont les sidérurgistes euro-péens) et organisations issues de 15 pays européens, ainsi que des partenaires du secteur de l'énergie et de l'ingénierie, des instituts de recherche et des Universités. L'objet de ce consortium est de piloter et d'aider au financement des recherches les plus coûteuses entre autre la diminution de 50 % des émissions de CO_2 pour chaque tonne d'acier produite. 70 « routes » ont ainsi été lancées sur ce thème. 4 technologies en ont été tirées et sont actuellement ou sont sur le point d'être testées par le groupe en France et en Europe du Nord. ArcelorMittal est égale-ment impliqué dans le RFCS (Research Fund for Coal and Steel), pro-gramme européen succédant à la CECA (Communauté européenne du charbon et de l'acier), lancée en 1952 pour 50 ans. Financés par des intérêts sur les tonnes d'acier et de charbon qui ont permis une accumu-lation, ils permettent encore aujourd'hui de mener des recherches très en amont sur les minerais de fer ; les instruments de mesure ; l'outillage métallurgie, etc.

En 2008, Renault – qui a renforcé l'équipe dédiée à la recherche de contrats – s'est quant à lui associé à 104 projets collaboratifs en partie financés sur fonds publics : 69 projets ANR dans lesquels il a investi 41 millions d'euros, la totalité des projets ayant obtenu 289 millions d'euros de subventions, le FUI et l'ADEME. Le Groupe est également engagé dans 35 projets européens dans le cadre du PCRD 2007-2013 dans le domaine de l'énergie dans lesquels il a investi 17 millions d'euros pour un total de subventions de 432 millions d'euros. Dans un contexte de crise, la participation à ce type de programme est un moyen d'augmenter le budget de R&D.

Valeo a obtenu en 2009 un soutien de l'ADEME (6 millions d'euros) pour le pilotage de deux programmes sur la mise au point de 2 projets de véhicules décarbonés. Seul le premier implique des PME. Dans le projet MHYGALE, qui doit permettre de développer un projet d'hybridation douce[2], Valeo a pour partenaires deux PME toulousaines Alter[3] et Ceitecs mais aussi PSA, Freescale[4], ainsi que cinq laboratoires publics. Le second, le projet de gestion thermique du véhicule VEGA/THOP, a pour objet d'améliorer de 30 à 50 % l'autonomie des véhicules élec-

---

[2] Afin d'augmenter la quantité de véhicules capables de satisfaire à la réglementation européenne de 120 g CO_2/km en 2012 et de 95 g CO_2/km en 2020.

[3] Alternateurs motos.

[4] Un leader mondial dans la conception et la fabrication de semi-conducteurs embar-qués pour les marchés de l'automobile, de l'électronique grand public, de l'industrie des réseaux et communications sans fil.

triques ou hybrides. Valeo y a pour partenaires Renault, Saint-Gobain, Hutchinson et deux laboratoires : le CETHIL-INSA et le LINC mais aucune PME.

Signalons enfin la participation de Renault, GE HC et Thalès au Pacte PME/GE (grandes entreprises). Ce pacte, issu d'une initiative lancée en 2005 par OSEO, a pour objet le renforcement des coopérations entre groupes et les PME innovantes par l'augmentation des achats aux PME ; la mise en place de collaborations, de contrats et des rencontres régulières. Le comité Richelieu a été chargé de sa mise en œuvre. Le Pacte regroupe actuellement 55 « grands comptes ». Au-delà de son but immédiat de favoriser les relations entre PME et GE, le pacte se fixe l'objectif de créer à terme un « Mittelstand français » en favorisant la transformation des PME en ETI (250 et 4999 salariés).

B) Coopération via les pôles de compétitivité

L'implication des groupes dans les pôles de compétitivité est un moyen supplémentaire de bénéficier de l'aide publique dans le cadre de projets coopératifs de R&D, les Projets Labellisés. C'est également l'une des formes privilégiées de coopération entre petites et grandes entreprises. Tous les groupes de notre population sont membres actifs des pôles dont les objectifs et principes de fonctionnement tendent à faciliter l'innovation en misant sur la recherche en collaboration.

La mise en place des pôles de compétitivité initiée par la DATAR a en effet pour objectif premier l'accroissement et l'accélération de la production d'innovations par la dynamisation en parallèle des entreprises, laboratoires et centres de formation en matière d'innovation. En pariant sur l'interdépendance entre les acteurs, le pôle de compétitivité répond à la figure de la « triple hélice »[5] (Etzkowitz et Leydesdorff, 1995). Le pôle de compétitivité doit aussi permettre le développement des territoires sur lequel il est installé (DATAR, 2004). Il devient ainsi à la fois moteur de l'innovation et outil d'aménagement du territoire. Le nombre de pôles de compétitivité s'élève en 2010 à 71. Chaque année, deux appels à projets sont lancés pour sélectionner les Projets Labellisés qui bénéficieront de mécanismes de financement public de type incitatif. Un Fonds Unique Interministériel (FUI) regroupe les financements des Ministères concernés (Industrie, Santé, Agriculture, Aviation Civile, Défense) et de la DATAR (830 M€ 2006/08) ; parallèlement, les Collectivités territoriales cofinancent les projets retenus par le FUI tandis que l'OSEO soutient l'innovation des PME ; enfin, l'ANR finance les projets de recherche fondamentale en amont. La participation des PME

---

[5] Concept modélisant les interactions/relations entre industriels, universités-recherche et gouvernance publique.

aux pôles de compétitivité[6] est numériquement importante : sur un total de 5331 entreprises ayant un établissement membre d'un pôle en 2008, 4364 sont des PME, 738 des ETI et 229 des grandes entreprises.

Valeo est le groupe qui s'est le plus investi dans les pôles de compétitivité tout en émettant le moins de réserves. Il participe aux pôles Mov'eo (dans lequel 64 PME sont impliquées), MTA (24 PME), System@tic Paris-Région (190 PME) et s'est investi dans leur gouvernance. Le responsable de la R&D du groupe est aussi le Vice Président de Mov'eo tandis que l'un de ses collaborateurs préside l'un des domaines d'activités stratégiques du pôle. Au total, Valeo est l'initiateur de et participe à une quarantaine de projets labellisés sur des thématiques liées à l'énergie, la propulsion, la mécatronique, les logiciels et systèmes complexes. Ce type de participation, y compris à la gouvernance des pôles, est jugé très utile par le responsable de la R&D du groupe car il crée les conditions pour l'émergence de partenariats par le biais de la rencontre des laboratoires et de PME aux compétences complémentaires. Le financement public ainsi assuré est considéré comme un plus mais n'est pas un but en soi.

Saint-Gobain est engagé dans une dizaine de pôles de compétitivité aux thématiques très variées dont AdvanCity (26 PME impliquées), Mov'eo, I-TRANS (39 PME), mais aussi le pôle européen de la céramique à Limoges (37 PME). Toutefois, cet engagement n'est pas considéré par le groupe comme un enjeu majeur. Le bilan très disparate des différents pôles, leur dispersion et la lourdeur de leur fonctionnement posent problème.

Renault et PSA sont également engagés dans le pôle de compétitivité Mov'eo. Renault a un point de vue mitigé sur les pôles de compétitivité qui « servent davantage aux PME ». Rappelons d'ailleurs que lors des derniers appels à projets, l'accent a été mis sur l'impératif de faciliter l'accès à l'innovation des PME via les pôles. PSA considère qu'il y a trop de pôles, ce que l'on peut relier à la dimension aménagement du territoire de la politique des pôles. Mais cet éparpillement disperse les moyens financiers et crée des problèmes de coordination. Ces réserves sur les pôles sont d'ailleurs partagées par la majorité des groupes rencontrés.

Dans un contexte de crise, le recours aux fonds publics sous ses diverses modalités – appels d'offres, programmes et participation aux pôles de compétitivité – est un moyen pour les groupes de maintenir leur effort de R&D et participe en même temps à accroître la part de la recherche collaborative, en particulier avec les PME, dans la constitution de leur capital-savoir.

---

[6]   http://competitivite.gouv.fr/

Conclusion

Dans le contexte de la crise, les groupes rencontrés se sont davantage investis dans une stratégie d'open innovation. Le renforcement de leur capital-savoir passe de plus en plus par la multiplication des coopérations scientifiques et techniques avec l'ensemble des acteurs de l'innovation. Si différentes études mettent l'accent sur l'accroissement des stratégies collaboratives dans les PME, ce sont surtout les relations entre les petites entreprises elles-mêmes ou celles qui associent les PME avec la recherche académique qui retiennent l'attention. Les études empiriques montrent aussi qu'elles sont bien moins développées que dans les grandes entreprises, en raison des faibles ressources des petites entreprises et en conséquence de leurs faibles capacités d'absorption. Les relations entre petites entreprisse et grandes organisations (centres de recherche ou groupes industriels) peuvent aussi être asymétriques (Paun et Richard, 2010) ou être rendues difficiles par une trop grande « distance cognitive » entre partenaires freinant ainsi les capacités d'apprentissage (Nooteboom, 2000).

De notre étude, il ressort que les relations entre groupes industriels et petites entreprises innovantes permettent l'intégration de technologies pointues ou hors des champs habituels des groupes et un gain en termes de temps et de coût d'innovation, comme le met en avant la littérature sur le management de l'innovation (Tidd *et al.*, 2005). Elles se traduisent, outre par le financement et le rachat de petites entreprises innovantes, par des projets menés en commun, des programmes spécifiques et des participations à des projets impulsés par les pouvoirs publics. En effet, ces derniers appuient ces coopérations via de multiples modalités : financement de la recherche via le CIR et les appels d'offres de l'ANR, de l'ADEME, etc., pôles de compétitivité, programmes européens. Tous les groupes s'inscrivent ainsi dans les politiques d'innovation impulsées par l'État et l'Europe auxquelles ils participent activement. Les groupes participent aux pôles de compétitivité potentiellement présentés comme de véritables écosystèmes pour l'innovation créant conditions d'émergence de partenariats entre groupes, PME et recherche académique. Ils les trouvent néanmoins insuffisamment adaptés à leur besoins, car éclatés sur les plans technologiques et géographiques, dotés de moyens insuffisants et prioritairement centrés sur les besoins de PME. Notre étude va se poursuivre en étudiant la relation grandes entreprises/PME en plaçant cette fois la focale sur les petites entreprises et en s'interrogeant en particulier sur les atouts (accès à des compétences nouvelles, meilleur accès au marché) et les difficultés de la coopération des PME avec les groupes industriels (faibles capacité d'absorption, structure organisationnelles variées, rapports de force sur l'appropriation des technologies développées, distance cognitive, asymétries).

Références

Antonelli C. (2005), « Models of Knowledge and Systems of Governance », Journal of Institutional Economics, 1, pp. 51-73.

Beffa J.-L. (2005), Pour une nouvelle politique industrielle, La Documentation Française, Paris.

Carré D. et Levratto N. (2009), « Politique industrielle et PME. Nouvelle politique et nouveaux outils ? », Revue d'économie industrielle, N° 126, pp. 9-30.

CESE (2009), Les bio médicaments : des opportunités à saisir pour l'industrie pharmaceutique, sous la direction de Legrain, Y., Rapport N.017 du Conseil Économique, Social et Environnemental, Paris.

Chesbrough H. (2002), « Making sense of corporate venture capital », Harvard Business Review, March, pp. 4-11.

Chesbrough H. (2003), Open Innovation: the new imperative for creating and profiting from technology, Harvard Business School Press, Cambridge (MA).

Chesbrough H. (2006), « Open Innovation: A New Paradigm for Understanding Industrial Innovation » in: Chesbrough, H., Vanhaverbeke, W. and West, J. (Eds.), Open Innovation: Researching a New Paradigm, Oxford University Press, pp. 1-12.

Chesbrough H., Enkel E. et Gassmann O. (2010), « The Future of Open Innovation », R&D Management, 40 (3), pp. 213–221.

Cohen W. M et Levinthal D. A. (1990), « Absorptive capacity: a new perspective on learning and Innovation », Administrative Science quarterly, 35 (1), pp. 128-152.

DATAR (2004), La France puissance industrielle : une nouvelle politique industrielle par les territoires, étude prospective, La Documentation Française, Paris.

DGRI (2010), Recherche et développement, Innovation et partenariats 2009, Ministère de l'Enseignement Supérieur et de la Recherche, Direction Générale pour la Recherche et l'Innovation, Paris.

Eisenhardt K. (1989), « Building Theories from Case Study Research », Academy of Management Review », 14 (4), pp. 532-550.

Ernst &Young (2008), Global biotechnology report.

Etzkowitz H. et Leydesdorff L., (1995), « The triple helix–university–industry–government relations: a laboratory for knowledge-based economic development », EASST Review, 14, Ž1, pp. 14-19.

European Commission (2010), European Innovation Scoreboard 2009, Brussels.

Foray D. (2004), The Economics of knowledge, MIT Press, Cambridge (MA).

Gaffard L. (2003), « Gouvernance mondiale, marchés et politique économique », Cercle des Economistes (Ed.), L'Europe et la Gouvernance Mondiale, Descartes, Paris.

Gassman O. (2006), « Opening up the innovation process: towards an agenda », R&D Management 36 (3), pp. 223-228.

Gassmann O. et Keupp M. (2007), « The competitive advantage of early and rapidly internationalising SMEs in the biotechnology industry: A knowledge based view », Journal of World Business, 42 (3), Special Issue: The Early and Rapid Internationalization of the Firm, pp. 350-366.

Huet F. et Lazaric N. (2008), « Capacités d'absorption et d'interaction : une étude de la coopération dans les PME françaises », Revue d'économie industrielle, 121, pp. 65-84.

Hugues B. et Wareham J. (2010), « Knowledge arbitrage in global pharma: a synthetic view of absorptive capacity and open innovation », R&D Management, 40 (3), pp. 324-343.

Ili S., Albers A. et Miller S. (2010), « Open innovation in the automotive industry », R&D Management, 40 (3), pp. 246-255.

Kline S. J. et Rosenberg N. (1986), « An overview of innovation ». In: Landau R, Rosenberg N (Eds), The Positive Sum Strategy, National Academic Press.

Langlet D., Laperche B. et Lefebvre G. (2011), « L'innovation des groupes industriels dans la crise mondiale. Rationalisation et nouvelles voies stratégiques ». In : Uzunidis, D., Laperche, B. et Boutillier, S. (Eds.) L'entreprise dans la mondialisation, contexte et dynamiques d'investissement et d'innovation, Magna Carta, Le Manuscrit, Paris, pp.183-228.

Laperche B. (2007), « Knowledge capital and innovation in multinational corporations », Journal of Technology and Globalisation, 3 (1), pp. 24-41.

Laperche B. et Uzunidis D. (2010), « Contractualisation et valorisation de la recherche universitaire. Les défis à relever par les Universités françaises », Marché et Organisations, « Les contrats au service de la recherche », 13, pp. 107-136.

Laperche B. et Bellais R. (2000), « Entrepreneurs innovateurs, capital-risque et croissance des grandes firmes », Innovations, Cahiers d'économie de l'innovation, 12, pp. 137-156.

Laperche B, Sommers P. et Uzunidis D. (Eds) (2010), Innovation networks and Clusters. The Knowledge Backbone, Peter Lang, Brussels.

Lee S., Park G., Yoon B. et Park J. (2010), « Open innovation in SME's – An intermediated network model », Research Policy, 39, pp. 290-300.

Lefebvre G., Madeuf B. (2002), « IDE et globalisation de la recherche industrielle : l'expérience des groupes français », Actes du colloque Banque de France, Les investissements directs de la France dans la globalisation : mesure et enjeux, 20 mars 2002, annexe 8, tableau 7, p. 13 ; Banque de France, Eurosystème, Paris, déc.

Lefebvre G., Madeuf B. (2006), « Les groupes français dans la globalisation de la R&D », SESSI, Analyse et chiffres clés, N° 257, Ministère de l'économie, des finances et de l'industrie, Paris, pp. 194-207.

Le Roy F. et Yami S. (2010), Stratégies de coopétition, rivaliser et coopérer simultanément, De Boeck, Bruxelles.

Lichtenthaler U. (2008), « Open Innovation in practice: an analysis of strategic approaches to technology transactions », IEEE Transactions on Engineering Management, 55 (1), pp. 148-157.

Mowery D. C (2009), « Industrial R&D in the Third industrial revolution », Industrial and Corporate Change, 18, pp. 1-50.

Mowery D. C., Nelson R., Sampat B. N. et Ziedonis A. (2001), « The Growth of Patenting and Licensing by U.S. Universities: an Assessment of the Effects of the Bayh-Dole Act of 1980 », Research Policy, 30, pp. 99-119.

Nooteboom B. (2000), « Learning by interaction, absorptive capacity, cognitive distance and governance », Journal of Management and Governance, 4, pp. 69-92.

Patel P. et Pavitt K. (1991), « Large Firms in the Production of the World's Technology: An Important Case of Non Globalisation », Journal of International Business Studies, 22 (1), pp. 1-21.

Paun F. et Richard P. (2010), « The Criticity of the Asymmetries' Management in the Technology Transfer Process. Case Study on the ONERA-SME Strategy », Working Papers, n° 18, 2010, http://rri.univ-littoral.fr

Porter, M. E. (1990), The Competitive Advantage of Nations, Free Press, New York.

Schumpeter J. A. (1990), Capitalism, Socialism and Democracy (1942), Harper and Row, New York.

Sieg j. H., Wallin m. W. et Von krogh g. (2010), « Managerial challenges in open innovation: a study of innovation intermediation in the chemical industry », R&D Management, 40 (3), pp. 281-291.

Talbot J. (2009), « L'activité de R&D des PME en France », OSEO, PME 2009, Paris.

Teece D. (1986), « Profiting from Technological innovation: Implications for integration, collaboration, licensing and public policy », Research Policy, 15, pp. 285-305.

Tidd J., Bessant J. et Pavitt K., (2005), Managing Innovation. Integrating Technological, Market and Organizational Change, J. Wiley and Sons Ltd, Chichester.

UNCTAD (2005), « Transnational Corporations and the internationalization of R&D », World Investment Report, United Nations, New York and Geneva.

Uzunidis D. (2004), L'innovation et l'économie contemporaine, De Boeck, Bruxelles.

Van de Vrande V., de Jong J. P., Vanhaverbeke W. et de Rochemont M., (2009), « Open Innovation in SMEs : trends, motives and management challenges », Technovation, 29, pp. 423-437.

Von Hippel E. (2005), Democratizing Innovation, MIT Press, Cambridge (MA).

Yacoub N. et Laperche B. (2010), « Stratégies des grandes firmes pharmaceutiques face aux médicaments génériques », Innovations, Cahiers d'économie de l'innovation, 32, pp. 81-107.

Annexe 1
Méthodologie : une enquête directe auprès des groupes industriels
(Langlet, Laperche et Lefebvre, 2011)

La méthode d'enquête retenue consiste en une série d'entretiens avec les responsables de la R&D de groupes industriels sur la base d'un questionnaire semi-directif après recueil et exploitation préalable des informations disponibles sur ces groupes. Nous avons adopté une démarche itérative, basée sur l'étude de cas. Comme l'a montré K. Eisenhardt (1989) l'étude approfondie de plusieurs cas menée selon des règles méthodologiques strictes permet de mener des analyses plus précises en termes de stratégies et d'aboutir à des modèles théoriques intégrateurs.

La sélection des groupes a été réalisée de manière à représenter l'activité industrielle dans sa diversité par le croisement de différents critères afin de satisfaire quatre exigences. En premier lieu, la sélection a été effectuée au sein d'une population de groupes industriels dont le montant des dépenses mais aussi l'effort de recherche-développement (dépenses de R&D/CA) sont à la fois importants et inscrits dans la durée et qui présentent en outre un haut degré d'internationalisation de leurs activités. Les entreprises rencontrées consacrent ainsi, à l'exception de trois d'entre elles, entre 5 et 23 % de leur CA à leur budget de R&D. En second lieu, les groupes choisis doivent être aussi représentatifs que possible de l'ensemble de l'activité industrielle, incluant biens d'équipement, biens intermédiaires et biens de consommation et représentant ainsi les secteurs de haute et de moyenne technologies mais aussi de secteurs peu innovants. La convergence de ces quatre critères conduit à considérer les groupes retenus dans cette étude comme des cas exemplaires, non pas dans le sens de la représentativité statistique (recherche de l'individu moyen) mais dans celui où ils ont, selon toute probabilité, une expérience significative et éclairante pour les questions que nous nous posons.

Le questionnaire comprend quatre parties. La première rassemble des informations générales sur le groupe : secteurs d'activité, CA, effectifs, effort de R&D, localisation des centres de R&D, etc. et permet de situer le groupe industriel sur l'échiquier national et international. La seconde s'intéresse à la stratégie de R&D et d'innovation du groupe, à son évolution au cours des dernières années : informations quantitatives ; informations qualitatives, domaines technologiques, axes prioritaires et nature des activités de recherche du groupe et de ses différents centres de R&D, impact des dispositifs publics de soutien à la R&D des entreprises. La troisième traite des modalités et de l'évolution récente de la constitution du capital-savoir des entreprises : la crise les a-t-elle incitées à adopter une stratégie d'open innovation ? Quelle part est dévolue aux PME/TPE dans cette recherche collaborative ? Enfin, la quatrième partie concerne la protection du capital-savoir, outils utilisés : titres de propriété intellectuelle, secret, avance sur les concurrents, ... : la crise en imposant aux entreprises de nouvelles contraintes de rentabilité financière y compris en matière de R&D les a-t-elle amenées à adopter de nouveaux usages des droits de propriété ?

Annexe 2
Présentation synthétique de la population
(Données 2009, sauf précision)

Entreprise	Secteur	Date entretien	CA (Mrd €)	Effectif	Budget R&D (Mrd €)	Effectif R&D	R&D / CA (en %)
Thalès (division aéronautique)	Electronique Aérospatiale	Février 2009	2,60 (2007)	13 200	0,60	25 000 (groupe)	23
Lesieur (2008)	IAA	Mai 2009	0,83	690	nd	24	0,1
GE HC : General Electric HeathCare France* (2008)	DMS	Février 2010	nd	2 500	nd	400	5,7**
Renault	Automobile	Sept. Oct. 2009 Février 2010	33,71	121 422	1,65	17 547	4,9
PSA Branche automobile	Automobile	Février 2010	38,26	121 365	2,15	nd	5,6
Saint-Gobain	Matériaux Habitat	Février 2010	37,78	198 713	0,38	3 500	1***
Arcelor Mittal	Sidérurgie	Avril et Mai 2010	65,00	281 703	0,22	1 500	0,3
Valeo	Equipement automobile	Mai 2010	7,50	52 200	0,47	5770	6,3

Sources : rapports d'activité 2009, à défaut 2008.

* GE Health Care France fait partie de l'entité mondiale GE Health Care (46 000 salariés, 17,3 Mrd $ CA et 1 Mrd $ dépenses de R&D en 2008), branche matériel d'imagerie médicale et produits médicaux, elle-même une des branches d'activité du groupe nord-américain General Electric (250 000 salariés).

** Effort de R&D de GE HC monde.

*** Précisons comme l'a souligné le responsable R&D du groupe, que le rapport RD/CA est globalement de 2 % pour les activités industrielles (il faut exclure la distribution qui bien que faisant de l'innovation ne comptabilise pas de R&D) avec cependant de très fortes disparités allant de 0,5 % à 6 % selon les activités.

Chapitre 12

L'innovation dans les chaînes logistiques

Le Supply Chain Management, vecteur d'innovations pour les PME ?

Christine BELIN-MUNIER

Maître de Conférences à l'Université de Bourgogne

Introduction

Même si la logistique a accompagné de tout temps les grands travaux et le commerce, il faut attendre 1948 et l'American Marketing Association pour avoir une première définition transposée du monde militaire à celui de l'entreprise (Tixier *et al.*, 1996). Dans le contexte d'une économie contrôlée par l'offre des années 1950, la logistique se limite alors au mouvement et à la manutention de marchandises, du point de production au point de consommation ou d'utilisation. Cette logistique est une logistique de distribution et recouvre principalement trois activités : le transport, l'entreposage et la manutention.

Il faut attendre encore dix ans pour que le terme soit introduit dans la langue française dans le contexte de l'entreprise, par des cabinets de consultants. Avec la multiplication des flux et des exigences du consommateur, sa définition se voit par ailleurs enrichie. La première association créée autour de la logistique aux États-Unis la définit en 1963 comme « le vaste spectre d'activités nécessaires pour obtenir un mouvement efficient de produits finis depuis la sortie des chaînes de fabrication jusqu'au consommateur, et qui, dans certains cas, inclut le mouvement des matières premières depuis les fournisseurs jusqu'au début des chaînes de fabrication » (National Council of Physical Distribution Management, 1963, cité par Médan et Gratacap, 2008, p. 10). La recherche de l'efficience, c'est-à-dire de l'utilisation optimale des moyens, devient l'objectif d'un ensemble d'activités ayant en commun le mouvement non seulement des produits finis, mais aussi des matières premières. Aux activités traditionnelles de transport, d'entreposage et de manutention s'ajoutent celles de l'emballage, du contrôle des stocks, de la localisation des entrepôts et des sites de fabrication, du traitement des commandes. L'approche reste fragmentée et s'appuie en partie sur les outils de recherche opérationnelle.

Avec les chocs pétroliers des années 1970 et l'incertitude grandissante de l'environnement économique, ces outils finissent par atteindre leurs limites. La logistique devient alors progressivement une fonction responsable de la coordination (appelée « intégration ») de plusieurs activités et une discipline des sciences de gestion. Le National Council of Physical Distribution Management la définit en 1972 comme « l'intégration de deux ou plus de deux activités dans le but de planifier, mettre en œuvre et contrôler un flux efficient de matières premières, produits semi-finis, de leur point d'origine au point de consommation » (cité par Medan et Gratacap, 2008, p. 10).

Les années 1980, avec la croissance des taux d'intérêts et la multiplication des références, rendent le contrôle des stocks stratégique. La technique du Juste-à-Temps va révolutionner le monde industriel, et la logistique passe du statut de fonction opérationnelle à celui de processus stratégique, orienté client. L'association américaine change de nom et de définition. Le Council of Logistics Management définit alors la logistique comme « un processus permettant de planifier, mettre en œuvre et contrôler un flux et un stockage efficaces et efficients de matières premières, d'encours, de produits finis et d'informations, du point d'origine au point de consommation, dans le but de se conformer aux exigences du client » (cité par Medan et Gratacap, 2008, p. 10). La logistique n'est plus sous la seule responsabilité des logisticiens. Les décisions des acheteurs, de la production, du bureau des études, du marketing peuvent toutes avoir des conséquences sur la circulation des flux de l'entreprise et multiplier les stocks coûteux. Colin (2005) évoque ainsi la Supply Chain Interne. À la fin des années 1980 et au début des années 1990, la logistique ne se limite plus à la gestion des flux mais s'ouvre sur une gestion par les flux, changeant ainsi la vision de l'entreprise. La logistique devient alors une véritable démarche, une méthode d'analyse originale.

Au milieu des années 1990, l'apparition de nouveaux outils informatiques (Supply Chain Execution) facilitant les transferts de données d'un module de progiciel à un autre permet à la logistique de dépasser les frontières de l'entreprise pour englober ses différents partenaires en amont, du côté des fournisseurs, et en aval, du côté de la distribution. C'est la naissance du Supply Chain Management (SCM) que l'on pourrait traduire comme la gestion de la chaîne logistique, et que l'association américaine, changeant à nouveau de nom pour devenir le Council of Supply Chain Management Professionals, définit comme « la prévision et le management de toutes les activités relevant de la recherche de fournisseurs, de l'approvisionnement, de la transformation et de toutes les activités du management logistique. De façon essentielle, il inclut la coordination et la coopération avec les partenaires de la chaîne qui peuvent être les fournisseurs, les intermédiaires, les prestataires de services logistiques et les clients. Par essence, le SCM intègre le management de l'offre et de la demande dans et entre les entreprises » (CSCMP, 2005). Ce caractère inter-organisationnel constitue une transformation profonde de la logistique. Si la gestion logistique interne pouvait s'appuyer sur une autorité découlant de la structure hiérarchique de l'entreprise, le SCM doit, lui, reposer sur une adhésion volontaire de sociétés juridiquement autonomes mais interdépendantes économiquement (Colin, 2005).

Les innovations issues de la logistique sont nombreuses et connues. Citons par exemple le Juste-à-Temps reposant sur le Kanban, la différenciation retardée, la Gestion Partagée des Approvisionnements, la mutualisation des moyens logistiques, etc. Toutes ces innovations ont permis de considérablement améliorer les processus, de transformer le produit fini en lui ajoutant des attributs découlant du niveau de service logistique. Mais la logistique peut aussi, selon nous, servir de médiateur à l'innovation par l'intégration inter-organisationnelle qu'elle suppose depuis ces derniers développements et grâce à l'utilisation des technologies de l'information.

Aussi l'objet de ce chapitre est-il d'identifier non pas en quoi la logistique peut être source d'innovations dans une entreprise, mais en quoi l'innovation peut s'appuyer sur la chaîne logistique et sa gestion, et dans quelle mesure cette innovation implique les PME.

La chaîne logistique étant une forme particulière d'alliance, nous nous appuierons dans un premier temps sur les résultats des travaux les plus récents sur le lien entre innovation et alliances. Nous montrerons dans un second temps en quoi la chaîne logistique peut se différencier comme support de diffusion des innovations. Enfin nous terminerons par l'étude plus spécifique de la gestion de la chaîne logistique informationnelle et des technologies de l'information qu'elle met en œuvre.

1. Alliances et innovations

Selon Lavie (2007), les entreprises se lancent depuis peu dans de multiples alliances simultanées, à différents niveaux dans la chaîne de valeur. Son étude de 367 sociétés américaines dans le software montre que la performance des entreprises de son échantillon dépend en partie des ressources issues des réseaux dans lesquelles elles s'intègrent. Pour Lazzarini (2007), la concurrence ne se situe plus au seul niveau des entreprises mais à celui des constellations qu'elles constituent. Les PME sont souvent confrontées au problème de la limitation des ressources. Or, un moyen de le résoudre consiste à trouver ces ressources à l'extérieur de l'entreprise, en nouant des relations plus ou moins fortes avec ceux qui en disposent. Nous allons donc dans un premier temps définir les différents types de relations possibles. Puis nous pourrons nous interroger sur la place des alliances comme supports des innovations et sur les formes à donner à ces alliances pour optimiser les possibilités d'innovations.

1.1. Les différents types d'alliances

L'alliance peut être définie comme un « arrangement volontaire entre des firmes indépendantes, dans le but d'échanger ou de partager des ressources et de s'engager dans le codéveloppement ou la fourniture de produits, de services ou de technologies » (Gulati, 1998, cité par Lavie, 2007, p. 1187). Si l'alliance comporte plus de deux partenaires, Hoffmann (2007) utilise alors la notion d'alliance « multilatérale », Lazzarini (2007) celle de « constellation ». Les constellations sont des « alliances entre plusieurs entreprises autonomes, de telle sorte que ces groupes se concurrencent sur une même industrie ou sur des industries similaires, pour les clients et les membres » (Lazzarini, 2007, p. 346). Ces constellations peuvent être explicites ou implicites. Dans ce dernier cas, seuls des liens bilatéraux plus nombreux dans la constellation qu'en dehors permettent d'identifier la constellation. Lorsque l'étude des ces alliances est faite du point de vue d'une entreprise particulière, les chercheurs utilisent la notion de portefeuille d'alliances ; dans les autres cas, ils font plus référence à celle de réseaux (Hoffmann, 2007).

L'alliance est stratégique par ses objectifs (Yin et Schanley, 2008) ou par les ressources échangées.

L'alliance est une forme de gouvernance alternative à l'acquisition, qui permet de réduire l'investissement nécessaire à l'acquisition de ressources (Wang et Zajac, 2007). En cas de faible besoin de flexibilité et d'implication du partenaire et en cas de faible niveau des contraintes structurelles et institutionnelles, la simple relation de marché est la plus adaptée. En cas d'un besoin plus important d'implication du partenaire, c'est l'acquisition qui s'impose. L'alliance, quant à elle, se justifie en cas de recherche de flexibilité (Yin et Schanley, 2008). Pour d'autres auteurs c'est la nature des ressources échangées qui détermine la forme la plus adaptée entre le marché, l'acquisition ou l'alliance. Les alliances sont plus fréquentes pour les ressources interdépendantes (Wang et Zajac, 2007), et l'étude de 100 alliances sur 5 ans de Lunnan et Haugland

(2008) montre que la complémentarité des ressources est un facteur de performance.

La gouvernance des alliances repose le plus souvent sur des contrats. La complexité de ces contrats dépend de l'incertitude et de la spécificité des investissements nécessaires (comme l'indique la théorie des coûts de transaction ; cf Williamson, 1975). L'étude de différents contrats par Reuer et Arinon (2007) montre que si le nombre de clauses de coordination peut être réduit avec l'existence d'alliances antérieures, les clauses d'implication, voire les échanges de titres, se multiplient avec la spécificité des investissements engagés.

Le partage des fruits de l'alliance dépend de la profitabilité relative du partenaire, des alternatives existantes pour lui et du nombre de relations pour une même alliance (Lavie, 2007).

Pour les alliances stratégiques, l'existence d'une fonction dédiée à la gestion des alliances facilite le succès (Lavie, 2007) et le processus d'apprentissage. Cela est entre autres confirmé par l'étude de 175 questionnaires de Kale et Singh (2007).

1.2. Les alliances comme supports d'innovations

Les motifs des alliances peuvent être l'accès à des ressources, la recherche de synergies, le renforcement d'un pouvoir économique, la réalisation d'économies d'échelle, le franchissement de barrières à l'entrée, la recherche d'une légitimité institutionnelle, des facteurs historiques, le partage de risques ou enfin la recherche d'innovations (Goerzen, 2007).

L'alliance créée un potentiel d'innovations en donnant accès à ses membres à des capacités d'expertise variées. Les entreprises ne se limitent pas en général à une seule alliance mais en gèrent simultanément plusieurs. Pour que la gestion de ces alliances soit efficace en termes d'innovations, les entreprises doivent combiner deux types de liens (« alliance ambidexterity ») : des liens « passerelles » (« bridging ties ») pour assurer la diversité des compétences et des connaissances propices à la génération d'idées nouvelles et des liens « forts » (« strong ties ») pour assurer l'exploitation conjointe des compétences et faciliter l'intégration des connaissances et donc l'implantation de ces idées nouvelles (Tiwana, 2008b).

Capaldo (2007), par le biais d'études de cas autour de la capacité d'innovation d'entreprises leaders dans les alliances, montre le besoin d'une architecture de réseau dual. Une connaissance mutuelle plus importante des partenaires de l'alliance et la création des deux côtés de liens sociaux et d'investissements spécifiques permettent d'intensifier la relation. Cette relation basée sur plus de confiance améliore la capacité d'innovation des membres. Cependant la mise en place de ces liens forts diminue le nombre de contacts et la flexibilité nécessaire à la collaboration avec de nouveaux partenaires. Elle diminue de ce fait la réactivité des membres de l'alliance aux nouvelles tendances de marché et leur capacité d'innovation. L'entreprise doit donc construire son réseau en le laissant assez ouvert pour autoriser une certaine diversité. Cette capacité à jouer sur la dualité de la structure du réseau est une capacité relationnelle distinctive, source d'une capacité dynamique d'innovation.

1.3. Les critères de choix pour la structure de l'alliance

Les études sur l'influence de la diversité des alliances sur l'innovation divergent par leurs résultats. Si Goerzen (2007) met en évidence un impact négatif de la redondance des alliances sur la performance et un impact positif de la taille des réseaux pour 580 multinationales, Lazzarini (2007) trouve, quant à lui, dans son étude de 75 compagnies aériennes entre 1995 et 2000, un lien négatif entre la diversité des constellations explicites et la performance et pas de résultat significatif pour les constellations implicites. La contradiction apparente peut en partie être levée si on intègre le type de stratégie adopté par l'entreprise en ce qui concerne l'innovation, le type d'innovation, le degré d'incertitude et le potentiel de ressources.

En effet, la stratégie vis-à-vis de l'innovation peut être pro-active ou réactive. Une stratégie pro-active d'exploration demande l'acquisition des connaissances implicites des partenaires de confiance et donc un besoin d'échanges intenses. Une stratégie réactive s'appuie plutôt sur un besoin de flexibilité et donc un accès à un plus grand nombre de ressources, par des liens plus diversifiés (Hoffmann, 2007).

Le type d'innovation recherché permet également de comprendre le niveau souhaitable pour la relation. Pour Wolter et Veloso (2008), le besoin d'échange d'informations, et donc le besoin d'intégration, augmente lorsqu'on envisage une innovation limitée à un composant (sans incidence sur l'assemblage), ou bien une innovation modulaire en amont, une innovation architecturale ou radicale. L'étendue de l'innovation favorise donc des liens plus intenses.

Le troisième facteur explicatif est l'incertitude. La turbulence technologique diminue le besoin d'ambidextrie (Tiwana, 2008). L'incertitude technologique renforce l'impact négatif de la redondance des relations sur la performance (Goerzen, 2007). L'instabilité de l'environnement améliore la performance de positionnements permettant de créer des trous dans les réseaux des autres entreprises (Koka et Prescott, 2008). L'incertitude pousse donc à diversifier les liens.

La forme des alliances évolue avec l'incertitude mais aussi le potentiel des ressources découlant de l'alliance (Hoffmann, 2007). Pour un faible potentiel de ressources, mais une forte incertitude, les entreprises ont tendance à s'engager dans un grand nombre d'alliances, dispersées, avec des liens faibles et peu redondantes. Quand le potentiel des ressources augmente, le nombre d'alliances diminue, les liens se renforcent, la redondance diminue et la stabilité des alliances augmente. Quand le potentiel reste fort mais que l'incertitude diminue, les entreprises passent d'une stratégie d'exploration à une stratégie d'exploitation, en s'appuyant sur un petit nombre d'alliances fortes, stables et plus redondantes.

Compte tenu de tous ces critères, on comprend que la capacité à gérer les liens avec les autres entreprises est complexe et peut de ce fait servir de support à un avantage concurrentiel. Cependant, ces études comportent une limite par rapport à notre sujet puisque dans ces travaux, la taille des entreprises n'est pas prise en compte, en dehors des variables de contrôle. Les PME ne font pas l'objet d'une analyse spécifique. Voyons à présent ce que peuvent nous apporter les travaux focalisés sur une forme d'alliance particulière, s'appuyant sur la chaîne logistique.

2. Chaînes logistiques et innovations

2.1. Chaînes logistiques et Supply Chain Management (SCM)

Le développement des achats et de la sous-traitance a substitué à l'entreprise intégrée verticalement des chaînes logistiques. Pour Gripsrud *et al.* (2006), Su *et al.* (2008) et Da Silveira et Arkader (2007), la concurrence existe plus aujourd'hui entre les chaînes logistiques ou les chaînes d'approvisionnement (« supply chains », SC) que directement entre les entreprises. Ces chaînes sont de plus en plus longues et complexes et de nombreuses sociétés appartiennent simultanément à plusieurs supply chains (Tang et Tomlin, 2008).

Cet éclatement des chaînes de valeur rend nécessaire la coordination, voire la coordination, entre les entreprises appartenant à une même chaîne. C'est là le rôle du SCM. Le SCM « cherche à assurer un lien et une coordination entre les processus des autres parties prenantes de la chaîne, à savoir les fournisseurs et les consommateurs, et les processus de l'organisation même » (Christopher, 2005, p. 6). Le SCM peut être limité à une simple coordination opérationnelle entre deux ou plusieurs partenaires d'une chaîne logistique ou prendre la forme d'une coopération plus stratégique. Cette coordination peut être centralisée par une entreprise de la supply chain ou se diffuser via les relations dyadiques fournisseurs/clients. La centralisation du SCM peut être le fait d'un individu dans une entreprise de la supply chain, d'un groupe d'individus d'une ou de plusieurs entreprises de la supply chain. Le SCM peut avoir un support contractuel ou non et sa performance reste variable d'une étude à une autre (Belin-Munier, 2008). Il n'existe donc pas une forme unique de pilotage des chaînes logistiques (SCM), mais plusieurs.

Si le SCM peut être source de performance, il reste complexe et se heurte à un grand nombre de difficultés. Selon la revue de la littérature d'Arshinder et Deshmukh (2008), la coordination entre les différentes fonctions de la supply chain (logistique, stocks, prévisions, conception du produit), se réalisant à chacune des interfaces approvisionnement/ production, production/ stocks, production/ distribution et distribution/ stocks, selon différents mécanismes (contrats, technologies de l'informations, partage d'informations ou décisions jointes), permet d'améliorer les prévisions, l'efficience, le service client, les stocks, les délais, la qualité et est un pré-requis à l'intégration de la chaîne logistique. Cependant, cette coordination se heurte à un certain nombre de difficultés. Ces difficultés peuvent résulter des écarts entre organisations (les écarts culturels, les écarts entre les quantités optimales et/ou les cycles). Elles peuvent provenir de la structure du pouvoir dans la chaîne logistique avec les problèmes de domination. Elles peuvent résulter du caractère inter organisationnel de la chaîne logistique : les conflits d'objectifs, le manque de cohérence des contrats, le manque de réunions, de partage d'informations ou d'assistance technique, l'incompatibilité des systèmes informatiques, l'incompatibilité des tournées, des délais de production, des fréquences de livraison, les évaluations séparées des coûts, des processus.

Les coordinations sont de ce fait souvent partielles (myopie) et sous-optimales (Fugate, Sahin et Mentzer, 2006). Les coordinations peuvent se faire par les prix ou par les flux (gestion partagée des approvisionne-ments, Efficient Consumer Response, Collaborative Planning Forcasting and Replenishment, différenciation retardée, Juste-à-Temps), mais la coordination par les flux est plus adaptée si la relation est orientée « Supply Chain » et/ou « apprentissage » (Fugate, Sahin et Mentzer, 2006). Le SCM permet des flux de connaissances le long de la chaîne de valeur, mais les réseaux émergent plus qu'ils ne sont vraiment volontai-rement voulus (Carter *et al.*, 2007). La capacité stratégique d'une entre-prise dépend de sa compréhension du réseau qu'elle a contribué à faire émerger. Son pouvoir vis-à-vis de l'information dépend de sa centralité dans le réseau. Le SCM peut donc dépasser la simple coordination opérationnelle et peut être source de connaissance si les organisations ont une capacité d'apprentissage suffisante.

Le SCM est une réalité managériale. L'étude française d'Ouardihi, *et al.* (2008) établie à partir de 146 questionnaires montre que 89 % des entreprises se déclarent impliquées dans une SC et 70 % disposent d'une structure dédiée. À l'échelle européenne, l'étude de 374 sociétés par Vereecke et Muyller (2006) met en avant l'importance de la collaboration pour les industriels même si les efforts de collaboration SC restent modestes et non orchestrés dans beaucoup de sociétés. Celle d'Emberson et Harrison (2006) montre que les coordinations restent le plus souvent partielles et qu'interférer chez le fournisseur reste inhabituel mais des efforts d'intégration sont faits au niveau interne et dans certains cas des indicateurs inter-organisationnels peuvent être mis en place. Larson *et al.* (2007) ont interrogé 104 membres du CSCMP (hors consultants et formateurs) : l'implantation de la SC est plutôt difficile, coûteuse et lente, mais la performance est perçue comme étant supérieure à la performance attendue en termes de service client, de stocks, de durée du cycle d'exploitation, de niveau des ventes, de qualité et de coûts. Les facilitateurs sont surtout relationnels (comme le soutien de la direction, la relation client, la restructuration de l'organisation, ou encore le management logistique intégré). La technologie et l'implication du fournisseur ne sont pas significatives. Les freins sont d'ordre fonctionnel ou découlent de l'incompatibilité des systèmes logistiques.

Le SCM est donc complexe, mais bien réel. Une gestion particulière de la chaîne logistique peut-elle servir de support à l'innovation ? C'est la question à laquelle nous allons chercher à répondre maintenant.

2.2. *Supply Chain Management et innovations*

La chaîne logistique peut servir de support à des alliances lorsque certains de ses membres développent des pratiques de Supply Chain Management, qui dépassent les simples relations de marché entre clients et fournisseurs. Ces alliances sont plutôt de type vertical et impliquent des organisations s'intégrant dans une même chaîne de valeur. Luo (2008) montre que l'efficacité d'une alliance augmente avec son intégration dans la chaîne de valeur. De plus, l'étude de David *et al.* (2010) de 1037 alliances signées par 123 entreprises de biotechnologies entre 1977 et 2005 indique que le caractère vertical est préférable lorsque le marché n'est pas mature. Les alliances verticales seraient donc d'autant plus efficaces que le marché serait nouveau. Cela peut s'expliquer par leur propriété particulière sur l'innovation. L'étude de 110 sociétés américaines par Keil *et al.* (2008) dans quatre secteurs met en évidence un nombre d'applications brevetées réussies plus important en cas d'alliances, de prises de participation ou de joint-ventures avec des entreprises liées, mais n'appartenant pas à la même industrie. Kochra et

White (2008) insistent par ailleurs sur le fait que les transferts de connaissances technologiques, en partie tacites, sont plus faciles dans les entreprises qu'entre les entreprises du fait de l'incidence négative de la concurrence sur l'attente de réciprocité. Une moins grande concurrence entre les membres d'une alliance verticale par rapport à une alliance horizontale serait plus propice aux transferts de connaissances et aux innovations. Le lien entre Supply Chain Management et innovation serait donc plus fort que celui entre alliance horizontale et innovation. Concernant de façon spécifique les chaînes logistiques, Chen et al (2009) utilisent la notion de capacité innovante de la supply chain (« supply chain innovative capability »). Cette capacité est source d'un avantage concurrentiel de par sa complexité qui la rend difficile à imiter par les entreprises extérieures à la chaîne logistique.

Plusieurs études montrent en effet un lien positif entre le développement de nouveaux projets et la collaboration au sein de la chaîne logistique. Selon Tan et Tracey (2007) un environnement collaboratif interne pour le développement de nouveaux projets facilite l'implication de la production mais aussi celle du fournisseur et celle du client. Cette intégration externe accroit la satisfaction du client vis-à-vis du nouveau projet. Zacharia *et al.* (2009), quant à eux, trouvent un niveau de collaboration améliorant les résultats opérationnels et relationnels et donc indirectement la performance économique à partir de 342 questionnaires adressés à des entreprises américaines. Or, 29 % des projets de collaboration portent sur le développement de nouveaux produits, services et/ou emballages, 26 % sur des innovations processus et 5 % sur l'implantation de technologies. La collaboration est donc majoritairement orientée vers l'innovation. Parker *et al.* (2008) montrent à partir de 116 projets de développement de nouveaux projets que du point de vue des grandes entreprises américaines mais aussi européennes, australiennes, asiatiques et sud américaines, l'ampleur de l'intégration du fournisseur dans le projet de développement affecte positivement la performance du projet. Les auteurs s'intéressent tout particulièrement à l'intérêt d'une intégration précoce.

D'autres travaux trouvent cependant des résultats plus nuancés. Flint *et al.* (2008) à partir de 110 questionnaires remplis par des responsables marketing, des dirigeants ou des responsables des ventes américains, danois et suédois, trouvent bien un lien positif entre les procédures d'échanges des informations sur le client, l'apprentissage supply chain et l'innovation. Cependant les valeurs des échelles restent faibles, ce qui reflète le peu d'implication des entreprises dans le processus d'échanges. Lin *et al.* (2010) ont des résultats mitigés pour le lien entre les moteurs de l'innovation dans le canal intégré et la performance. Pour Hult *et al.* (2007), les supply chains s'appuyant sur la culture de la compétitivité et le développement de la connaissance sont plus performantes en termes de durée des cycles, mais les turbulences du marché affaiblissent cette relation (résultats trouvés à partir de 201 questionnaires). L'étude de 168 joint-ventures chinois par Luo (2008) met en évidence que, passé un certain niveau, l'intégration devient source d'inertie, ce qui pose problème lorsque l'environnement et le marché sont dynamiques.

Pour Autry et Griffis (2008), les entreprises d'une supply chain doivent s'appuyer sur des portefeuilles de relations diversifiées. Le capital de la supply chain est à la fois structurel par la densité et l'existence de « trous » entre certains éléments de la chaîne et relationnel par le dosage de la force des liens tissés. Ce capital a des conséquences sur la performance de la chaîne logistique tant au niveau opérationnel qu'en matière d'innovations, directement et indirectement, par le biais de la capacité de la chaîne logistique à développer de la connaissance à partir du partage, de l'utilisation et du développement d'informations pertinentes. Pour Azadegan *et al.* (2008), il faut tenir compte du style d'apprentissage exploratoire ou d'exploitation du fournisseur, qui doit être complémentaire avec le type de stratégie adopté par l'industriel qui peut également être d'exploration ou d'exploitation. Ces deux modèles n'ont pas fait l'objet de tests spécifiques, mais ils vont dans le sens des travaux réalisés sur les alliances. Lettice *et al.* (2010) mettent en évidence différents types de relations fournisseurs pour la construction automobile européenne : une relation contractuelle pour les composants simples et standards, une conception selon la demande du client pour des composants plus spécifiques, et des partenariats plus forts pour la fourniture de systèmes complexes, voire de services complets.

Il semble donc que la chaîne logistique puisse servir de support à la diffusion de l'innovation en mettant en œuvre des liens différenciés en fonction des partenaires. Qu'en est-il de l'incidence de la taille sur ces résultats ?

2.3. Le cas particulier des PME

Tokman *et al.* (2007) ont testé leur modèle de l'innovation dans les chaînes logistiques, sur 103 PME grecques. Ils ont choisi le contexte de la Grèce car, selon eux, le marché y est de type émergent et l'environnement hostile. Leur hypothèse de base est que les stratégies des entreprises déterminent le type de portefeuille d'alliances et donc la satisfaction des entreprises vis-à-vis de leurs portefeuilles d'alliances. Les stratégies d'exploitation s'appuient plus sur des alliances technologiques, des alliances logistiques, des accords de recherche sur les processus. Les stratégies d'exploration s'appuient, quant à elles, sur des joint-ventures, des prises de participations, des licences, des accords marketing de long terme et des accords de recherche pour le développement de nouveaux produits. Dans un environnement hostile, les auteurs montrent que les PME se tournent plus vers un portefeuille d'exploitation permettant de réduire les coûts et d'augmenter leur flexibilité dans un marché où la concurrence est basée sur les prix. Elles seront donc plus satisfaites par des coopérations d'exploitation. Les résultats ne sont néanmoins pas surprenants quand on sait que les critères de sélection des fournisseurs sont en premier lieu la flexibilité appréciée à partir de la tolérance dans les variations de production, des produits et l'acceptation de petits ordres de fabrication, et en second lieu les coûts (Rhee *et al.*, 2009). D'autre part, le pouvoir explicatif du modèle est faible, les catégorisations des relations sont contestables et le seul indicateur de performance est la satisfaction vis-à-vis de portefeuille.

Il n'y a malheureusement pas à notre connaissance d'autre étude récente concernant directement les PME. Néanmoins, des auteurs se sont intéressés à d'autres entreprises que les entreprises leaders dans les chaînes logistiques comme les sous-traitants pivots et les suiveurs. Ces entreprises ne sont pas systématiquement des PME mais sont plus susceptibles de l'être. Pour Kechidi (2008), la sous-traitance concerne de plus en plus des sous-ensembles et les sous-traitants de rang un peuvent alors exploiter leurs innovations comme toute entreprise pivot. Les stratégies des suiveurs en matière d'innovation doivent être compatibles avec celles des leaders. La forme de leadership adoptée par les leaders de la supply chain (qui peut être transformationnel pour la recherche d'innovations ou transactionnel pour la recherche d'efficience) doit coïncider avec le style de pensée des suiveurs (qui peut être lui aussi transformationnel, à la recherche de solutions innovantes, ou transactionnel ; cf. Deffe *et al.*, 2009). La capacité d'innovation de la chaîne logistique est donc bien complexe et repose à la fois sur les qualités des leaders de la chaîne mais aussi sur celles des autres partenaires.

Si la chaîne logistique peut servir de support à l'innovation, elle peut aussi, si elle est adaptée, accompagner le développement de nouvelles entreprises, fondées sur des innovations. Sebastio et Golcic (2008) proposent le concept de supply chains émergentes pour les nouvelles entreprises basées sur des innovations radicales. Ces supply chains doivent répondre au besoin de légitimité des nouvelles entreprises en les associant à d'autres pour diffuser de nouveaux standards. La recherche est celle également de flexibilité, compte tenu de l'imprévisibilité de la demande et de la faible structuration du marché, et la recherche de perfectionnement de l'offre par l'intégration de retours de la part des clients finaux. Pour sécuriser leurs ressources, ces entreprises s'appuieraient sur un noyau, constitué d'un petit nombre de partenaires complémentaires prêts à partager les risques. Pour améliorer leur réactivité et leur adaptabilité, ce noyau serait complété par des liens périphériques moins stables. Le choix des partenaires de départ est important car il a des conséquences sur l'évolution de la chaîne et sur celle du marché.

Nous pouvons enfin noter que si la perception par le donneur d'ordre des capacités de son fournisseur peut influencer la forme du lien qu'il tissera avec lui pour favoriser les innovations, inversement la mise en place d'un partenariat tourné vers l'innovation change la perception des capacités du fournisseur. Quesado *et al.* (2006) montrent que les pratiques des équipementiers en matière de développement de nouveaux projets, selon qu'elles incluent ou non leurs fournisseurs, changent leur perception de la performance de ces fournisseurs. Le lien entre SCM et innovation est donc double.

Il conviendrait de prolonger les recherches encore peu nombreuses, d'autant que la question de la forme du partage des gains dans les chaînes logistiques reste elle aussi une question avec peu de réponses scientifiques aujourd'hui (Belin-Munier, 2008).

3. Les technologies de l'information

Pour gérer les flux de produits, d'encours, de matières premières et de plus en plus aujourd'hui de services, le logisticien doit s'appuyer sur un grand nombre d'informations qui vont déclencher le flux (commandes, ordres de fabrication, prévisions, rendez-vous d'un client, etc.), l'accompagner (documents de transport, tracking du produit, suivi de la commande et de la livraison, état des files d'attente, etc.), puis remonter la chaîne logistique (bon de livraison, réserves, suivi de satisfaction du client, tracing, etc.). Le grand nombre de références à suivre rend l'utilisation de technologies informatiques de plus en plus indispensables pour traiter ces informations et de plus en plus pour les transférer d'une fonction à une autre dans l'entreprise et d'une entreprise à une autre dans la chaîne logistique. Mais quelle place faut-il donner aujourd'hui à ces technologies de l'information ? Est-elle la même dans une PME ? Ces technologies, qui pendant longtemps ont été qualifiées de Nouvelles Technologies de l'Information et de la Communication (NTIC), peuvent-elles servir aujourd'hui encore de support aux innovations ? Pour répondre à ces questions, nous allons tout d'abord nous référer à des études centrées sur la rentabilité de ces technologies en termes financiers et en termes d'innovations. Ces travaux nous permettront de mieux en cerner les limites et d'examiner ensuite le cas particulier des PME.

3.1. Technologies de l'Information (TI) et performance

Li *et al.* (2009) ont étudié l'incidence sur la performance opération-nelle de la supply chain de l'implantation de technologies de l'information, ceci à partir de 182 entreprises chinoises. Ils n'ont pas trouvé de lien direct, mais un lien indirect via l'intégration de la supply chain. Zhou et Benton (2007) ne se sont pas limités aux technologies mais ont étudié plusieurs dimensions des échanges d'informations, à partir de 125 questionnaires adressés à des entreprises américaines plutôt de grande taille (le nombre moyen de salariés dans leur popula-tion d'entreprises est de 5000). Le lien direct des TI sur la performance est mitigé, mais il devient positif via l'existence de pratiques de supply chains comme la planification et le juste-à-temps. Le dynamisme de la supply chain renforce ce lien. Roth *et al.* (2008) trouvent eux un impact direct et indirect, via la compétence globale, des technologies de l'information sur les ventes mais pas sur la rentabilité des actifs pour 667 sociétés internationales. Bailey et Francis (2008) montrent que les échanges d'informations seuls ne suffisent pas pour diminuer l'effet. Forrester et Burca *et al.* (2006) estiment même qu'il existe un impact négatif de la sophistication des technologies de l'information sur le lien entre pratiques et performance pour le domaine des services (231 ques-tionnaires à des entreprises de service). Toutes ces études montrent bien que les technologies de l'information, pour être efficaces, doivent être accompagnées de pratiques et de compétences spécifiques dans la chaîne logistique.

Des études se focalisent sur le cas particulier des progiciels permet-tant les transferts d'informations entre fonctions. Les ERP (« Enterprise Resource Planning ») augmentent la profitabilité mais pas la rentabilité des titres et ont globalement un impact négatif sur les rentabilités pen-dant la période d'implantation, pour les 105 entreprises grecques étu-diées (Hatzithomas *et al.*, 2007). Pour Stratman (2007) la performance de l'ERP dépend de l'orientation stratégique à l'origine de sa mise en place. La performance d'un ERP est d'autant plus grande que sa mise en place vise à améliorer la performance opérationnelle. Ce résultat est obtenu à partir de 88 grandes entreprises nord-américaines. Le lien semble plus fort pour les systèmes plus étendus. Les systèmes supply chains ont un impact à la fois sur la rentabilité et la profitabilité (140 annonces d'implantation étudiées par Hendricks *et al.*, 2007). Zhang et Dhaliwal (2009) ont trouvé un impact des TI sur les performances opérationnelles et stratégiques, via l'assimilation interne. Ce lien est renforcé par la diffusion des technologies de l'information à l'extérieur de l'entreprise. Les résultats ont été obtenus à partir de 101 grandes sociétés chinoises.

De toutes ces études il ressort que les technologies de l'information peuvent accroître les performances opérationnelles et stratégiques à condition de savoir les gérer et que l'orientation stratégique de la supply chain s'y prête. L'impact semble plus direct sur la performance opérationnelle, pour des chaînes intégrées. Celui sur la performance stratégique dépend de la capacité de gestion de l'information de la supply chain. Qu'en est-il à présent de la capacité d'innovation ?

3.2. TI et innovations

L'étude qui nous semble la plus intéressante est celle de Sander (2008) car, d'une part, il s'intéresse au point de vue des fournisseurs et, d'autre part, il différencie les modes d'utilisation des TI en deux groupes selon qu'elles visent à améliorer l'efficacité des méthodes existantes (utilisation en vue d'exploitation) ou selon qu'elles visent à trouver de nouvelles méthodes (utilisation en vue d'exploration). L'étude empirique est basée sur 241 questionnaires remplis par des fournisseurs de constructeurs d'ordinateurs américains de rang un. Du point de vue des fournisseurs, l'utilisation des TI pour l'exploitation renforce la coordination opérationnelle grâce au partage d'informations opérationnelles, la coordination des productions et l'échange de bases de données. Cette meilleure coordination opérationnelle augmente la performance opérationnelle en diminuant les coûts et en intégrant les processus. L'utilisation des TI pour l'exploration, c'est-à-dire par exemple pour mieux comprendre les clients, pour intégrer le fournisseur dans la conception ou encore pour l'expertise de nouvelles opportunités améliore la coordination et la performance stratégiques en termes de connaissance de marché, de développement de nouveaux produits, de nouvelles opportunités ou d'amélioration des produits, mais aussi la performance opérationnelle. Les technologies de l'information peuvent donc renforcer une stratégie d'exploitation mais aussi d'exploration. Cependant si les TI constituent un critère important de choix du fournisseur, pour 52,7 % des 110 acheteurs du secteur industriel et des services français ayant répondu au questionnaire, les facteurs d'amélioration recherchés dans le processus de sélection des fournisseurs concernent plus l'amélioration du taux de service, du délais de traitement des commandes de la flexibilité que celle de leur capacité à faire bénéficier leur client d'innovations techniques ou la diminution du délai de mise au point des nouveaux produits (Ageron et Spalanzani, 2008). L'innovation des fournisseurs n'apparaît donc pas comme stratégique pour leurs clients, même s'ils appuient leurs relations sur des TI. Pour Theodorou et Florou (2008), l'impact positif des technologies de l'information sur la performance est d'autant plus important que les entreprises qui les mettent en place sont à la recherche de flexibilité et, dans une moins grande mesure, à la recherche de différenciation par les coûts. Ils n'observent jamais d'impact des TI négatif sur la performance, mais l'incidence est bien moins forte pour les entreprises cherchant la qualité ou l'innovation.

Si les TI peuvent faciliter les échanges d'informations et que les innovations se nourrissent de connaissance, il semble néanmoins que leur conséquence en termes d'innovation soit loin d'être directe.

3.3. Les technologies de l'information et les PME

L'observation de différents cas dans la distribution (Nagati *et al.*, 2008) prouve que les niveaux d'échanges d'informations et les moyens engagés pour les mener à bien diffèrent d'un type de fournisseur à un autre. Les systèmes peuvent aller d'un simple portail internet pour les petits fournisseurs à des échanges de données informatisés accompagnés ou non d'autres échanges pour les fournisseurs plus importants ou lorsqu'il s'agit du développement de Marques de Distributeur. Pour Vlad (2008), si les échanges d'informations sont susceptibles de favoriser les innovations grâce à l'amélioration de l'expertise marketing, les PME sont le plus souvent exclues des champs d'application des démarches coopératives du type ECR (Efficient Consumer Response). Larson *et al.* (2005) trouvent une différence significative du niveau des échanges relationnels et électroniques en fonction de la taille du fournisseur, au détriment des plus petits. L'étude de Dehning *et al.* (2007), qui concerne l'impact sur la rentabilité de l'adoption d'une technologie de l'information servant de support à un supply chain management, met en évidence un effet positif – la taille, mesurée par la capitalisation boursière, ayant quant à elle un impactnégatif (alors qu'elle n'apparaît pas avoir d'effet dans l'étude de Byrd *et al.*, 2008). Si un lien existe entre TI et innovations, les PME ne semblent pas particulièrement en bénéficier.

Carlsson (2008) montre que les sous-traitants sont le plus souvent évalués par des mesures de leur performance en termes de qualité, de fiabilité, de délais. Ils doivent se battre sur le double front de l'efficience et de la réactivité. Ils ont donc besoin d'échanges d'informations avec leurs donneurs d'ordres. Les donneurs d'ordres attendent de leurs fournisseurs qu'ils appréhendent parfaitement leurs processus de fabrication. Ils en attendent une capacité de réaction rapide, s'appuyant entre autres sur de bonnes compétences logistiques. Néanmoins, la compétence en Supply Chain Management reste peu développée chez les plus petits fournisseurs de leur étude. Les PME mettent en avant le problème de la compatibilité des systèmes d'information.

Par ailleurs, comme pour les autres entreprises, les TI ne suffisent pas à assurer la coordination dès lors que la complexité s'accroît. Les études de cas centrées sur des PME de Welker *et al.* (2008) montrent que si les TI suffisent en ce qui concerne la coordination d'activités simples, pour les activités complexes, elles doivent être accompagnées d'autres formes d'échanges d'informations.

Conclusion

Si les PME n'ont pas suffisamment de ressources, elles peuvent chercher à développer des alliances pour y remédier, d'autant que les grandes entreprises développent elles aussi des partenariats pour l'externalisation des activités en dehors de leur cœur de métier. Afin que ces alliances puissent servir les stratégies d'exploitation et d'exploration en termes d'innovation, il faut que les entreprises, quelque soit leur taille, diversifient les formes des liens servant de support à ces alliances et les types de partenaires. Il faut également qu'elles intègrent le niveau d'incertitude dans leur prise de décision, les potentiels de ressources des membres et le type d'innovation exploité ou exploré. Parmi ces alliances, le SCM apparaît comme étant le plus susceptible d'offrir des opportunités du fait de son caractère vertical et de son imbrication dans la chaîne de valeur. Plusieurs études soulignent son impact positif sur l'innovation, à condition d'être adapté aux différents types de fournisseurs, à l'orientation stratégique des entreprises, et pour les PME, à condition que l'environnement ne soit pas trop incertain. L'impact des TI sur l'innovation est loin d'être validé empiriquement, surtout pour les PME. Néanmoins, il faut noter que peu d'études empiriques portent exclusivement sur les PME. Il conviendrait donc de développer ce type de recherches, notamment en incluant la notion de pouvoir et le risque d'appropriation des innovations par certains membres de la chaîne logistique. Les études empiriques du SCM restent encore aujourd'hui limitées au point de vue d'un seul membre de la chaîne logistique ou d'une dyade (Belin-Munier, 2008) et intègrent peu la notion de taille.

Références

Ageron B. et Spalanzani A. (2008), « Structuration de la chaîne logistique amont et processus de sélection des fournisseurs : quelle place pour les TIC ? », 7ᵉ rencontres internationales de la recherche en logistique, Avignon, 24-26 septembre.

Arshinder A. K. et Deshmukh S. G. (2008), « Supply Chain Coordination: Perspectives, empirical studies and research directions », International Journal of Production Economics, 115 (2), pp. 444-460.

Autry C. W. et Griffis SE. (2008), « Supply chain capital: the impact of structural and relational linkages on firm execution and innovation », Journal of Business Logistics, 29 (1), pp. 157-173.

Azadegan A., Dooley K. J., Carter P. L. et Carter J. R. (2008), « Supplier innovativeness and the role of interorganizational learning in enhancing manufacturer capabilities », Journal of Supply Chain Management, 44 (4), pp. 14-35.

Bailey K. et Francis M. (2008), « Managing information flows for improved value chain performance », International Journal of Production Economics, 111 (1), pp. 2-12.

Belin-Munier C. (2008), « État de la recherché sur le supply chain management et sa performance : une revue de la littérature récente », Logistique & Management, 16 (2), pp. 17-29.

Byrd T. A., Pitts J. P. et Adrian A. M. (2008), « Examination of path model relating information technology infrastructure with firm performance », Journal of Business Logistics, 29 (2), pp. 161-187.

Capaldo A. (2007), « Network structure and innovation: the leveraging of a dual network as a distinctive relational capability », Strategic Management Journal, 28 (6), pp. 585-608.

Carter C., Ellram L. et Tate W. (2007), « The use of social network analysis in logistics research », Journal of Business Logistics, 28 (1), pp. 137-225.

Chen H. et Daugherty P. J. (2009), « Supply chain process integration: a theoretical framework », Journal of Business Logistics, 30 (2), pp. 27-46.

Colin J. (2005), « Le supply chain management existe-t-il réellement ? », Revue Française de Gestion,156, pp. 135-149.

da Silveira G. et Arkader R. (2007), « The direct and mediated relationships between supply chain coordination investments and delivery performance », International Journal of Operations & Production Management, 27 (2), pp. 140-158.

De Burca S., Fynes B. et Brannick T. (2006), « The moderating effects of information technology sophistication on services practice and performance », International Journal of Operations & Production Management, 26 (11), pp. 1240-1254.

Deffe C. C., Stank T. et Esper T. L. (2009), « The role of followers in supply chains », Journal of Business Logistics, 30 (2), pp. 65-84.

Dehning B., Richardson V. et Zmud R. (2007), « The financial performance effects of IT-based supply chain management systems in manufacturing firms », Journal of Operations Management, 25 (4), pp. 806-824.

Flint D. J., Larsson E. et Gammelgaard B. (2008), « Exploring processes for customer value insights, supply chain learning and innovation: an international study », Journal of Business Logistics, 29 (1), pp. 257-281.

Fugate B., Sahin F. et Mentzer J. (2006), « Supply chain management coordination mechanisms », Journal of Business Logistics, 27 (2), pp. 129-161.

Goerzen A. (2007), « Alliance networks and firm performance: the impact of repeated partnerships », Strategic Management Journal, 28 (5), pp. 487-509.

Gripsrud G., Jahre M. et Persson G. (2006), « Supply chain management–back to the future ? », International Journal of Physical Distribution & Logistics Management, 36 (8), pp. 643-653.

Hendricks K., Singhal V. et Stratman J. (2007), « The impact of enterprise systems on corporate performance: A study of ERP, SCM, and CRM system implementations », Journal of Operations Management, 25 (1), pp. 65-82.

Hoffmann W. (2007), « Strategies for managing a portfolio of alliances », Strategic Management Journal, 28 (8), pp. 827-856.

Hult G., Ketchen D. Jr et Arrfelt M. (2007), « Strategic supply chain management: improving performance through a culture of competitiveness and knowledge development », Strategic Management Journal, 28 (10), pp. 1035-1052.

Kachra A. et White R. E. (2008), « Know-how transfer: the role of social, economic/competitive, and firm boundary factors », Strategic Management Journal, 29 (4), pp. 425-445.

Kale P. et Singh H. (2007), « Building firm capabilities through learning: the role of the alliance learning process in alliance capability and firm-level alliance success », Strategic Management Journal, 28 (10), pp. 981-1000.

Keil T., Maula M., Schildt H. et Zahra S. A. (2008), « The effect of governance modes and relatedness of external business development activities on innovative performance », Strategic Management Journal, 29 (8), pp. 895-907.

Larson P., Carr P. et Dhariwal K. (2005), « SCM involving small versus large suppliers: relational exchange and electronic communication media », The Journal of Supply Chain Management, 41 (1), pp. 18-29.

Larson P., Poist R. et Halldorsson A. (2007), « Perspectives on logistics vs. SCM: a survey of SCM professionals », Journal of Business Logistics, 28 (1), pp. 1-24.

Lavie D. (2007), « Alliance portfolios and firm performance: a study of value creation and appropriation in the U.S. software industry », Strategic Management Journal, 28 (12), pp. 1187-1212.

Lazzarini S. (2007), « The impact of membership in competing alliance constellations: evidence on the operational performance of global airlines », Strategic Management Journal, 28 (4), pp. 345-367.

Lettice W., Hagedoorn J., van Kranenburg H. et Palm F. (2008), « Information gathering through alliances », Journal of Economic Behavior & Organization, 66 (2), pp. 176-194.

Li G., Yang H., Sun L. et Sohal A. S. (2009), « The impact of IT implementation on supply chain integration and performance », International Journal of Production Economics, 120 (2), pp. 125-138.

Lin Y., Wang Y. et Yu C. (2010), « Investigating the drivers of the innovation in channel integration and supply chain performance: a strategy orientated perspective », International Journal of Production Economics, 127 (2), pp. 320-332.

Lunnan R. et Haugland S. (2008), « Predicting and measuring alliance performance: a multidimensional analysis », Strategic Management Journal, 29 (5), pp. 545-556.

Luo Y. (2008), « Procedural fairness and interfirm cooperation in strategic alliances », Strategic Management Journal, 29 (1), pp. 27-46.

Luo Y. (2008), « Structuring interorganizational cooperation: the role of economic integration in strategic alliances », Strategic Management Journal, 29 (6), pp. 617-637.

Médan P. et Gratacap A. (2008), Logistique et Supply Chain Management. Intégration, collaboration et risques dans la chaîne logistique globale, Dunod, Paris.

Nagati H., Rebolledo C. et Jobin M.-H (2008), « Analyse de la collaboration entre industriels et distributeurs : le cas de la grande distribution française »,

7ᵉ rencontres internationales de la recherche en logistique, Avignon, 24-26 septembre.

Ouardighi F. (El), de Giovanni P. et Tarondeau J.-C. (2008), « L'expérience française du supply chain management », Revue Française de Gestion, 86, pp. 89-116.

Paché G. et Spalanzani A. (Eds.) (2007), La gestion des chaînes logistiques multi-acteurs : perspectives stratégiques, Presses Universitaires de Grenoble, Grenoble.

Parker D. B., Zsidisin G. A. et Ragatz G. L. (2008), « Timing and extent of supplier integration in new product development: a contingency approach », Journal of Supply Chain Management, 44 (1), pp. 71-83.

Quesada G., Syamil A. et Doll W. J. (2006), « OEM new product development practices: the case of automotive industry », The Journal of Supply Chain Management, 42 (3), pp. 30-40.

Reuer J. et Arino A. (2007), « Strategic alliance contracts: dimensions and determinants of contractual complexity », Strategic Management Journal, 28 (3), pp. 313-330.

Roth A., Cattani K. et Froehle C. (2008), « Antecedents and performance outcomes of global competence: an empirical investigation », Journal of Engineering and Technology Management, 25 (1-2), pp. 75-92.

Sanders N. R. (2008), « Pattern of information technology use: the impact on buyer-supplier coordination and performance », Journal of Operations Management, 26 (3), pp. 349-367.

Sebastio H. J. et Golicic S. (2008), « Supply chain strategy for nascent firms in emerging technology markets », Journal of Business Logistics, 29 (1), pp. 75-91.

Stratman J. K. (2007), « Realizing benefits from ERP: does strategic focus matter? » Production and Operations Management, 16 (2), pp. 203-216.

Su Q., Shi J. H. et Lai S. J. (2008), « Study on supply chain management of Chinese firms from the institutional view », International Journal of Production Economics, 115, pp. 362-373.

Tan C. L. et Tracey M. (2007), « Collaborative new product development environments: implications for SCM », The Journal of Supply Chain Management, Summer, pp. 2-15.

Tang C. et Tomlin B. (2008), « The power of flexibility for mitigating supply chain risks », International Journal of Production Economics, 116 (1), pp. 12-27.

Theodorou P. et Florou G. (2008), « Manufacturing strategies and financial performance–The effect of advanced information technology: CAD/CAM systems », Omega, 36 (1), pp. 107-121.

Tiwana A. (2008a), « Does technological modularity substitute for control? A study of alliance performance in software outsourcing », Strategic Management Journal, 29 (7), pp. 769-780.

Tiwana A. (2008b), « Do bridging ties complement strong ties? An empirical examination of alliance ambidexterity », Strategic Management Journal, 29 (3), pp. 251-272.

Tixier D., Mathe H. et Colin J. (1996), La logistique d'entreprise, Dunod, Paris.

Tokman M., Richey R. G. et Marino L. D. (2007), « Exploration, exploitation and satisfaction in supply chain portfolio strategy », Journal of Business Logistics, 28 (1), pp. 25-56.

Van der Rhee B., Verma R. et Plaschka G. (2009), « Understanding trade-offs in the supplier selection process: the role of frexibility, delivery, and value-added services/support », International Journal of Production Economics, 120 (1), pp. 30-41.

Vereecke A. et Muylle S. (2006), « Performance improvement through supply chain collaboration in Europe », International Journal of Operations & Production Management, 26 (11), pp. 1176-1198.

Vlad M. (2008), « Les enjeux stratégiques de la mise en place de l'ECR pour les industriels », 7ᵉ rencontres internationales de la recherche en logistique, Avignon, 24-26 septembre.

Wang L. et Zajac E. (2007), « Alliance or acquisition? A dyadic perspective on interfirm resource combinations », Strategic Management Journal, 28 (13), pp. 1291-1317.

Welker G. A., van der Vaart T. etvan Donk D. P. (2008), « The influence of business conditions on supply chain information-sharing mechanisms: a study among supply chain links of SMEs », International Journal of Production Economics, 113 (2), pp. 706-720.

Williamson O.E. (1975), Markets and hierarchies: analysis and anti-trust implications, The Free Press, New York.

Wolter C. et Veloso F. M. (2008), « The effects of innovation on vertical structure: perspectives on transaction costs and competences », Academy of Management Review, 33 (3), pp. 586-605.

Yin X. et Shanley M. (2008), « Industry determinants of the "merger versus alliance" decision », Academy of Management Review, 33 (2), pp. 473-491.

Zacharia Z. G. et Mentzer J. T. (2007), « The role of logistics in new product development », Journal of Business Logistics, 28 (1), pp. 83-110.

Zhang C. et Dhaliwal J. (2009), « An investigation of resource-based and institutional theoretic factors in technology adoption for operations and SCM », International Journal of Production Economics, 120 (1), pp. 252-269.

Zhou H. et Benton W. Jr (2007), « Supply chain practice and information sharing », Journal of Operations Management, 25 (6), pp. 1348-1365.

Chapitre 13

Sous-traitance industrielle et formes d'innovation
Une analyse à partir du cas franc-comtois

Edwige Dubos-Paillard
et Christine Belin-Munier

*Maître de Conférences à l'Université de Franche-Comté
et Maître de Conférences à l'Université de Bourgogne*

Introduction

Le rôle joué par la sous-traitance industrielle a été grandissant ces dernières décennies. Il est lié au développement de nouvelles formes de concurrence : nous sommes passés d'une concurrence basée sur les prix à une concurrence multiforme où les caractéristiques, la rapidité de réalisation, la qualité des produits et les services qui les accompagnent constituent des critères de sélectivité des entreprises au même titre que la question des coûts. Il s'agit d'un changement majeur qui a amené les entreprises à se recentrer sur un certain nombre d'activités stratégiques et à déléguer auprès de prestataires de services et de sous-traitants une partie des activités réalisées jusqu'alors en interne. La relation de sous-traitance unit un donneur d'ordres et un sous-traitant par un lien de subordination matérialisé par le cahier des charges établi par le donneur d'ordres. Cette relation peut être de différentes natures et plus ou moins continue. Elle se base par principe sur un rapport où les différentes parties retirent un bénéfice, même s'il est admis que les sous-traitants subissent toujours plus sévèrement les effets des crises économiques et des politiques de rationalisation des donneurs d'ordres. Selon les résultats de l'enquête sur les relations inter-entreprises (ERIE) réalisée en 2002, la moitié des entreprises preneurs d'ordres estiment que les relations inter-entreprises sont équilibrées, environ 10 % considèrent que ce sont leurs conditions qui sont appliquées dans la relation (prix, délais).

En dépit du développement de ce type d'organisation, peu de travaux se sont intéressés aux entreprises sous-traitantes et à leur rapport à l'innovation (façon dont elles s'adaptent à l'évolution des marchés, formes d'innovation mises en œuvre, besoins et obstacles rencontrés). Les recherches académiques portent avant tout sur les relations entre les entreprises (sous-traitance, cotraitance), sur l'intensité et la complexification de la nature de ces relations, sur les différents dispositifs adoptés par les donneurs d'ordres en matière de sous-traitance et les configurations associées (importance des preneurs d'ordres également donneurs d'ordres, importance et rôle des fournisseurs de premier rang, etc.). Il est vrai que nous disposons de peu d'informations sur les unités sous-traitantes et la façon dont elles innovent, qui plus est au niveau régional. Les principales sources d'information sur la sous-traitance telles que l'enquête sur les relations interentreprises (ERIE) de 2002, les enquêtes annuelles d'entreprises (EAE), l'enquête sur les changements organisationnels et informatisation (COI) de 1997 et 2006 ou l'enquête REPONSE de 2004 n'intègrent pas de questions sur l'innovation, et inversement, les enquêtes community innovation survey (CIS) ne se sont pas jusqu'à présent penchées sur la thématique de l'innovation dans la sous-traitance. La réalisation d'entretiens et d'enquêtes s'avère donc nécessaire dans toute approche à l'échelle régionale et infra-régionale.

En 2008, le laboratoire ThéMA-CEREQ a réalisé une enquête sur le rapport à l'innovation des établissements de cinq filières jugées stratégiques en Franche-Comté (automobile, microtechnique, plasturgie, agroalimentaire et bois) dans le cadre d'une étude réalisée par la MSHE C.N. Ledoux (Carel et Dubos-Paillard, 2009). Cette enquête s'est appuyée sur le constat que les questionnaires sur l'innovation étaient souvent complexes et que le terme innovation était connoté. Pour de nombreux entrepreneurs, il se réduit à l'innovation de rupture, à l'innovation de produit, voire technologique. De ce fait, nombre d'entre eux ne se sentent pas concernés par ce type d'enquête. Nous avons donc préféré parler de formes d'adaptation à l'évolution des marchés tout en reprenant les définitions harmonisées au niveau international des quatre formes d'innovation issues du manuel d'Oslo, ce qui en définitive, constitue une vision large de l'innovation et a permis d'avoir un taux de réponse avoisinant les 30 %.

À cette occasion, il a été demandé aux entrepreneurs d'indiquer s'ils avaient une activité de sous-traitance. Il est ressorti que le phénomène était très présent dans l'automobile, les microtechniques et la plasturgie. Prenant appui sur l'analyse de ces trois filières, nous proposons d'appréhender les profils des sous-traitants, leur rapport à l'innovation, leurs moyens de se tenir informés de l'évolution des marchés et les obstacles rencontrés en matière d'innovation. Avant de développer ces éléments nous présenterons plus en détail les déterminants ayant conduit au développement de la sous-traitance depuis une trentaine d'années et les avantages que retirent les deux parties en présence.

1. Développement et spécificités de la sous-traitance

Selon la définition de l'AFNOR (1987), la sous-traitance industrielle concerne « toutes les opérations concourant pour un cycle de production déterminé à l'une ou plusieurs des opérations de conception, d'élaboration, de fabrication, de mise en œuvre ou de maintenance du produit en cause, dont une entreprise, dite donneur d'ordres, confie la réalisation à une entreprise dite sous-traitante ou preneur d'ordres, tenue de se conformer exactement aux directives ou spécifications techniques arrêtées en dernier ressort par le donneur d'ordres ». Elle repose sur une relation bilatérale entre un donneur d'ordres et un sous-traitant également appelé preneur d'ordres ou fournisseur.

Après avoir présenté les conditions ayant conduit au développement de cette activité durant ces trente dernières années, nous insisterons sur les intérêts et les risques inhérents à ce type de relation du point de vue du donneur d'ordres puis du sous-traitant.

1.1. La sous-traitance : un phénomène relativement récent

Jusque dans les années 1980, les entreprises raisonnaient avant tout en termes d'économies d'échelle. Dans un tel système, la quantité primait sur la qualité et la diversité, il n'y avait pas de besoin stratégique de sous-traiter des pièces, composants ou sous-ensembles pour satisfaire aux caractéristiques spécifiques d'un produit fabriqué en très grande quantité (Morcos et Crombrugghe, 2004) ; il était plus rentable d'intégrer l'ensemble des procédés de production au sein de l'entreprise.

Cependant, la saturation des marchés, l'accroissement des exigences des consommateurs et les nouvelles formes de concurrence liées à la mondialisation qui se développent à partir des années 1980, poussent les entreprises à être plus flexibles et octroyer une importance grandissante à l'innovation pour démarquer leurs produits et les renouveler à un rythme plus rapide. Elles doivent donc se concentrer davantage sur les activités en amont de la production, telles que la recherche et développement et la conception. Les questions touchant au marketing et la promotion des produits deviennent également importantes. Progressivement, le poids grandissant de ces fonctions pousse les entreprises à s'éloigner des moyens de production qui sont confiés à des spécialistes au sein de la chaîne d'approvisionnement (Cabinet Verley, Dossier de presse MIDEST, 2002, in Morcos et Crombrugghe, 2004). Les grandes entreprises choisissent de se recentrer sur leur cœur de métier et de confier à d'autres tout ce qu'elles ne savent pas, ne veulent pas faire ou ne peuvent pas faire elles-mêmes à des conditions économiques raisonnables (Volot, 2010). La chaîne de valeur de l'entreprise est recomposée en combinant des ressources propres et des ressources externes. Si autrefois les fabrications étaient réalisées sur un même site, aujourd'hui avec la tendance à l'hyper-spécialisation des sites de fabrication, les encours de fabrication cheminent d'une usine à une autre, le plus souvent par le biais de la sous-traitance. Les entreprises, même si elles sont juridiquement indépendantes, sont de plus en plus interdépendantes du point de vue des processus et cette interdépendance peut prendre la forme d'un lien de sous-traitance. L'industrie automobile illustre par excellence l'ampleur du phénomène : près de 70 % des activités de conception et de fabrication sont aujourd'hui réalisées en sous-traitance. Des tendances comparables sont observées dans les industries aéronautiques et des télécommunications (Halley, 2004).

Cependant, la sous-traitance industrielle n'est pas dénuée de risques pour les parties en présence. Elle peut conduire à des situations d'échec notamment en phase de déploiement de la stratégie : 20 à 25 % de l'ensemble des relations de sous-traitance (fabrication, finance, technologies de l'information) en Europe sont vouées à l'échec dans un délai de deux ans (Dun et Bradstreet, 2000). Elle apparait aujourd'hui néanmoins comme un mécanisme efficace pour organiser la production industrielle à travers l'établissement d'accords coopératifs entre diverses unités de production complémentaires, à savoir entre un donneur d'ordres et divers fournisseurs ou sous-traitants. Pour Michalet (2007), les grandes entreprises se transforment par ce biais en hubs et distribuent les tâches conventionnellement à leurs différents sous-traitants. C'est l'avènement de l'entreprise dite virtuelle.

1.2. La sous-traitance du point de vue du donneur d'ordres

Le recours à la sous-traitance est aujourd'hui motivé par différents facteurs qui vont de la volonté de réduire les coûts de production à la recherche de savoir-faire de haut niveau, non détenus en interne. Il permet également de faire face aux fluctuations ascendantes, ponctuelles ou saisonnières, de la demande.

La sous-traitance est une forme particulière d'achat. La définition de la fonction achat dans l'entreprise peut paraître relativement simple de premier abord, puisque c'est la fonction « responsable de l'acquisition des biens ou services nécessaires au bon fonctionnement de l'entreprise » (Baglin *et al.*, 2001). Pendant longtemps, cette fonction a été abordée essentiellement d'un point de vue administratif (Calvi et Paché, 2010).

Le processus opérationnel des achats peut être facilement découpé en étapes séquentielles. La première étape est l'élaboration d'un cahier des charges interne par les utilisateurs. La deuxième, la transformation de ce cahier des charges en demande d'achat par la validation des services financiers. La troisième est la sélection des fournisseurs par le biais éventuel d'un appel d'offre. Suivent l'engagement contractuel de l'entreprise vis-à-vis du fournisseur par l'acheteur via le contrat de commande, la livraison, son contrôle et le règlement. Mais cette simplicité apparente cache en fait une complexité croissante de la fonction. En particulier Baglin et al (2001) associent à cette fonction des critères d'efficacité et d'efficience : « Cette acquisition doit être faite au niveau de qualité exigé (adéquation aux besoins exprimés), dans les quantités souhaitées, au moment voulu par les utilisateurs, au moindre coût global d'acquisition, dans les meilleures conditions de service et de sécurité. » (Baglin *et al.*, 2001). L'acheteur doit non seulement atteindre un certain nombre d'objectifs en termes de qualité, quantité et de délais (critères d'efficacité), mais il doit atteindre ces objectifs en utilisant au mieux les moyens dont il dispose, notamment financiers (critères d'efficience). Il doit par ailleurs chercher à optimiser le niveau de service et minimiser les risques liés aux achats. L'achat est donc bien une fonction complexe pour la plupart des entreprises aujourd'hui.

Pour certains auteurs, les achats sont même devenus une fonction stratégique de l'entreprise. Tout d'abord car le taux de couverture des achats (c'est-à-dire le montant des achats rapporté au chiffre d'affaires) ne cesse de croître. Il peut dépasser 80 % du chiffre d'affaires dans des secteurs comme l'automobile (Calvi *et al.*, 2010). Ensuite, selon les travaux de l'approche par la compétence relationnelle (« Relational view »), il existe des apprentissages chez le fournisseur, non redéployables hors des relations spécifiques établies avec certains de leurs clients (Calvi *et al.*, 2010). Dyer et Hatch (2006) l'ont mis en évidence pour l'automobile et Mesquita *et al.* (2008) pour les équipements industriels (Calvi *et al.*, 2010). Les fournisseurs acquièrent donc des compétences spécifiques pour leurs clients par le biais de la relation établie avec eux.

Ces achats peuvent être segmentés en fonction de la nature du produit acheté (achats de prestations techniques ou intellectuelles, achats de transports et de services logistiques, achats d'investissements), de son utilisation (achats de production, achats de frais généraux), des risques en découlant (achats technologiques), des enjeux stratégiques (composants clés, ressources rares), du type de marché fournisseur (concurrentiel ou oligopolistique), de leurs enjeux économiques. Le degré d'exigence de l'acheteur varie avec les familles d'achats.

Une organisation du client en juste-à-temps, la gestion partagée des approvisionnements, une organisation en flux synchrones supposent une relation particulière avec les fournisseurs, ne pouvant se limiter à du ponctuel ou à du court terme. Ces organisations logistiques supposent un niveau de qualité élevé des fournisseurs et peuvent pousser les clients à exiger une certification des fournisseurs.

Le type de contrat utilisé en support peut être transactionnel et ponctuel (achat spot), ou négocié pour plusieurs transactions (accord commercial), voire concerner la réalisation d'une tâche plus que l'acquisition d'un produit (achat de sous-traitance). Trois éléments permettent de définir la relation de sous-traitance : un donneur d'ordres, un sous-traitant et un lien de subordination entre les deux, matérialisé par le cahier des charges établi par le donneur d'ordres. Cette sous-traitance peut être de capacité, économique ou encore de spécialité. La sous-traitance de capacité consiste à répartir entre une ou plusieurs entreprises extérieures une surcharge d'activité de l'entreprise donneuse d'ordres. Elle permet de limiter les investissements de l'entreprise donneuse d'ordres tout en faisant face à la demande. Ce problème de capacité peut être ponctuel (sous-traitance conjoncturelle) ou régulier avec les phénomènes saisonniers par exemple (sous-traitance structurelle). Le donneur d'ordres peut également utiliser la sous-traitance pour une partie seulement de son activité car le sous-traitant, pour cette activité, a des coûts plus faibles. Cette meilleure compétitivité en termes de coûts peut être due à une délocalisation, à une spécialisation du sous-traitant sur cette activité, à des économies d'échelle, à une meilleure maîtrise de la technologie ou encore à des coûts de structure plus faibles. La sous-traitance est dite économique. La troisième forme de sous-traitance est la sous-traitance de spécialité. Le donneur d'ordres se spécialise sur son cœur de métier. Il garde les processus qu'il connaît et qu'il maîtrise le mieux, ceux qui lui procurent son avantage concurrentiel. Les autres processus sont soit partiellement, soit intégralement confiés à un partenaire extérieur qui en supporte alors les risques. Dans les deux derniers cas le donneur d'ordres n'assure plus la veille technologique pour les processus sous-traités. Il risque de perdre sa capacité d'innovation. Il devient alors tributaire du sous-traitant pour une partie de cette capacité. Soit il se décharge de cette compétence entièrement sur son sous-traitant soit il garde en parallèle avec le sous-traitant une petite part du processus en propre pour en conserver un minimum la maîtrise et pouvoir saisir les opportunités en matière d'innovation.

Un même donneur d'ordres peut s'appuyer sur différentes formes de sous-traitance et différents types de fournisseurs et de liens vis-à-vis des fournisseurs. Son avantage productif va en partie découler de sa capacité à gérer de façon différenciée ses relations avec ses fournisseurs. Dans le textile par exemple, il est courant d'utiliser des sous-traitants délocalisés en Asie pour les produits basiques achetés en grandes quantités. La gestion de ces produits se fait alors en flux poussés à partir de prévisions. Le cycle d'approvisionnement peut être de deux à quatre mois. Pour les produits plus différenciés, ces mêmes donneurs d'ordres peuvent s'appuyer sur des fournisseurs plus proches, bénéficiant alors de délais plus courts et donc offrant plus de réactivité. Le cycle d'approvisionnement est alors raccourci. On retrouve cette même dichotomie dans l'automobile où les constructeurs utilisent à la fois des fournisseurs situés à proximité de leurs usines d'assemblage permettant ainsi les livraisons en quelques heures et la synchronisation des flux tirés par la demande, et des fournisseurs plus lointains pour les productions sur stocks. En matière d'innovation, le donneur d'ordres doit donc trouver le juste équilibre entre des liens forts avec un nombre limité de fournisseurs et des liens faibles mais avec un grand nombre de fournisseurs diversifiés (Tiwana, 2008 ; Capaldo, 2007).

Le recours à la sous-traitance n'est cependant pas dénué de risques. Comme, cela a été évoqué précédemment, l'entrepreneur doit veiller en permanence à ne pas perdre certains savoir-faire et certaines compétences essentiels à la compétitivité de l'entreprise. Il doit également veiller à ne pas s'enfermer dans une relation de dépendance vis-à-vis d'un ou plusieurs fournisseurs car si ce dernier néglige la qualité de ses services ou augmente ses prix, il lui faudra un certain temps pour retrouver le niveau de performance d'avant l'impartition. Enfin, le recours à la sous-traitance peut s'avérer plus coûteux qu'une solution interne, d'autant que la sous-traitance fait perdre une partie de la connaissance sur les coûts.

1.3. *La sous-traitance du point de vue du sous-traitant*

Pour fonctionner, la sous-traitance doit, par principe, être attractive également pour le sous-traitant. Selon les résultats de l'enquête sur les relations inter-entreprises (ERIE), la moitié des entreprises preneuses d'ordres estiment que les relations inter-entreprises sont équilibrées. La sous-traitance peut donc prendre une forme partenariale permettant à chaque partie de tirer des avantages de cette forme particulière de relation.

En premier lieu, la sous-traitance permet également au sous-traitant de se concentrer sur son cœur de métier. L'existence d'un client pour une tâche précise lui donne la possibilité de se spécialiser dans un savoir-faire particulier, dans l'accomplissement de certaines activités, dans des techniques de pointe. Il peut limiter son activité à la fabrication de certains composants ou pièces spécifiques et tirer ainsi les avantages économiques de la spécialisation. La relation de sous-traitance lui offre plus de sécurité que la simple relation de marché, ce qui lui permet de s'engager dans des investissements spécifiques malgré l'incertitude de l'environnement (théorie des coûts de transaction). La sous-traitance lui permet aussi d'obtenir une plus grande productivité du capital et de la main-d'œuvre. Les compétences développées par l'entreprise lui procurent une réputation susceptible d'attirer de nouveaux clients. Par ailleurs, en se concentrant sur une seule activité ou discipline spécialisée proposée à un grand nombre de donneurs d'ordres, les sous-traitants peuvent réaliser des économies d'échelle leur permettant d'être compétitifs sur la question des coûts. Comme l'indiquent Morcos et Crombrugghe (2004), « trouver des débouchés pour des capacités industrielles disponibles facilite l'augmentation de la production et ainsi l'accroissement du rendement et finalement du revenu. Une conséquence supplémentaire est que cela peut également créer de l'emploi ». Les économies d'échelle peuvent ainsi résulter d'installations plus grandes, de réseaux plus larges et plus denses, de même que d'achats plus importants.

En second lieu, les accords de sous-traitance se révèlent souvent efficaces pour améliorer les savoir-faire et compétences technologiques des petites et moyennes entreprises. En s'engageant dans un accord de collaboration actif avec des clients spécifiques, les sous-traitants bénéficient dans certains cas d'appuis techniques, de transferts de technologie substantiels. Ces transferts peuvent porter sur le produit (transfert de la conception du produit et de ses spécificités techniques, consultations techniques pour aider à la maîtrise des technologies nouvelles, conseils en matière d'exécution du produit), les procédés (fourniture de machines et d'équipements, appui technique à la planification de la production, à la gestion de la qualité, à l'inspection et aux contrôles, à l'organisation physique de l'entreprise, etc.) ou l'organisation et la gestion (UNCTAD, 2001). Enfin l'appui au PME sous-traitantes peut également être financier par le biais d'une aide ou d'un accès amélioré au crédit.

Figure 1
Avantages de la sous-traitance pour les partenaires

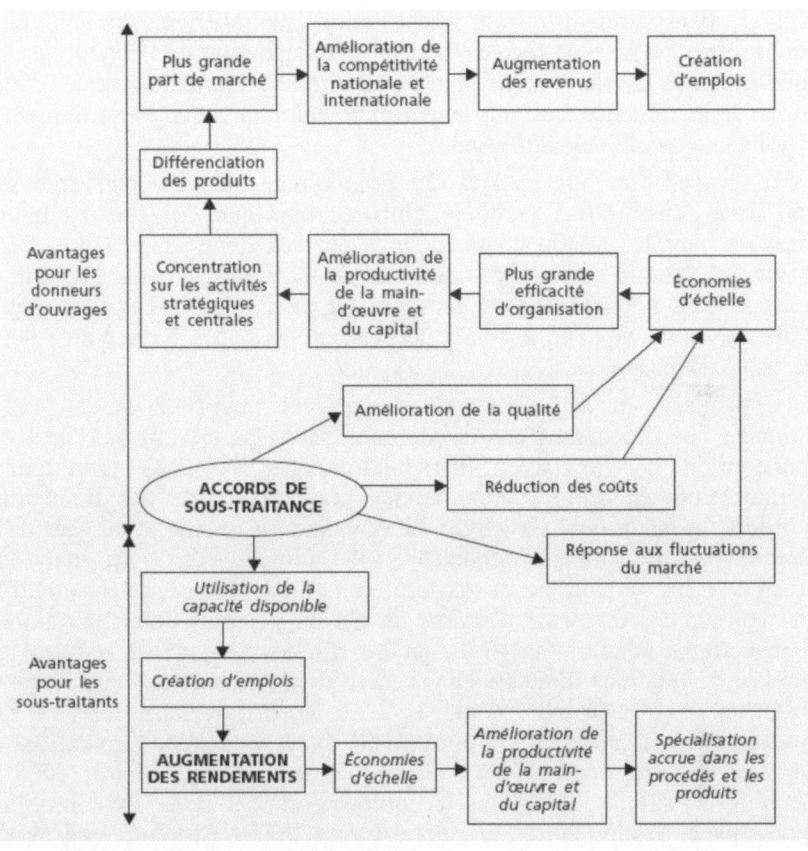

Source : Morcos et de Crombugghe (2004).

Cependant, il existe également des inconvénients liés à l'activité de sous-traitance, notamment lorsque le sous-traitant se trouve en situation de dépendance économique vis-à-vis d'un nombre limité de donneurs d'ordres. Ces derniers peuvent lui imposer des rythmes de production parfois difficiles à tenir, exiger des adaptations régulières et coûteuses. Comme l'indiquent Tinel *et al.* (2007), la moyenne des taux de profit des preneurs d'ordres en 2003 est de 18,2 %, alors que celle des non-preneurs d'ordres est de 44,8 %. Cette profitabilité dégradée a des effets sur les conditions d'emploi et de travail des salariés qui ont en moyenne des salaires moins élevés. Par ailleurs, en cas de crise économique, les sous-traitants sont souvent les premières victimes. Ainsi, en 2003, alors que le chiffre d'affaires de l'industrie manufacturière baissait de 0,6 %, celui de la sous-traitance diminuait de 2,8 %. La situation n'est revenue à la normale qu'en 2007, non sans heurts (Volot, 2010). Pour ne pas perdre leurs marchés, les sous-traitants ont accepté de réduire leurs marges. Il est vrai qu'ils ont entre temps amélioré leur productivité. Enfin, phénomène plus récent, avec la mondialisation de l'économie, la sous-traitance est de plus en plus contrainte à s'internationaliser : pour garder leurs marchés, certains sous-traitants doivent suivre leur donneur d'ordres en cas de délocalisation.

Il apparait donc que malgré une grande dépendance économique et une forte sensibilité à la conjoncture économique, les sous-traitants trouvent dans les relations qui les unissent aux donneurs d'ordres des avantages économiques et des sources de bénéfices. Certes, les situations varient notablement en fonction du profil de l'entreprise sous-traitante, de sa capacité à diversifier ses marchés, des formes de sous-traitance développées.

Cependant, en dépit d'un développement important de la sous-traitance observé durant ces dernières années, les travaux portant sur l'innovation en lien avec la sous-traitance sont peu nombreux. L'innovation est surtout appréhendée sous le prisme des donneurs d'ordres, la façon dont ils gèrent l'innovation en interne et au sein des réseaux plus ou moins complexes qu'ils animent. Ainsi, les analyses faites dans les secteurs de l'automobile ou de l'aéronautique ont montré une volonté des donneurs d'ordres de développer plus de coopérations avec certains sous-traitants en matière d'innovation et de réduire le nombre de relations directes. On observe dans ces secteurs une hiérarchisation des fournisseurs (rang 1, 2 ou 3), le développement de la modularité et l'émergence d'entreprises ayant des statuts spécifiques appelées « entreprises pivots » dans l'aéronautique (Kechidi, 2008 ; Kechidi et Talbot, 2009) ou « équipementiers » dans l'automobile (Fourcade et Midler, 2005 ; Frigant et Layan, 2009). Ces dernières, ainsi que certains sous-traitants de rang 1, sont aujourd'hui appelés à s'investir davantage en matière d'innovation, à en partager les coûts et les risques inhérents. La question de l'innovation dans la sous-traitance est également traitée dans des cadres plus théoriques mettant en avant la diversification des formes de sous-traitance. Ces dernières années sont marquées par le développement de la sous-traitance de spécialité (par opposition à la sous-traitance de capacité) où le fournisseur apporte des savoir-faire, des techniques, des compétences rares. Au triptyque classique Qualité-Coût-Délais, le donneur d'ordres ajoute une exigence supplémentaire concernant la capacité de conception innovante (Breton et Guillemin, 2004). Néanmoins, ces approches théoriques n'ont pas, jusqu'à présent, servi de cadre à des approches quantitatives. Ces dernières sont au final, peu nombreuses. Les analyses statistiques sur l'innovation dans la sous-traitance s'insèrent souvent dans des études plus larges. Parmi les études menées récemment, on notera celle de la Commission européenne (2009) sur les entreprises sous-traitantes dans laquelle il ressort que 38 % des entreprises européennes (UE27) sous-traitantes ont réalisé au moins une innovation de produit entre 2006 et 2009 et 33 % une innovation de procédé.

Or, on peut se demander si les formes d'innovation mises en œuvre par les sous-traitants sont semblables à celles des donneurs d'ordres dans la mesure où les enjeux, les objectifs et les clients sont différents. La deuxième partie propose une approche de l'innovation dans la sous-traitance au sein des filières automobile, microtechnique et plasturgie en Franche-Comté où cette activité est très présente. Elle s'appuie sur une comparaison des sous-traitants et des non sous-traitants de ces trois filières.

2. Le rapport à l'innovation des unités sous-traitantes en Franche-Comté

La Franche-Comté est une région de tradition industrielle confrontée, comme la plupart des territoires spécialisés, à de nombreux défis dans le cadre de la mondialisation. C'est une région où l'activité de sous-traitance est très présente. Cette dernière est fréquemment confrontée aux aléas de la conjoncture économique et doit faire face à une concurrence internationale de plus en plus forte dans les filières ayant fortement externalisé. Il est donc intéressant de cerner plus précisément ces établissements, leurs atouts et leurs faiblesses. Nous appuyant sur une enquête réalisée en 2008 sur le rapport à l'innovation des établissements régionaux, nous proposons un regard spécifique sur trois filières où l'activité de sous-traitance est très présente : l'automobile, la plasturgie et les microtechniques. Après avoir présenté les profils des établissements ayant répondu à l'enquête, nous proposons d'analyser les moyens mis en œuvre pour rester compétitifs entre 2006 et 2008, les formes d'innovation privilégiées pour faire face à l'évolution des marchés et les obstacles rencontrés.

2.1. La Franche-Comté : une région de tradition industrielle

La Franche-Comté est l'une des régions les plus industrielles de l'espace français. Son tissu productif est principalement composé de très petites, petites et moyennes entreprises au côté desquelles se trouvent de grands groupes (Peugeot, Alstom, Solvay, etc.), dont les centres déci-sionnels sont souvent en dehors de la région (INSEE, 2009). Les spécia-lités régionales sont souvent anciennes : horlogerie et micromécanique, lunetterie, automobile, travail des métaux, construction mécanique, construction électrique et électronique, plasturgie, chimie, transformation du lait, industrie du jouet, etc., mais les différentes crises rencontrées depuis une cinquantaine d'années ont amené les industries régionales à s'adapter, se réorganiser, se restructurer au prix de réductions d'effectifs souvent notables.

Les acteurs régionaux, conscients des enjeux qui touchent l'industrie, confrontée aux défis de la mondialisation et de la conquête ou conservation de marchés de plus en plus concurrentiels, ont mis en place d'importants dispositifs de soutien à cette activité pour la période 2007-2013, notamment dans le cadre du Programme opérationnel du FEDER et du Contrat de plan État-Région. Ce soutien porte avant tout sur cinq filières industrielles, qualifiées de stratégiques, en dehors du bâtiment et des travaux publics : les microtechniques et nanotechnologies, l'automobile, la plasturgie, l'agroalimentaire et la filière bois.

Ces filières représentent selon l'envergure qu'on leur donne, jusqu'à 80 % des entreprises industrielles franc-comtoises (INSEE, 2009). Quatre d'entre elles bénéficient, depuis 2005, d'une labellisation « pôle de compétitivité » (microtechniques et nanotechnologies, Véhicule du Futur, Plasturgie, Vitagora (agro-alimentaire)), destinée à renforcer la compétitivité des territoires en favorisant les synergies et les coopérations entre les entreprises et le domaine de la recherche (publique ou privée). Les enjeux sont importants, spécifiquement dans l'automobile, les microtechniques et la plasturgie où l'activité de sous-traitance est très présente.

La sous-traitance dans la filière automobile est liée à la présence historique dans le nord de la région d'un grand constructeur automobile, Peugeot, qui anime un vaste réseau d'équipementiers et de sous-traitants/fournisseurs relevant de nombreux secteurs d'activités. Selon l'INSEE (2009), en 2008, environ 40 000 personnes travaillent dans la filière automobile en Franche-Comté, dont 45 % dans des entreprises relevant directement de ce secteur (constructeurs et équipementiers). Si les équipementiers et fournisseurs directs sont bien identifiés, les autres (fournisseurs de rang 2 et plus) le sont d'autant moins qu'il s'agit d'une sous-traitance de capacité. De ce fait, les effectifs employés en sous-traitance pour l'automobile ne sont pas connus avec exactitude, compte tenu de la stratification de la filière, des stratégies mises en œuvre par les entreprises (diversification ou non en dehors de cette filière) et de la grande variété de secteurs qui travaillent pour le compte de l'automobile. Néanmoins, un adage dit que « lorsque Peugeot tousse, c'est la région qui s'enrhume ».

Les microtechniques constituent également une spécialité très présente en Franche-Comté marquée par la présence importante de l'activité de sous-traitance. Ce domaine (plus qu'une filière) rassemble des activités difficilement identifiables par des codes d'activités précis. Il est admis que le trait commun aux entreprises microtechniques est le recours à des techniques liées au petit et/ou au précis : typiquement le micron pour les métaux, quelques microns pour les plastiques et, dans le cas du silicium, quelques nanomètres. Reflet d'une volonté de diversifier les activités issues de l'horlogerie dans deux bassins d'emploi (Besançon et le Haut-Doubs) en proie à d'importantes difficultés durant les années 1980, les microtechniques relèvent de nombreux secteurs d'activités tels que l'horlogerie, l'automobile, l'électronique, la lunetterie, la micromécanique etc. On retrouve ces fabrications dans des produits variés tels que les horodateurs, les mécanismes d'affichage sur autoroute, les outillages pour réaliser les cartes à puce, les calculateurs à bord des satellites et des avions, les rouages des montres, les connecteurs d'automobile ou les téléphones portables, etc. Comme l'automobile, cette spécialité bénéficie aujourd'hui d'un soutien sans faille des acteurs régionaux et des institutions qui accompagnent depuis plus de vingt ans la mutation de ces activités qui ont souvent une visibilité restreinte de la destination finale de leurs produits, en raison de l'importance de l'activité de sous-traitance. Les efforts menés ces dernières années visent à favoriser la réalisation de produits finis ou de sous ensembles de produits.

La plasturgie est une activité concentrée dans quelques bassins d'emploi. Le Jura (le bassin de Saint-Claude en particulier, dans le prolongement de la « Plastics Vallée ») regroupe près des deux tiers des entreprises, un quart est situé dans le Nord Franche-Comté et travaille en grande partie pour l'automobile. Comme pour les microtechniques, les grands groupes sont peu présents. Les entreprises de la plasturgie sont relativement jeunes (la moitié a moins de quinze ans) et de petite taille (les deux-tiers ont moins de 50 salariés). Selon l'INSEE (2009), trois entreprises sur quatre ont une activité de sous-traitance pour l'automobile mais également pour le médical, les emballages, les jouets, l'ameublement, l'électronique.

Il apparaît donc clairement que ces trois filières sont très marquées par le phénomène de sous-traitance. Les établissements sous-traitants gravitent autour de donneurs d'ordres localisés en Franche-Comté (relevant en grande partie de l'automobile et plus largement des véhicules de transport) mais également dans les régions ou états voisins. Il est intéressant d'analyser comment ces entreprises s'adaptent à l'évolution des marchés. Pour ce faire, nous nous appuyons sur les résultats d'une enquête réalisée en 2008.

2.2. La réalisation d'une enquête pour cerner le système productif régional

En 2008, le laboratoire ThéMA-CEREQ a réalisé une enquête sur le rapport à l'innovation des établissements industriels franc-comtois au sein des cinq filières qualifiées de stratégiques en Franche-Comté.

Cette enquête s'est appuyée sur trois constats. En premier lieu, les indicateurs couramment utilisés tels que le dépôt de brevet, la présence d'un service de recherche et développement, le crédit d'impôt recherche, le nombre de chercheurs publics et privés apportent des éclairages intéressants sur l'innovation mais ne cernent que partiellement le phénomène. Par ailleurs, les enquêtes européennes « Community Innovation Survey » (CIS) réalisées jusqu'en 2008 n'étaient pas adaptées pour observer l'innovation au niveau régional, par manque de représentativité.

En second lieu, les taux de réponses pour ce genre d'enquêtes sont en général très bas. Plusieurs éléments peuvent expliquer ce fait. L'innovation est une question sensible. Même les enquêtes obligatoires telles que l'enquête CIS ont beaucoup de mal à toucher les grandes entreprises qui ne souhaitent pas dévoiler leurs résultats sur des domaines sensibles tels que l'innovation. D'autre part, les questionnaires sont souvent complexes et nécessitent une recherche de documents qui peut être jugée contraignante par l'entrepreneur qui décide alors de ne pas répondre à un tel questionnaire. Enfin, les entrepreneurs peuvent ne pas se sentir concernés.

Ce dernier élément est lié souvent au troisième constat qui établit que le concept d'innovation est polysémique. Pour nombre d'entrepreneurs, le concept se réduit à l'innovation de rupture, pour d'autres, il ne recouvre que l'innovation de produit, et de toute façon dans le meilleur des cas, seulement l'innovation technologique. Au contraire, les spécialistes de l'innovation tendent à avoir une vision plus large considérant qu'une innovation non technologique (nouvelles techniques de commercialisation, nouvelle organisation de l'entreprise) mérite une attention spécifique dans la mesure où elle peut être à l'origine d'innovations plus importantes. Plusieurs classifications ont été proposées pour mieux cerner le phénomène (Schumpeter 1912 ; Manuel d'Oslo 2005 ; Markides et Geroski 2005), mais le terme « innovation » reste fortement connoté, réduit « au diptyque désormais classique opposant innovations de produits (principalement des biens) et innovations de procédés. Pourtant, une observation attentive des « nouveautés » qui, par leur valorisation et leur diffusion, affectent le champ et l'organisation des activités économiques et sociales permet d'identifier des formes et des domaines de manifestation de l'innovation extrêmement variés » (Hamdouch, 2004).

Partant de ce constat, nous avons fait le choix de limiter au maximum l'utilisation de ce terme dans le questionnaire adressé aux établissements. Nous avons préféré parler de formes d'adaptation à l'évolution des marchés (tout en reprenant les définitions associées aux quatre formes d'innovation issues du manuel d'Oslo, figure 2), ce qui en définitive constitue une vision large de l'innovation. L'enquête a été adressée à 3350 établissements industriels, quelle que soit leur taille, des cinq filières les plus importantes de Franche-Comté (agroalimentaire, bois, microtechnique, plasturgie, automobile).

Figure 2
Extrait du questionnaire reprenant les quatre formes
d'innovation du manuel d'Oslo

> **Votre établissement, ces trois dernières années, a été amené à s'adapter à l'évolution du marché. Ces efforts ont-ils porté sur : plusieurs réponses possibles**
>
> O La nature du/des produits fabriqués (ou des services offerts)
> > *Fabrication d'un produit nouveau ou sensiblement amélioré dans l'un ou plusieurs de ses composants*
>
> O Les techniques de production
> > *Introduction d'un prix de production, d'une ou plusieurs machines ayant permis d'améliorer sensiblement les produits fabriqués, d'une nouvelle méthode de fournitures des services de livraison, de distribution des produits nouveaux ou sensiblement améliorée*
>
> O Les méthodes organisationnelles
> > *Inhérentes au procesus de fabrication, aux techniques matérielles/logicielles, à l'organisation du travail, aux relations avec les partenaires extérieurs (entreprises ou institutions publiques, la gestion des ressources humaines, la gestion desc onnaissances et compétences...)*
>
> O Les nouvelles méthodes de commercialisation, de distribution des produits
> > *Nouvel emballage, nouveau conditionnement, nouvelle méthode de vente ou de distribution, nouvelles stratégies de tarification, de fidélisation des clients*
>
> O Autre, préciser :

Source : Enquête « L'industrie en Franche-Comté : Quels rapports à l'innovation ? », 2008.

Le questionnaire demandait à l'entrepreneur de se positionner lui-même au regard des filières proposées ; ceci, parce qu'il était impossible de délimiter *a priori* les microtechniques et parce que les approches classiques de la filière automobile étaient jugées trop restrictives. Bien entendu, chaque entrepreneur pouvait revendiquer l'appartenance à plusieurs filières ou à une filière différente de celles qui étaient proposées. Le taux de réponses, avoisinant les 30 %, peut être considéré comme élevé pour ce type d'enquête.

2.3. Profil des établissements sous-traitants dans les filières automobile, microtechnique et plasturgie au regard de l'enquête

A) Description des établissements sous-traitants

Comme évoqué précédemment, l'activité de sous-traitance est surtout présente dans la plasturgie, et plus encore, dans l'automobile et les microtechniques (figure 3).

Figure 3
**Répartition des entreprises sous traitantes
et non sous traitantes par filière**

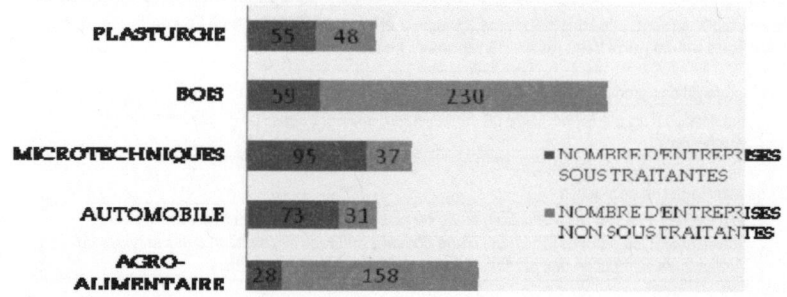

Source : Enquête « L'industrie en Franche-Comté : Quels rapports à l'innovation ? », 2008.

189 établissements sur 292 ayant répondu à l'enquête dans ces trois filières ont indiqué être sous-traitants (2/3 d'entre eux). En général, les sous-traitants s'identifient à une seule filière mais un sur quatre a cependant déclaré appartenir à deux d'entre elles, voire plus dans quelques cas. Les appartenances multiples sont surtout visibles dans la plasturgie, filière pourtant *a priori* relativement bien délimitée. À l'opposé, les trois-quarts des sous-traitants microtechniques, n'ont pas déclaré d'autres affiliations.

Les sous-traitants se localisent principalement dans le nord de la Franche-Comté (il s'agit surtout de sous-traitants de la filière automobile), dans le secteur de Besançon et dans le Haut-Doubs (importance de la sous-traitance microtechnique), et dans le sud du Jura (sous-traitance principalement dans la plasturgie, carte 1).

Carte 1
Etablissements francs-comtois se déclarant sous-traitants dans les filières automobile, microtechnique et plasturgie en 2008

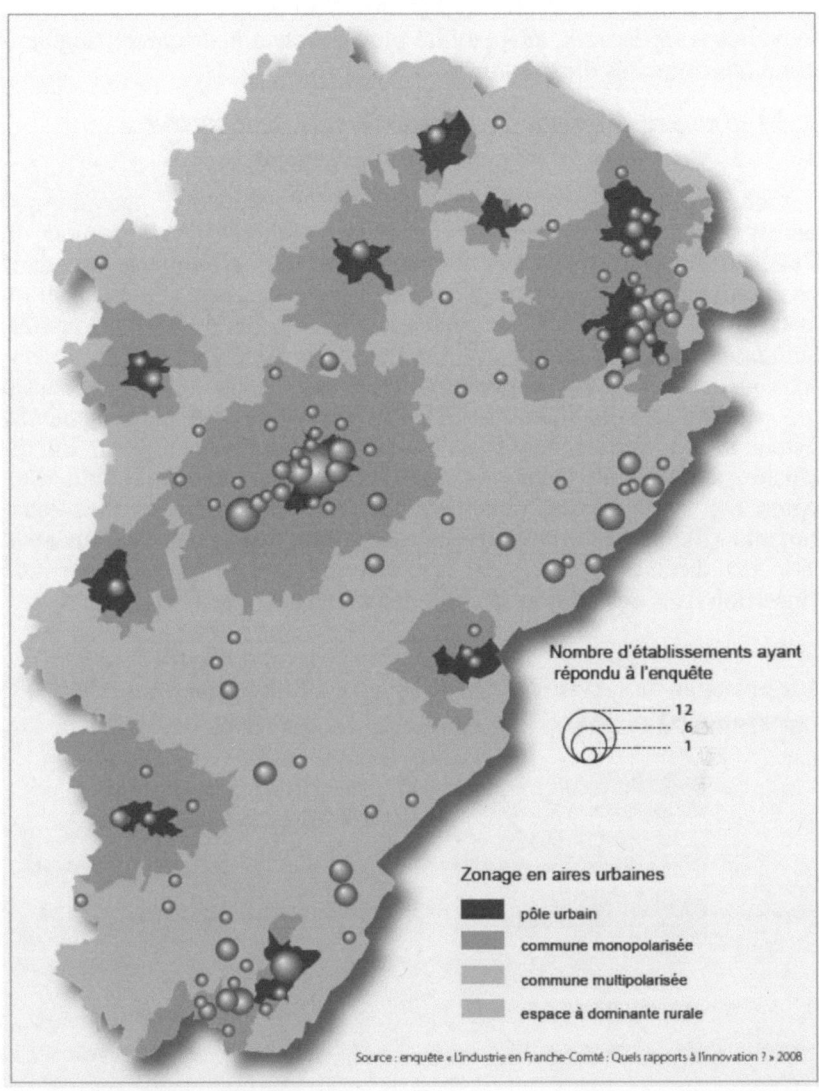

Deux-tiers d'entre eux comptent plus de 10 salariés en 2008, un tiers appartient à un groupe et 39 % fabriquent des produits finis. La période ayant précédé l'enquête (2006-2008) a été relativement favorable puisque les trois-quarts des établissements ont connu soit une stabilité, soit une évolution favorable des effectifs, élément essentiel dans le renforcement de la capacité stratégique des entreprises dans la mesure où le recrutement de nouvelles personnes permet aux entreprises d'augmenter leurs capacités concurrentielles, surtout lorsqu'il s'agit de profils rares, difficiles à substituer (acquisition de nouveaux savoir-faire, nouvelles compétences, adaptabilité plus grande à la demande, augmentation des capacités d'innovation…).

B) Analyse des conditions susceptibles de favoriser l'innovation au sein des établissements

Concernant les conditions susceptibles de favoriser l'innovation, il ressort que la présence d'un service de recherche et développement ou d'une ou plusieurs personnes ressources est moins fréquente que dans les établissements ne s'étant pas déclarés sous-traitants (figure 4). Il en va de même concernant les collaborations avec les écoles, universités, centres de recherche publics ou privés ou les adhésions à des associations professionnelles. La participation à des salons et/ou le recours à une veille technologique, privilégiés par 60 % des établissements, restent moins utilisés que chez les non sous-traitants (74 %). En revanche, le souci de former la main d'œuvre au-delà de l'obligation légale est très fréquent, plus que dans les établissements non sous-traitants (figure 5). Il ressort également que leur statut les amène à coopérer davantage avec d'autres entreprises sans pour autant que l'insertion dans des réseaux d'entreprises soit évoquée.

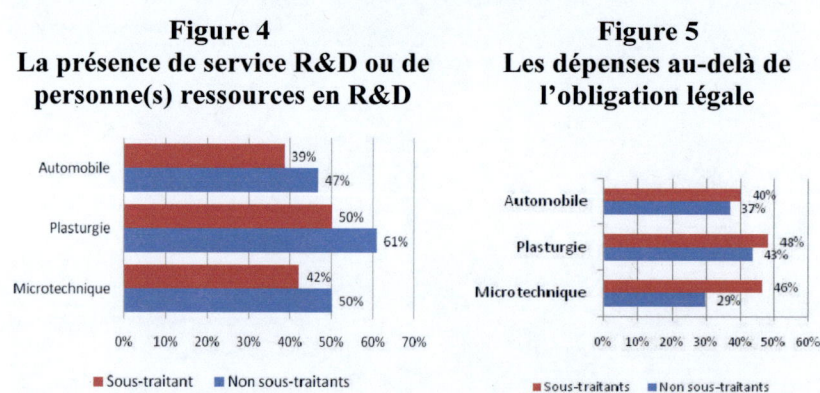

Figure 4
La présence de service R&D ou de personne(s) ressources en R&D

Figure 5
Les dépenses au-delà de l'obligation légale

Source : Enquête « L'industrie en Franche-Comté : Quels rapports à l'innovation ? », 2008.

Néanmoins, à ce stade, il est important de distinguer dans cette classe des sous-traitants les établissements réalisant des produits finis (77 établissements sur 189). Ces derniers ont un profil qui diffère visiblement des autres sous-traitants. D'une part, parce que les établissements de plus de 50 salariés sont plus nombreux, l'appartenance à un groupe plus fréquente (32 % contre 25 % pour les sous traitants ne fabriquant pas de produits finis) et les marchés dépassent plus souvent le cadre franc-comtois (85 % contre 76 %). D'autre part, parce que 62 % ont un service de recherche et développement ou une ou plusieurs personnes ressources (24 % dans les établissements ne fabriquant pas de produits finis). Les sous-traitants fabriquant des produits finis mobilisent plus largement les différents moyens existants pour se tenir informés de l'évolution des marchés et des technologies (participation à des salons ou usage d'une veille technologique, recours à des cabinets de conseil, adhésion à des associations professionnelles). Ils collaborent davantage avec les écoles, universités et/ou centres de recherche (2/3 des 34 établissements sous-traitants identifiés) sans pour autant atteindre des chiffres équivalents à ceux des non sous-traitants. Ils représentent les trois-quarts des établissements sous-traitants ayant déclaré avoir eu une expérience de la propriété industrielle.

La réalisation de produits finis impose donc souvent la présence de personnel en recherche et développement au sein de l'entreprise, une plus grande attention à l'évolution des marchés et des technologies, et le développement de collaborations autres que celles qui s'établissent dans le cadre du rapport strict de sous-traitance.

2.4. Rapport à l'innovation des sous-traitants dans les trois filières

A) Moyens mis en œuvre pour s'adapter à l'évolution des marchés

Au cours de la période 2006-2008, les sous-traitants ont misé avant tout sur les techniques de production en introduisant de nouveaux procédés, de nouvelles machines permettant d'améliorer sensiblement les produits fabriqués, en proposant de nouvelles méthodes de livraison ou de fourniture de services (figure 6). Dans une mesure moindre, des efforts spécifiques ont été réalisés dans le développement de nouvelles méthodes organisationnelles. Ces formes d'adaptation ont surtout été privilégiées par les unités ne fabriquant pas de produits finis. Ainsi, dans les microtechniques (où les deux-tiers des établissements sont dans ce cas), près de 80 % ont porté leurs efforts sur les techniques de production. Lorsque les sous-traitants fabriquent des produits finis, ils investissent également dans la fabrication de produits nouveaux ou dans l'amélioration sensible de leurs composants.

Figure 6
Formes d'adaptation des trois filières franc-comtoises
aux évolutions du marché par filière

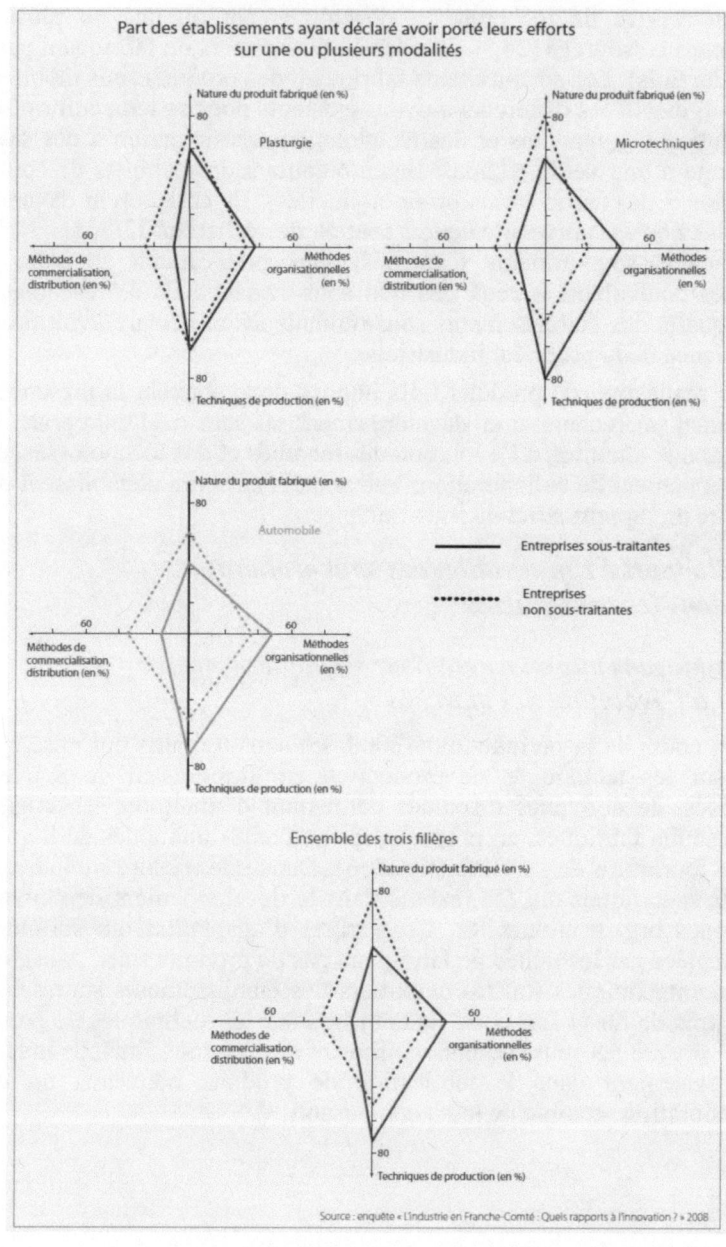

Cependant, il apparaît que l'expérience de la propriété industrielle est restée peu fréquente au cours de la période 2006-2008 (18,5 % des établissements contre 1/3 chez les non sous-traitants) et portée principalement par les sous-traitants fabriquant des produits finis. Si dans certains cas on peut avancer le fait que le brevet peut avoir été déposé par le donneur d'ordres lorsque l'innovation est conjointe ou qu'elle a pu faire l'objet d'une protection par enveloppe Soleau dont la procédure est à la fois plus simple et moins coûteuse, cette faiblesse des dépôts de brevets est surtout due au fait que peu d'entre elles sont brevetables, qu'il s'agit souvent d'innovations incrémentales.

Par ailleurs, il apparait que les innovations en matière de commercialisation, de distribution ne constituent pas une préoccupation pour les sous-traitants en dehors des relations liées à l'activité de sous-traitance. Il n'en demeure pas moins que le rôle des financements publics est tangible en Franche-Comté : un quart des unités en a bénéficié pour financer des projets d'innovation.

Les efforts des sous-traitants apparaissent donc liés avant tout à l'amélioration des techniques de production, des procédés. La polyvalence des machines, leurs capacités à traiter des demandes de plus en plus diversifiées permettent aux entreprises de conserver ou de s'ouvrir à de nouveaux marchés. Ces acquisitions amènent souvent les entreprises à repenser leur organisation afin d'optimiser la production mais également de réduire les coûts de fabrication. Les innovations en matière de commercialisation des produits concernent davantage les entreprises non sous-traitantes, ce qui apparait logique puisqu'elles ont la charge de trouver des débouchés pour les produits fabriqués. L'innovation de produit est présente mais elle concerne surtout les entreprises qui réalisent des produits finis. Il apparaît donc que les formes d'innovation varient en fonction du rôle de l'entreprise au sein de la chaine de valeur et que les entreprises sous-traitantes qui ne réalisent pas de produits finis sont moins enclines à innover en dehors des innovations de procédé.

B) Les obstacles à l'innovation

Outre les questions liées aux coûts de l'innovation qui constituent le frein principal quels que soient les profils des répondants, les questions touchant au recrutement de personnels qualifiés constituent un obstacle à l'innovation avancé par les entreprises sous-traitantes : la moitié d'entre elles ont mentionné cet élément contre 37 % chez les non sous-traitants (figure 7). Doit-on trouver là l'explication des efforts importants consentis par ces entreprises en matière de formation ? La méconnaissance du marché ou les potentialités incertaines constituent également un obstacle cité plus fréquemment. En revanche, les questions touchant à l'identification et à la protection des idées sont peu évoquées tout comme le besoin d'informations sur les technologies nouvelles ; ce qui amène une double interprétation : la première peut laisser supposer que les sous-traitants sont bien informés, la deuxième pourrait laisser entendre qu'il s'agit d'une question secondaire au regard de leur activité.

Figure 7
Obstacles à l'innovation dans les filières automobile,
microtechnique, plasturgie

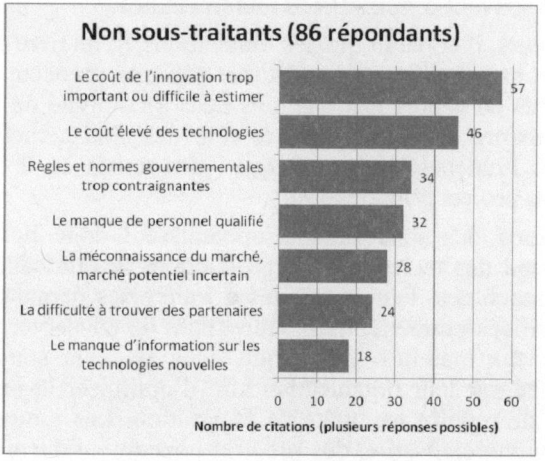

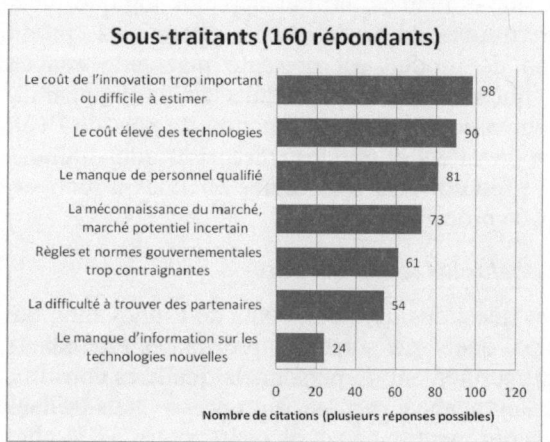

Source : Enquête « L'industrie en Franche-Comté : Quels rapports à l'innovation ? », 2008.

Conclusion

Le phénomène de sous-traitance a pris une importance considérable depuis une trentaine d'années. Il met en présence un donneur d'ordres et un ou plusieurs sous-traitants qui établissent différents types de relations, par principe attractives pour les deux parties en présence. Néanmoins, les approches empiriques permettant de cerner le phénomène restent peu nombreuses en dehors des travaux de cartographie et d'analyse des réseaux de sous-traitance gravitant autour de grands groupes ou des firmes internationales.

Les résultats de l'enquête menée en 2008, permettent de dresser un profil des établissements sous-traitants des filières microtechnique, plasturgie et automobile en Franche-Comté. Il ressort que les efforts pour se tenir informés de l'évolution des marchés et les partenariats autres que ceux qui s'établissent dans le cadre de la relation de sous-traitance sont moins fréquents que chez les non sous-traitants. Les efforts d'adaptation à l'évolution des marchés sont plus axés sur les procédés/techniques de production et les méthodes organisationnelles. Les obstacles en matière d'innovation, outre la question des coûts, sont davantage liés aux questions de formation des personnels (d'où la part élevée des entreprises formant au-delà de l'obligation légale) et au manque de visibilité, à la méconnaissance des marchés.

Néanmoins, une distinction très nette apparaît entre les établissements sous-traitants fabriquant des produits finis et les autres qui agissent principalement sur les méthodes de production en matière d'innovation. Ces derniers apparaissent sur de nombreux points plus vulnérables que les sous-traitants fabriquant des produits finis : faiblesse du personnel en recherche et développement, faiblesse des dépôts de brevets, moindre mobilisation des moyens permettant de se tenir informés de l'évolution des marchés (salons, veille technologique, recours à des cabinets de consultants, …), faiblesse des collaborations autres que celles qui s'établissent dans le rapport de sous-traitance.

Références

AFNOR (2007), « Organisation et gestion de la production industrielle. Sous-traitance industrielle », Norme X 50-300, AFNOR, Paris.

Ageron B. et Spalanzani A. (2010), « Perceptions et réalités du développement durable dans les entreprises françaises, le point de vue de l'acheteur », Revue Française de Gestion, N° 205, pp. 157-171.

Baglin G., Bruel O., Garreau A., Greif M. et van Delft C. (2001), Management industriel et logistique, 3e édition, Economica, Paris.

Breton J. et Guillemin T. (2004), Sous-traitance industrielle : les enjeux de l'innovation, Réseau technologique pour les entreprises en mécatronique, productique et management de l'innovation. Disponible en ligne : http://www.thesame-innovation.com/Publi/Fichier/dossier%20Midest.pdf

Calvi R. et Paché G. (2010), « Management des achats. Renouvellements managériaux et théoriques », Revue Française de Gestion, N° 205, pp. 91-95.

Calvi R., Paché G. et Jarniat P. (2010), « Lorsque la fonction achats devient stratégique, de l'éclairage théorique à la mise en pratique », Revue Française de Gestion, N° 205, pp. 119-138.

Carel S. et Dubos-Paillard E. (2009), « Cas d'étude 16: La Franche-Comté. » In: The impact of globalisation and increased trade liberalisation on European regions, IGEAT – ULB Politecnico di Milano UMS Riate, Study for DG Regio, Final Report, pp. 288-305.

Carel S. et Dubos-Paillard E. (coord.) (2009), « L'industrie en Franche-Comté : quels rapports à l'innovation ?», Cahier II, in : L'innovation en Franche-Comté : pour une meilleure orientation des politiques publiques 2007-2013. Rapport réalisé dans le cadre de la MSHE C.N. Ledoux pour la Préfecture de la région Franche-Comté.

Capaldo A. (2007), « Network structure and innovation: the leveraging of a dual network as a distinctive relational capability », Strategic Management Journal, 28 (6), pp. 585-608.

Doriol D. et Sauvage T. (2010), Management des achats et de la Supply Chain, Vuibert, Paris.

Fourcade F. et Midler C. (2005), « The role of 1st tier suppliers in automobile product modularisation: the search for a coherent strategy », International Journal of Automotive Technology and Management, Vol. 5, N° 2, pp. 146-165.

Frigant V. et Layan J.-B. (2009), « Géographie d'une industrie automobile modulaire : le cas des équipementiers français en Europe de l'Est », Revue d'Économie Régionale & Urbaine, N° 4/2009 (novembre), pp. 711-737.

Geroski P. et Markides C. (2005), Fast second: How smart companies bypass radical innovation to enter and dominate new markets, Jossey-Bass, San Francisco.

Halley A. (2004), « Sous-traitance et chaîne logistique ou la nécessaire intégration des deux stratégies ». Gestion, Vol. 29, N° 2/2004, pp. 48-56.

Hamdouch A. (2004), « Innovation », article Corpus, Encyclopaedia Universalis, version 10.

INSEE *et al.* (2009), Franche-Comté, Visage industriel 2009. Disponible en ligne : http://www.insee.fr/fr/themes/document.asp?reg_id=16&ref_id=15341

Kechidi M. (2008), « Modularité, firme pivot et innovations : un nouveau modèle d'organisation industrielle pour Airbus? », Revue Française de Gestion Industrielle, Vol. 27, N° 2, pp.21-40.

Kechidi M. et Talbot D. (2009), « Management of technical and organisational interactions by proximity: the hub firms in aeronautical sector », Working Papers of GREThA, n° 2009-11 Disponible en ligne : http://ideas.repec.org/p/grt/wpegrt/2009-11.html.

Manuel d'Oslo (2005), Principes directeurs pour le recueil et l'interprétation des données sur l'innovation, 3e édition, OCDE, Paris.

Michalet C.-A. (2007), Mondialisation, la grande rupture, La Découverte, Paris.

Morcos J-L, A de Crombrugghe. 2004. Sous-traitance internationale ou délocalisation ? Un aperçu de la littérature et études de cas en provenance du réseau SPX/BSTP. Article publié par l'Organisation des Nations Unies pour le Développement Industriel (ONUDI). Vienne.

Portier P., Pardo C. et Salle R. (2010), « Achats et marketing, une asymétrie d'interface », Revue Française de Gestion, N° 205, pp. 97-117.

Schumpeter J. A. (1912), Théorie de l'évolution économique, Tr. Française, Dalloz, Paris, 1999.

Tinel B., Perraudin C., Thèvenot N., Valentin J. (2007), « La sous-traitance comme moyen de subordination réelle de la force de travail », Actuel Marx, 41, 1/2007, pp. 153-164.

Tiwana A. (2008), « Do bridging ties complement strong ties? An empirical examination of alliance ambidexterity », Strategic Management Journal, N° 29, pp. 251-272.

Volot J.-C. (2010), Le dispositif juridique concernant les relations interentreprises et la sous-traitance – Rapport du Médiateur des relations interentreprises industrielles et de la sous-traitance. Ministère de l'industrie : Secrétariat d'État au commerce, à l'artisanat, aux petites et moyennes entreprises, au tourisme, aux services et à la consommation, Paris. Disponible en ligne : http://www.economie.gouv.fr/services/rap10/100830rapVolotsous-traitance.pdf

UNCTAD (2001), World Investment Report 2001 Promoting Linkages. Disponible en ligne : http://www.unctad.org/en/docs/wir2001overview_en.pdf

Chapitre 14

Innovation ordinaire en PME ordinaires

Sophie REBOUD et Tim MAZZAROL

Professeure au Groupe ESC Dijon-Bourgogne et
Winthrop Professor à l'Université de Western Australia

1. Introduction : PME ordinaires et intensité technologique

Les PME (petites et moyennes entreprises) font depuis des années l'objet de recherches académiques de plus en plus ciblées et adaptées à leurs éventuelles spécificités. Le temps où elles n'étaient considérées que comme des grandes entreprises en modèle réduit, ou encore comme une masse indistincte de sous-traitants potentiels des grands donneurs d'ordre, est révolu. Ainsi que le rappelle Torrès (2003), on est passé de l'étude de l'entreprise de petite taille à celle de la petite entreprise.

L'innovation des PME est également un sujet très étudié et qui fait l'objet de préoccupations de tous les gouvernements du monde. L'essentiel de l'attention se focalise néanmoins plutôt sur les PME de haute technologie ou à croissance très rapide, type « Gazelle », ou « Born Global ». Plus récemment, l'attention s'est portée en France sur les très grandes PME et les ETI (Entreprises de Taille Intermédiaire). Cependant, ces entreprises ne sont pas les plus fréquentes, et il nous semble important de se pencher aussi sur des PME moins avancées technologiquement ou moins remarquables. Ce chapitre aborde la question de leur management du processus d'innovation et celle de la commercialisation de leurs innovations.

1.1. PME innovantes et PME ordinaires

La plupart des travaux s'intéressant à l'innovation des PME cherchent cependant à mieux comprendre les PME dites « innovantes », et s'attachent à étudier ce qui explique leurs performances, en quoi elles sont meilleures ou moins bonnes que les grandes entreprises sur le même type d'activité, comment, malgré leur taille réduite, elles arrivent à être visibles en termes d'innovation, etc. Mais ces PME innovantes, souvent actives sur des secteurs de haute technologie, souvent du type start-up à la croissance rapide et au tour de table formalisé et compétent, sont d'une part peu nombreuses, et d'autre part « dénaturées » au sens de Torrès. Autrement dit, malgré leur petite taille, ce ne sont plus vraiment des PME « caractéristiques » (Torrès, 2002).

Nous nous sommes intéressé ici aux PME parfois appelées « non innovantes », parce qu'elles sont dans des secteurs d'activité souvent moins technologiques, et que leurs innovations, quand elles en font, ne sont pas de haute technologie (Vernay et Mabile, 2004).

Ces PME, que nous appelons « PME ordinaires »[1], sont les PME les plus nombreuses, présentes sur des secteurs non spécialement avancés technologiquement. Elles réalisent des innovations parfois modestes, mais dont le développement peut être la source de la pérennité de l'entreprise, voire de l'économie d'une région, et pratiquent ce que Norbert Alter a appelé de l'« innovation ordinaire » (Alter, 2000), c'est-à-dire « un "mouvement" qui saisit en permanence l'ensemble des acteurs au sein de l'entreprise, une innovation banale, quotidienne et permanente » (Desbois, 2001, p. 591), C'est pourtant ce type de PME qui n'ose pas répondre aux enquêtes sur l'innovation parce qu'elle ne se perçoit pas comme innovante. Pour autant, il nous paraît intéressant de les caractériser, puis de chercher, ainsi que le suggère le projet Futuris, à « comprendre ensuite tout à la fois les obstacles qu'elles rencontrent dans leur volonté éventuelle d'innover, les facteurs nécessaires à une appropriation de l'innovation, enfin les inadaptations éventuelles pour ces entreprises du système français de soutien à l'innovation » (Vernay et Mabile, 2004, p. 1). Nous reprenons ainsi en partie à notre compte le programme de recherche proposé implicitement par Futuris en 2004 : chercher à « comprendre (…) tout à la fois les obstacles (que ces PME) rencontrent dans leur volonté éventuelle d'innover, les facteurs nécessaires à une appropriation de l'innovation, enfin les inadaptations éventuelles pour ces entreprises du système français de soutien à l'innovation » (Vernay et Mabile, 2004, p. 1).

---

[1] Au sens où nous l'entendons, ce terme pourrait être rapproché de celui utilisé par le Rapport Chevassus-au-Louis (2009) lorsqu'il oppose la biodiversité remarquable (celle d'espèces « que la société a identifiées comme ayant une valeur intrinsèque », et qui sont devenues emblématiques) à la biodiversité ordinaire (celle d'« espèces n'ayant pas de valeur intrinsèque identifiée comme telle mais qui, par l'abondance et les multiples interactions entre ses entités, contribue à des degrés divers au fonctionnement des écosystèmes et à la production des services qu'y trouvent nos sociétés »). L'OCDE utilise ce terme pour les différencier des Gazelles, qu'il qualifie d'« extraordinaires » (OCDE 2010).

Autrement dit, les questions que nous nous posons à leur sujet sont les suivantes :

- Les PME ordinaires innovent-elles de la même façon que les autres ?
- Trouvent-elles leur place, aussi bien que les autres, dans le système national d'innovation ?

1.2. Innovation et intensité technologique

Un grand nombre de ces PME relèvent des secteurs que l'OCDE ou l'Union européenne appellent « medium-high-tech », « medium-low-tech » ou « low-tech », investissant moins de 5 % de leurs revenus dans la R&D (voir Tableau 1).

Tableau 1
Classification de l'intensité technologique par l'OCDE

Industries high-tech	R&D/CA > 5 %
Industries medium-high-tech	5 % > R&D/ CA > 3 %
Industries medium-Low-tech	3 % > R&D/ CA > 0,9 %
Industries low-tech	0,9 % > R&D/ CA > 0 %

Source : Hatzichronoglou, 1997.

Le Tableau 2 donne une idée de la place que ces secteurs occupent dans l'économie française.

Tableau 2
Poids des différents secteurs selon leur intensité technologique
dans l'industrie manufacturière française

en %	Nombre d'entreprises		Chiffre d'affaires		Valeur ajoutée		Effectifs employés		Investis- sements corporels	Dépenses informa- tiques	Dépenses de recherche
	2004	1996	2004	1996	2004	1996	2004	1996	2004	2004	2003
Haute technologie	8,7	8,6	18,8	19,0	19,8	20,3	15,2	15,8	17,8	32,0	55,1
Moyenne-haute technologie	11,5	10,5	32,2	30,9	25,8	25,0	21,8	21,7	34,8	27,4	27,3
Moyenne-faible technologie	36,8	33,9	27,2	25,8	30,2	28,5	34,7	31,8	26,3	23,3	14,9
Faible technologie	43,0	47,0	21,8	24,2	24,2	26,2	28,3	30,8	21,1	17,3	2,7
Industrie manufacturière	100,0	100,0	100,0	100,0	100,0	100,0	100,0	100,0	100,0	100,0	100,0

Source : MENRT, SESSI – EAE.

De nombreux auteurs rappellent (voir par exemple l'ouvrage collectif édité par Hirsch-Kreinsen et Jacobson en 2008) à quel point les entreprises de ces secteurs[2] sont l'objet, quelle que soit leur taille, d'une attention moins soutenue dans une « économie de la connaissance », mais qu'elles n'en sont pas moins à l'origine de la majeure partie de la valeur ajoutée, voire de la croissance des économies nationales (Hirsch-Kreinsen *et al.*, 2008, pp. 6-7). Si ces firmes et ces industries sont moins étudiées, que dire des PME qui relèvent de ces catégories ! Dans ce chapitre nous nous sommes intéressés plutôt aux entreprises industrielles et aux innovations de produit, et pour identifier des PME ordinaires dans notre échantillon, nous avons comparé les pratiques des PME high-tech avec celles des PME low-mid tech.

Nous avons centré notre analyse sur trois points : le management et la commercialisation de leurs innovations par ces PME ordinaires, et le contexte français de soutien à l'innovation des entreprises, en particulier des PME. Dans un premier temps, nous verrons ce que la littérature nous permet de dire sur ces éléments, puis nous présenterons l'étude empirique d'analyse de la perception par des dirigeants de PME de leur management de l'innovation. Les résultats seront ensuite discutés et nous conclurons en proposant quelques implications de ce travail pour des décideurs.

2. Commercialisation des innovations par les PME

2.1. Une étape peu étudiée

Adam *et al.* (2006) notent que la commercialisation de l'innovation est un des thèmes les moins développés dans la littérature académique. Ils précisent : « Nous pensons que cet aspect de l'innovation a besoin de manière urgente de plus de développements, tant sur le plan théorique que du point de vue de la mesure »[3].

Pourtant, la commercialisation est la condition sine qua non de l'innovation, puisque depuis Schumpeter, on considère qu'une innovation existe lorsqu'une première transaction commerciale a été réussie. Autrement dit, pour pouvoir être une innovation, « une nouveauté doit être porteuse s'une valeur économique (capacité de satisfaire un besoin solvable ou de créer de la richesse), reconnue et exploitée de manière viable » (Hamdouch, 2004). Les économistes de l'innovation parlent avec C. Freeman d'un couplage (« coupling process ») entre le marché et la technologie qui cependant, ainsi que le soulignent Akrich *et al.* (1988a et b), évoluent de façon imprévisible.

---

[2]   Par la suite, nous rassemblerons ces secteurs d'intensité technologique moyenne sous l'appellation « low-mid-tech ».

[3]   Adam *et al.* (2006, p. 38), notre traduction.

Pour les innovations de produit, la commercialisation représente en général la dernière phase du processus d'innovation, lorsque le produit ou le service est finalement mis sur le marché.

D'après la littérature, le succès dans le processus de développement de nouveaux produits en PME dépend de leur capacité à bien comprendre leur marché, à l'évaluer formellement, et à bien comprendre les conditions d'acceptation des nouveaux produits par les clients ciblés (Huang *et al.*, 2002), en particulier dans le cas d'innovations radicales (Sandberg, 2002). Par ailleurs, ce processus est souvent sous-doté en ressources et en compétences managériales dans les PME (Vermeulen, 2005). Pourtant, il est supposé plus efficace lorsqu'il est systématique, global, flexible et continu, et qu'il implique tous les salariés de l'entreprise (Ozer, 2004 ; Cooper *et al.*, 2004a). Le processus de commercialisation en PME nécessite de la part de l'équipe dirigeante une démarche systématique (Grupp et Maital, 2001), comprenant une approche stratégique du management de l'innovation, du processus de développement de nouveaux produits, et de leur mise sur le marché (Stringer, 2000). Le développement de partenariats étroits et suivis avec des clients principaux et des fournisseurs clés, susceptibles d'accompagner la mise au point d'innovations, est reconnu comme critique (Miller, 2001). Son succès dépend aussi de la capacité de l'entreprise à prendre en compte les besoins des clients et à offrir une valeur supérieure à une demande solvable (Cooper *et al.*, 2004b).

D'après Koskinen et Vanharanta (2002), si la PME n'est pas toujours avantagée à ce stade, elle a néanmoins des atouts. En effet, ils distinguent pour les innovations technologiques de produit 6 étapes dans le processus d'innovation : 1) invention, 2) décision d'aller jusqu'au développement, 3) développement, 4) décision de produire, 5) production, et 6) mise sur le marché.

Selon eux, ce sont les phases 1, 3, 5 qui sont le plus souvent étudiées, les prises de décision 2 et 4 sont en général négligées, alors que ce sont pourtant des étapes clés, et la phase 6 mériterait d'être plus étudiée pour les PME.

Pour ce faire, ils distinguent : d'une part, le rôle des connaissances et savoir-faire tacites, qui avantagent en général les PME ; d'autre part, le type de relation avec les clients (par exemple B2B[4] ou B2C[5], le B2B étant plus propice à la communication par le bouche à oreille), ainsi que la connaissance des clients – qui serait mieux diffusée au sein d'une PME –, ou la longueur des circuits de décision (qui serait plus courte

---

[4] Business to Business.
[5] Business to Consumer.

dans les PME), et enfin l'aversion au risque des décideurs (qui serait moindre dans les PME).

Plusieurs travaux (Mazzarol et Reboud, 2005, 2009) ont mis en évidence l'importance du rôle des clients, surtout des gros clients, dans la prise de décision des PME. C'est donc un élément que nous avons cherché à approfondir.

2.2. La relation client en PME, une approche en termes de marketing relationnel

Grönroos (1991, 1994) a défini le marketing relationnel comme le fait d'attacher, au-delà de la transaction avec un client, une grande importance à la relation qui s'établit avec lui. Il a en particulier opposé cette approche à celle du marketing transactionnel, et étudié les conséquences de chacune de ces deux approches sur les différents aspects du marketing, l'une et l'autre constituant les deux extrémités d'un continuum (cf. Tableau 3).

Tableau 3
Le continuum du marketing stratégique et ses implications

Le continuum stratégique	Marketing transaction-nel ⟷	Marketing relationnel
Perspective temporelle	Perspective court-terme ⟷	Perspective long-terme
Fonction marketing dominante	Marketing mix ⟷	Marketing interactif
Élasticité prix	Clients plutôt sensibles au prix ⟷	Clients plutôt peu sensibles au prix
Dimension principale de la qualité	Qualité de la production ⟷	Qualité de l'interaction
Mesure de la satisfaction du client	Pilotage de la part de marché (mesure indirecte) ⟷	Management de la base de clients (mesure directe)
Système d'information client	Enquêtes de satisfaction ad hoc ⟷	Système de feedback en temps réel
Interdépendance marketing/salariés	Interfaces peu importantes ⟷	Interfaces stratégiques

Source : d'après Grönroos (1991).

Cette importance de la relation, au détriment de la transaction, peu formalisée, avec une importance attachée à la qualité de la relation, est une des caractéristiques de la stratégie des PME ordinaires, qui sont caractérisées souvent par un management de proximité (Julien 1997 ; Torrès, 2003 ; Mazzarol et Reboud, 2009). Par exemple, de nombreuses PME sous-traitantes, dans des activités low-mid-tech, développent des relations B2B et sont amenées à pratiquer un marketing comprenant un certain nombre de caractéristiques (Grönroos, 1994) :

- Considérer un client plutôt qu'un marché ;
- Importance du bouche à oreille ;
- Importance de l'orientation client, permettant d'intégrer très en amont des qualités perçues par lui dans la conception du produit ou du service ;
- Implication de toutes les personnes (petite équipe, potentielle-ment tous proches, y compris physiquement) auprès du client, re-lations de long terme, nécessaire coordination en interne de toutes les fonctions impliquées dans la relation client, c'est-à-dire la plupart d'entre elles.

Nos principales questions à ce sujet sont donc les suivantes :

- Quelles sont les influences de l'orientation marché des entrepre-neurs et des PME sur la performance de leur processus d'innovation ?
- Comment se mettent en place, dans le cadre de ce marketing rela-tionnel, les rapports de force entre une PME et ses gros clients, et par quoi ces rapports de force peuvent-ils être influencés ? En quoi l'engagement des principaux clients dans le développement de nouveaux produits affecte-t-il le succès de la commercialisa-tion des innovations ?

Par ailleurs, le processus de commercialisation des innovations par les PME est plus efficace selon Adams *et al.* (2006) lorsqu'il se déve-loppe dans un environnement propice, caractérisé selon ces auteurs par sept éléments : i) des intrants (créativité et ressources, tant matérielles que financières), ii) une gestion des connaissances appropriée, iii) une stratégie choisie, iv) une organisation et une culture favorables, v) un management du portefeuille de produits, vi) un management par projet, et vii) une gestion active de la commercialisation.

Pour mieux étudier ce processus, nous avons cherché à en savoir da-vantage sur l'influence que peut avoir le contexte global d'innovation dans lequel va opérer la PME.

3. Le contexte national d'innovation

3.1. Les systèmes nationaux d'innovation (SNI)

D'après la littérature, le système d'innovation d'un pays est influen-cé positivement par le niveau d'investissement en R&D, le soutien à la formation supérieure, la proportion de salariés travaillant dans les activités de R&D, et le niveau de soutien fourni par l'état aux activités d'innovation et de commercialisation de ces innovations (Porter et Stern, 1999). En effet, pour être utile économiquement, une innovation doit être commercialisée, ce qui permet la conversion d'idées et de connaissances en résultats tangibles comme de nouveaux produits et procédés (Jolly, 1997 ; Hamdouch, 2004). L'efficacité relative du système national d'innovation semble constituer un facteur de succès, et pour l'évaluer, Porter et Stern (2001) ont défini ce qu'ils ont appelé le « Cadre d'analyse de la capacité nationale d'innovation » qui comprend trois éléments principaux :

- Le premier est l'infrastructure commune d'innovation, qui à son tour est constituée de trois composantes : 1) la sophistication technologique cumulée de l'économie du pays, 2) le capital humain et les ressources financières disponibles pour la R&D, et 3) le niveau de ressources publiques dédiées et l'engagement public envers l'innovation.

- Le deuxième élément de ce cadre d'analyse est la présence de clusters favorables à l'innovation, qui sont constitués de relations synergétiques entre les quatre pôles que Porter (1990) a défini comme un « diamant national de compétitivité » (c'est-à-dire la disponibilité des intrants, les conditions de la demande, la concurrence entre les entreprises et la présence d'industries de soutien).

- Le troisième élément est la qualité des liens existant entre l'infrastructure commune d'innovation et les clusters au sein desquels les entreprises sont actives.

Les interrelations entre ces éléments d'un système national d'innovation influencent le niveau de R&D et la commercialisation au sein d'une économie. Par exemple, des régions dotées d'infrastructures matérielles et informationnelles sont susceptibles d'être plus prospères et innovatrices (Amable, 2003 ; Welter *et al.*, 2008). Ainsi que le notent Depret *et al.* (2010), dans ce contexte, le territoire régional devient un espace privilégié en tant que cible des politiques d'innovation. En France, les performances jugées insatisfaisantes en matière d'innovation ont fait craindre une marginalisation ou au moins un déclin de la position internationale du pays[6]. Les performances des PME, et particulièrement des PME de moins de 100 salariés, ont été jugées insuffisantes et perfectibles (OSEO, 2006). Le gouvernement et les organisations patronales ont ainsi décidé de soutenir l'innovation dans les PME et de les aider à se développer (Ministère délégué à la Recherche & Ministère délégué à l'Industrie, 2003 ; MEDEF, 2002). Le gouvernement français a ainsi décidé de reconfigurer en profondeur le Système Français d'Innovation (Depret *et al.*, 2010). Ont été ainsi créés par exemple des

---

[6] Cf. www.industrie.gouv.fr/observat/bilans/bord/cpci2006/2d.pdf

aides spécifiques pour les start-up (statut de « Jeune Entreprise Innovante », par exemple) et les Pôles de Compétitivité.

Toutefois, la question reste posée de l'efficacité de ces dispositifs pour les PME ; autrement dit, les PME restent-elles à l'écart de ces aides ne sachant pas vraiment comment les utiliser, ou bénéficient-elles de ces changements ?

3.2. Place des PME dans le SNI français

L'innovation des PME françaises est indiscutable. Selon l'enquête européenne CIS4 (2005), la moitié des entreprises françaises de plus de 10 salariés innovait d'une façon ou d'une autre et parmi elles, 40 % sont des petites entreprises et 60 % des moyennes entreprises.

Les perceptions des PME moins innovantes ne diffèrent pas tellement de celles des PME high-tech. L'identification des obstacles à l'innovation (Tableau 4) montre en effet que l'accès aux ressources financières et la perception du coût de l'innovation et de la commercialisation sont mentionnés, tant par les PME innovantes que par les moins innovantes. Ces préoccupations ont conduit les gouvernements successifs à mettre en place des mesures pour faciliter l'accès des PME au financement de l'innovation et au soutien de la commercialisation de leurs innovations. Récemment, cependant, une enquête du Comité Richelieu a montré que si certaines des mesures prises étaient connues, appréciées et utilisées par les PME, d'autres semblaient se révéler moins efficaces (Comité Richelieu, 2010).

La question reste donc posée de savoir non seulement si le système français d'innovation prend en compte les PME ordinaires et leur réserve une place, mais aussi si ces dernières ont conscience des efforts qui sont faits en leur direction et si elles savent les mettre à profit pour se développer.

Pour mieux répondre à ces questions, nous avons mené une enquête directe auprès d'un échantillon de PME françaises dont nous allons présenter la méthodologie et les résultats dans les sections suivantes, en mettant l'accent sur les différences de perception entre les entreprises low-mid-tech et les entreprises high-tech.

Tableau 4
Les principales barrières à l'innovation
perçues par les PM françaises

	Petites entreprises	Moyennes entreprises
1er type de raisons		
Ressources financières insuffisantes	31 %	26 %
Coûts d'innovation perçus élevés	31 %	23 %
2e type de raisons		
Difficulté d'accès à des salariés formés	19 %	14 %
Information insuffisante sur la technologie	6 %	4 %
Information insuffisante sur les marchés	7 %	5 %
Difficulté à trouver des partenaires	10 %	8 %
3e type de raisons		
Marchés dominés par des entreprises bien établies	15 %	15 %
Incertitudes sur la demande	17 %	15 %
4e type de raisons		
Difficultés antérieures avec l'innovation	5 %	3 %
Manque de demande	7 %	4 %

Source : SESSI-CIS (2005).

4. Méthodologie et échantillon de l'étude empirique

4.1. La méthodologie

Comme nous l'avons mentionné plus haut, selon la classification de l'OCDE, une grande proportion de secteurs d'activités peut être qualifiée de low-mid-tech. Malgré cette importance quantitative indéniable, l'attention des chercheurs comme des gouvernements a tendance à se polariser sur les entreprises et les secteurs dits high-tech, et ces entreprises que nous désignons comme le « Business Model Silicon Valley » (OCDE, 2010).

Dans le cadre d'une étude internationale[7], l'équipe française a interrogé, entre octobre 2006 et mars 2007, 77 PME, situées essentiellement en Île-de-France et en Bourgogne. En cohérence avec les objectifs

---

[7] L'étude a été menée par un réseau informel d'une dizaine de pays (Australie, Autriche, Belgique, Canada, États-Unis, France, Italie, Nouvelle-Zélande, Suisse), de l'OCDE (le réseau SME around the World) entre 2006 et 2008. Une même méthodologie a été utilisée, avec le même questionnaire traduit en 5 langues. Le réseau dans son ensemble a collecté 580 questionnaires. Une première série de résultats de cette étude sera publiée en 2011 (Mazzarol et Reboud, 2011).

rappelés ci-dessus, nous nous sommes centrés sur l'étude du management stratégique de l'innovation dans la PME, sur la commercialisation de ses innovations, et sur sa perception de son environnement. Nous avons réalisé une étude par questionnaires (basées sur des échelles de Likert) et quelques entretiens en face-à-face plus approfondis. Le protocole d'enquête comportait un questionnaire et un guide d'entretien en face-à-face basés sur le modèle développé par Santi *et al.* (2003). L'objectif était de tester des hypothèses plutôt que d'en générer de nouvelles (Eisenhardt, 1989), et nous avons suivi une logique de réplication dans un échantillon relativement important pour améliorer la validité de nos résultats (Yin, 1989). Notre questionnaire a été préparé sur un document Excel, et permettait de générer rapidement un rapport des réponses apportées pour transmettre un diagnostic aux répondants. Lorsque ces derniers le souhaitaient, un entretien d'approfondissement avait lieu pour mieux comprendre les résultats obtenus.

4.2. L'échantillon

L'échantillon, de convenance, est composé d'entreprises ayant accepté un rendez-vous parmi les listes d'entreprises communiquées par les organismes du type chambre de commerce, antenne locale d'OSEO ou de l'INPI (Institut National de la Propriété Intellectuelle).

La majorité des répondants étaient des hommes (73 sur 77), dont les âges se répartissaient d'une vingtaine d'années (8 %) à une soixantaine (moins de 2 %), en passant par une trentaine (un quart de l'échantillon, une quarantaine (un tiers) et une cinquantaine (un tiers). 17 % étaient dirigeants salariés, tandis que les autres étaient dirigeants avec une forme de propriété, comme actionnaire majoritaire (un quart) ou simple actionnaire (un cinquième).

Un tiers des entreprises appartenaient au secteur manufacturier, 36 % au secteur des services, le reste se répartissant dans d'autres secteurs (comme le transport ou l'agroalimentaire).

En termes de taille, la moitié des entreprises répondantes avaient moins de 50 salariés (Tableau 5). En termes d'âge de l'entreprise, tous les cas de figure se trouvent dans l'échantillon depuis l'entreprise créée l'année avant l'enquête jusqu'à l'entreprise plus que centenaire. Sur les deux derniers critères, la moyenne se situe autour de 29 ans et 92 salariés.

Tableau 5
Répartition par taille des entreprises de l'échantillon

	Nombre	%
micro (<9 salariés)	26	33,8
petites (10-49 salariés)	20	26,0
moyennes (50-249 salariés)	22	28,6
grandes (>250 salariés)	9	11,7
Total	77	100,0

Les 77 entreprises ont été réparties en deux groupes : le premier répertorie les entreprises dont les dépenses en R&D dépassaient 5 % de leur chiffre d'affaires (high-tech), le second les entreprises de moins de 5 %, donc les low-mid-tech. Sur notre échantillon, 57 % des entreprises appartiennent au premier groupe et 43 % au second. Ceci ne veut pas dire que le second innove peu, mais que l'innovation de ces entreprises fait moins appel aux hautes technologies.

5. Résultats

Dans cette section, nous présentons les principaux résultats de cette étude en nous concentrant sur les différences entre les entreprises low-mid-tech et high-tech.

5.1. Perceptions de l'environnement externe et du contexte de l'innovation

Nous avons demandé aux répondants de donner leur perception du climat de l'innovation dans leur pays. Cette perception est, d'une part, mentionnée dans la littérature comme ayant une forte influence sur les décisions prises dans la PME (Lefebvre *et al.*, 1997), d'autre part, elle fait l'objet de nombreux sondages et baromètres – par exemple en France l'enquête du Comité Richelieu (Comité Richelieu, 2010). Nous leur avons posé une série de questions cherchant à mesurer à quel point ils trouvaient facile/difficile de gérer une entreprise innovante dans leur pays. Les items abordés sont dérivés du cadre d'analyse proposé par Porter et Stern (1999 et 2001 ; cf. *supra* le paragraphe 3.1) : l'accès à des ressources humaines de qualité, le coût d'activité, les distances aux marchés importants, l'accès au financement externe et aux centres de recherche, le niveau de vie du pays, les réglementations, la qualité des infrastructures de communication.

À ce stade, peu de différences apparaissent entre les entreprises high-tech et les entreprises low-mid-tech. Nous avons donc groupé leurs réponses dans le Tableau 6.

Tableau 6
Perceptions par les dirigeants du climat de l'innovation en France

	Questions	Moyenne	Taux de réponses favorables*
Q6A	Il est facile pour votre activité d'avoir accès à une main-d'œuvre possédant les compétences et la formation nécessaires	2,97	31,8 %
Q6B	Les coûts encourus pour exercer votre activité sont bas par rapport à ce qu'ils sont dans d'autres pays	1,89	3,0 %
Q6C	Les distances géographiques pour accéder aux marchés clés ne sont pas un problème pour votre activité	3,35	54,5 %
Q6D	Dans votre activité, l'accès à des sources externes de financement (ex. banque ou capital risque) pour développer une entreprise est aisé	2,71	24,2 %
Q6E	Il est facile dans une activité comme la vôtre de trouver et de recruter un encadrement de haute qualité pour aider votre croissance à venir	2,61	15,2 %
Q6F	Le style de vie dans votre pays aide au développement de votre activité	3,12	39,4 %
Q6G	Il est facile pour une activité comme la vôtre d'avoir accès localement à des centres de recherche de bonne qualité (ex. des universités)	3,09	40,9 %
Q6H	Le Gouvernement aide fortement les innovateurs locaux	2,79	36,4 %
Q6I	Les réglementations encadrant les activités professionnelles dans votre pays (ex. les brevets, la fiscalité, le droit des entreprises) sont excellentes pour votre activité	2,76	33,3 %
Q6J	Les infrastructures de communication dans votre pays (par ex. routes, télécommunications, services Internet) sont excellentes pour votre activité	4,12	86,4 %

* Les réponses sont « favorables » si l'indice est 4 ou 5.

Les appréciations les plus favorables concernaient les infrastructures de communication, et les plus défavorables le coût encouru dans la pratique générale des affaires.

Globalement, on constate que ce sont les coûts et l'accès à un encadrement qualifié (et, dans une moindre mesure, le personnel qualifié et les réglementations) qui causent le plus de soucis aux entrepreneurs, tandis que les infrastructures et le niveau de vie leur semblent favorables.

Dans les éléments perçus comme négatifs par la plupart des entreprises, on trouve l'appréciation du soutien à l'innovation considéré comme excessivement complexe et administratif, ainsi qu'un éloignement difficilement franchissable en termes culturels des universités et centres de recherche publics[8].

Quatre éléments ressortent tout particulièrement :

- Les entrepreneurs trouvent excessif le coût d'exercice de leur activité relativement à ce qu'ils imaginent dans d'autres pays. Cela reste cohérent avec les résultats des enquêtes communautaires (cf. Tableau 4).

- Le style de vie est supposé influencer positivement le niveau d'innovation, en ce qu'il attire des entrepreneurs créatifs et brillants, qui apportent leurs compétences et leur expertise (Florida, 2002). Les répondants se sont montrés plutôt positifs sur ce point (40 % de réponses 4 et 5, 70 % de réponses 3, 4 ou 5).

- Sur les éléments directement liés aux critères du « National Innovative Capacity Framework » de Porter et Stern (2001) – accès à des centres de recherche, niveau de soutien du gouvernement, état de la réglementation et qualité des infrastructures de communication –, les répondants se sont montrés plutôt négatifs sauf sur le dernier point.

- Concernant, enfin, la facilité de l'accès au financement pour leurs projets d'innovation, les dirigeants interrogés sont plutôt réservés (seulement 1/4 de satisfaits).

5.2. Perceptions de l'avantage potentiel représenté par les acteurs externes

L'influence d'acteurs externes, comme des consultants ou des capitaux-risqueurs, sur la décision stratégique et sur le management de l'innovation des PME a été étudiée dans la littérature. Il a été suggéré que leurs interventions ou conseils pouvaient jouer un rôle non négligeable (Robinson, 1982 ; Mazzarol et Reboud, 2008), mais parfois dénaturant pour la PME, car cela la pousse souvent à devoir formaliser ses intentions et ses processus (Plane et Torrès, 1998).

Pour approfondir cet aspect, à savoir vers qui se tourne le dirigeant pour demander des conseils en matière de choix stratégiques liés à l'innovation, nous avons posé la question suivante : « Comment évalueriez-vous l'intérêt relatif de l'avis des personnes suivantes, lorsque vous cherchez à commercialiser une innovation ? » et proposé une liste de conseillers potentiels. Les résultats, classés selon la fréquence de réponses favorables, se trouvent dans le Tableau 7.

---

[8] Une partie de l'étude s'est déroulée en Bourgogne, région qui souffre en effet d'un certain manque en la matière.

Sans surprise, les clients sont plébiscités, ce qui confirme d'autres recherches. Le comité de direction apparaît lui aussi très cité (quand il existe). Il est plus surprenant de trouver en mauvaise place les experts-comptables, les banquiers et les amis et relations. Il est aussi intéressant de constater que ces réponses étaient les mêmes quel que soit le niveau d'intensité technologique de l'entreprise.

Tableau 7
Conseillers les plus fréquemment sollicités en matière d'innovation

Type de Conseillers	Taux de réponses favorables*
Les clients, particulièrement les principaux clients	87,9 %
Les membres de votre comité de direction	76,9 %
D'autres cadres expérimentés dans votre entreprise	70,8 %
Les actionnaires de votre entreprise	49,2 %
Les fournisseurs, particulièrement les fournisseurs clés	43,9 %
D'autres professionnels avec lesquels vous êtes en contact	40,9 %
Des capital risqueurs	21,9 %
Des conseillers légaux ou juridiques	19,7 %
Des experts comptables	15,2 %
Les membres de votre famille (par ex. conjoint, parents proches)	13,6 %
Vos amis et relations	13,6 %
Des banquiers ou organismes de prêt	10,6 %

* Les réponses sont « favorables » si l'indice est 4 ou 5.

Pour continuer à approfondir la façon dont les entrepreneurs créaient des partenariats, nous leur avons posé la question suivante : « Quelle valeur (en termes de bénéfices financiers) attribuez-vous aux types de partenariats suivants avec vos clients principaux ou avec vos fournisseurs clés ? » Les réponses, identiques quel que soit l'intensité technologique, sont dans le Tableau 8. On voit que les clients sont très sollicités, en particulier sur la phase amont de l'innovation. On voit aussi que sur les contenus de ces partenariats, un manque de précaution en termes de protection de la propriété intellectuelle, ou à tout le moins une négociation du partage de cette dernière, pourrait avoir des conséquences désastreuses pour les PME qui ne formaliseraient pas leurs relations avec leurs gros clients.

Tableau 8
Réponses françaises concernant les partenariats

Les clients	Moyenne	Écart-type
d'une façon générale	4,167	0,887
des projets de recherche conjoints	3,242	1,371
du développement de produit conjoint	3,515	1,292
de la production jointe	2,197	1,315
de la distribution jointe	2,652	1,504
du marketing ou de la promotion joints	2,985	1,514
pour l'obtention externe d'une technologie	2,318	1,372
pour l'obtention d'une subvention ou d'un sponsoring gouvernemental	2,364	1,546
Les fournisseurs :		
d'une façon générale	3,303	1,228
des projets de recherche conjoints	2,864	1,435
du développement de produit conjoint	3,000	1,359
de la production jointe	2,803	1,501
de la distribution jointe	2,242	1,337
du marketing ou de la promotion joints	2,212	1,259
pour l'obtention externe d'une technologie	2,788	1,524
pour l'obtention d'une subvention ou d'un sponsoring gouvernemental	1,864	1,251

5.3. Intensité innovatrice et niveau de technicité

Des différences entre low-mid-tech et high-tech apparaissent logiquement lorsque les entreprises indiquent le nombre d'innovation qu'elles ont généré au cours des trois dernières années (Figure 1).

C'est tout à fait logique, mais dans le cadre d'une enquête basée sur les déclarations des répondants comme celle-ci, on peut se demander jusqu'à quel point les entreprises low-mid-tech ne se sont pas autocensurées en n'appelant pas « innovation » un changement d'organisation ou de mode de commercialisation par exemple.

Figure 1
Niveau de technicité et production d'innovations

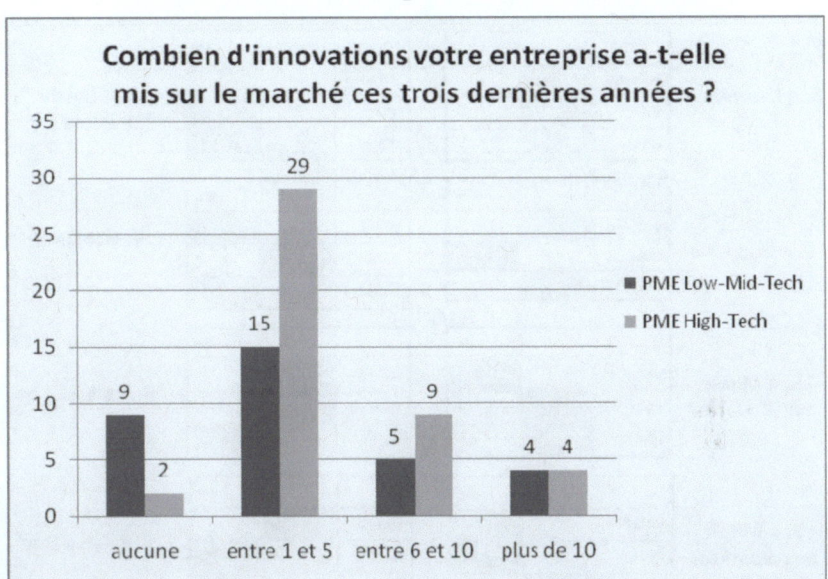

Source : auteurs.

5.4. *Évaluation du profil de la rente d'innovation*

Comme mentionné ci-dessus, nous avons basé notre questionnaire sur l'outil d'évaluation développé par l'INPI et Santi *et al.* (2003). Cet outil permet d'évaluer le profil de rente d'innovation comme le produit de trois variables : le volume d'affaire annuel lié à l'innovation, le taux de marge réalisé grâce à l'innovation et la durée du cycle de vie de l'innovation. Les 8 profils de rente résultants, nommés de façon imagée pour en faciliter la représentation, permettent alors une adaptation de la stratégie de commercialisation de l'innovation (cf. Figure 2).

Figure 2
Typologie des configurations de rente d'une innovation

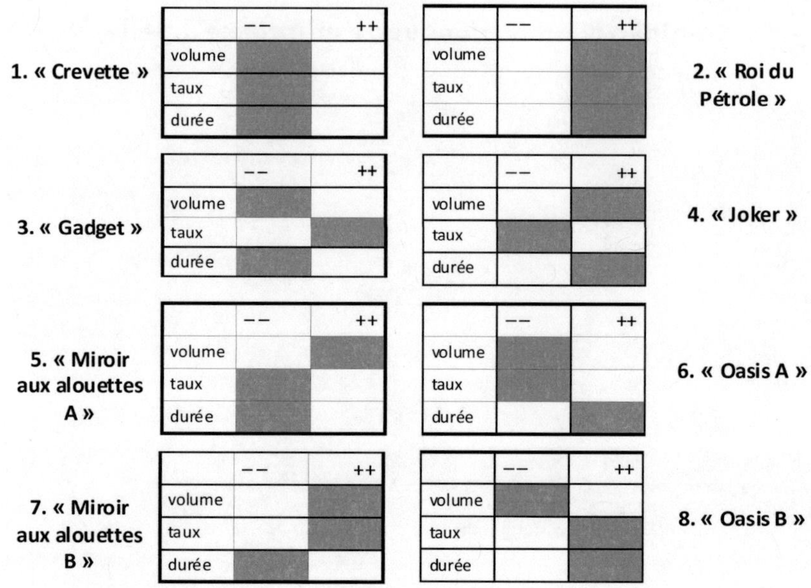

1. « Crevette »

	- -	++
volume		
taux		
durée		

2. « Roi du Pétrole »

	- -	++
volume		
taux		
durée		

3. « Gadget »

	- -	++
volume		
taux		
durée		

4. « Joker »

	- -	++
volume		
taux		
durée		

5. « Miroir aux alouettes A »

	- -	++
volume		
taux		
durée		

6. « Oasis A »

	- -	++
volume		
taux		
durée		

7. « Miroir aux alouettes B »

	- -	++
volume		
taux		
durée		

8. « Oasis B »

	- -	++
volume		
taux		
durée		

Source : Mazzarol et Reboud (2009)[9].

Les proportions de ces profils dans l'échantillon est donnée par la Figure 3, et on peut voir que les entreprises high-tech ont généré significativement plus de profils « Roi du Pétrole » ou de profils « Oasis-B » que les low-mid-tech. On peut voir aussi que les low-mid-tech ont généré plus de profils « Crevette » que les high-tech (un test du Chi2 a montré que la différence était significative à 0,05).

---

[9] Les noms des configurations de rente ont été traduits en utilisant les intitulés français d'origine de l'étude INPI. La décomposition de la rente d'innovation en trois composantes (volume annuel, taux de profit et durée) permet d'adapter le type de stratégie de valorisation au profil de rente générée par l'innovation. Par exemple une innovation dont la durée de vie sera brève ne donnera pas lieu à des investissements dont le retour pourrait être long, une innovation générant un volume annuel important supposera une grande prudence voire un désengagement de la part d'une PME dont les ressources pourraient ne pas lui permettre de servir un marché global important, etc. La durée est un facteur de performance indiquant de la part de la PME une orientation marché et innovation plus efficace (voir Mazzarol et Reboud, 2009).

Figure 3
Répartition des profils de rente et technicité des entreprises

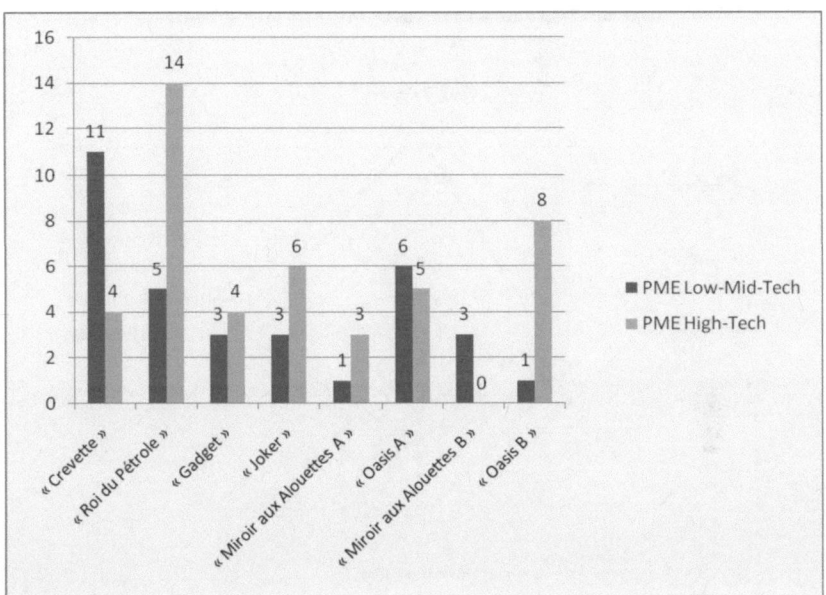

Source : auteurs.

5.5. *Le management de l'innovation au sein de l'entreprise*

En complément de l'évaluation des profils d'innovation, nous avons utilisé, pour étudier le management de l'innovation par les entreprises, le modèle représenté dans la Figure 4. La performance de l'entreprise est évaluée sur chacun des 4 axes par une série de 10 questions portant sur l'un des aspects du management de l'innovation (indice marché, indice innovation, indice stratégie, indice ressources ; cf. Mazzarol et Reboud, 2009). La somme pour un indice de chaque réponse, de 1 (pas du tout) à 5 (oui, tout à fait), devient ainsi l'indicateur de la performance de l'entreprise sur l'axe considéré.

Figure 4
Le « diamant de l'innovation » respectif
des entreprises low-mid-tech et high-tech

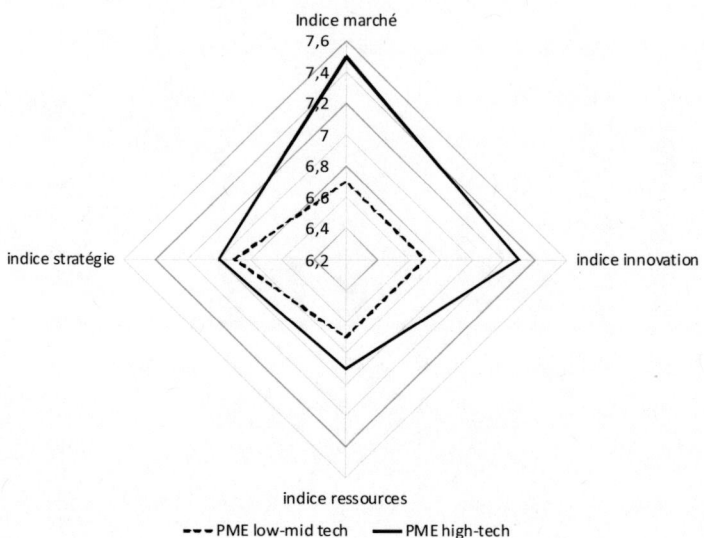

Source : auteurs.

La Figure 4 montre la différence de performance entre les entreprises high-tech et les entreprises low-mid-tech de l'échantillon. On voit apparaître quelques différences entre les deux groupes, en particulier sur les indices marché et innovation : les low-mid-tech obtiennent en moyenne une performance de 6,7 sur l'indice marché alors que les high-tech obtiennent 7,5. Sur l'indice innovation, les premières obtiennent un score de 6,6 et les secondes de 7,3. Rappelons que l'indice marché mesure l'orientation client de l'entreprise et sa prise en compte des besoins de ses clients pour leur apporter de la valeur lorsqu'elle lance un projet d'innovation. L'indice marché mesure quant à lui la formalisation du processus d'innovation et de développement de nouveaux produits, ainsi que le management de la propriété intellectuelle.

Le détail des scores significatifs à 0,05 permet de mieux se représenter les différences entre les deux groupes d'entreprises (cf. Tableau 9). Cinq de ces questions ont été trouvées discriminantes entre les deux groupes :

- sur l'indice marché, celles qui concernent les efforts de l'entreprise pour mieux permettre à l'utilisateur potentiel ciblé de faire des tests avant l'adoption et de mener des évaluation post-adoption, mais aussi ses tentatives de mieux connaître les perceptions des coûts et des risques par les adopteurs potentiels ciblés.

- sur l'indice innovation, ce sont le dépôt de brevet et l'expérience passée en matière de commercialisation d'innovation qui font la différence. Dans les 5 cas, les high-tech ont des scores plus élevés que les low-mid-tech.

Tableau 9
Détail des différences significatives entre low-mid-tech et high-tech

	Low-mid-tech (< 5 % intensité de R&D)	High-tech (> 5 % intensité de R&D)
	Score moyen[1]	Score moyen
Indice Marché :		
À vérifié la facilité de test ou d'essai avant usage par le client ciblé de l'innovation	3,09	4,02
À vérifié la facilité d'évaluation post-adoption par le client ciblé	2,84	3,70
À vérifié la perception des risques et des coûts par le client ciblé	2,97	3,65
Indice Innovation :		
À déposé des brevets	2,47	3,21
À déjà une expérience de commercialisation réussie	3,69	4,30
Nombre d'entreprises	32	45

[1] Les tests du t de Student ont montré que la différence entre ces scores était significative à un niveau de 0,05.

6. Discussion

6.1. Différences entre les entreprises low-mid-tech et high-tech

Nos résultats suggèrent que le processus d'évaluation que les PME mènent lorsqu'elles cherchent à lancer une innovation n'est pas toujours formalisé ni systématique. Il semble que cela soit tout particulièrement le cas dans les entreprises low-mid-tech, et notamment en ce qui concerne leur analyse des besoins du client et l'acceptation, par ce dernier, de l'innovation considérée. Nous avons également trouvé que les PME construisent peu de partenariats avec d'autres acteurs, et sont plutôt réticentes à leur demander conseil. Finalement ces PME, leur relation privilégiée avec leur clients principaux mis à part, sont plutôt isolées, et préfèrent, avant de prendre une décision d'innovation, consulter en interne leur équipe plutôt que des acteurs extérieurs.

Ces résultats ont mis en évidence certaines différences entre les entreprises low-mid-tech et les entreprises high-tech, et ceci à plusieurs niveaux : principalement, le nombre d'innovations générées, la formalisation des processus et le mode de commercialisation de ces innovations. Ces différences ne semblent liées ni à la taille de l'entreprise, ni à leur secteur d'activité ou à leur âge. Ils indiquent plutôt une plus grande préoccupation des entreprises high-tech pour la compréhension des raisons de l'adoption d'une innovation par le client, pour la protection de leur propriété intellectuelle, en particulier par des brevets, et une plus grande expérience de la commercialisation.

Le rapprochement avec les réponses concernant les partenariats, rapportées dans le Tableau 8, est à cet égard plutôt inquiétant. En effet, si les gros clients sont très sollicités, en particulier sur la phase amont, alors le manque de précaution en termes de protection de la propriété intellectuelle peut avoir des conséquences désastreuses pour l'appropriation par les PME ordinaires du bénéfice de leur innovation. Il apparaît ainsi nécessaire, pour les PME, a minima, de procéder à une négociation et à une formalisation en amont du partage de cette innovation ou de ses retombées financières.

6.2. Commercialisation des innovations et marketing relationnel

Les PME ordinaires sont très souvent productrices d'innovations, même si elles ne l'assument pas toujours, notamment parce qu'elles se comparent implicitement aux PME high-tech du modèle que nous avons baptisé « modèle Silicon Valley ».

Pourtant, ces PME ordinaires n'ont en réalité le choix que de s'adapter en permanence à un environnement changeant, et cela requiert d'elles une innovation fréquente, voire permanente, qu'elle soit plutôt de produit, de procédé, marketing ou organisationnelle. L'importance qu'elles accordent en moyenne à l'avis de leurs client principaux dans le cadre du développement de leurs innovations rend déterminante la relation qu'elles construisent avec lui sur le long terme.

La conscience de l'importance du marketing relationnel et la maîtrise de toutes ses dimensions est ainsi particulièrement centrale pour le succès de ces innovations. Elle permet :

- que la PME se rende indispensable à son client (souvent grand et gros…) en assumant pour lui des risques qu'il ne sait pas (ou ne veut pas) gérer,
- que la PME, par sa connaissance intime des besoins et des perceptions de son client, sache précisément comment les satisfaire,

- ou que, parce que toute l'équipe de l'entreprise est en relation, nécessairement multidimensionnelle, avec les équipes de ses clients, elle puisse piloter sa performance en coordonnant les actions de l'ensemble des salariés par une information permanente.

Le marketing relationnel, exercé consciemment et assumé, permet ainsi d'aligner tous les vecteurs de l'entreprise pour qu'il n'y ait pas de surprise lors du déploiement des innovations.

La relation développée avec le « gros client » est à cet égard particulièrement intéressante à analyser. Il n'est pas rare que la PME cherche même à mettre au point une solution technique d'un problème posé par son gros client qui n'a pas su comment le résoudre lui-même. D'une certaine façon, le dirigeant de PME opère ainsi un échange de risque avec son gros client :

- le risque pour la PME de disparaître à brève échéance, risque latent, d'intensité qui peut être moyenne à faible, mais permanent,
- contre le risque ponctuel mais aigu pour le gros client de ne pas arriver à mettre au point un produit qui lui permettrait de se différencier technologiquement.

Le gros client prend en charge, par son appui, le risque de la PME, qui elle-même prend en charge le risque technologique de son client. L'exemple, étudié dans une autre recherche sur une PME d'injection plastique (Truche et Reboud, 2009), est une illustration de cet échange.

Cette influence prépondérante du client principal appelle cependant quelques remarques. Tout d'abord, elle renvoie à la problématique du partage de la valeur créée par l'innovation et de la protection intellectuelle de cette dernière, rappelée plus haut.

Par ailleurs, dans le cadre de la recherche d'une certaine autonomie stratégique, le dirigeant risque d'être conduit à l'enfermement stratégique d'une PME qui serait alors conduite à ne faire que ce que son gros client lui demande : plutôt des innovations de faible amplitude, des innovations de procédé ou organisationnelles permettant une meilleure efficacité... du client, ou encore des innovations de produit dont il pourra s'attribuer les bénéfices en termes de marge ou de propriété intellectuelle. Et quand la PME est sur des marchés de grande consommation, on voit la grande distribution à l'affut, conduisant la PME à une « schizophrénie stratégique » (Truche et Reboud, 2010)

Sur un autre point, nos résultats semblent indiquer une corrélation positive entre une certaine volonté d'investir en R&D et la génération d'innovations avec un potentiel de valorisation élevé du type « Roi du Pétrole » (cf. Figure 2). Ces innovations requièrent de la part des entreprises qui les portent plus de formalisation, à la fois au niveau du processus de développement de l'innovation elle-même et de son processus de commercialisation. On s'attend ensuite naturellement à ce que les performances de ces entreprises high-tech soient plus élevées sur les axes mesurés dans le diamant de l'innovation. Néanmoins, il reste difficile de savoir si leurs meilleures performances sont plus le résultat d'une formalisation et d'une organisation supérieure, ou si cette formalisation est elle-même le résultat d'une plus grande expérience de commercialisation d'innovations ayant abouti au développement de routines efficaces.

7. Conclusions

En tout état de cause, nos résultats indiquent que les PME high-tech adoptent une évaluation plus systématique de leurs marchés, planifient leur stratégie de façon plus explicite, gèrent leurs ressources de façon plus précise et protègent davantage leur propriété intellectuelle, et que ces différents éléments vont de pair avec un plus grand succès dans la commercialisation de leurs innovations.

Ces résultats sont en cohérence avec les travaux cités au début de ce chapitre :

- utilité d'une démarche systématique (Grupp et Maital, 2001),
- développement de partenariats étroits et suivis avec des clients principaux (Miller, 2001),
- capacité des PME à bien comprendre leur marché, à l'évaluer formellement, et à bien comprendre les conditions d'acceptation des nouveaux produits par les clients ciblés (Huang *et al.*, 2002),
- importance d'un processus qui implique tous les salariés de l'entreprise (Ozer, 2004 ; Cooper *et al.*, 2004a).
- importance de la capacité de l'entreprise à prendre en compte les besoins des clients et à offrir une valeur supérieure à une demande solvable (Cooper *et al.*, 2004b).

Mais on voit que si les PME high-tech ont bien intégré ces éléments, les PME ordinaires ou low-mid-tech restent mal préparées à les prendre en compte dans leur démarche.

7.1. Impact des éléments du système d'innovation

Enfin, ce processus serait susceptible de bénéficier d'un environnement propice à l'innovation caractérisé selon Adams *et al.* (2006), et c'est ce que nous avons cherché à apprécier avec les questions sur le Système Français de Recherche et d'Innovation.

Il n'est pas aisé de mesurer, à partir des données recueillies, les relations existant entre le système national d'innovation et le succès ou les échecs de la commercialisation des innovations par les PME. Il semble

pourtant que la plupart des répondants considéraient que leur environnement institutionnel n'avait que peu d'influence sur leur capacité à
mener leur entreprise vers le succès. La plupart d'entre eux semblaient
dubitatifs quant au rôle de mesures gouvernementales pour les aider
dans leurs efforts de commercialisation des innovations. Cependant,
même si les soutiens gouvernementaux directs – comme les subventions
à l'innovation ou à la commercialisation – peuvent être particulièrement
bienvenus, il reste que le rôle principal des gouvernements est de créer
les meilleures conditions pour le développement de l'entrepreneuriat et
de l'innovation. Cela comprend le développement d'infrastructures, le
maintien de coûts d'opération raisonnables, l'entretien d'un système de
formation permettant l'accès à une main-d'œuvre qualifiée, et
l'amélioration de l'accès des entreprises, y compris des PME, aux
universités et centres de recherche publics. Parmi les points qui ont été
cités comme marquants dans leur environnement par les répondants, on
retrouve une confirmation des freins perçus par les PME françaises
rapportés dans le Tableau 4.

7.2. *Implications pour les décideurs politiques*

En France, le fait que les gouvernements cherchent à apporter un
soutien croissant aux PME et à la commercialisation des innovations par
ces dernières devrait être un point attirant l'attention.

Une approche pourrait être ainsi menée à plusieurs niveaux : au niveau plutôt macro, qu'il soit national ou régional, avec une facilitation
de l'accès à des centres de recherche, à de la main-d'œuvre qualifiée, y
compris en réseau ou en temps partagé, et à des modes de financement
adaptés à la situation réelle des PME en matière de garanties, de phasage
des investissements et de formalisation des démarches. À ce même
niveau, l'étude des coûts des opérations constitue certainement un point
d'entrée difficilement évitable mais tout aussi difficile à traiter.

À un niveau plus micro, il semble que des programmes spécifiques
permettant l'accès à des financements très en amont dans les projets de
développement (voir le chapitre de C. Poncet dans cet ouvrage, et
Depret *et al.*, 2010) et un soutien à la commercialisation des innovations
permettraient d'accompagner efficacement leurs efforts. L'accès facilité
à des conseils en matière de marketing et de développement, ainsi que
des facilités de contact avec de plus grandes entreprises, permettant en
même temps de développer leurs liens avec les centres publics de recherche, pourrait aussi permettre une amélioration de leur situation. En
ce sens, le développement des pôles de compétitivité, avec une place
plus formellement réservée aux PME, est un axe de réflexion prometteur
(voir le chapitre de J. Lachmann dans cet ouvrage).

7.3. Des PME ordinaires qui s'assument, mais...

Les PME ordinaires, telles qu'elles apparaissent dans cette étude, présentent les caractéristiques suivantes :

1) Leurs préoccupations majeures sont le coût des opérations et la difficulté de recruter des salariés de haut niveau et des cadres. La plupart sont plutôt indifférentes aux décisions et réglementations gouvernementales. Elles ne se sentent ni attirées ni même concernées par le financement par des tiers, et ne cherchent pas davantage à valoriser leur propriété intellectuelle ni à formaliser leur commercialisation. Leur volonté d'indépendance les rend hostiles à l'idée d'un capital-risqueur qui viendrait participer à leur conseil pour leur dire ce qu'elles doivent faire.

2) En termes de management de leur processus d'innovation, les différences identifiées sont liées en particulier à la taille et à l'intensité de R&D de l'entreprise. Une relation positive apparaît en particulier entre le niveau de formalisation et la production d'innovations.

3) Les dirigeants de ces PME cherchent un soutien, voire un engagement de leurs clients, Ils sont souvent intuitifs, se basent sur leur calcul et jugement personnels, leur expérience passée, et l'encouragement de leurs clients. Ils formalisent rarement, mais savent exactement ce qu'ils peuvent se permettre en termes d'investissement. Pour augmenter leurs moyens, ils déploient un réseau stratégique de mobilisation de ressources, en évitant cependant les interlocuteurs professionnels (consultants, institutions, etc.).

Faute de prendre en compte ces caractéristiques, les systèmes d'innovation laissent ainsi de côté une grande partie des PME qu'ils disent pourtant cibler.

Références

Adams R., Bessant J. et Phelps R. (2006), « Innovation Management Measurement: A Review », International Journal of Management Reviews, Vol. 8, N° 1, pp. 21-47.

Akrich M., Callon M. et Latour B. (1988a), « À quoi tient le succès des innovations ? 1 : L'art de l'intéressement », Gérer et comprendre, Annales des Mines, N° 11, pp. 4-17.

Akrich M., Callon M., et Latour B. (1988b), « À quoi tient le succès des innovations ? 2 : Le choix des porte-parole », Gérer et comprendre, Annales des Mines, N° 12, pp. 14-29.

Alter N., (2000), L'innovation ordinaire, Presses Universitaire de France, Paris.

Amable B. (2003), « Systèmes d'innovation ». In Mustar P. et Penan H. (Eds.), Encyclopédie de l'innovation, Economica, Paris, pp. 367-382.

Chevassus-au-Louis B. (2009), Approche économique de la biodiversité et des services liés aux écosystèmes, Rapport du groupe de travail présidé par Bernard Chevassus-au-Louis, Centre d'Analyse Stratégique, Paris.

Comité Richelieu (2010), Analyse de l'action gouvernementale par les PME innovantes. Assises de l'Industrie, L'Usine Nouvelle, 21 octobre. PDF disponible sur : http://www.comite-richelieu.org/uploads/blog/enquete-comite-richelieu.pdf

Cooper R. G., Edgett S. J. et Kleinschmidt E. J. (2004a), « Benchmarking Best NPD Practices – I », Research Technology Management, Vol. 47, N° 1, pp. 31-43.

Cooper R. G., Edgett S. J. et Kleinschmidt E. J. (2004b), « Benchmarking Best NPD Practices – II », Research Technology Management, Vol. 47, N° 3, pp. 50-59.

Depret M.-H., Hamdouch A., Monino J.-L., et Poncet C. (2010), « Politiques d'innovation, espace régional et dynamique des territoires : un essai de caractérisation dans le contexte français », Innovations, N° 33, 2010-3, pp. 85-104.

Desbois D. (2001), « Alter Norbert, L'innovation ordinaire », Revue Française de Sociologie, Vol. 42, N° 3, pp. 591-594.

Eisenhardt K. M. (1989), « Making Fast Strategic Decisions in High-Velocity Environments », The Academy of Management Journal, Vol. 32, N° 3, pp. 543-576.

Florida R. (2002), The rise of the creative class, Basic Books, New York.

Freeman C. (1974), The Economics of Industrial Innovation, Penguin Books, Harmondsworth & London.

Grönroos C. (1991), « The Marketing Strategy Continuum: A Marketing Concept for the 1990 », Management Decision, Vol. 29, N° 1, pp. 7-13.

Grönroos C. (1994), « From Marketing Mix to Relationship Marketing: Towards a Paradigm Shift in Marketing », Management Decision, Vol. 32, N° 2, pp. 4-20.

Grupp H. et Maital S. (2001), Managing New Product Development and Innovation: A Microeconomic Toolbox, Edward Elgar, Cheltenham (UK); Northampton (USA).

Hamdouch A. (2004), « Article Corpus : Innovation (Économie) », Encyclopædia Universalis, Paris, Version 10.

Hatzichronoglou T. (1997), Révision des classifications des secteurs et des produits de haute technologie, Paris, Éditions OCDE.

Hirsch-Kreinsen H., Hahn K. et Jacobsen D. (2008), « The Low-tech Issue ». In: Innovation in Low-Tech Firms and Industries, H. Hirsch-Kreinsen and D. Jacobson (Eds.), Edward Elgar, Cheltenham, pp. 3-24.

Huang X., Soutar G. N. et Brown A. (2002), « New Product Development Processes in Small to Medium-Sized Enterprises: Some Australian Evidence », Journal of Small Business Management, Vol. 40, N° 1, pp. 27-42.

Jolly D. (1997), « Co-operation in a niche market: The case of fiat and PSA in multipurpose vehicles », European Management Journal, Vol. 15, N° 1, pp. 35-44.

Julien P.-A. (Ed.) (1997), Les PME – Bilan et perspectives, Economica, Collection : Connaissance de la Gestion, Paris.

Koskinen K. U. et Vanharanta H. (2002), « The role of tacit knowledge in innovation processes of small technology companies », International Journal of Production Economics, N° 80, pp. 57-64.

Lachmann J. (2011), dans ce volume.

Lefebvre L. A., Mason R. et Lefebvre E. (1997), « The Influence Prism in SMEs: The Power of CEO's Perceptions on Technology Policy and Its Organizational Impacts », Management Science, Vol. 43, N° 6, pp. 856-878.

Mazzarol T. et Reboud S. (2005), « Customers as predictors of rent returns to innovation in small firms – An exploratory study », International Journal of Entrepreneurship and Innovation Management, Vol. 5, N° 5/6, pp. 483-494.

Mazzarol T. et Reboud S. (2008), « The Role of Complimentary Actors in the Development of Innovation in Small Firms », International Journal of Innovation Management, Vol. 12, N° 2, pp. 223-253.

Mazzarol T. et Reboud S. (2009), The Strategy of Small Firms. Strategic Management and Innovation in the Small Firm, Edward Elgar Publishing, Cheltenham, (UK) & Northampton (MA, USA), 390 p.

Mazzarol T. et Reboud S. (Eds.) (2011), Strategic Innovation in Small Firms. An International Analysis of Innovation and Strategic Decision Making in Small to Medium Enterprises, Editors, Edward Elgar Publishing, Cheltenham, (UK) & Northampton (MA, USA), 460 p.

MEDEF (2002), « Encourager l'innovation dans les PME françaises », GPA Entrepreneur et GPA Recherche et Innovation, 9 décembre.

Miller W. (2001), « Innovation for Business Growth », Research Technology Management, N° 66 (September-October), pp. 26-41.

Ministère délégué à la Recherche & Ministère délégué à l'Industrie (2003), Innover pour construire l'avenir, Paris, 9 avril.

OECD (2010), SMEs, Entrepreneurship and Innovation, Paris, OECD Publishing.

OSEO (2006), « La conjoncture des petites et moyennes entreprises, 42ᵉ enquête semestrielle », janvier, OSEO Services.

Ozer M. (2004), « Managing the Selection Process for New Product Ideas », Research Technology Management, Vol. 47, N° 4, pp. 10-11.

Plane J. M. et Torrès, O. (1998), Le recours au conseil est-il un processus dénaturant pour la PME ? CIFPME 98. AIRPME. Nancy-Metz.

Poncet C. (2011), dans ce volume.

Porter M. E. (1990), The Competitive Advantage of Nations, MacMillan Press, New York.

Porter M. E. et Stern S. (1999), The New Challenge to America's Prosperity: Findings from the Innovation Index, Council on Competitiveness, Washington, D.C.

Porter M. E. et Stern S. (2001), « Innovation: Location Matters », Sloan Management Review, Vol. 42, N° 4, pp. 28-36.

Robinson R. B. (1982), « The Importance of 'Outsiders' in Small Firm Strategic Planning », Academy of Management Journal, Vol. 25, N° 1, 80-93.

Sandberg B. (2002), « Creating the market for disruptive innovation: Market proactiveness at the launch stage », Journal of Targeting, Measurement and Analysis for Marketing, Vol. 11, N° 2, pp. 184-197.

Santi M., Reboud S., Gasiglia H. et Sabouret, A. (2003), Modèle de valorisation et de protection intellectuelle des innovations des PEI, Paris, HEC/INPI, juillet, 63 p.

SESSI (2007), Tableau de bord de l'innovation, 18ᵉ édition, Paris, Ministère de l'Industrie.

SESSI-CIS (2005), « Collaborer pour innover. Un partenariat privé-public souvent de proximité », Le 4 pages des statistiques Industrielles, N° 212, pp. 1-4.

SESSI-CIS4 (2004), L'innovation technologique dans l'industrie, Paris, Ministère de l'Industrie.

Stringer R. (2000), « How to Manage Radical Innovation », California Management Review, Vol. 42, N° 4, pp. 70-88.

Torrès O. (2002), « Essai de conceptualisation proxémique de la petitesse des entreprises », 6ᵉ Congrès International Francophone PME (CIFPME 2002), 30 octobre -1ᵉʳ novembre, Montréal, HEC Montréal.

Torrès O. (2003), « Petitesse des entreprises et grossissement des effets de proximité », Revue Française de Gestion, N° 144, pp. 119-138.

Truche M. et Reboud S. (2009), « Contribution à la compréhension du processus d'élaboration de la stratégie des PME : deux études de cas », Revue Internationale PME, Vol. 22, N° 1, pp. 129-160.

Truche M. et Reboud S. (2010), « L'enfermement stratégique de l'entreprise de terroir : une étude de cas », CIFEPME 2010, Bordeaux, 26-29 novembre.

Vermeulen P. (2005), « Uncovering Barriers to Complex Incremental Product Innovation in Small and Medium-Sized Financial Services Firms », Journal of Small Business Management, Vol. 43, N° 4, pp. 432-452.

Vernay D. et Mabile M. (2004), Opération FutuRIS – Rapport final du groupe « Compétitivité par la recherche et l'innovation », Paris, FutuRIS, août, 63 p. http://www.futuris-village.org/FV-jalons/7-fiches-variables/fiches/6B.pdf

Welter F., Kolb S., O'Gorman B., Kjell-Erik B., Hill I., Peck F. et Rončević B. (2008), « How to make regions (more) innovative », "Rencontres de St-Gall 2008", St. Gallen, Switzerland, 1-3 September.

Yin R. K. (1989), Case Study Research: Design and Methods, Sage Publications, London.

Chapitre 15

L'innovation responsable
comme opportunité stratégique

Problématisation et illustration
dans le cas de PME de la domotique

Marc INGHAM, Marc-Hubert DEPRET
et Abdelillah HAMDOUCH

Professeur au Groupe ESC Dijon Bourgogne,
Maître de Conférences à l'ESSTIN (Université de Nancy)
et Professeur à l'Université François Rabelais de Tours

Introduction

L'analyse des liens entre responsabilité (sociale, sociétale et/ou environnementale) des entreprises (RSE) et innovations fait l'objet d'un nombre croissant de travaux dans le champ de la stratégie et de l'innovation (Hockerts et Morsing, 2008). La littérature (cf. entre autres : Grayson et Hodges, 2004 ; Porter et Kramer, 2006 ; Nidumolu *et al.*, 2009) se fait ainsi l'écho de pratiques et d'exemples de comportements d'entreprises « responsables » c'est-à-dire intégrant des préoccupations sociétales (environnementales, sociales, éthiques ou humaines) dans leur stratégie et leur mode d'organisation. Toutefois, les exemples relatés n'en restent généralement qu'au stade anecdotique et ne reflètent que des comportements tactiques, souvent superficiels, d'adaptation à des contraintes réglementaires ou marketing (phénomène de « greenwashing »). Par contraste, parler d'innovations responsables requiert un saut qualitatif considérable, aux plans conceptuel et stratégique.

En effet, au-delà d'une simple « coloration » des produits et services offerts par les entreprises pour leur donner un semblant responsable, l'enjeu d'une véritable intégration des dimensions de responsabilité sociale et environnementale (RSE) dans les processus stratégiques les plus intimes de l'entreprise apparaît aujourd'hui décisif. Non seulement en regard de contraintes réglementaires de plus en plus pressantes, mais surtout parce que la RSE présente des enjeux concurrentiels dont la portée est perçue avec d'autant plus d'acuité que la mondialisation fait de plus en plus sentir ses effets et que les demandes des consommateurs – citoyens – salariés se diversifient, s'ouvrent à de nouvelles attentes et changent rapidement. Passant d'un contexte de réponse à des obligations légales ou réglementaires, la perception de leur responsabilité par les entreprises doit désormais s'ancrer dans un champ qui interpelle en profondeur leurs comportements organisationnels et leurs choix stratégiques fondamentaux.

Ce changement de perspective est dérangeant car il bouscule un bon siècle de certitudes managériales et implique un saut dans l'inconnu. Il est surtout dangereux, car, pour reprendre l'expression de Lave et March (1975), il peut induire un « apprentissage superstitieux », c'est-à-dire une sorte de déni de la réalité consistant à refuser d'affronter les nouveaux problèmes et défis portés par les préoccupations sociétales contemporaines pour se concentrer sur les seuls problèmes organisationnels ou stratégiques pour lesquels des solutions éprouvées existent déjà. Cela reviendrait, en somme, à pratiquer une sorte de « management au rétroviseur » dans un environnement radicalement nouveau, hautement « turbulent » (Emery et Trist, 1965). Dans ce contexte, être une entreprise stratégiquement responsable consiste d'abord, et avant tout, à percevoir et à prendre acte que les défis véhiculés par la RSE sont véritablement incontournables, mais aussi à prendre conscience que ces défis constituent, dans le même temps, un champ d'opportunités stratégiques lui-même inédit et littéralement gigantesque. C'est à cette aune que se mesure l'inscription volontaire, pensée et maîtrisée de la stratégie de l'entreprise dans une logique d'innovation responsable. Il ne s'agit alors pas tant d'être opportuniste ou plus réactif que d'autres en se disant « qu'être responsable plutôt qu'indifférent, ça peut payer sans trop faire de mal » – comme Porter (1991) en avait eu l'intuition. L'enjeu est plutôt de penser qu'innover de manière responsable au plan sociétal constitue une perspective à la fois nécessaire, viable et durablement discriminante au plan stratégique – par rapport aux entreprises qui l'auront précisément ignorée, sous-estimée ou mise en œuvre tardivement. Il s'agit d'une véritable démarche de détection et de concrétisation d'opportunités de marché non encore exploitées, ou, pour reprendre l'expression de Kirzner (1997), d'inscription de l'entreprise dans un processus de découverte entrepreneuriale.

Ce chapitre vise précisément à cerner les contours et les implications stratégiques de l'innovation responsable. Il tente d'en conceptualiser les fondements et les dimensions, avant d'en dessiner les formes et les conditions d'appropriation par les entreprises en général, et les petites et moyennes entreprises (PME) en particulier. Étant donné leurs spécificités et leurs sources structurelles de fragilité dans un cadre de compétition mondialisée, ces dernières sont en effet tout autant menacées par les défis et risques que les contraintes sociales et environnementales grandissantes imposent de manière générale aux entreprises, que susceptibles d'y répondre de manière adaptée, rapide et créative. Dans ce contexte, l'innovation responsable représente pour les PME une voie d'engagement stratégique toute particulière, comme nous l'illustrerons dans le cas des applications domotiques. Les spécificités des PME en matière de RSE et d'innovations responsables, les ressources sur lesquelles elles pourraient s'appuyer et les avantages dont elles pourraient bénéficier seraient notamment les suivants : (i) une plus grande flexibilité permettant de saisir et de créer des opportunités et de servir des niches de marchés moins servies ou non servies ; (ii) une capacité toute particulière à bénéficier et à combiner des avantages concurrentiels en termes de différenciation et/ou de coûts ; (iii) des relations de « proximité » avec les clients-utilisateurs et les acteurs de l'économie sociale et solidaire afin de faciliter l'identification d'opportunités d'innovations ; (iv) enfin, des gains de temps dans le cycle de développement et de diffusion de nouveaux produits responsables.

La suite du chapitre est structurée en cinq sections. On montre tout d'abord comment le concept d'innovation responsable peut être construit et on dresse une typologie de ce qu'il recouvre et implique (section 1). Sur cette base, nous examinons ensuite la portée stratégique des innovations responsables en fonction des degrés de rupture qu'elles impliquent pour l'entreprise (section 2). La section 3 se focalise sur le cas spécifique des PME. On examine ainsi les opportunités et les risques stratégiques portés par un engagement de la PME dans une démarche d'innovation responsable, avant de présenter, dans la section 4, une série d'illustrations dans le cadre des activités domotiques. Enfin, nous identifions en conclusion quelques pistes d'approfondissement de l'analyse des démarches d'innovation responsable au sein des PME.

1. L'innovation responsable : un essai de caractérisation

Le concept d'innovation responsable n'est pas immédiat. D'un côté, il dérive naturellement de la conceptualisation plus générale de l'innovation et de ses formes telle qu'elle s'est développée dans la très riche littérature qui lui a été consacrée depuis le milieu du XXe siècle (pour une mise en perspective, cf. Hamdouch, 2007). De l'autre, ce concept intègre des préoccupations plus diversifiées et plus récentes liées à l'irruption des problématiques de durabilité sociétale des modèles de développement et de responsabilité sociale et environnementale des entreprises face aux enjeux combinés du changement climatique, de l'épuisement des ressources et des déséquilibres socio-économiques et financiers impulsés par la mondialisation (Depret *et al.*, 2009 ; Hamdouch et Zuindeau, 2010).

1.1. De l'innovation à l'innovation responsable

D'après l'OCDE (2002, p. 19), l'innovation peut être définie comme un ensemble de « démarches scientifiques, technologiques, organisationnelles, financières et commerciales (…) qui mènent ou visent à mener à la réalisation de produits et de procédés technologiquement nouveaux ou améliorés ». Adhérant très largement à cette définition, une grande partie de la littérature s'est attachée à explorer la nature, les formes et les impacts des innovations introduites sur les marchés ou dans les organisations. De nombreuses typologies des innovations ont ainsi été proposées. Beaucoup d'entre elles se situent sur un continuum allant des innovations incrémentales aux innovations radicales. Les premières consistent en une amélioration/modification progressive et une reformulation des (attributs des) produits existants. Leur impact sur les marchés – notamment les catégories de clients servis, leurs habitudes et comportements de consommation – est en général limité... y compris d'un point de vue environnemental et social. *A contrario*, les secondes entraînent des modifications profondes dans les caractéristiques des produits, des marchés (ou segments visés) et des technologies. Henderson et Clark (1990) distinguent deux catégories supplémentaires d'innovations : modulaires et architecturales. Les premières changent un concept de design central sans modifier l'architecture générale du produit. Tel sera, par exemple, le cas des innovations responsables qui intègrent des composants plus respectueux de l'environnement ou fabriqués dans des unités adoptant des pratiques sociales « mieux disantes ». Les innovations architecturales changent, quant à elles, la façon d'intégrer les composants d'un produit, mais sans modifier ceux-ci (par exemple, dans le cas des applications domotiques, les innovations responsables visent à proposer des fonctionnalités adaptées aux besoins et attentes de catégories spécifiques de clients-utilisateurs).

Allant plus loin, Markides et Geroski (2005) proposent une typologie qui s'appuie sur deux dimensions additionnelles : d'une part, l'impact de l'innovation sur les compétences et les actifs complémentaires des entreprises établies (renforcement ou destruction) ; d'autre part, l'effet des innovations sur les habitudes et comportements des consommateurs (effet mineur ou majeur). Les positions intermédiaires entre innovations incrémentales (faible impact sur les deux dimensions) et radicales (fort impact sur les deux dimensions) caractérisent respectivement les innovations majeures et les innovations stratégiques. La notion d'innovation stratégique (Markides, 1997) rejoint ici celles d'innovation de rupture (Christensen, 1997, 2003) ou d'innovation de valeur (Kim et Mauborgne, 1999).

Enfin, selon la logique stratégique adoptée, les innovations s'appuieront, à des degrés divers, sur des activités d'exploration (logique de rupture) ou d'exploitation (logique routinière) (Nonaka et Takeuchi, 1997), qu'elles combineront cependant souvent dans les différents projets d'innovation (cf. Chanal et Mothe, 2004 ; Brion *et al.*, 2007)[1].

Reprenant ces axes de caractérisation de l'innovation, et en nous appuyant notamment sur la définition du concept de RSE proposée par l'Union européenne (Commission of the European Communities [CEC], 2001), sur la conception de la durabilité introduite par le rapport Brundtland (1987) et sur la définition (élargie aux modes d'organisation) de l'innovation proposée dans le Manuel d'Oslo de l'OCDE (1997), nous proposons la définition suivante du concept d'innovation responsable :

> L'innovation responsable désigne l'intégration volontaire de considérations sociales et environnementales dans la mise au point, la production et la commercialisation (par une entreprise, un État, une collectivité locale ou une association) d'un produit, d'un service, d'un procédé, d'un système ou d'un mode d'organisation dans le but de fournir aux consommateurs ou aux citoyens des solutions objectivement nouvelles ou améliorées qui contribuent à créer de la valeur économique et non économique et qui répondent aux besoins (latents ou exprimés ; individuels, communautaires ou collectifs) du présent (en particulier des marchés moins servis ou non servis) sans compromettre la capacité des générations futures de répondre aux leurs (adapté de Ingham, 2010).

Cette définition est suffisamment large et flexible pour refléter la variété des contextes et des formes d'engagement stratégique des organisations (des entreprises en particulier) dans une logique d'innovation responsable. Elle doit, à présent, être complétée par l'esquisse d'une typologie plus précise des innovations responsables.

1.2. Esquisse d'une typologie des innovations responsables

Pour aller à l'essentiel, les innovations responsables recouvrent, selon nous, trois formes principales (cf. tableau 1) :

---

[1] Cette « ambidextrie » (Benner et Tushman, 2003 ; Gibson et Birkinshaw, 2004) est, de fait, largement présente, bien qu'à des degrés variables, dans le développement de nombre d'innovations responsables.

1) Les innovations responsables technologiques qui, souvent, se sub-divisent elles-mêmes en deux catégories (et en plusieurs sous-catégories) :

- Les procédés, technologies ou produits « en bout de chaîne », additifs ou curatifs qui permettent d'atténuer (directement ou indirectement) les conséquences sociales et/ou environnementales des procédés de fabrication (par exemple : technologies de contrôle de la pollution, techniques d'incinération des déchets, de traitement des eaux, d'isolation phonique ou de réduction des gaz à effet de serre, etc.). Elles consistent donc à modifier de manière incrémentale et *ex post* les modes de conception / production / commercialisation / distribution non durables ou socialement répréhensibles.

- Les procédés, technologies ou produits intégrés, durables ou préventifs qui permettent de prévenir ou de réduire la production des externalités négatives (sociales et environnementales) et/ou la consommation des inputs (matériaux, ressources naturelles, énergie, etc.) du processus de production (par exemple : équipements de cuisson domestiques économes en bois, « écoproduits » sans phosphate ou consommant peu d'énergie, processus chimiques sans chlore, peintures sans solvant, réutilisation des rejets thermiques, système de cogénération, énergies renouvelables, matériaux écologiques, énergies ne rejetant pas ou peu de CO_2, etc.).

2) Les innovations responsables non purement technologiques, qui comprennent l'ensemble des modes d'organisation (télétravail, modes de coopération, etc.), des pratiques (systèmes de management environnemental, éco-conception, socio-conception, éco-design, écolabels, product stewardship, etc.) et des services (audit écologique et conseils en développement durable, services éco-efficients, utilities, services aux personnes âgées ou en difficulté, services publics, écotourisme, microcrédits, Association pour le Maintien d'une Agriculture Paysanne, etc.) mis en œuvre, soit pour innover (« technologiquement ») dans le domaine social ou de l'environnement, soit pour intégrer les dimensions sociale et environnementale à chaque étape du cycle de vie des produits-services-process, soit encore pour sensibiliser les salariés, fournisseurs, clients ou citoyens (cf. par exemple le cas des « eco-schools » mis en place par l'ONG Foundation for Environmental Education) aux relations sociales, au respect de l'environnement ou à la citoyenneté.

3) Enfin, les innovations responsables mixtes ou systémiques, qui intègrent une dimension à la fois technologique, organisationnelle

et servicielle (ou dématérialisée) et qui, souvent, ont vocation à répondre de manière intégrée à un besoin individuel ou collectif (système intégré de location partagée de vélos ou de voitures, etc.).

Tableau 1
Une ébauche de typologie des formes d'innovations responsables

		Nature de l'impact de l'innovation sur les modes de production, de consommation et de vie		
		Incrémentale (routinière)	Architecturale, majeure ou modulaire	Stratégique ou radicale
		Impact de l'innovation sur les relations sociales et l'environnement		
		Curatif		Préventif
Nature de l'innovation responsable	Technologique	Procédés, technologies ou produits « en bout de chaîne »		Procédés, technologies ou produits durables ou intégrés
	Non technologique	Innovations responsables organisationnelles, Innovations responsables servicielles, Innovations responsables institutionnelles		
	Mixte ou « systémique »	Nouvelle conception globale, solution innovante ou système de production ou de consommation intégrés permettant de répondre à un besoin donné (logement, transport, loisirs, distribution, information, etc.) dans une perspective de développement durable		

Sources : Repris et adapté de Depret et Hamdouch (2009) et de Arundel et Kemp (2009).

Au-delà, cette typologie ouvre sur une représentation analytique permettant de définir à la fois le projet (pourquoi ?), le contenu (quoi ?), les processus (comment ?), les acteurs (qui ?), les relations avec les parties prenantes (avec qui ?), les bénéficiaires (pour qui ?), la temporalité (quand ?) et le champ d'application (où ?) qui spécifient le contexte et le déploiement d'une innovation responsable (cf. tableau 2).

Tableau 2
Contexte et caractéristiques du déploiement
d'une innovation responsable

	Nature de l'innovation responsable		
	Technologique	Non technologique	Mixte ou « systémique »
Pourquoi ?	Atténuer les conséquences sociales et/ou environne-mentales des procédés de fabrication ; Prévenir ou réduire la production des externalités sociales et environne-mentales et/ou la consommation des inputs du processus de production	Favoriser l'innovation (technologique) dans le domaine social ou de l'environnement ; Intégrer les dimensions sociale et environne-mentale à chaque étape du cycle de vie ; Sensibiliser les parties prenantes aux relations sociales ou au respect de l'environnement	Répondre de manière intégrée à un besoin individuel ou collectif
Quoi ?	Innovations technologiques	Innovations organisationnelles, Innovations servicielles, innovations institutionnelles	Innovations technologiques et organisationnelles ou servicielles
Comment ?	Modifier de manière incrémentale et ex post les modes de production non durables ou socialement répréhensibles		
	Agir directement et en amont sur les modes de production et de consommation, ou les modes de vie		
Qui ?	Un grand nombre d'acteurs (économiques, sociaux et institutionnels) dans la plupart des secteurs (primaires, secondaires et tertiaires)		
Avec qui ?	Tout ou partie des parties prenantes (internes et externes) de l'entreprise		
Pour qui ?	Les générations actuelles et futures		
Quand ?	Court terme (innovations en bout de chaîne) ou long terme (innovations intégrées)	Court terme ou long terme	Court terme ou long terme
Où ?	Dimension locale, régionale ou nationale		
	Portée globale		
	Impact sectoriel		

Source : Auteurs.

Dans ce cadre, c'est le couplage et la fertilisation croisée, voire l'intégration entre innovations technologiques et de services qui apparaissent offrir aux entreprises, et notamment aux PME, des opportunités pour le développement d'une variété de stratégies d'innovations responsables porteuses de différenciation et d'avantage concurrentiel plus ou moins étendus et durables[2]. Ces derniers dépendent alors précisément de la portée et des implications stratégiques des innovations responsables pour les entreprises en termes d'enjeux et d'étendue de leur engagement. C'est ce que nous esquissons à présent dans le cas général, avant de nous focaliser sur le cas spécifique des PME (de la domotique) dans les deux sections suivantes.

2. Portée stratégique des innovations responsables

Comme cela a été souligné auparavant pour l'innovation (en général), la portée stratégique et le degré de rupture caractérisant les innovations responsables sont extrêmement variables selon le type d'engagement stratégique de l'entreprise. Analysant les interactions entre responsabilité et innovations, et distinguant innovations incrémentales (exploitation) et radicales (exploration), Castiaux (2009) confirme l'importance de leur inscription dans la stratégie et de leur alignement (mise en œuvre organisationnelle) (cf. Henderson et Venkatraman, 1993). L'étude de pratiques d'entreprises dans le secteur pharmaceutique et des TIC (technologies de l'information et des communications) l'amène ainsi à constater que, si cet alignement semble bien exister, il concerne essentiellement des innovations incrémentales et des activités d'exploitation. Au-delà du cas d'espèce, ce constat reflète, en réalité, l'essentiel des pratiques actuelles en matière d'innovation responsable (cf. en particulier : Nonaka et Takeuchi, 1997 ; Benner et Tushman, 2003 ; Gibson et Birkinshaw, 2004 ; Depret *et al.*, 2009).

Par contraste, il apparaît que seules les innovations responsables stratégiques, fondées sur des logiques d'exploration (visant à créer de nouveaux espaces de marché et modifiant les caractéristiques de l'offre de produits ou de services), sont susceptibles – notamment si elles sont couplées à des innovations de processus et si elles s'appuient sur des technologies de rupture (Christensen, 1997) ou de valeur (Kim et Mauborgne, 1999) – de déboucher sur le développement de nouveaux modèles économiques. Offrant aux entreprises qui s'y investiront une réelle base de différenciation stratégique, ces innovations pourront intégrer plus de dimensions de RSE (en qualité et/ou en quantité) dans leurs attributs et fonctionnalités. Elles s'appuieront aussi souvent sur leur « simplification ». Il pourra s'agir de supprimer ou limiter des attributs et fonctionnalités qui ne répondent pas réellement à une attente

---

[2]   Les innovations responsables « stratégiques » s'appuient en effet souvent sur les dimensions service ajouté/adapté qui accompagnent les produits technologiques centraux, ou sur l'offre de produits – services complémentaires. Ceci est essentiel car, comme l'ont souligné Hamdouch et Samuelides (2004), on assiste à une interdépendance croissante des innovations technologiques et de services qui contribuent à la création de nouvelles activités et à la modification des dynamiques sectorielles.

des consommateurs « sur servis », mais aussi et peut être surtout d'offrir ces nouveaux produits ou services à des clients ou des utilisateurs qui sont peu ou pas servis : personnes âgées ou handicapées, personnes aux revenus modestes, etc. (Anderson et Markides, 2007).

Ainsi, à la suite de Porter (1991) et de nombreux autres depuis, les études se sont multipliées pour souligner l'intérêt stratégique, pour les entreprises pionnières, de mettre en œuvre des stratégies proactives fondées sur l'éthique, la RSE ou le développement durable (Capron et Quairel-Lanoizelée, 2007). On pense ici aux nombreux travaux publiés, ces dernières années, sur les innovations environnementales (Beise et Rennings, 2005), l'économie sociale, solidaire ou coopérative (Hamdouch *et al.*, 2009), le capitalisme serviciel ou dématérialisé (Gadrey, 2003), l'économie de la fonctionnalité (Bourg et Buclet, 2005), etc., qui insistent sur le considérable potentiel (économique, financier et humain) de ces nouveaux secteurs.

Dans le champ des sciences de gestion, cette question a également fait l'objet de nombreuses recherches. Grayson et Hodges (2004) ont ainsi mis en lumière le fait que l'inscription dans la stratégie de l'entreprise d'une forte dimension RSE crée de réelles opportunités (non encore rencontrées) pour le développement d'innovations de produits, de marchés et de nouveaux modèles d'affaires. Rejoignant Porter et van der Linde (1995) – qui avaient insisté sur les opportunités offertes par la prise en compte des préoccupations environnementales –, Porter et Kramer (2006) ont également montré que la RSE peut constituer une source d'énormes progrès sociaux dès lors que l'entreprise (responsable) applique ses ressources considérables, son expertise et ses vues aux activités qui bénéficient à la société. Dans la même veine, Nidumolu *et al.* (2009) affirment que la responsabilité environnementale et la « soutenabilité » permettent de réduire les coûts et d'augmenter les revenus, et devraient, de ce fait, être la pierre angulaire de toute innovation. Ils soutiennent même que « dans le futur, seules les entreprises qui feront du développement soutenable un but central seront capables de bénéficier d'avantages concurrentiels. Cela implique de "repenser" les modèles économiques, tout autant que les produits, les processus et les technologies » (p. 57). Par ailleurs, plusieurs auteurs ont insisté sur les opportunités offertes par les segments de marché peu ou non servis, notamment ceux se situant « à la base de la pyramide » (Prahalad et Hammond, 2002 ; Christensen *et al.*, 2006). Des études montrent également que la stratégie responsable peut constituer un outil permettant à l'entreprise de valoriser son image (« responsable ») auprès de consommateurs ou d'investisseurs sensibles à ces thématiques, mais également auprès de son personnel qui peut y trouver une source supplémentaire de motivation (Boiral, 2004). Enfin, en adoptant une stratégie responsable, outre l'objectif classique de différenciation, les entreprises recherchent une performance « durable » enracinée dans le long terme, plus diffuse et plus étalée dans le temps que la performance financière traditionnelle (Saghroun et Eglem, 2008). Leur performance est alors mesurée à la fois par des indicateurs financiers et non financiers, ce qui leur offre – sans altérer leur performance – une latitude supplémentaire pour : i) susciter un apprentissage organisationnel en leur sein ; ii) favoriser le transfert et le partage des connaissances entre leurs parties prenantes ; iii) faciliter la détection (proactive) et l'exploitation de nouvelles compétences ; iv) faire émerger de nouvelles stratégies prometteuses (en termes de performance future) (Hamdouch et Depret, 2009).

Les enjeux stratégiques des innovations responsables sont donc tout à fait tangibles et variés. Cela est vrai pour toute entreprise confrontée aujourd'hui à des contraintes réglementaires (en matière environnementale et sociale notamment), concurrentielle (incertitudes et pressions multiples portées par la mondialisation et l'évolution rapide des technologies et des marchés), financières (pression des actionnaires, des analystes financiers et des agences de notation) et sociétales (poids croissant des ONG (Organisations Non Gouvernementales) et des associations de consommateurs). Cela est probablement plus décisif encore pour les PME. D'une part, en raison de leurs spécificités (taille plus ou moins restreinte, contraintes et risques financiers souvent importants, etc.). D'autre part, parce que l'adoption de stratégies d'innovations responsables peut leur offrir l'accès à des segments de marché (au plan local ou régional) moins servis ou non servis (notamment par les grandes entreprises, souvent tournées vers des marchés plus globaux).

3. L'engagement des PME dans des stratégies d'innovation responsable : implications et caractéristiques

Le développement et le déploiement de stratégies d'innovations responsables relèvent d'une démarche proactive qui consiste, d'une part, à saisir et à créer des opportunités, et, d'autre part, à exploiter, enrichir et valoriser les ressources et les compétences distinctives de l'entreprise. Dans cette perspective, les PME bénéficient d'atouts importants mais elles doivent aussi faire face, plus que les grandes entreprises, aux incertitudes inhérentes aux innovations responsables. Les PME peuvent ainsi déployer de nombreux types de stratégies proactives d'innovation responsables, allant des stratégies concurrentielles « classiques » à des véritables stratégies de « rupture ».

3.1. Opportunités et risques des stratégies d'innovation responsable dans les PME

Compte tenu de leurs spécificités (Torrès, 1997 ; Torrès et Julien, 2005 ; Levratto, 2009), les PME semblent particulièrement adaptées pour mettre en œuvre des stratégies de développement d'innovations responsables. Elles bénéficient en effet :

i) d'une plus grande latitude leur permettant de saisir ou créer des opportunités et de servir des niches de marchés moins (ou non) servies (Jenkins, 2004) ;

ii) de relations de « proximité » avec leurs parties prenantes (clients-utilisateurs, entreprises partenaires, autorités publiques, Organisations Non Gouvernementales, acteurs de l'économie sociale et solidaire, communautés scientifiques « militantes », etc.) qui facilitent l'identification d'opportunités non seulement aux stades amont de conception, aux stades intermédiaires de développement et de production, mais aussi aux stades aval de distribution (Torrès, 2003 ; Kramer *et al.*, 2007 ; Ortiz Avram et Khune, 2008) ;

iii) de gains de temps dans le cycle de développement (design) et de diffusion des nouveaux produits-services-process (Hannukainen, 2005 ; MacGregor *et al.*, 2007).

Par ailleurs, la plupart des PME ne semblent pas poursuivre (uniquement) un objectif de maximisation des profits (Spence, 2007). Elles sont ainsi moins sujettes à une pression de court terme des actionnaires, ce qui peut avoir pour effet de leur offrir plus de liberté et de flexibilité pour poursuivre des activités socialement responsables (Jenkins, 2004).

D'autres travaux montrent enfin une liaison directe, positive et réciproque entre leurs comportements d'innovation et leurs pratiques de RSE (Kramer *et al.*, 2007 ; Le Bas et Poussing, 2010 ; Bocquet et Mothe, 2010).

Cette stratégie d'innovation responsable n'est toutefois pas sans risque, en particulier pour les PME (plus fragiles que les grands groupes). Comme les autres formes d'innovation, mais sans doute plus encore du fait de leurs spécificités, les innovations responsables sont en effet intrinsèquement incertaines. Or, cette incertitude – qui constitue une désincitation forte à innover – peut prendre différentes formes (qui parfois se combinent) :

- Une *incertitude « technique »* (au sens large) : elle peut tout d'abord résulter des choix (technologiques, organisationnels, serviciels, etc.) ex ante des acteurs de l'innovation responsable qui peuvent constituer des impasses *ex post*, en particulier si l'innovation responsable ne « rencontre » finalement pas son marché. Parallèlement, les risques de *lock-in* (technologiques, institutionnels ou sociaux) constituent aussi des freins importants.

- Une *incertitude financière* : le financement des innovations responsables est lui-même très risqué. Le décalage entre les premiers investissements (souvent conséquents et généralement sous-estimés) et les premiers retours sur investissement (souvent tardifs et parfois surestimés) – ce que les spécialistes appellent la « vallée de la mort » – constitue une barrière très importante au développement et à la diffusion des innovations responsables. À cette barrière s'ajoute, bien souvent, le caractère irrécouvrable (*sunk costs*) de certains investissements (infrastructure, maintenance, formation de la main-d'œuvre, coûts d'apprentissage et d'expérience, etc.) et la frilosité de certains actionnaires (ou autres parties prenantes).

- Enfin, *une incertitude stratégique* et une *incertitude institutionnelle* : la diffusion des innovations responsables peut être freinée par l'inertie « naturelle » des entreprises ou des institutions, notamment lorsque ces innovations leur imposent une modification de leur organisation, de leur mode de production ou de distribution, voire de leur stratégie ou de leur politique. Cela est tout particulièrement le cas des innovations environnementales radicales dont certaines participent à l'avènement d'un nouveau paradigme sociotechnique (Smith *et al.*, 2005).

Au final, ces différentes formes d'incertitude incitent généralement les entreprises à adopter des attitudes prudentes, voire excessivement attentistes vis-à-vis des innovations responsables. C'est pourquoi leur émergence, leur développement et leur diffusion requièrent l'existence préalable d'un « environnement » particulièrement favorable qui relève d'une triple logique (co-évolutive) de « regulatory push/pull » (incitations régaliennes : subventions, réglementations, sanctions, etc.), de « technology push » (avancées scientifiques et technologiques en la matière) et de « market pull » (existence d'une demande, nature de la concurrence, etc.) (Hamdouch et Depret, 2010). De fait, de nombreuses études montrent que les innovations responsables se développent et se diffusent plus efficacement si elles ont pu se développer, au préalable, au sein de niches stratégiques (réseaux d'alliances et de partenariats) et/ou géographiques (« clusters ») (cf. les notions de « lead market », de « strategic niche management » et de « socio-technical transition » : Beise et Rennings, 2005 ; Schot et Geels, 2008).

3.2. Stratégies d'innovations responsables dans les PME : dimensions et formes

L'objet de cette sous-section est d'identifier les stratégies d'innovation responsables mises en œuvre par les PME dans une optique de RSE ou de développement durable. Pour ce faire, nous nous appuyons sur un essai de caractérisation de ces stratégies et de leurs trajectoires pour les entreprises en général (Ingham, 2010, 2011) en les simplifiant et les adaptant au cas des PME. Cette caractérisation s'appuie sur les deux dimensions suivantes (cf. tableau 3) qui rejoignent celles qui ont été retenues par Ansoff (1965), que nous adaptons. Nous insistons notamment sur les activités d'exploration et d'exploitation de connaissances et les processus d'innovation transversaux qui soustendent ces stratégies.

Tableau 3
**Panorama des stratégies responsables en fonction
du type d'innovation responsable**

Stratégies d'innovation responsable		*Dimension 1*	
		Marché servi	Marché non servi
Dimension 2	Adaptation / Simplification	**Volume**	**Nouveaux segments**
	Nouvelles fonctionnalités	**Niche**	**Rupture**

Source : Auteurs, adapté de Ansoff (1965)

La dimension « marché » recouvre les caractéristiques des segments de marché (groupes d'acheteurs/utilisateurs). Il pourra s'agir de répondre à la demande de groupes d'acheteurs/utilisateurs appartenant à des segments de marchés qui sont servis et parfois « sur-servis », mais aussi et surtout aux demandes de ceux qui appartiennent aux segments qui sont moins, voire non servis (notamment : personnes ou couches de population les plus pauvres, minorités marginalisées, personnes âgées ou souffrant de handicaps ; cf. section 4).

La dimension « produits-services » recouvre, quant à elle, les attributs et fonctionnalités des produits et des services afin de rencontrer les attentes et désirs (exprimés ou latents) des clientèles concernées. Il pourra s'agir d'adapter, ajouter, ou simplifier des attributs et fonctionnalités dans l'architecture des produits ou dans les services et procès, voire, dans certains cas, de proposer de nouveaux « modèles d'affaires » (cf. section 4).

Nous nous intéressons en priorité aux stratégies d'innovation qui se situent dans et autour du « cœur de métier » de l'entreprise et qui créent de la valeur à la fois économique et non économique. Il s'agira souvent, dans le cas de PME ou de création de nouvelles entreprises entrepreneuriales, de stratégies de focalisation (Porter, 1980) sur des niches de marchés moins servies (en particulier ceux qui sont délaissés par les grandes entreprises), et, dans certains cas, « non servies » (dimension 1). Ceci offre des opportunités à de nouveaux entrants de développer des innovations destinées à ces segments de marché pour les étendre ensuite, en les adaptant, le cas échéant, par l'introduction de nouvelles caractéristiques et fonctionnalités, à d'autres segments. Dans d'autres cas, il s'agira de créer de nouveaux « modèles économiques » adaptés aux niches de marché visées. Bien souvent, toutefois, elles s'appuieront sur une simplification des attributs des produits-services offerts et de leurs fonctionnalités ou sur l'efficience des processus et leur alignement (dimension 2).

De manière transversale par rapport à ces deux dimensions, le développement d'innovations responsables nécessitera souvent d'explorer de nouvelles connaissances – qu'il s'agisse de connaissances au sujet des marchés et/ou des technologies, des attentes et aspirations des catégories de clients moins servis ou non servis, ou encore des contextes spécifiques dans lesquels ces clients seront appelés à utiliser les nouveaux produits, etc. – et de les combiner aux connaissances exploitées au sein de l'entreprise. Cet axe transversal renvoie alors au « processus d'innovation », qui englobe en particulier les caractéristiques des activités de conception et de développement du design du produit-service-process. Ceci recouvre deux aspects : la prise en compte des préoccupations sociales et environnementales tout au long du cycle de vie du produit et l'engagement des parties prenantes « externes » aux différentes étapes du processus. On parle alors de « design sociétal » (Whiteley, 1993), de « design universel » (Preiser et Ostroff, 2001) ou de socio-conception (Margolin et Margolin, 2002 ; Morelli, 2003, Newell et Cairns, 1993) des innovations responsables (pour plus de détail, cf. Ingham *et al.*, 2011). Il s'agit ici – dans une perspective inspirée par les travaux d'Amartya Sen (2000) sur les « capabilities » – d'aller au-delà de la prise en compte des besoins, attentes et désirs (latents ou exprimés) des clients/utilisateurs afin de leur offrir des réelles possibilités de vivre durablement les vies qu'ils désirent vivre en tenant compte de leurs capacités humaines et en offrant des possibilités de les développer librement (Oosterlaken, 2009).

Par suite, les stratégies d'innovations responsables proactives qui peuvent être développées et les types d'innovations responsables qui y correspondent sont extrêmement variés : stratégies concurrentielles de niche versus volume, spécialisation au travers de la gamme de produits-services et/ou segments de marché, stratégies de « rupture » (cf. tableau 3). C'est ce que nous tentons de montrer dans la section 5 à travers quelques cas issus du domaine de la domotique.

4. Illustrations de stratégies d'innovation responsable dans le domaine de la domotique

La domotique couvre l'ensemble des techniques qui visent à automatiser, dans la maison, la sécurité, la gestion de l'énergie ou la communication, en apportant à l'utilisateur la facilité de contrôler et piloter à distance ces équipements. Outre la gestion de l'énergie, les applications et bénéfices potentiels de la domotique sont nombreux, notamment pour les personnes âgées ou handicapées (sécurité physique et des biens, pilotage d'équipements ménagers, technologies de télécommunication permettant des appels d'urgence d'assistance médicale, télétravail, etc.). Elles peuvent s'inscrire en complémentarité de la conception de l'espace (architecture intérieure, ameublement spécifique) afin de faciliter au maximum l'accès et la mobilité des personnes. Une des questions centrales concerne les conditions d'utilisation (design) et les interfaces « êtres humains - équipements ». La domotique peut être un marché porteur mais il existe encore des freins importants à son développement : coût élevé, mais aussi acceptabilité par les utilisateurs, simplicité d'utilisation, interconnexion des différents équipements et logiciels adaptés. En France, les principaux acteurs du développement de ces innovations sont les centres de recherche technologiques, mais aussi de très petites entreprises et des PME qui interagissent avec d'autres acteurs (Gimbert, 2009 ; Xerfi IIC, 2009).

Nous présentons quelques exemples qui rendent compte de la variété des stratégies et trajectoires d'innovations responsables suivies par des PME dans ce secteur[3].

La première, Delta Dore, saisissant les opportunités nées de la crise énergétique du début des années 1970, s'est spécialisée dans la conception de produits et solutions pour la gestion de l'énergie, avant de se diversifier, depuis une dizaine d'années, dans les applications domotiques. Sa stratégie et sa trajectoire se caractérisent par une démarche proactive d'innovations majeures, qui lui permettent de développer une

---

[3] Par manque de place, nous nous limitons ici à trois cas particulièrement parlants. De nombreux autres exemples plus détaillés sont développés dans Ingham (2010, 2011) et dans Ingham *et al.* (2011). Certains mériteraient de véritables études de cas. On pense ici tout particulièrement au *New Lao Stove*, ce four/cuiseur domestique modifié, développé au Cambodge par l'ONG *GERES*, dont la particularité est de réduire à la fois la demande en combustible de bois [bénéfique écologique], de réduire les dépenses des ménages [économie pour les utilisateurs], de réduire les pollutions domestiques [bénéfiques sociaux] et de faire fonctionner les économies locales [retombées économiques du fait de la production locale des fours].

offre intégrée de produits et services pour l'optimisation des ressources naturelles et de bâtir des positions de leader technologique. « Conserver toujours une longueur d'avance, se démarquer par une stratégie d'innovation continue […], tel est l'esprit Delta Dore, un esprit précurseur qui légitime sa place de leader technologique » (source : site internet de l'entreprise). À plusieurs reprises, Delta Dore a été récompensée pour le design esthétique et l'ergonomie de ses produits. Elle est également reconnue pour la prise en compte des préoccupations environnementales dès la phase de conception. « Dès leur conception, l'aspect environnemental est intégré aux produits (emballages recyclables, participation financière aux filières de recyclage, application de l'écotaxe, substitution du plomb par l'argent). Enfin, Delta Dore est reconnue pour ses initiatives sociales envers ses salariés, qui se sont par exemple concrétisées par une crèche pour les enfants du personnel (l'entreprise est située en milieu rural), des programmes de formation et des postes de travail ergonomiques, en prévention des troubles musculaires-squelettiques » (sources : site web de l'entreprise, articles de presse, fiches OSEO).

La seconde, Otio, qui s'est lancée dans la domotique dans les années 1990, entend être le « leader français de la domotique pour tous » (source : Les Echos, 2004). Sa stratégie et la trajectoire suivies s'apparentent aux stratégies de rupture visant à créer des opportunités de développement d'un marché domotique de volume « grand public » par l'offre de produits (modules) « en kit », très simples à bas prix, en privilégiant évolution progressive vers des produits et applications incluant un plus grand nombre de fonctionnalités basées sur la connectivité et l'interactivité. « Otio place l'innovation au cœur de sa stratégie et a développé un "modèle d'affaire" axé sur le design simple et ergonomique et le marketing (la production est sous traitée). L'entreprise se veut être créatrice de mieux être en changeant en douceur le quotidien en proposant produit après produit des touches de mieux vivre qui améliorent confort, économie et sécurité dans l'habitat » (sources : site internet de l'entreprise, présentation de l'entreprise, articles de presse).

Enfin, un cas remarquable est constitué par Proteor, un groupe spécialisé dans les technologies au service des personnes handicapées (en particulier les prothèses) et qui s'est diversifié dans des applications domotiques. Il permet d'illustrer comment une entreprise renforce et étend progressivement des compétences distinctives accumulées dans ses métiers de base vers de nouvelles applications, saisit et bénéficie des opportunités offertes par les développements des technologies de l'information, de la communication et de la domotique en les mettant au service des segments de marchés moins servis, ou non servis, couvrant ainsi des clientèles qui n'y auraient pas ou peu accès. Proteor place l'innovation responsable au cœur de sa stratégie et ses processus d'innovation impliquent les parties prenantes et sont ouverts. « L'innovation est le résultat d'une démarche fondée sur le dialogue permanent avec les patients que nous appareillons, les médecins spécialistes et les orthoprothésistes, sur le travail de recherche de notre service R&D et sur les collaborations que nous menons avec des centres hospitaliers universitaires et des écoles d'ingénieurs [...]. Grâce à l'écoute de nos clients, à l'anticipation de leurs besoins, à une veille constante sur les progrès scientifiques et techniques, nous contribuons à créer des produits plus performants, plus sûrs et plus esthétiques, à des coûts maîtrisés et responsables ». Créée il y a plus de 100 ans, l'entreprise s'est d'abord spécialisée dans la fourniture de prothèses aux personnes handicapées, afin de répondre aux besoins importants des amputés de la Première Guerre mondiale. Ces activités couvrent aujourd'hui quatre domaines soutenus par des innovations continues : le design, la réalisation et l'application aux patients atteints d'un handicap d'appareillages orthopédiques sur mesure ou de série ; la conception et la fabrication de composants, matériaux et équipements pour les professionnels de l'orthopédie ; la location ou vente de matériel médical favorisant la mobilité, le maintien à domicile de personnes âgées et handicapées ; la conception et la commercialisation d'aides électroniques permettant aux personnes atteintes de handicap sévère de communiquer et maîtriser leur lieu de vie. Les gammes de produits domotiques couvrent les équipements pour le contrôle de l'environnement, la communication en direct ou à distance, ou permettant d'acquérir ou retrouver de l'autonomie dans les actions quotidiennes. Les stratégies de l'entreprise sont sous-tendues par des innovations responsables modulaires et architecturales permanentes et, dans certains cas, par des innovations qui peuvent être qualifiées de radicales dans les activités centrales de l'entreprise mais aussi dans le domaine de la domotique. Tel est le cas des interfaces de contrôle de l'environnement « Keo » et « Nemo ». « Keo » propose une réelle avancée, en permettant à l'utilisateur de piloter les appareils électriques et en lui donnant accès au téléphone mobile et à l'ordinateur (le système pouvant, en outre, être utilisé avec le fauteuil roulant électrique). La gamme « Nemo » s'appuie sur une tradition d'innovation de l'entreprise dans le domaine de la reconnaissance vocale. Ces produits disposent de moyens d'accès selon le type de difficulté de l'utilisateur : interaction par la voix ou par le mouvement (même infime grâce à ses multiples capteurs). Enfin, la version « Nemo Plus » a été développée pour servir les personnes malvoyantes ou non voyantes (sources : site internet de l'entreprise et fiches techniques de Handicap.fr).

Conclusion

Ce chapitre visait à identifier les spécificités des PME en matière de développement d'innovations responsables et à établir les conditions et moyens leur permettant de saisir ou créer les opportunités offertes pour ce développement. Notre revue de la littérature nous a amené à conclure que les PME peuvent rencontrer des difficultés particulières mais disposent aussi d'atouts sur lesquels elles peuvent s'appuyer et qu'elles peuvent valoriser. Les stratégies d'innovations responsables proactives qui peuvent être développées et les types d'innovations responsables leur correspondant sont nombreux : stratégies concurrentielles classiques de niche, spécialisation au travers de la gamme de produits-services et/ou segments de marché, stratégies de rupture. Pour ce qui concerne la dimension « produit », bon nombre d'innovations responsables développées par les PME sont de type modulaire mais surtout architectural. Pour ce qui concerne les dimensions produits-marchés, les innovations sont en général stratégiques ou majeures (au sens de Markides et Geroski, 2005). La plupart sont « éco-socio-conçues » dans une logique de design sociétal ou universel.

Nous avons insisté sur les opportunités offertes aux PME de développer des innovations qui permettent de servir des segments de marché moins servis ou non servis, et/ou qui sont délaissés par les grandes entreprises. Les PME peuvent exploiter les opportunités offertes par la coopération avec d'autres entreprises, par l'implication des parties prenantes à l'innovation et par leur participation active à des réseaux. Les activités de conception et de design sont au cœur de la démarche et des responsables des processus d'innovation. Ces activités permettent d'établir un lien concret et relativement étroit, voire bijectif, entre responsabilité et innovation.

Le cas des applications domotiques a permis d'illustrer certains de ces aspects. Il convient d'insister ici sur le fait que, quel que soit le type de stratégie d'innovation et de processus, toutes les PME peuvent développer de telles innovations, à condition toutefois d'en faire le cœur de leur engagement concurrentiel à la fois sur la base de leurs compétences foncières, mais également de leur capacité à créer et développer de nouvelles compétences distinctives pour répondre à des demandes potentielles peu ou mal satisfaites par les offres existantes. Dans ce cadre, le management de la PME aura un rôle clé à la fois de détection de nouvelles opportunités de marché et de mise en œuvre de procès organisationnels et stratégiques eux-mêmes fortement imprégnés d'une culture de responsabilité.

L'étape suivante dans cette perspective de recherche consistera, en nous appuyant notamment sur le modèle développé par Jenkins (2009), à mener des analyses approfondies de cas. Nous nous proposons ainsi d'analyser la dynamique des relations entre RSE et innovations, et leur intégration dans le management stratégique, afin d'identifier les freins à l'innovation responsable et les façons de les surmonter, mais surtout les leviers sur lesquels peuvent s'appuyer les PME pour amplifier leurs capacités de développement d'innovations responsables et en assurer le succès. Dans cette optique, la notion d'éco-socio-conception et les PME qui en font leur cœur de compétences constituent un objet d'étude à part entière ... mais encore relativement peu étudié (pour une analyse détaillée, cf. Ingham *et al.*, 2011).

Références

Anderson J. et Markides C. (2007), « Strategic Innovation at the Base of the Economic Pyramid », MIT Sloan Management Review, 49 (1), pp. 83-88.

Ansoff I. (1965), Corporate Strategy, McGraw Hill, New York.

Arundel A. et Kemp R. (2009), « Measuring Eco-Innovation », UNU-MERIT Working Papers, 2009-017.

Beise M. et Rennings K. (2005), « Lead Markets and Regulation: A Framework for Analyzing the International Diffusion of Environmental Innovations », Ecological Economics, 52 (1), pp. 5-17.

Benner M. J. et Tushman M. L. (2003), « Exploration, Exploitation and Process Management: The Productivity Dilemma Revisited », Academy of Management Review, 28 (2), pp. 238-256.

Bocquet R. et Mothe C. (2010), « Exploring the Relationship between CSR and Innovation: A Comparison between Small and Large-Sized French Companies », Conférence de l' ADERSE, La Rochelle.

Boiral O. (2004), « Environnement et économie : Une relation équivoque », VertigO – La Revue en Sciences de l'Environnement, 5 (2), pp. 22-29.

Bourg D. et Buclet N. (2005), « L'économie de fonctionnalité : Changer la consommation dans le sens du développement durable », Futuribles, 313, pp. 27-37.

Brion S., Favre-Bonté V. et Mothe C. (2007), « Quelle ambidextrie pour l'innovation continue ? Le cas du groupe SEB », Conférence internationale de l'AIMS, Montréal.

Brundtland G. H. (Ed.) (1987), Our Common Future: Report of the World Commission on Environment and Development, Oxford University Press, Oxford.

Capron M. et Quairel-Lanoizelée F. (2007), La responsabilité sociale d'entreprise, La Découverte, Paris.

Castiaux A. (2009), « Responsabilité d'entreprise et innovations : Entre exploration et exploitation », Reflets et Perspectives de la Vie Économique, 47 (4), pp. 34-49.

Chanal V. et Mothe C. (2004), « Comment combiner innovation d'exploitation et innovation d'exploration : Une étude de cas dans le secteur automobile », Revue Française de Gestion, 31 (154), pp. 173-191.

Christensen C. M. (1997), The Innovator's Dilemma, Harvard Business Press, Boston.

Christensen C.M. (2003) The innovator's solution : creating and sustaining successful growth. Harvard Business Press, Boston.

Christensen C. M., Baumann H., Ruggles R. et Sadller T. M. (2006), « Disruptive Innovation for Social Change », Harvard Business Review, 84, pp. 94-101.

Commission of the European Communities (2001), « Promoting a European Framework for Corporate Social Responsibility », Green Paper, COM 366, Brussels.

Depret M.-H. et Hamdouch A. (2009), « Quelles politiques de l'innovation et de l'environnement pour quelle dynamique d'innovation environnementale ? », Innovations – Cahiers d'Economie de l'Innovation, 29 (2009-1), pp. 127-147.

Depret M.-H., Le Masne P. et Merlin-Brogniart C. (Eds.) (2009), « Développement durable et responsabilité sociale des acteurs », numéro spécial de Marché et Organisations, 8.

Emery F. E. et Trist E. L. (1965), « The Causal Texture of Organizational Environments », Human Relations, XVIII, pp. 21-32.

Gadrey J. (2003), Socio-économie des services, La Découverte, Paris.

Gibson C. B. et Birkinshaw J. (2004), « The Antecedents, Consequences and Mediating Role of Organizational Ambidexterity », Academy of Management Journal, 47 (2), pp. 209-226.

Gimbert V. (2009), « Les technologies pour l'autonomie : De nouvelles opportunités pour gérer la dépendance », Note Veille, 158, Centre d'Analyse Stratégique, pp. 1-8.

Grayson D. et Hodges A. (2004), Corporate Social Opportunity, Greenleaf Publishing, Sheffield.

Hamdouch A. (2007), « Innovation ». In : Dictionnaire de l'Economie, Albin Michel et Encyclopædia Universalis, Paris, pp. 719-733.

Hamdouch A., Alenei O., Laffort B. et Moulaert F. (2009), « Les organisations de l'économie sociale dans la métropole lilloise : vers de nouvelles articulations spatiales ? », Revue Canadienne des Sciences Régionales / Canadian Journal of Regional Science, 32 (1), pp. 85-100.

Hamdouch A. et Depret M.-H. (2009), « Quel gouvernement d'entreprise pour quelle performance ? ». In : Finet A. (Ed.), Gouvernance d'entreprise : Nouveaux défis financiers et non financiers, De Boeck, Bruxelles, pp. 41-65.

Hamdouch A. et Depret M.-H. (2010), « Policy Integration Strategy and the Development of the "Green Economy": Foundations and Implementation Patterns », Journal of Environmental Planning and Management, 53 (4), pp. 473-490.

Hamdouch A. et Samuelides E. (2004), « Technologies, services et nouveaux marchés : L'innovation au cœur des dynamiques industrielles contemporaines », Cahiers Lillois d'Economie et de Sociologie, 43-44, pp. 41-64.

Hamdouch A. et Zuindeau B. (Eds.) (2010), « New Perspectives on Sustainable Development », Special issue, Journal of Environmental Planning and Management, 53 (4).

Hannukainen P. (2005), Disabled Persons as Lead Users in Mobile User Interface Design, Helsinki University of Technology, Department of Mechanical Engineering, Helsinki.

Henderson J. C. et Venkatraman N. (1993), « Strategic Alignment: Leveraging Information Technology for Transforming Organizations », IBM Systems Journal, 32 (1), pp. 4-16.

Henderson R. M. et Clark K. B. (1990), « Architectural Innovation: The Reconfiguration of Existing Product Technologies and the Failure of Established Firms », Administrative Science Quarterly, 35, pp. 9-30.

Hockerts K. et Morsing M. (2008), A Literature Review on Corporate Social Responsibility in the Innovation Process, Center for Corporate Social Responsibility, Copenhagen Business School.

Ingham M. (2010), « Responsible Innovation Strategies: Typology, Opportunities and Trajectories », Working Paper CEREN ESC Dijon.

Ingham M. (2011), Vers l'innovation responsable : Pour une vraie responsabilité sociétale, De Boeck, Bruxelles, à paraître.

Ingham M., Depret M.-H. et Hamdouch A. (2011), « Innovations responsables et PME : Le rôle des activités de conception », Document de travail (en cours de rédaction).

Jenkins H. (2004), « A critique of Conventional CSR Theory: An SME Perspective », Journal of General Management, 29 (4), pp. 37-57.

Jenkins H. (2009), « A 'Business Opportunity': Model of Corporate Social Responsibility for Small-and Medium-Sized Enterprises », Business Ethics: A European Review, 18 (1), pp. 21-36.

Kim C. et Mauborgne R. (1999), « Creating New Market Spaces: A Systematic Approach to Value Innovation Can Help Companies Break Free from the Competitive Pack », Harvard Business Review, January-February, pp. 83-93.

Kirzner I. (1997), « Entrepreneurial Discovery and the Competitive Market Process: An Austrian Approach », Journal of Economic Literature, XXXV (1), pp. 60-85.

Kramer M., Pfizer M. et Lee P. (2007), Competitive Social Responsibility: Uncovering the Economic Rationale for Corporate Social Responsibility among Danish Small- and Medium-Sized Enterprises, Project Report, Copenhagen, pp. 1-68.

Lave C. A. et March J. G. (1975), An Introduction to Models in the Social Sciences, Harper and Row, New York.

Le Bas C. et Poussing N. (2010), « Les comportements d'innovation et de responsabilité sociale sont liés : Une analyse empirique sur des données Luxembourgeoises », XIXeme Conférence de l'AIMS, Luxembourg.

Levratto N. (2009), Les PME : Définition, rôle économique et politiques publiques, De Boeck, Bruxelles.

MacGregor S. P., Espinach X. et Fontrodona J. (2007), Social Innovation: Using Design to Generate Business Value through Corporate Social Responsibility, Response. Responsible and Sustainable Innovation for European SMES Project: Integrating CSR and Innovation for SMEs.

Margolin V. et Margolin S. (2002), « A 'Social Model' of Design: Issues of Practice and Research », Design Issues, 18 (4), pp. 24-30.

Markides C. (1997), « Strategic Innovation », Sloan Management Review, 38, pp. 8-23.

Markides C. et Geroski P. (2005), Fast Second: How Smart Companies Bypass Radical innovation to Enter and Dominate New Markets, Jossey-Bass, San Francisco.

Morelli, N. (2003), « Design for social responsibility and market oriented design: convergences and divergences ». In: Calvera A. (Ed.), Tekné: the design wisdom, University of Barcelona, Barcelona.

Newell A.F. et Cairns A.Y. (1993), « Designing for extra-ordinary users », Ergonomics in Design, October, pp. 10-16.

Nidumolu R., Prahalad C. K., Rangaswami M. R. (2009), « Why Sustainability is Now the Key Driver for Innovation », Harvard Business Review, September, pp. 56-64.

Nonaka I. et Takeuchi H. (avec des contributions de M. Ingham) (1997), La connaissance créatrice, De Boeck, Bruxelles.

OCDE (1997), Le manuel d'Oslo – La mesure des activités scientifiques et technologiques : Principes directeurs proposés pour le recueil et l'interprétation des données sur l'innovation technologique, OCDE Publications, Paris.

OCDE (2002), Le manuel de Frascati – Méthode type proposée pour les enquêtes sur la recherche et le développement expérimental, OCDE Publications, Paris.

Oosterlaken I. (2009), « Design for Development: A Capability Approach », Design Issues, 25 (4), pp. 91-102.

Ortiz Avram D. et Khune S. (2008), « Implementing Responsible Business Behavior from a Strategic Management Perspective: Developing a Framework for Austrian SMEs », Journal of Business Ethics, 82, pp. 463–475.

Porter M. E. (1980), Competitive Strategy: Techniques for Analyzing Industries and Competitors, Harvard Business School Press, Cambridge (MA).

Porter M. E. (1991), « America's Green Strategy », Scientific American, 264 (4), p. 168.

Porter M. E. et Kramer M. R. (2006), « Strategy and Society: The Link between Competitive Advantage and Corporate Social Responsibility », Harvard Business Review, December, pp. 78-92.

Porter M. E. et van der Linde C. (1995), « Towards a New Conception of the Environment-Competitiveness Relationship », Journal of Economic Perspectives, 9 (4), pp. 97-118.

Prahalad C. K. et Hammond A. (2002), Serving the World's Poor: Profitability », Harvard Business Review, 80 (9), pp. 48-58.

Preiser W. et Ostroff E. (Eds.) (2001), Universal Design Handbook, McGraw Hill, New York.

Saghroun J. et Eglem J.-Y. (2008), « À la recherche de la performance globale de l'entreprise : La perception des analystes financiers », Comptabilité – Contrôle – Audit, 14 (1), pp. 93-118.

Schot J. et Geels F. W. (2008), « Strategic Niche Management and Sustainable Innovation Journeys: Theory, Findings, Research Agenda, and Policy », Technology Analysis & Strategic Management, 20 (5), pp. 537-554.

Sen A. (2000), Repenser l'inégalité, Éditions du Seuil, Paris.

Smith A., Stirling A. et Berkhout F. (2005), « The Governance of Sustainable Socio-technical Transitions », Research Policy, 34 (10), pp. 1491-1510.

Spence L. J. (2007), « CSR and Small Business in a European Policy Context: The Five Cs of CSR and Small Business Research Agenda 2007 », Business in Society Review, 112 (4), pp. 533-552.

Torrès O. (1997), « Pour une approche contingente de la spécificité de la PME », Revue Internationale PME, 10 (2), pp. 9-43.

Torrès O. (2003), « Petitesse des entreprises et grossissement des effets de proximité », Revue Française de Gestion, 144, pp. 119-138.

Torrès O. et Julien P.-A. (2005), « Specificity and Denaturing of Small Business », International Small Business Journal, 23 (4), pp. 355-377.

Whiteley N. (1993), Design for Society, Reaktion Books, London.

Xerfi IIC (2009), « Marché de la domotique : Quelles stratégies pour tirer profit du dynamisme et du potentiel du marché », Xerfi IIC, Paris.

Les auteurs

Valérie BALLEREAU

Actuellement doctorante à l'Université de Montpellier 1 (sous la direction d'Olivier Torrès à l'ERFI), elle est enseignante en entrepreneuriat depuis une dizaine d'années et responsable de l'Incubateur (Incub©) du Groupe ESC Dijon Bourgogne. Sa recherche porte sur l'influence de la proxémie et de la confiance sur les décisions stratégiques des entrepreneurs de PME/TPE. Les femmes entrepreneurs demeurent son champ de recherche privilégié et elle conduit également des travaux sur l'influence des stéréotypes de genre en entrepreneuriat.

Christine BELIN-MUNIER

Maître de Conférences en Sciences de Gestion à l'Université de Bourgogne, elle enseigne la stratégie logistique et les systèmes logistiques à l'Institut Universitaire de Technologie de Chalon sur Saône au Département Gestion Logistique et Transport. Après avoir soutenu une thèse sur la performance des holdings, mettant en relation performance et structure financière des groupes de sociétés, elle a élargi son domaine d'étude à d'autres formes de liens entre entreprises comme les liens d'affaires ou les liens logistiques. Elle étudie différents aspects du Supply Chain Management comme sa performance, mais aussi sa capacité en matière d'innovation, les enjeux de la globalisation, l'impact des parties prenantes et de la durabilité et son caractère stratégique pour les entreprises aujourd'hui. Elle est membre du Réseau de Recherche sur l'Innovation.

Sophie BOUTILLIER

Maître de Conférences et directrice des recherches en économie à l'Université du Littoral Côte d'Opale, elle est membre du Lab.RII - Clersé UMR 8019, Université Lille Nord de France, et membre cofondatrice du Réseau de Recherche sur l'Innovation. Elle est également Professeure associée à la Wesford Business School (Genève) et à la Seattle University (États-Unis). Elle est spécialisée en économie de l'entrepreneur et de l'innovation et en histoire de la pensée économique. Parmi un ensemble d'ouvrages et d'articles consacrés à ces thèmes, elle a notamment publié (en collaboration avec Dimitri Uzunidis) *L'entrepreneur. Une analyse socio-économique* (Economica, 1995), *La légende de l'entrepreneur* (Syros, 1999) et *L'entrepreneur, force vive du capitalisme* (Bénévent, 2010).

Marc-Hubert DEPRET

Maître de Conférences en Sciences Économiques à l'ESSTIN (Université Henri Poincaré – Nancy), il mène ses recherches au sein du BETA. Il est spécialiste de l'économie de l'innovation et de la connaissance, de l'économie géographique et de l'économie industrielle. Ses recherches portent principalement sur les dynamiques d'émergence et de structuration des réseaux d'innovation et des clusters. Elles se concentrent sur les secteurs d'activités Science-based, tout particulièrement l'industrie biopharmaceutique et les green/cleantech. Il travaille également sur la question de la responsabilité sociale et environnementale des entreprises, ainsi que sur leurs modes de gouvernance et la mesure de leur performance (notamment extra-financière).

Jean-Guillaume DITTER

Docteur en Economie européenne et internationale, il est Professeur à l'Ecole Supérieure de Commerce de Dijon et membre du centre de recherches CEREN. Ses recherches portent sur le concept de territoire et les industries à fort ancrage territorial, et ont donné lieu à plusieurs articles. Il a notamment travaillé sur les secteurs du bois, du vin et de la construction. Il étudie actuellement les fonctions et compétences des animateurs de cluster, avec une application à l'éco-construction.

Edwige DUBOS-PAILLARD

Maître de Conférences en géographie à l'Université de Franche-Comté, elle mène ses activités de recherche au sein du laboratoire ThéMA (UMR 6049). Ses recherches portent sur les mutations du système productif appréhendées dans leurs dimensions spatiales et territoriales. Dans ce cadre, elle s'intéresse aux formes d'innovation mises en œuvre par les établissements industriels, notamment au niveau franc-comtois. Elle travaille également sur les questions de modélisation et de simulation des dynamiques spatiales appliquées aux domaines de la croissance urbaine et des risques et catastrophes.

Emilie-Pauline GALLIÉ

Docteur en économie, elle est actuellement chercheure à l'IMRI, Université Paris Dauphine. Elle travaille sur les thèmes de l'économie de l'innovation et l'économie géographique. Ses recherches lui ont permis de développer une connaissance approfondie du système français d'innovation et plus particulièrement des politiques publiques d'aides à l'innovation. Elle s'intéresse aux déterminants de l'innovation, au-delà des dépenses de R&D, et porte un intérêt particulier aux relations de coopération en se focalisant notamment, depuis leur création, sur les pôles de compétitivité. Ses travaux l'ont conduite à étudier le rôle spécifique des PME dans le système d'innovation français. Ses recherches ont donné lieu à plusieurs publications dans des revues internationales à comité de lecture, ainsi qu'à de nombreuses communications dans des colloques internationaux d'économie et de gestion.

Renelle GUICHARD

Docteur en économie, elle est actuellement chercheure associée à l'IMRI. Elle travaille depuis un an à l'ANR en tant que chargée de mission scientifique. Ses recherches lui ont permis d'acquérir une connaissance approfondie des systèmes d'innovation français et américain et des politiques publiques. Elles ont donné lieu à plusieurs publications dans des revues à comité de lecture et dans des ouvrages collectifs, un livre aux éditions Economica en 2004, ainsi qu'à de nombreuses communications dans des colloques internationaux d'économie et de gestion.

Abdelillah HAMDOUCH

Docteur et HDR en Sciences Économiques, il est Professeur des Universités en Aménagement de l'Espace et Urbanisme à l'Ecole Polytechnique de l'Université François Rabelais de Tours, chercheur au sein de CITERES, UMR 6173, et membre co-fondateur du Réseau de Recherche sur l'Innovation. Il est également membre du Comité scientifique de la recherche du Groupe ESC Dijon Bourgogne et expert auprès de plusieurs organismes publics français (DATAR, PUCA, Ministère de l'Ecologie et du Développement Durable, ANR, etc.) et étrangers (DG Recherche de la CE, CRSH du Canada, etc.). Ses recherches actuelles se situent dans trois domaines principaux : i) dynamiques spatiales, institutionnelles et organisationnelles de l'innovation ; ii) innovation sociale, gouvernance territoriale et développement local ; iii) activités environnementales, technologies vertes et développement durable des territoires. Il a coordonné ces dernières années sur ces thématiques plusieurs numéros spéciaux de revues référencées (*Innovation : The European Journal of Social Science Research, Journal of Environmental Planning and Management, Journal of Innovation Economics, Revue d'Economie Industrielle, Géographie-Economie-Société, Economie Rurale*) et publié une trentaine d'articles et de chapitres scientifiques.

Marc INGHAM

Professeur à l'Ecole Supérieure de Commerce de Dijon et membre du centre de recherches CEREN, il est également Research Associate au

CRECIS (Louvain School of Management). Ses recherches portent principalement sur la création de connaissances dans les projets d'innovation, les réseaux de connaissances et d'innovation et, depuis 2009, sur l'innovation responsable. Auteur de très nombreux articles sur ces questions, il vient de publier en 2001 aux Éditions De Boeck *Vers l'innovation responsable : Pour une vraie responsabilité sociétale.*

Jean LACHMANN

Ancien DGA des services de collectivités régionales et ancien conseiller économique de la DATAR, il est administrateur territorial hors classe et actuellement en détachement sur un poste de professeur des universités à l'ISAM-IAE Nancy, où il a la responsabilité des masters M2 en management public (management des organisations publiques-MOP, et management hospitalier-MH). Il travaille essentiellement sur deux thèmes de recherche : le management public, dans le cadre du développement d'une activité transversale de recherche au CEREFIGE, et sur les pôles de compétitivité au BETA-Nancy. Il est également président de l'association internationale de recherche en management public (AIRMAP). Ses recherches portent sur l'innovation, et en particulier sur le financement de l'innovation, avec son dernier ouvrage paru chez Economica (*Stratégie et financement de l'innovation*, 2010.

Blandine LAPERCHE

Docteur et HDR en Sciences Économiques, elle est actuellement Maître de conférences à l'université du Littoral Côte d'Opale, France, elle est membre du GREI/Lab.RII - Clersé UMR 8019 (CNRS), Université Lille Nord de France. Elle est aussi membre co-fondatrice du Réseau de Recherche sur l'Innovation. Ses travaux s'inscrivent dans le champ de l'économie industrielle et de l'innovation. Elle s'intéresse particulièrement aux stratégies de constitution et de protection du capital-savoir des entreprises, et au déploiement des questions de responsabilité sociale et environnementale dans les entreprises. Outre de nombreux articles et chapitres scientifiques, elle a publié ou coordonné ces dernières années plusieurs ouvrages sur ces thématiques, notamment : *Innovation Networks and Clusters. The Knowledge Backbone* (avec D. Uzunidis et P. Sommers), Peter Lang, 2010, et *L'entreprise dans la mondialisation, contexte et dynamiques d'investissement et d'innovation* (avec S. Boutillier et D. Uzunidis), Magna Carta, Le Manuscrit, 2011.

Gilliane LEFEBVRE

Ingénieure de recherches CNRS à EconomiX, UMR 7235 CNRS /Université de Paris Ouest Nanterre La Défense, elle également membre du Réseau de Recherche sur l'Innovation. Ses travaux portent sur trois domaines de recherche : la globalisation de la recherche-développement des entreprises, les nouvelles technologies et les interactions entre innovation et territoire.

Séverine LE LOARNE

Professeure associée à Grenoble Ecole de Management, elle est spécialisée en management de l'innovation et en démarche entrepreneuriale. Elle a publié deux manuels de référence Manager l'innovation (Pearson, 2009) et La boite à outils du chef d'entreprise (Dunod, 2011). Ses recherches portent sur les facteurs sociaux qui déterminent, contraignent et stimulent les actions créatrices des acteurs. Elle s'intéresse particulièrement à la créativité des acteurs dans le champ des industries culturelles et, plus récemment des femmes entrepreneurs dans les activités économiques mais aussi dans des sociétés où les stéréotypes et contraintes sociales sont identifiés comme forts. Ses travaux ont été publiés dans différentes revues de Sciences de Gestion (*Management & Avenir*, *Revue Française de Gestion*, etc.).

Nadine LEVRATTO

Chargée de recherche au CNRS, elle est affectée au laboratoire EconomiX, Université de Paris Ouest Nanterre La Défense, et est chargée d'enseignements dans cette même université. Elle est parallèlement Professeure affiliée à Euromed Management et membre du Réseau de Recherche sur l'Innovation. Ses principaux domaines d'intérêt portent sur les trajectoires d'entreprises, les faillites et les performances des territoires. Elle a notamment publié en 2009 aux Éditions de Boeck *Les PME – Définition, rôle économique et politiques publiques*.

Michel MARTIN

Ingénieur d'études INRA et membre du CESAER (Centre d'Economie et de Sociologie Appliquées à l'Agriculture et aux Espaces Ruraux), il est spécialiste d'économie industrielle et des organisations, ainsi que d'économie de l'innovation. Ses travaux de recherche sont centrés sur les secteurs agroalimentaires et portent sur l'analyse de filières, les coordinations entre les entreprises et les dynamiques territoriales de l'innovation.

Tim MAZZAROL

Winthrop Professor en Entrepreneuriat, Innovation, Marketing et Stratégie à l'Université de Western Australia, il est également Professeur affilié au Groupe ESC Dijon-Bourgogne. Il a plus de 20 ans d'expérience de recherche sur les petites firmes entrepreneuriales comme sur les grandes entreprises ou les administrations. Ses recherches sur les PME ont été publiées internationalement. Il est titulaire d'un PhD en Management et d'un MBA avec mention de l'Université de Curtin, en Australie Occidentale. Il dirige un centre de recherche en Management Entrepreneurial et en Innovation (le CEMI).

Céline MERLIN-BROGNIART

Maître de conférences à l'Université de Lille 1, elle mène ses recherches au sein du CLERSE. Elle travaille sur les thèmes de l'innovation dans les services, en particulier les services publics marchands et les services de santé. Elle mène également des recherches sur le thème du développement durable. Elle est membre de l'association européenne de recherche sur les services (RESER) et du Réseau de Recherche sur l'Innovation (RRI).

Anna NIKINA

Professeure affiliée à Grenoble Ecole de Management et intervenante à la Helsinki University of Applied Sciences, elle est chef de projets à la Chambre de Commerce Russo-Finlandaise. Ses principaux domaines d'enseignement sont l'innovation et le management international. Elle a récemment obtenu son Doctorat of Business Administration (DBA) conjointement à Grenoble Ecole de Management et à la Tonji University (Chine). Ses recherches portent sur les spécificités de l'entrepreneuriat féminin et de la direction d'une entreprise par une femme. Sa dernière recherche porte concerne l'impact de l'entrepreneuriat féminin sur l'identité et le rôle du conjoint. Elle communique régulièrement sur ce thème dans des colloques de renommée internationale (Academy of Management, European Group of Organization Studies, etc.).

Christian PONCET

Maître de Conférences en Sciences économiques à l'Université de Montpellier 1, il est chercheur au sein de l'Unité ART-Dev (CNRS). Il est également membre du Réseau de Recherche sur l'Innovation. Après avoir travaillé sur les transferts de connaissances s'opérant entre les milieux académiques et industriels (notamment dans les biotechnologies au travers des génopôles), il s'est positionné sur les questions du financement public de l'innovation au niveau régional et de ses impacts territoriaux (des parcs d'activité aux pôles de compétitivité). Il oriente actuellement ses recherches vers une analyse des logiques d'intervention du capital-risque, en privilégiant les enjeux de la financiarisation du processus d'innovation et ses répercussions sur la dynamique industrielle et le développement des petites entreprises innovantes dans les pays européens.

Sophie REBOUD

Elle est actuellement Professeure de stratégie et management de l'innovation et directrice de la recherche du Groupe ESC Dijon-Bourgogne. Ingénieure agronome, elle a complété sa formation par un doctorat en économie industrielle et une habilitation à diriger des recherches en sciences de gestion. Ses domaines de recherche sont le management stratégique des PME et le management de l'innovation. Elle s'intéresse en particulier aux spécificités des PME low-mid tech, à leur stratégie et leur innovation. Ses recherches ont donné lieu à plusieurs publications dans des revues internationales, à des ouvrages internationaux et à de nombreuses communications dans des conférences internationales. Elle a notamment publié (avec T. Mazzarol) *The Strategy of Small Firms: Strategic Management and Innovation in the Small Firm* (Edward Elgar, 2009).

Catherine REMOUSSENARD

Docteur en Droit privé, elle est actuellement Professeure associée à l'ESC Dijon Bourgogne. Ses centres d'intérêt en matière de recherche sont aujourd'hui la conduite du changement et le management des émotions. Elle a mené plusieurs projets en lien avec des entreprises sur des changements organisationnels et des stratégies de transformations collectives. Elle a notamment publié sur la conduite du changement plusieurs articles et chapitres d'ouvrage (notamment : « Making Change », *Sloan Management Review*, June, 2007).

Lois M. SHELTON

Professeure associée à l'Université de Californie (Northridge – Los Angeles), elle enseigne le management stratégique et l'entrepreneuriat. Elle s'intéresse à la direction et la croissance d'une entreprise. Ses travaux sur le sujet de l'entrepreneuriat féminin portent sur la conciliation entre la vie professionnelle et la vie privée de la femme entrepreneur. Ses recherches ont été publiées dans différentes revues en entrepreneuriat de renommée internationale (*Entrepreneurship – Theory & Practice, Journal of Small Business Management, Journal of Developmental Entrepreneurship*, etc.).

Corinne TANGUY

Maître de conférences en Sciences Économiques à l'Institut National Supérieur Des Sciences Agronomiques, de l'Alimentation et de l'Environnement (AGROSUP Dijon), elle est chercheure au CESAER (Centre d'Economie et de Sociologie Appliquées à l'Agriculture et aux Espaces Ruraux), unité mixte de recherche AgroSupDijon-INRA (UMR 1041) et membre du Réseau de Recherche sur l'Innovation. Elle est spécialisée en économie de l'innovation. Ses principaux travaux de recherche concernent les dynamiques territoriales d'innovation et l'analyse des réseaux d'innovation (notamment dans les secteurs peu intensifs en R&D comme le secteur agroalimentaire) ainsi que des réflexions sur les indicateurs d'innovation et la mesure de l'évaluation des politiques régionale et nationale d'innovation.

Luc TESSIER

Economiste, il enseigne à l'université Paris Est Marne La Vallée et est membre du laboratoire Erudite. Il est également chargé de cours en management stratégique à l'université Paris Diderot. Entre 2002 et 2008, il a travaillé au service des études et des statistiques industrielles du Ministère de l'Industrie et au service des études statistiques et prospectives, du Ministère de l'Écologie, du Développement et de l'Aménagement Durables. Il a travaillé, plus particulièrement, sur l'analyse des performances économiques, des politiques d'innovation et sur la gestion des dépenses immatérielles des groupes industriels.

Dimitri UZUNIDIS

Docteur et HDR en Sciences Économiques, il est enseignant-chercheur en économie à l'Université du Littoral et Professeur à l'Université de Crète. Il est membre du Lab.RII - Clersé UMR 8019, Université Lille Nord de France, et du Réseau de Recherche sur l'Innovation (Paris), dont il assure la présidence. Il est également Professeur associé à la Wesford Business School (Genève) et à la Seattle University (États-Unis). Spécialisé en économie internationale et en économie de l'innovation, il a publié ces dernières années plusieurs ouvrages dans ces domaines (notamment avec S. Boutillier et B. Laperche), ainsi que de nombreux articles et chapitres scientifiques. Il est également directeur de plusieurs revues référencées, notamment *Innovations – Cahiers d'Economie de l'Innovation* et *Journal of Innovation Economics* (éditées par De Boeck et Cairn).

Messaoud ZOUIKRI

Docteur en économie, il est actuellement ingénieur de recherche au sein du laboratoire EconomiX de l'Université de Paris Ouest Nanterre La Défense. Ses recherches portent sur la dynamique industrielle impulsée par l'entrée et la sortie des firmes. Ses centres d'intérêt sont l'économie et l'économétrie de l'innovation, la mesure des facteurs de performance au niveau de la firme et la méthodologie économétrique.

Business & Innovation

The creation of new activities, of news production and consumption modes, of new goods and services, of new markets and new jobs (etc.) depends as much on the heroic action of entrepreneurs as on the strategies of big corporations which develop their activities at a global scale. Innovation and business are interlinked. The main themes of the books published in this series are: Entrepreneurship, enterprise and innovation; Innovation strategies in a global context; Innovation policies and business climate; Innovation, business dynamics and socio-economic change. The synergies between innovative entrepreneurship, firms' strategies and innovation policies is of major importance in the explanation of technological paradigms change and of the transformations in economic and social structures of wealthy and less wealthy countries. In this series are published books in English or in French specialized in economics, management and sociology of innovation and also dealing with change and entrepreneurship in a local, national or international perspective.

This series is supported by the Research Network on Innovation.

La création de nouvelles activités, de nouveaux modes de production et de consommation, de nouveaux biens et services, de nouveaux marchés, de nouveaux emplois, etc. repose aussi bien sur l'action héroïque des entrepreneurs que sur la stratégie des grandes entreprises qui se déploient sur une échelle mondiale. L'innovation et les affaires sont intrinsèquement liées. Trois grandes thématiques seront particulièrement privilégiées : Entrepreneuriat, entreprise, innovation et développement durable ; Innovation et réseaux ; L'Innovation dans un contexte global. Les rapports synergiques entre entrepreneuriat innovant, stratégies des firmes et politiques d'innovation est un axe majeur dans le changement des paradigmes technologiques et la modification des structures économiques et sociales des pays riches et moins riches. Dans la collection sont publiés en français ou en anglais des ouvrages d'économie, de management et de sociologie de l'innovation, du changement et de l'entrepreneur dans une perspective locale, nationale et internationale.

La collection bénéficie de l'appui du Réseau de Recherche sur l'Innovation.

Editors of the series / Directeurs de la collection

Dimitri UZUNIDIS, Blandine LAPERCHE, Sophie BOUTILLIER : Université du Littoral (France), Seattle University (Etats-Unis) et Wesford Business School (Lyon, Genève, France, Suisse), Réseau de Recherche sur l'Innovation.

Jerry COURVISANOS : University of Ballarat (Australia), Research Network on Innovation.

Scientific Committee / Comité Scientifique

P. ARESTIS, Cambridge (United Kingdom)
S. BOUTILLIER, Littoral Côte d'Opale
L.C. BRESSER PEREIRA, Getulio Vargas Foundation (Brazil)
D. CAMPBELL, University of Klagenfurt (Austria)
E.G. CARAYANNIS, George Washington U (Etats-Unis)
J. COURVISANOS, Ballarat (Australia)
P. DAVIDSON, Tennessee (USA)
M.-H. DEPRET (Univ. HP-Nancy)
M. DIETRICH, Sheffield (United Kingdom)
F. DJELLAL, Lille USTL
G. DOSI, Sant'Anna School of Advanced Studies (Italy)
I. DUBINA, Altai State University (Russia)
M. EL MOUHOUD, Paris Dauphine
M. FELDMAN, Université de Georgie (États-Unis)
J. FONTANEL, Grenoble
D. FORAY, École polytechnique fédérale de Lausanne (Suisse)
J.K. GALBRAITH, Texas (USA)
F. GALLOUJ, Lille USTL
A. HAMDOUCH, École polythechnique, Univ. de Tours
P.-A. JULIEN, Québec (Canada)
B. LAPERCHE, Littoral Côte d'Opale
F. LOUÇA, TU Lisbon (Portugal)
B.Å. LUNDVALL, Aalborg (Denmark)
B. MADEUF, Paris Nanterre
M. MARCHESNAY, Montpellier
J. MOLAS GALLART, TU Valence (Spain)
C. PEREZ, TU Tallinn (Estonia)
J. PERRIN, CNRS
Y. PESQUEUX, CNAM
J. RAVIX, Nice
N.SEEL, University of Freiburg (Germany)
D. UZUNIDIS, TUC, Littoral Côte d'Opale
N. VANEECLOO, Lille USTL
N. VON TUNZELMANN, Sussex (United Kingdom)

Visitez le groupe éditorial Peter Lang
sur son site Internet commun
www.peterlang.com